Über dieses Buch

Der ›dtv-Atlas zur Physik‹ bietet in zwei Bänden einen Überblick über die Grundlagen der Physik (dazu: dtv 3009, Bernhard Bröcker, dtv-Atlas zur Atomphysik). Nach dem dtv-Atlas-System sind den anschaulichen Tafeln zugehörige, ausführliche Textseiten gegenübergestellt.

Band 2 enthält Elektrodynamik, Elektrostatik, Magnetismus und Festkörperphysik, auch Relativitätstheorie und Quantentheorie; im Anhang Zeittafeln der wichtigsten Entdeckungen, bekanntesten Physiker und der Nobelpreisträger sowie Namen- und Sachregister für beide Bände.
Band 1 behandelt neben dem Allgemeinen die Mechanik, Strömungen, Wellen, Akustik, Wärmelehre und Optik.

Bisher sind in dieser Reihe erschienen:

dtv-Atlas zur Akupunktur, 3232
dtv-Atlas der Anatomie, 3 Bände, 3017, 3018, 3019
dtv-Atlas zur Astronomie, 3006
dtv-Atlas zur Atomphysik, 3009
dtv-Atlas zur Baukunst, 2 Bände, 3020, 3021
dtv-Atlas zur Biologie, 3 Bände, 3221, 3222, 3223
dtv-Atlas zur Chemie, 2 Bände, 3217, 3218
dtv-Atlas zur deutschen Literatur, 3219
dtv-Atlas zur deutschen Sprache, 3025
dtv-Atlas zur Informatik, 3230
dtv-Atlas zur Mathematik, 2 Bände, 3007, 3008
dtv-Atlas zur Musik, 2 Bände, 3022, 3023
dtv-Atlas zur Ökologie, 3228
dtv-Atlas zur Physik, 2 Bände, 3226, 3227
dtv-Atlas der Physiologie, 3182
dtv-Atlas zur Psychologie, 2 Bände, 3224, 3225
dtv-Atlas zur Stadt, 3231
dtv-Atlas zur Weltgeschichte, 2 Bände, 3001, 3002

Weitere dtv-Atlanten sind in Vorbereitung

Hans Breuer:

dtv-Atlas zur Physik
Tafeln und Texte

Band 2
Elektrizität, Magnetismus,
Festkörper, Moderne Physik

Mit 93 farbigen Abbildungsseiten
Graphikerin: Rosemarie Breuer

Deutscher
Taschenbuch
Verlag

dtv

Übersetzungen
Italien: Ulrico Hoepli, Mailand
Slowenien: Državna založba Slovenije, Ljubljana
Ungarn: Springer Hungarica, Budapest

Für Maria

Originalausgabe
1. Auflage September 1988
4. Auflage Mai 1996: 61. bis 75. Tausend

Umschlaggestaltung: Celestino Piatti
Gesamtherstellung: Brühlsche Universitätsdruckerei, Gießen
Offsetreproduktionen: Werner Menrath, Weilheim/Obb.
Printed in Germany · ISBN 3-423-03227-8

Vorwort

Auch Band 2 des ›dtv-Atlas zur Physik‹ folgt dem bewährten Prinzip der dtv-Atlanten: strenge Gliederung, knappe und präzise Präsentation in Text und Bild, umfassende Darstellung des Basiswissens, neuester Stand der Erkenntnisse.
Selbstverständlich entsprechen Symbole, Abkürzungen, Einheiten und Konstanten den letzten Vereinbarungen.
Der vorliegende Band enthält Elektro- und Magnetostatik, Elektrodynamik, Halbleiter- und Festkörperphysik, Relativitäts- und Quantentheorie. Auch der Zugriff zu Informationssystemen und Datenbasen der Physik ist dargestellt.
Wie für Band 1, so gilt auch hier, daß die einzelnen Abschnitte weitgehend unabhängig voneinander sind. Man kann also durchaus die Seiten über Relativitätstheorie studieren, ohne vorher den Abschnitt über Festkörper durchzuarbeiten. Ein ausführliches Stichwortverzeichnis erleichtert den Zugriff.
Atom- und Kernphysik werden nur gestreift, denn es gibt einen ›dtv-Atlas zur Atomphysik‹. Die Elementarteilchen sind jedoch nicht ausgelassen, schließlich muß der Steuerzahler wissen, wofür die Elementarteilchen-Physiker jedes Jahr Milliarden von Dollar, DM, Franc, Yen und Lira ausgeben.
Erst jetzt kann ich wirklich all die Mühen würdigen, die meine liebe Rosemarie mit meinen Vorlagen zu den dann so sorgfältig ausgeführten Zeichnungen hatte.
Auch für diesen Band nehme ich Anregungen, Kritik und Hinweise gerne entgegen. Es wird keine Zuschrift unbeantwortet bleiben.

Stellenbosch, im Sommer 1987 Hans Breuer

Inhalt

Abkürzungsverzeichnis

bes.	besonders; besondere
Bez.	Bezeichnung
ca.	circa
charakter.	charakteristisch
Def.	Definition
d.h.	das heißt
dyn.	dynamisch
e	Basis des ln ($\approx 2{,}71828$)
fl.	flüssig
Fl.	Flüssigkeit
geb.	geboren
Geschw.	Geschwindigkeit
Gl.	Gleichung
harm.	harmonisch
i.a.	im allgemeinen
kin.	kinetisch
Koeff.	Koeffizient
lab.	labil
lin.	linear
long.	longitudinal
magn.	magnetisch
math.	mathematisch
max.	maximal
mech.	mechanisch
min.	minimal
mittl.	mittlerer
p.G.	physikalische Größe
physik.	physikalisch
rd.	rund
rel.	relativ
s.	siehe
S.	Seite
Schw.	Schwingung
s.o.	siehe oben
spez.	spezifisch
stab.	stabil
Str.	Strahlen, Strahlung
s.u.	siehe unten
Temp.	Temperatur
thermodyn.	thermodynamisch
transv.	transversal
u.U.	unter Umständen
versch.	verschieden
vgl.	vergleiche
Vol.	Volumen
z.B.	zum Beispiel
z.T.	zum Teil
zw.	zwischen

Formelzeichen und Einheitensymbole sind auf den Seiten 16 bis 21 im Band 1 bzw. an den entsprechenden Stellen im Text erläutert.

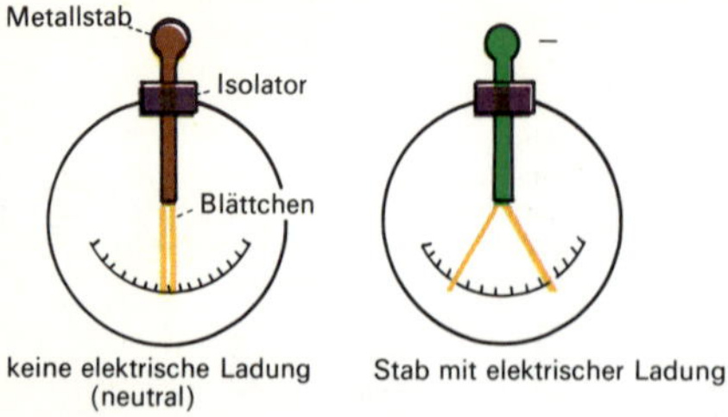

Blättchen-Elektrometer

Coulombs Gesetz:

$$F_c = \frac{Q_1 Q_2}{4\pi\varepsilon_0 r^2}$$

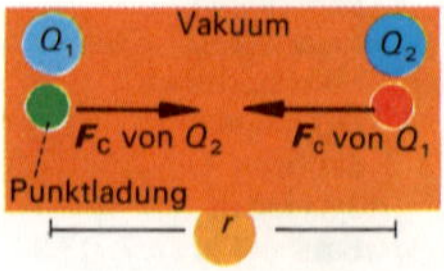

Ungleichnamige Ladungen ziehen sich an:

Gleichnamige Ladungen stoßen sich ab:

Die Coulomb-Kraft ist additiv:

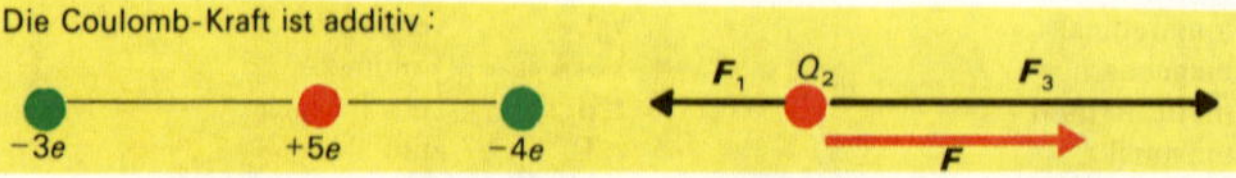

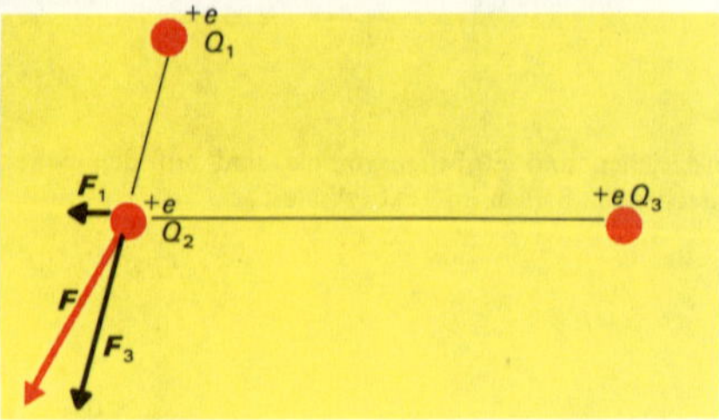

Festlegung der elektr. Feldkonstante ε_0:

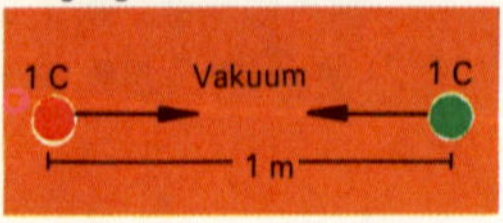

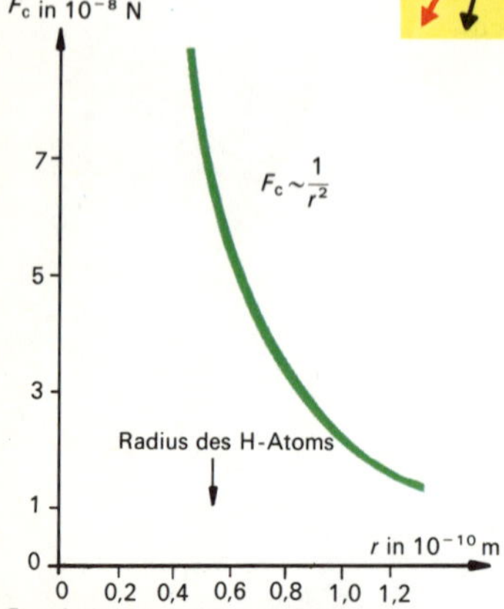

F_c zwischen zwei Elementarladungen

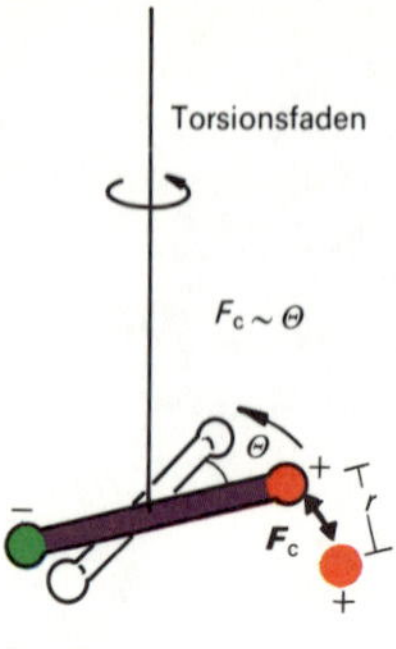

Messung von F_c mit der Torsionswaage

Es gibt zwei Arten elektr. Ladungen, positive und negative. Beide sind stets an materielle Ladungsträger, z.B. Elektronen (negativ) und Protonen (positiv) gebunden. Positive und negative Ladungen können sich gegenseitig neutralisieren. Der Ladungsträger ist dann nach außen hin elektrisch neutral.

Zwischen elektr. Ladungen wirken Kräfte.

Die **Elektrostatik** ist die Lehre von den Kräften zwischen *ruhenden* elektr. Ladungen.

Die **Elektrodynamik** untersucht die Wechselwirkungen zwischen *bewegten* elektr. Ladungen.

Die Einheit der **elektrischen Ladung** (Formelzeichen Q) ist das *Coulomb* (Einheitenzeichen C), benannt nach Charles-Augustin de Coulomb (1736–1806). C ist eine abgeleitete SI-Einheit; es gilt:

$$1\,\mathrm{C} = 1\,\mathrm{A} \cdot \mathrm{s}$$

Die Einheit der elektr. Ladung im CGS-System ist die Elektrostatische Einheit (Einheitenzeichen E.S.E.).

Umrechnung: 1 E.S.E. $= 3{,}335 \times 10^{-10}$ C.

Jede elektr. Ladung ist ein ganzzahliges Vielfaches der **Elementarladung** (Formelzeichen e).

In der Elementarteilchenphysik könnte es Teilchen (genannt *Quarks*) mit den Ladungen $e/3$ und $2e/3$ geben. Diese elektr. Ladungen treten jedoch nicht als freie Ladungen auf.

Die Elementarladung ist eine Fundamentalkonstante der Physik mit dem Zahlenwert

$$e = 1{,}602177 \times 10^{-19}\,\mathrm{C}$$

Der Zahlenwert der Elementarladung im CGS-System ist $e^* = 4{,}803207 \times 10^{-10}$ E.S.E.

Der Betrag der Elementarladung stimmt für positive und negative Ladungen überein.

Elektrometer messen die elektr. Ladung.

Blättchen-Elektrometer. An einem elektr. isolierten Metallstab hängen zwei Metallblättchen. Berührt ein geladener Körper den Stab, so geht ein Teil seiner Ladung auf die Blättchen über. Da die Ladungen beider Blättchen das gleiche Vorzeichen aufweisen, wirken abstoßende Kräfte: sie spreizen sich.

Faden-Elektrometer. Ein sehr dünner metall. Faden ist in einem elektr. Feld (s. S. 209) ausgespannt. Wird der Faden elektrisch geladen, so verbiegt er sich proportional der Größe der Ladung.

Coulomb-Meter. Der Meßvorgang beruht auf der Elektrolyse (s. S. 231). Die Menge des elektrolytisch abgeschiedenen Materials ist proportional der durch den Elektrolyten fließenden Ladung.

Gesetz der Ladungserhaltung

In einem abgeschlossenen System bleibt die Gesamtladung erhalten, d.h. die Summe der positiven und negativen Elementarladungen ist konstant. Erscheint also auf einem vorher elektrisch neutralen Körper eine Ladung, so entsteht gleichzeitig eine gleich große Ladung mit dem entgegengesetzten Vorzeichen.

Beispiel: Durch *Ionisation* (s. S. 189) entsteht aus einem neutralen Atom ein positives *Ion*, z. B. aus Wasserstoff H das Wasserstoffion H^+, oder aus Cu das (zweifach geladene) Kupferion Cu^{++}. Die Ladung bleibt erhalten, denn gleichzeitig erscheint ein negativ geladenes Teilchen (ein Elektron) bzw. zwei beim Kupfer.

Da elektr. Ladungen leicht verschieblich sind, lassen sie sich oft trennen. Beispielsweise treten auf einer vorher neutralen Metallkugel Ladungen in Erscheinung, wenn man von außen eine Ladung in die Nähe bringt. Dieser Vorgang heißt *Influenz* (s. S. 215). Der auf der einen Seite der Kugel *influenzierten* Ladung steht eine gleich große Ladung mit entgegengesetztem Vorzeichen gegenüber.

Coulombs Gesetz

Charles Coulomb entdeckte 1784 mit Hilfe einer Drehwaage, daß die Kraft zwischen elektr. Ladungen proportional der Größe der Ladungen und umgekehrt proportional dem Quadrat ihrer Abstände ist. Diese Kraft heißt *Coulomb-Kraft*.

Der Betrag F_C der Coulomb-Kraft $\boldsymbol{F}_C$ zwischen zwei elektr. Punktladungen Q_1 und Q_2 im Vakuum ist:

$$F_C = Q_1 Q_2 / (4\pi\varepsilon_0 r_0^2) \qquad \textbf{Coulombs Gesetz}$$

Q_1, Q_2: elektr. Ladungen, gemessen in C; r_0: Abstand zwischen den Ladungen, gemessen in m; $\varepsilon_0 = 8{,}8542 \times 10^{-12}\,\mathrm{C^2\,J^{-1}\,m^{-1}}$: **elektr. Feldkonstante** (veraltet: Influenzkonstante).

ε_0 ist eine Fundamentalkonstante der Physik.

In Vektorform lautet Coulombs Gesetz:

$$\boldsymbol{F}_C = Q_1\, Q_2 \boldsymbol{r}_0 / (4\pi\varepsilon_0 \boldsymbol{r}^3)$$

$\boldsymbol{r}_0$ ist der Einheitsvektor in der Verbindungsrichtung zwischen Q_1 und Q_2.

Im CGS-System sieht Coulombs Gesetz einfacher aus:

$$F_C = Q_1 Q_2 / r^2$$

dabei wird gemessen: F_C in dyn, r in cm und Q in E.S.E.

Die Richtung von $\boldsymbol{F}_C$ ist entlang der Verbindungslinie beider Ladungen von Q_1 nach Q_2. Es gelten die Regeln der Vektoraddition.

$\boldsymbol{F}_C$ ist eine anziehende Kraft, wenn die Vorzeichen von Q_1 und Q_2 unterschiedl. sind, also + und −.

$\boldsymbol{F}_C$ ist eine abstoßende Kraft, wenn Q_1 und Q_2 das gleiche Vorzeichen tragen, also + und + oder − und −.

$\boldsymbol{F}_C$ zwischen zwei Elementarteilchen ist außerordentlich viel größer als die Massenanziehungskraft $\boldsymbol{F}_g$ (s. S. 45) zwischen ihnen. Es ist

$$F_C / \boldsymbol{F}_g \approx 10^{38}$$

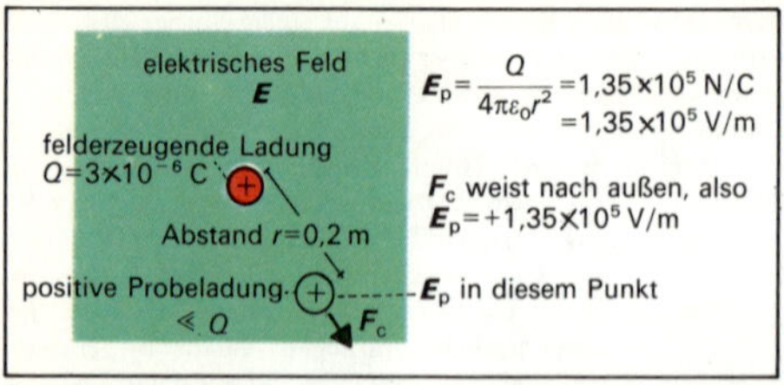

Berechnung von E in einem Punkt

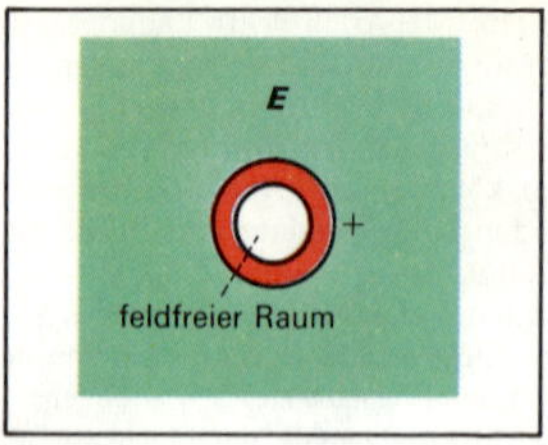

Hohlleiter

Verschiedene Feldkonfigurationen:

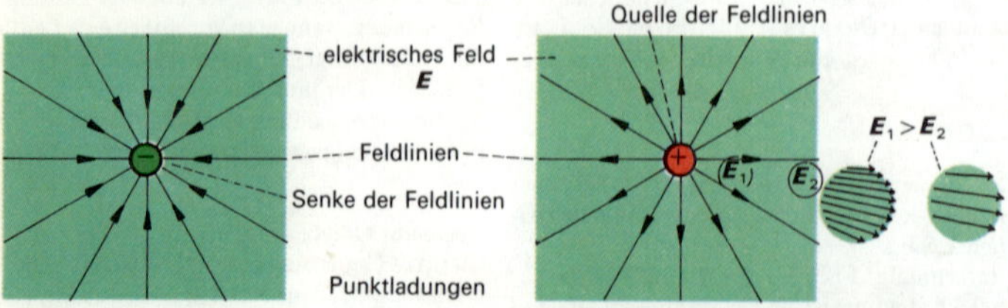

Punktladungen

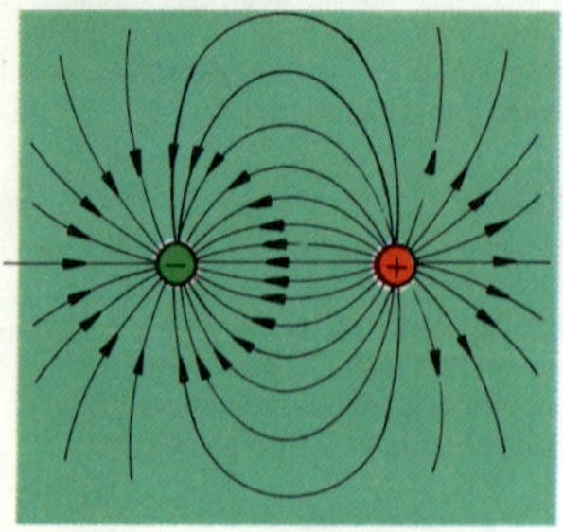

Dipol

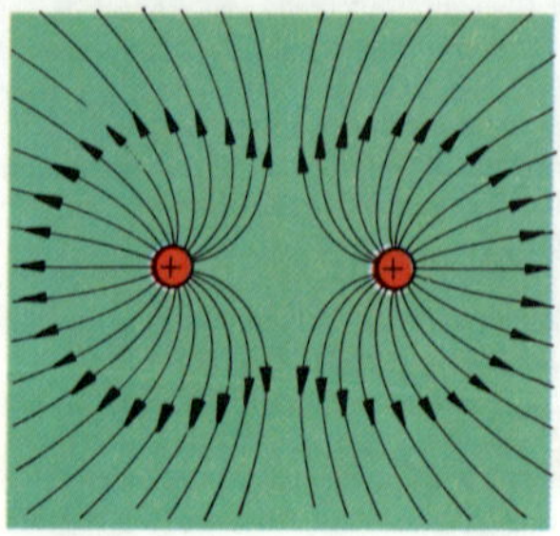

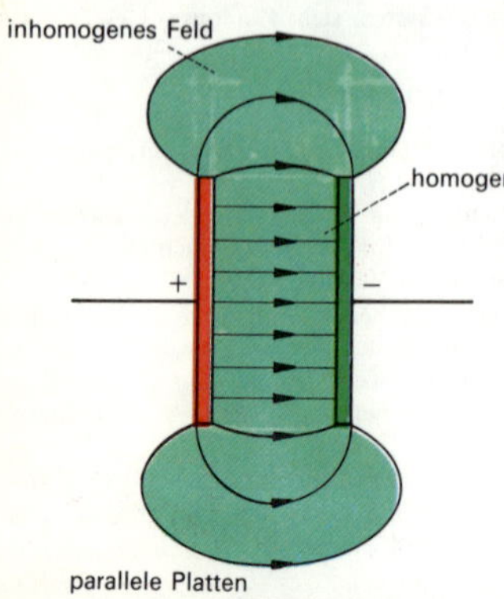

parallele Platten

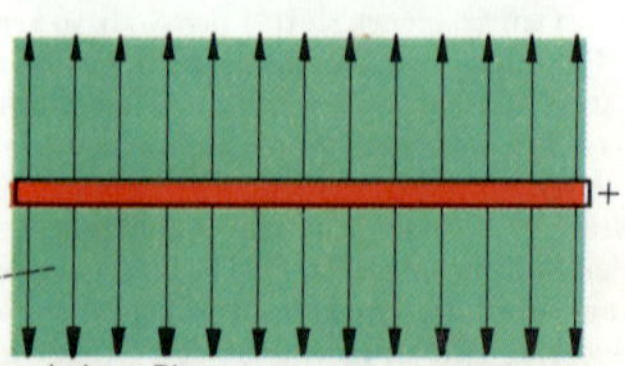

geladene Platte

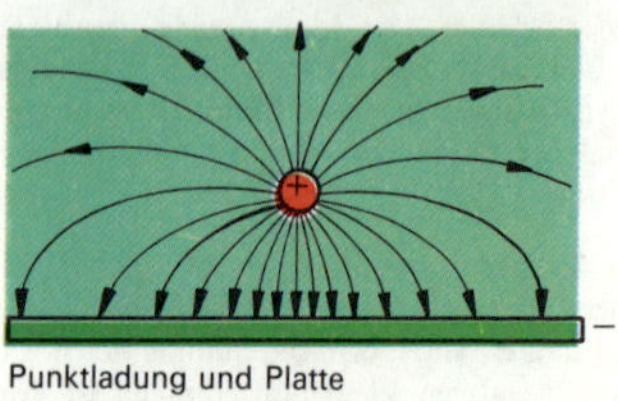

Punktladung und Platte

Elektr. Ladungen erzeugen um sich herum ein **elektrisches Feld**. Es ist eine Eigenschaft des Raumes und bedarf keines Überträgers, existiert also auch im leeren Raum in der Umgebung elektr. Ladungen.

Das elektr. Feld ist lediglich ein Hilfsmittel, um unsere Vorstellung von den physik. Zusammenhängen zu unterstützen.

MICHAEL FARADAY (1791–1867) führte dieses abstrakte Konzept ein. JAMES CLERK MAXWELL (1831–79) entwickelte die mathematischen Hilfsmittel und Formulierungen zum Feldbegriff.

Befindet sich innerhalb des elektr. Feldes eine elektr. Ladung – z.B. ein Elektron –, so wirkt auf die Ladung eine Coulomb-Kraft (s. S. 207). Mit Hilfe einer elektr. Ladung (genannt Probeladung) kann man also die Gegenwart oder Abwesenheit eines elektr. Feldes feststellen:

Beobachtet man eine Kraft auf die Probeladung, so befindet sich diese in einem elektr. Feld.

Die **elektrische Feldstärke** (Formelzeichen $\boldsymbol{E}$) charakterisiert jede Position innerhalb des elektr. Feldes. Die physik. Größe $\boldsymbol{E}$ ist ein Vektor. Die *Richtung* von $\boldsymbol{E}$ stimmt überein mit der Richtung der Coulomb-Kraft auf die Probeladung.

Vereinbarung: $\boldsymbol{E}$ zeigt in Richtung einer positiven Probeladung.

Der *Betrag* von $\boldsymbol{E}$ hängt ab von Größe und Verteilung jener elektr. Ladungen, die $\boldsymbol{E}$ erzeugen.

Beispiel: Für einen Punkt mit der elektr. Ladung Q_1 gilt

$$E = Q_1/(4\pi\varepsilon_0 r^2)$$

E: Betrag der elektr. Feldstärke im Abstand r; ε_0: elektr. Feldkonstante; r: Abstand von der Punktladung, die $\boldsymbol{E}$ hervorruft.

Die Coulomb-Kraft $\boldsymbol{F}_C$ auf eine Probeladung Q innerhalb des elektr. Feldes $\boldsymbol{E}$ ist

$$\boldsymbol{F}_C = \boldsymbol{E}Q$$

Dieser Zusammenhang definiert $\boldsymbol{E}$ für die verschiedensten elektr. Felder:

$$\boldsymbol{E} = \boldsymbol{F}_C/Q \qquad \textbf{elektrische Feldstärke}$$

Die elektr. Feldstärke wird gemessen in Newton/Coulomb (Einheitenzeichen N/C).

Diese Einheit entspricht Volt/Meter.

An einer Position im elektr. Feld existiert die elektr. Feldstärke 1 N/C (bzw. 1 V/m), wenn an dieser Stelle auf die Ladung 1 C die Kraft 1 N wirkt.

Im CGS-System ist die Einheit der elektr. Feldstärke Dyn/Elektrostatische Einheit (Einheitenzeichen dyn/E.S.E.).

Mit Hilfe einer bekannten elektr. Ladung kann man also die Feldstärke eines beliebigen elektr. Feldes an jedem Raumpunkt messen. Die Probeladung muß allerdings so klein sein, daß die dadurch hervorgerufene Verzerrung von $\boldsymbol{E}$ (schließlich besitzt die Probeladung ihr eigenes elektr. Feld) vernachlässigt werden kann.

Aus der allg. Definition von $\boldsymbol{E}$ folgt sofort das Coulombsche Gesetz (s. S. 207), wenn man das Feld einer Punktladung einsetzt:

$$F_C = EQ_1 = (Q/(4\pi\varepsilon_0 r^2))Q_1$$

Die Kraft ist damit in zwei Faktoren aufgespalten. Der eine berücksichtigt nur die Eigenschaften des Raumes (also das Feld) im Abstand r von der felderzeugenden Ladung Q. Der andere Faktor trägt der Probeladung Q_1 Rechnung.

Elektrische Feldlinien zeichnen ein anschauliches Bild des elektr. Feldes im Raum. Die Pfeilspitzen der Feldlinien weisen in Richtung von $\boldsymbol{E}$, die Dichte der Feldlinien ist proportional dem Betrag von $\boldsymbol{E}$. Dort, wo sich die Feldlinien zusammendrängen, erreicht $\boldsymbol{E}$ relativ hohe Werte.

Sind die Feldlinien parallel und ist ihre Dichte überall gleich, so beschreiben sie ein **homogenes** elektr. Feld. Anderenfalls ist das Feld **inhomogen.**

In *elektrostatischen Feldern*, d.h. zeitunabhängigen elektr. Feldern, gibt es **keine** in sich geschlossenen Feldlinien.

Die Feldlinien elektrostat. Felder beginnen in positiven Ladungen (genannt *Quellen* des elektr. Feldes) und enden in negativen Ladungen (genannt *Senken* des elektr. Feldes).

Die Feldlinien sind genau wie der Begriff des Feldes ein abstraktes Konzept, um unser Vorstellungsvermögen zu unterstützen, dennoch lassen sie sich sichtbar machen:

Elektr. Dipole (s. S. 213) in einem elektr. Feld richten sich parallel zu den Feldlinien aus. Bringt man daher winzige Dipole in ein Feld, so reihen sie sich auf den Feldlinien aneinander. Feine Gipskristalle auf einer Glasplatte oder in Öl suspensierte Grassamen sind dafür geeignet.

Beispiele für einfache Feldlinien-Verteilungen:

Punktladung. Die Feldlinien quellen räumlich radial aus einer *positiven* Punktladung heraus. Eine *negative* Punktladung ist Senke der Feldlinien. $\boldsymbol{E}$ ist inhomogen, umgekehrt proportional dem Quadrat des Abstandes von der felderzeugenden Punktladung.

Parallele Platten. Zwischen den Platten sind die Feldlinien parallel und senkrecht zu den Platten. Sie beginnen auf der positiven Platte und enden an der negativen. $\boldsymbol{E}$ ist homogen und unabhängig vom Plattenabstand.

Am Plattenrand existiert ein inhomogenes Randfeld, dessen Feldlinien sich in den Raum außerhalb der Platten wölben.

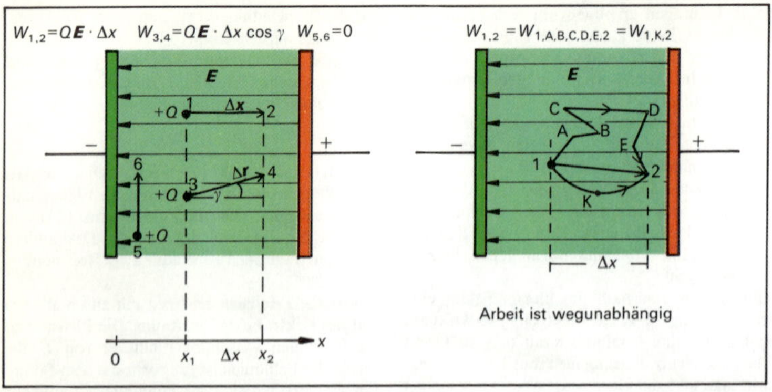

Arbeit im elektrischen Feld

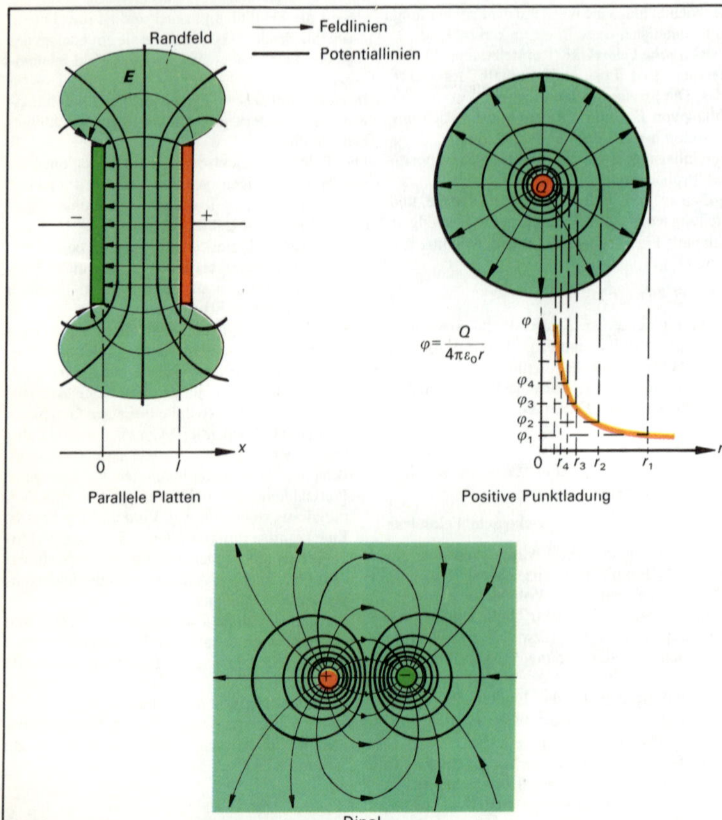

Querschnitte durch Potentialflächen

Befindet sich eine elektr. Ladung Q in einem elektr. Feld, so wirkt auf sie eine Kraft $\boldsymbol{F}$.

$$\boldsymbol{F}=Q\boldsymbol{E}$$

$\boldsymbol{E}$: elektr. Feldstärke (s. S. 209).
Verschiebt man Q in $\boldsymbol{E}$ um $\Delta \boldsymbol{x}$, so ist der Betrag der Arbeit (s. S. 41) das Skalarprodukt

$$W=\boldsymbol{F}\cdot\Delta\boldsymbol{x} \quad \textit{Arbeit}$$
$$=Q\boldsymbol{E}\cdot\Delta\boldsymbol{x}$$

W: bei der Verschiebung abgegebene oder gewonnene Arbeit.

Allgemeine Formulierung:

$$\mathrm{d}W=-\boldsymbol{F}\cdot\mathrm{d}\boldsymbol{r}=-Q\boldsymbol{E}\cdot\mathrm{d}\boldsymbol{r}$$

mit $\boldsymbol{r}$: Ortsvektor.
Vereinbarung: W ist negativ, wenn $\boldsymbol{F}$ und $\mathrm{d}\boldsymbol{r}$ in die gleiche Richtung weisen. Eine Verschiebung von $\boldsymbol{r}_1$ nach $\boldsymbol{r}_2$ erfordert also die Arbeit

$$W_{1,2}=-\int_{r_1}^{r_2}\boldsymbol{F}\cdot\mathrm{d}\boldsymbol{r}=-Q\int_{r_1}^{r_2}\boldsymbol{E}\cdot\mathrm{d}\boldsymbol{r}$$

W für die Verschiebung zwischen zwei Punkten 1 und 2 ist **unabhängig vom Verschiebungsweg**, es ist also gleichgültig, auf welchem Wege Q von 1 nach 2 gelangt.

Das muß so sein, denn wäre W auf einem Wege größer als auf einem anderen, so könnte man bei einem entsprechend gewählten Kreisweg unentwegt Arbeit gewinnen. Das wäre dann ein perpetuum mobile 1. Art (s. S. 109).

Da W nur von Anfangs- und Endposition der Ladung im elektr. Feld abhängt, kann man eine Funktion – genannt **Potential** – so definieren, daß gilt

$$W=Q(\varphi(\mathrm{B})-\varphi(\mathrm{A}))$$
$$=Q\Delta\varphi$$

$\varphi(\mathrm{A})$, $\varphi(\mathrm{B})$: Wert des Potentials am Ort A bzw. B innerhalb des elektr. Feldes; $\Delta\varphi$: Potentialdifferenz **zwischen** den beiden Orten A und B.
W hängt nur von $\Delta\varphi$ ab; also kann man einen der beiden Potentialwerte beliebig wählen, d. h. man kann φ normieren. Vorteilhaft ist die Wahl $\varphi=0$ für einen geerdeten Leiter. Das Potential ist dann Null für φ (Erde). Bei einer Punktladung ist es günstiger, $\varphi=\infty$ für den Ort der elektr. Ladung zu verwenden.

Elektrische Spannung

Die Potentialdifferenz zwischen zwei Orten im elektr. Feld heißt **elektrische Spannung** (Formelzeichen U oder V) **zwischen** beiden Positionen. Es gilt

$$\text{Spannung}=\text{Arbeit}/\text{Ladung}$$

Die elektr. Spannung wird gemessen in der abgeleiteten SI-Einheit Volt (Einheitenzeichen V), benannt nach ALESSANDRO VOLTA (1745–1827).

Definition: In einem elektr. Feld herrscht zwischen den beiden Punkten A und B die elektr. Spannung 1 Volt, wenn bei der Verschiebung der Ladung 1 Coulomb von A nach B die Arbeit $W=1$ Joule verrichtet wird.

Seit 1.1.1990 dient die Josephson-Konstante $K_{\mathrm{J\text{-}90}}=483\,597{,}9$ MHz/V als Standard für die Präzisionsmessung des Volt.

Voltmeter messen die elektr. Spannung. Sie werden durch Vergleich mit der Spannung eines Normalelementes geeicht.

Das *Weston-Normalelement* hat im unbelasteten Zustand und bei 20 °C die elektr. Spannung $U=1{,}01830$ V zwischen den beiden Elektroden.

Mit Hilfe der elektr. Spannung kann jetzt der Betrag der elektr. Feldstärke (s. S. 209) bequem gemessen werden. Es gilt

$$E=\text{Kraft}/\text{Ladung}=\text{Arbeit}/(\text{Ladung}\times\text{Weg})$$
$$=\text{Spannung}/\text{Weg}$$

gemessen in V/m.

Potentialflächen, Niveauflächen

Verschiebt man eine elektr. Ladung senkrecht zu den elektr. Feldlinien, so wird dafür keine Arbeit benötigt, denn auf diesem Wege ist $\boldsymbol{E}$ konstant und $\Delta\varphi=0$.

Orte mit bestimmtem Potential liegen auf **Potentialflächen; Potentiallinien** verbinden Positionen, deren Potential den gleichen Wert hat. Um zu unterstreichen, daß φ auf einer bestimmten Potentialfläche den gleichen Wert hat, heißen sie auch *Äquipotentialflächen*. Die elektr. Feldlinien durchdringen senkrecht die Potentialflächen. Die Verschiebung einer elektr. Ladung auf einer Potentialfläche erfordert keine Arbeit.

Die Höhenlinien der Landkarten sind Horizontalschnitte durch das Gravitationspotential φ_{E} der Erde. Dabei ist $\varphi_{\mathrm{E}}=0$ an der Erdoberfläche.

Beispiel: Zwischen zwei parallelen, elektr. geladenen Platten liegen die Potentialflächen im Inneren parallel zu den Platten. E ist homogen, das Potentialgefälle $\mathrm{d}\varphi/\mathrm{d}x$ ist konstant. Es gilt

$$E=\Delta\varphi/d$$

$\Delta\varphi$: Potentialdifferenz zwischen den beiden Platten; d: Plattenabstand. Also

$$U=Ed \quad \text{und} \quad \mathrm{d}\varphi/\mathrm{d}x=E\,.$$

An den Rändern biegen sich die Potentialflächen so auf, daß sie senkrecht auf den Feldlinien stehen. Die elektrischen Randfelder sind inhomogen.

Feld und Potential

Es gilt folgender Zusammenhang:

$$\boldsymbol{E}=-\operatorname{grad}\varphi$$

(Differentialoperator grad s. S. 14)
Man kann also das elektr. Feld entweder durch das Vektorfeld $\boldsymbol{E}(\boldsymbol{r})$ oder durch das Skalarfeld $\varphi(\boldsymbol{r})$ beschreiben.

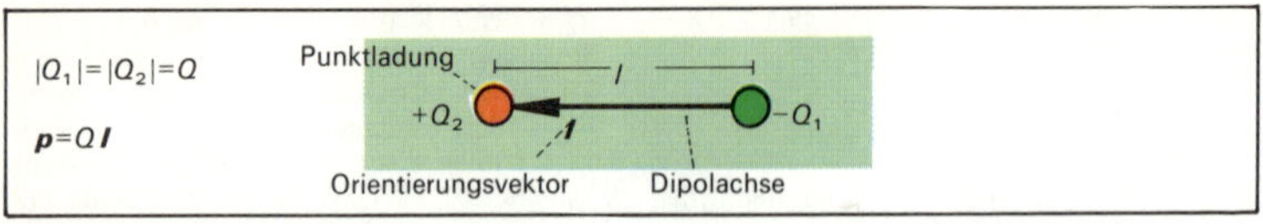

Dipol und Dipolmoment $\boldsymbol{p}$

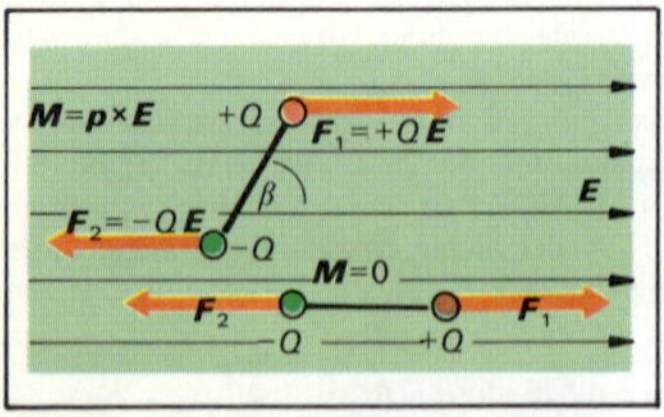

Dipole im homogenen Feld

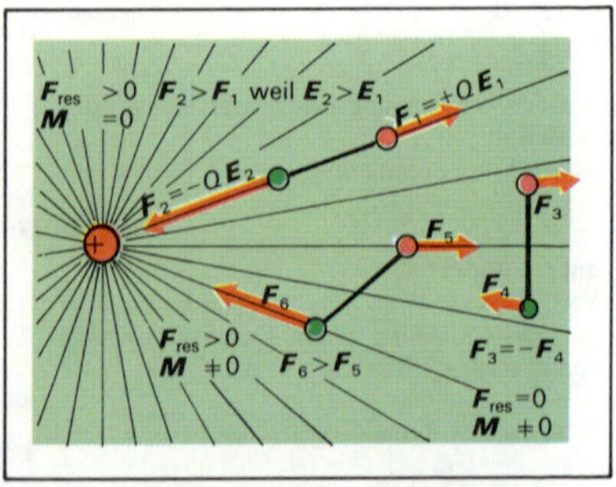

Dipole im inhomogenen Feld

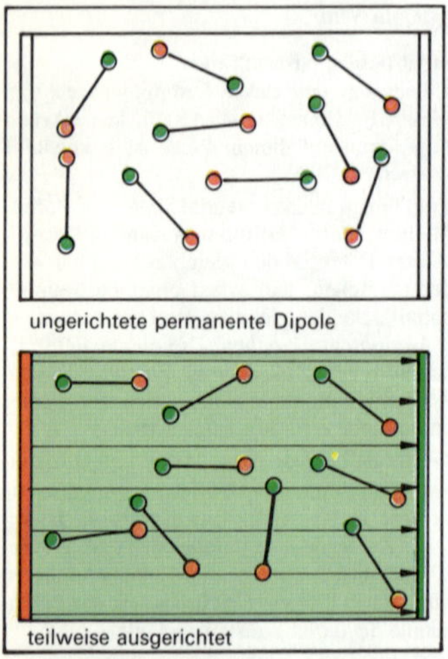

Orientierungspolarisation

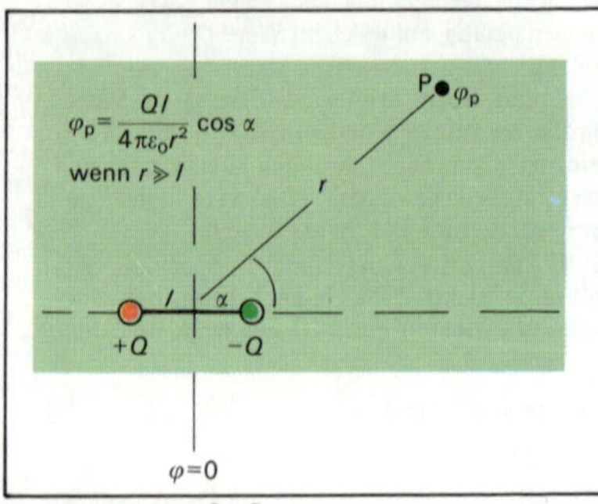

Dipolpotential am Ort P

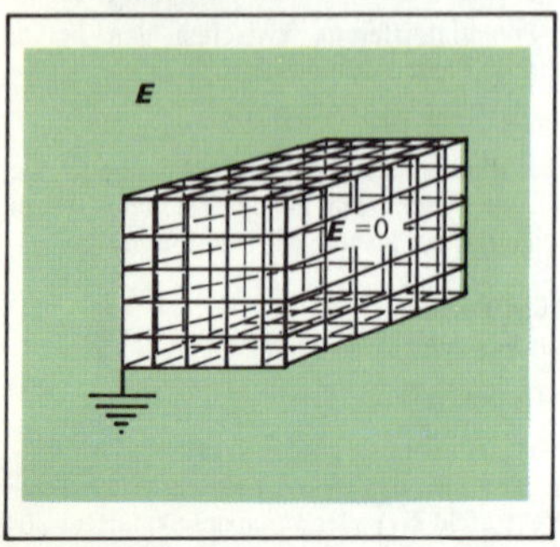

Faraday-Käfig

Molekül	μ in 10^{-30} C·m	μ in D
CsI	34,0	10,2
KCl	27	8,0
$=C^+=O^-$	27	8,0
$=N^- - H^+$	10	3,0
D_2O	6,20	1,86
H_2O	6,17	1,85
SO_2	5,30	1,59
NH_3	4,90	1,47
HCl	3,50	1,05
N_2	0	0
O_2	0	0
Cl_2	0	0
CO_2	0	0
CH_4	0	0
$SiCl_4$	0	0

Permanente elektr. Dipolmomente μ

Ein elektr. **Dipol** besteht aus zwei Punktladungen (den Polen) von gleichem Betrag aber unterschiedl. Vorzeichen, separiert durch einen geringen Abstand. Die Verbindungslinie beider Ladungen heißt *Dipolachse*.

Das **elektrische Dipolmoment** (Formelzeichen $\boldsymbol{p}$) des Dipols ist

$$\boldsymbol{p}=Q\boldsymbol{l} \qquad \textit{Dipolmoment}$$

mit

Q: elektr. Ladung einer Punktladung, gemessen in C; $\boldsymbol{l}$: Orientierungsvektor des Dipols, weist vom negativen zum positiven Pol. Sein Betrag l ist der Abstand der Punktladungen.

Der Betrag von $\boldsymbol{p}$ (als Formelzeichen dient meist μ) wird gemessen in Coulomb · Meter (Formelzeichen C · m). Dafür gibt es eine besondere Einheit:

1 Debye (Einheitenzeichen D)
$=3{,}34\times10^{-30}\,\mathrm{C\cdot m}$

benannt nach PETER DEBYE (1884–1966).

Eine Einheit entspricht etwa dem Betrag des elektr. Dipolmoments zweier Elementarladungen im Abstand eines Atomradius.

Den elektr. Dipol umgibt ein *Dipolfeld*; es hat überall einen endlichen Wert.

Das Potential φ des elektr. Dipols ist die Differenz aus beiden Punktladungspotentialen (s. S. 211).

$$\varphi=Ql\cos\alpha/(4\pi\varepsilon_0 r^2) \qquad \textit{Dipolpotential}$$

mit

ε_0: elektr. Feldkonstante (s. S. 207); α: Winkel bezogen auf die Dipolachse; r: Abstand zur Mitte des Dipols, unter der Voraussetzung, daß $r \gg l$. $\varphi=0$ auf der Symmetrieebene des Dipols; $\boldsymbol{E}$ hat jedoch auch dort einen endlichen Wert.

Permanente elektrische Dipole besitzen von Natur aus ein elektr. Dipolmoment. Manche Moleküle zeigen getrennte elektr. Ladungen, es sind winzige elektr. Dipole. Beispiele: Wasser, Ammoniak, viele organische Moleküle.

Elektrische Dipole im elektrischen Feld

Befindet sich ein elektr. Dipol in einem äußeren elektr. Feld $\boldsymbol{E}$, so greift an jeder Ladung eine Kraft $\boldsymbol{F}=Q\boldsymbol{E}$ an (s. S. 211). In einem *homogenen elektr. Feld* sind die Kräfte von gleichem Betrag aber unterschiedl. Vorzeichen, d.h. sie wirken in entgegengesetzte Richtungen. Daraus resultiert ein Drehmoment $\boldsymbol{M}$ (s. S. 49)

$$\boldsymbol{M}=\boldsymbol{p}\times\boldsymbol{E}=Q\boldsymbol{l}\times\boldsymbol{E}$$

$\boldsymbol{M}$ steht senkrecht auf der durch $\boldsymbol{l}$ und $\boldsymbol{E}$ aufgespannten Ebene, die Richtung folgt aus den Regeln des Vektorprodukts (s. S. 13). Der Betrag M des Drehmoments $\boldsymbol{M}$ ist

$$M=QlE\sin\beta$$

mit

β: Winkel zwischen Dipolachse und elektr. Feldlinien.

Die durch das elektr. Feld hervorgerufene Kraft versucht, den Dipol zu drehen, solange $\beta>0$ ist. Ist $\beta=0$, d. h. die Dipolachse ist parallel zu den elektr. Feldlinien, so verschwindet das Drehmoment.

In einem *inhomogenen elektr. Feld* greifen Kräfte mit versch. Betrag an die einzelnen Ladungen des Dipols an, denn an jedem Pol ist die elektr. Feldstärke verschieden.

Resultat: Neben einem Drehmoment wirkt eine Kraft, die den Dipol als Ganzes in Richtung wachsender Feldstärke beschleunigt.

Orientierungspolarisation

Permanente elektr. Dipole sind in der Regel ungeordnet, d. h. die Richtungen der Dipolachsen sind statistisch verteilt. Die elektr. Dipolfelder heben sich gegenseitig auf. Bringt man ein Material mit permanenten elektr. Dipolen in ein homogenes elektr. Feld, so richtet das dabei auftretende elektr. Drehmoment einen Teil der elektr. Dipole parallel zu den Feldlinien aus. Es entsteht eine elektr. **Orientierungspolarisation**, erkennbar an einer elektr. Oberflächenladung der Substanz.

Die Viskosität der Substanz (s. S. 69) führt zu einer Verzögerungszeit zwischen Anlegen des äußeren elektr. Feldes und Ausbildung der Orientierungspolarisation. Die Wärmebewegung der Moleküle wirkt der Ausrichtung entgegen. Je niedriger die Temperatur der Substanz, desto größer ist die Orientierungspolarisation.

Elektrische Leiter

Lassen sich die Träger der elektr. Ladung, also bes. die negativ geladenen Elektronen einer Substanz, durch ein äußeres elektr. Feld leicht verschieben, so ist dieses Material ein **elektr. Leiter**. Anderenfalls liegt ein **Isolator** oder **Nichtleiter** vor.

In einem Isolator verschieben sich die Elektronen unter Einwirkung eines elektr. Feldes nur um sehr kleine Distanzen, etwa um einen Atomdurchmesser.

Metalle sind die wichtigsten elektr. Leiter. Die Oberfläche des Leiters ist eine Äquipotentialfläche, φ ist überall auf ihr konstant. Alle elektr. Ladungen befinden sich an der Oberfläche des Leiters.

Im Inneren eines Leiters ist $\boldsymbol{E}=0$.

Das muß so sein, denn φ ist überall konstant und es gilt: $\boldsymbol{E}=-\operatorname{grad}\varphi$.

Anwendungen: Der **Faraday-Becher** – erfunden von MICHAEL FARADAY (1791–1867) – ist ein unten geschlossener Hohlleiter. Durch Berühren mit der Innenwand entlädt man einen Gegenstand vollständig.

Der **Faraday-Käfig** ist ein von einem geerdeten Leiter (oder einem engmaschigen Netz aus Leitermaterial) umschlossener Raum. Er dient zur Abschirmung elektrostat. Felder, denn der Innenraum ist feldfrei.

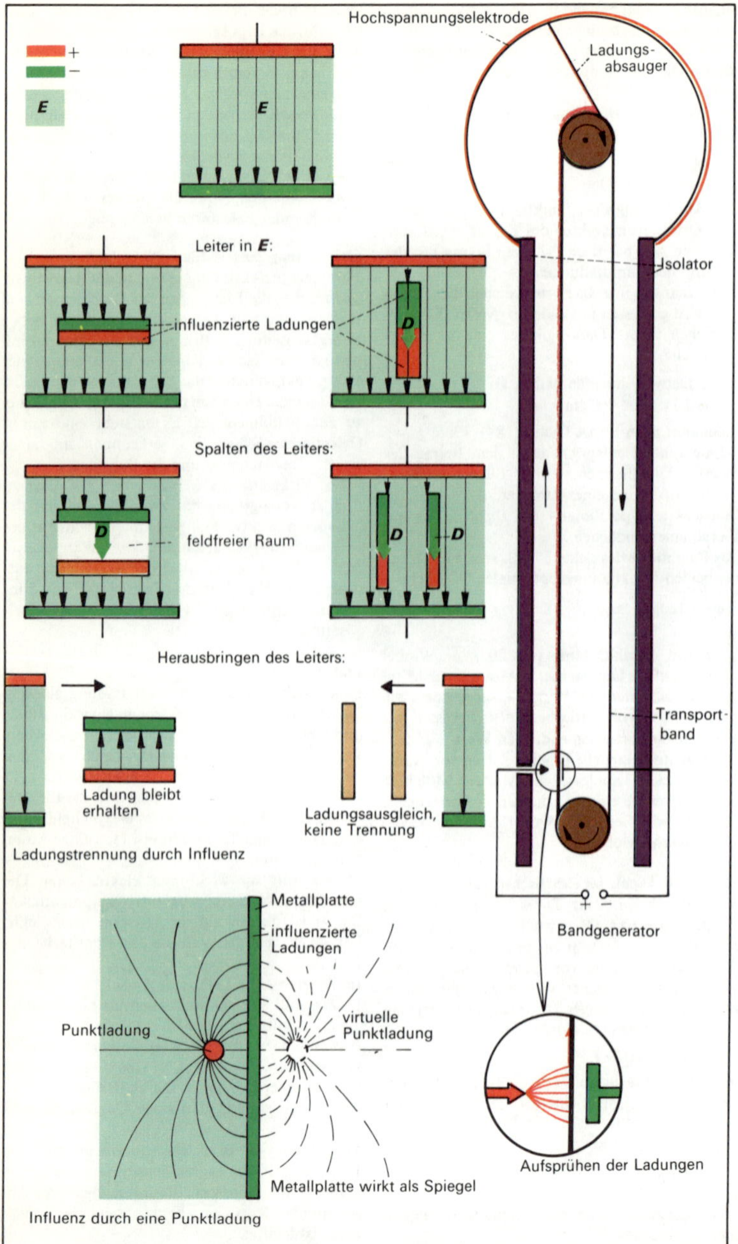

Ladungstrennung durch Influenz

Influenz durch eine Punktladung

Die Oberfläche eines elektr. Leiters besitzt eine *Flächenladungsdichte* (Formelzeichen σ), gemessen in C/m^2,

$$\sigma = Q/F \qquad \textit{Flächenladungsdichte}$$

mit

Q: elektr. Ladung; F: Oberfläche des Leiters.

Unter dem Einfluß eines elektr. Feldes verschieben sich die leicht beweglichen elektr. Ladungen.

Influenz heißt die Trennung der Oberflächenladungen nach ihren Vorzeichen. Die negativen Ladungsträger sammeln sich gegenüber dem positiven Pol des elektr. Feldes, positive Ladungen erscheinen auf der Gegenseite des Leiters.

Die Gesamtladung bleibt wegen der Ladungserhaltung (s. S. 207) natürlich konstant.

Beispiel: Bringt man einen elektr. Leiter (eine Metallplatte oder -kugel) in das homogene Feld zwischen zwei elektr. geladenen Platten, so *induziert* das Feld Ladungen auf dem Leiter. Diese sammeln sich – entsprechend ihren Vorzeichen – auf gegenüberliegenden Seiten. Spaltet man jetzt den Leiter senkrecht zu den Feldlinien, so entstehen ein positiv und ein negativ geladener Leiter. Beide Leiter kann man aus $\boldsymbol{E}$ entfernen, sie tragen dann Ladungen mit versch. Vorzeichen.

Spaltet man dagegen die Leiter parallel zu den Feldlinien, so gleichen sich die influenzierten Ladungen aus, sobald der Leiter $\boldsymbol{E}$ verläßt.

Die **elektr. Flußdichte** oder **elektr. Verschiebung** (Formelzeichen $\boldsymbol{D}$) beschreibt das Feld zwischen den influenzierten und räumlich getrennten Ladungen. Es gilt

$$\boldsymbol{D} = \varepsilon_0 \boldsymbol{E} \qquad \textit{elektr. Verschiebung}$$

mit

ε_0: elektr. Feldkonstante, auch Influenzkonstante genannt (s. S. 207); $\boldsymbol{E}$: elektr. Feldstärke des influenzierenden Feldes.

$\boldsymbol{D}$ weist in die gleiche Richtung wie $\boldsymbol{E}$.

Mit Hilfe der Influenz kann man ein elektr. Feld ausmessen: Man führt zwei aneinander liegende Metallplättchen in $\boldsymbol{E}$ ein, zieht sie auseinander, dreht und stellt fest, für welchen Drehwinkel die induzierte Ladung ein Maximum erreicht. Dann stehen die Feldlinien von $\boldsymbol{E}$ senkrecht auf den Plättchen und für den Betrag E von $\boldsymbol{E}$ gilt $E = \sigma/\varepsilon_0$, leicht meßbar mit Hilfe eines Elektrometers.

Anwendungen:

Die **Influenzmaschine** erzeugt auf bewegl. Leitern Ladungen, die dann abgegeben werden. Auf zwei rotierenden Isolierscheiben befinden sich leitende Sektoren, die durch Schleifkontakte so verbunden sind, daß sie bei Drehung immer höhere Influenz zeigen. Die influenzierte Spannung steigt an, bis sie zwischen den Platten überschlägt.

Der **Bandgenerator** oder **Van-de-Graaff-Generator**, konstruiert 1931 von R. VAN DE GRAAFF (1901–67), ist eine verbesserte Influenzmaschine: Ein endloses, isolierendes Band (z. B. aus Nylon) läuft schnell zwischen zwei Walzen um. Eine davon sitzt im Inneren einer isolierten Metallhohlkugel (Durchmesser ca. 1 m). Durch Influenz werden an der anderen Walze positive oder negative Ladungen auf das Band gebracht (aufgesprüht). Diese haften, werden in die Kugel transportiert und dort mittels Schleifkontakten abgenommen. Es gelingt, die Hohlkugel auf mehrere Millionen Volt zu laden. Die aufgebaute Hochspannung dient zur Teilchenbeschleunigung für kernphysikalische Experimente.

Energie im elektrischen Feld

Um ein elektr. Feld aufzubauen, werden z. B. Elektronen auf einen elektr. Leiter gebracht. Ist erst mal eine elektr. Ladung vorhanden, bedarf es Energie, um weitere aufzubringen. Diese Energie speichert das entstandene elektr. Feld.

Für die **Energiedichte** (Formelzeichen w) homogener und inhomogener elektr. Felder gilt

$$w = \varepsilon_0 E^2/2 \qquad \textit{Energiedichte}$$

mit

E: Betrag der elektr. Feldstärke.

w wird gemessen in J/m^3.

Beispiel: w zwischen zwei parallelen geladenen Platten (Plattenkondensator). Da E = elektr. Spannung (U)/Plattenabstand (d), folgt

$$w = \varepsilon_0 U^2/(2d^2).$$

Für $U = 1{,}5$ V und $d = 0{,}1$ mm folgt $w = 9{,}96 \times 10^{-4}\,J/m^3$. Hat der geladene (und zwischen den Platten materiefreie) Kondensator eine Oberfläche von $1\,cm^2$, so speichert das elektr. Feld zwischen den Platten die Energie $9{,}96 \times 10^{-12}$ J.

Elektronvolt

Ein elektr. geladenes Teilchen innerhalb $\boldsymbol{E}$ wird durch elektr. Kräfte entlang der Feldlinien und in Richtung des entgegengesetzten Vorzeichens beschleunigt. Die dafür notwendige Energie liefert das elektr. Feld. Die kinet. Energie T des Teilchens (s. S. 43) wächst um

$$\Delta T = QU$$

Dieser Vorgang dient zur Definition einer Einheit der Energie bzw. der Arbeit, die gemeinsam mit dem SI-System benutzt wird. Sie ist vor allem in Atom- und Kernphysik eingeführt.

1 **Elektronvolt** (Einheitenzeichen eV) ist jene Energie, die eine Elementarladung gewinnt, wenn sie eine Potentialdifferenz von 1 Volt durchfällt.

Umrechnung: $1\,eV = 1{,}602 \times 10^{-19}$ Joule.

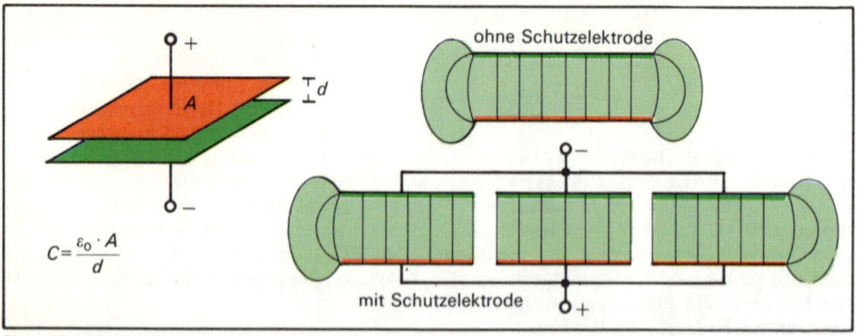

Plattenkondensatoren

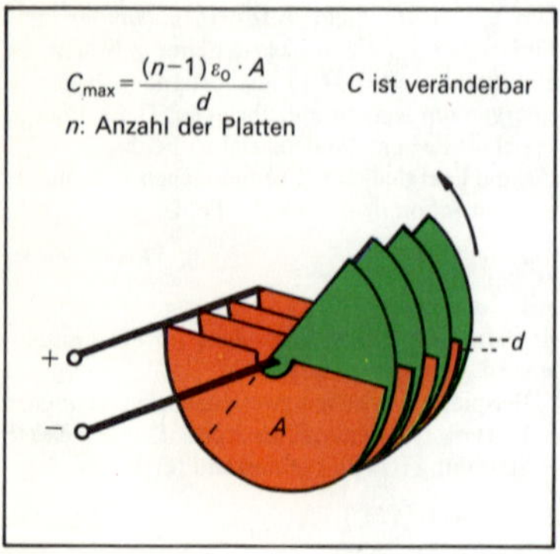

Drehkondensator

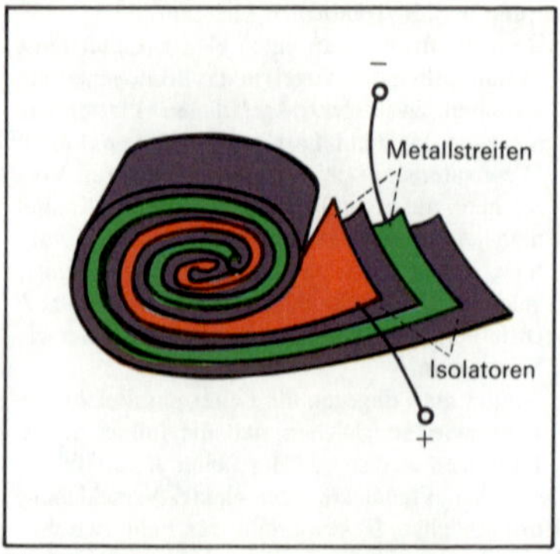

Blockkondensator

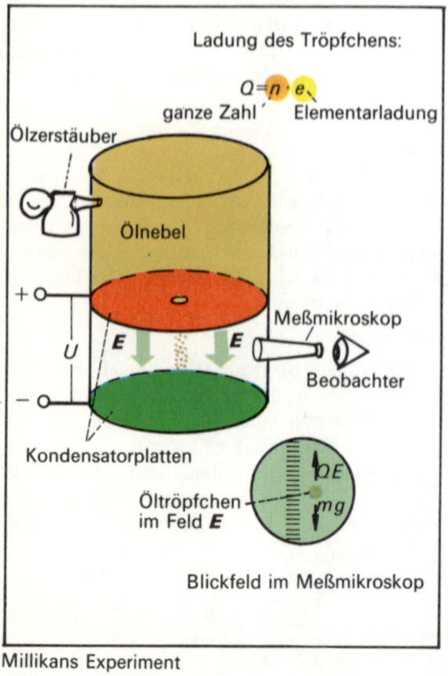

Millikans Experiment

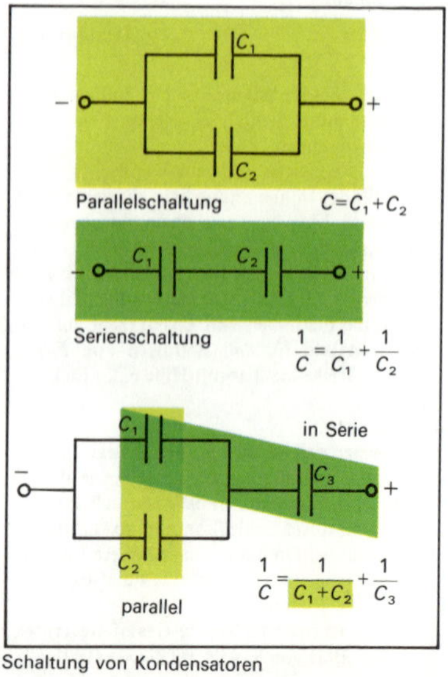

Schaltung von Kondensatoren

Trägt ein elektr. Leiter die Ladung $+Q$ und ein anderer die Ladung $-Q$, so existiert zwischen ihnen die elektr. Spannung U. Dabei gilt

$$U=\frac{1}{C}Q$$

Die Größe C heißt **elektrische Kapazität** (Formelzeichen C) der Anordnung.

Die Anordnung der Leiter kann sehr versch. sein, z. B. parallele Platten, Punktladung und Platte, konzentr. Zylinder oder Kugeln.

Die elektr. Kapazität wird gemessen in der abgeleiteten SI-Einheit **Farad** (Einheitenzeichen F), benannt nach MICHAEL FARADAY (1791–1867).

1 Farad = 1 Coulomb/1 Volt

Die geometr. Anordnung zweier Leiter besitzt die elektr. Kapazität 1 Farad, wenn die Ladung 1 Coulomb eine elektr. Spannung von 1 Volt zwischen den Leitern hervorruft.

Farad ist eine sehr große Einheit; die meisten Anordnungen haben Kapazitäten zwischen µF und pF.

Kondensator

Ein **Kondensator** ist ein elektr. oder elektron. Bauteil mit bestimmter Kapazität. C eines Kondensators hängt nur ab von der Geometrie der Anordnung und dem Material im Zwischenraum (s. Dielektrika, S. 219).

Der **Plattenkondensator** besteht aus zwei parallelen, gegeneinander isolierten elektr. leitenden Schichten gleicher Größe und Form. Sie tragen gleich große Ladungen mit versch. Vorzeichen. Im Vakuum gilt

$$C=\varepsilon_0 A/d$$

A: Fläche *einer* Kondensatorplatte; d: Plattenabstand; ε_0: elektr. Feldkonstante.

Man beachte: C nimmt zu, wenn der Plattenabstand *sinkt*. Hält man die Spannung zwischen den Kondensatorplatten konstant und vergrößert ihren Abstand, so sinkt die Ladung auf den Platten.

Beispiel: Ein Kondensator mit 2 cm × 0,2 cm Flächen und 1 mm Plattenabstand besitzt im Vakuum die Kapazität $C=0{,}354$ pF. In Luft hat C praktisch den gleichen Wert (s. S. 219).

Am Rand quellen die elektr. Feldlinien aus dem Kondensator heraus.

Sollen die Feldlinien im Plattenkondensator überall parallel sein, so wird er mit einer *Schutzelektrode* umgeben.

Der **Blockkondensator** ist ein zur Raumersparnis aufgerollter und versiegelter Plattenkondensator.

Kugelkondensator. Das elektr. Feld befindet sich zwischen zwei konzentrischen, leitenden Kugelschalen. Im Vakuum gilt

$$C=4\pi\varepsilon_0 r_1 r_2/(r_2-r_1)$$

r: Kugelradien, $r_2>r_1$.

Der **Zylinderkondensator** besteht aus zwei achsengleichen, ineinander steckenden Zylinderschalen. Im Vakuum gilt

$$C=2\pi\varepsilon_0 l/\ln(r_2/r_1)$$

l: Zylinderlänge; r: Zylinderradien, $r_2>r_1$.

Ein Kondensator speichert die Energie $E=\frac{1}{2}CU^2$

Schaltung von Kondensatoren

Bei *Parallelschaltung* sind Kondensatorseiten mit gleichem elektr. Vorzeichen miteinander verbunden. Die Gesamtkapazität C der Anordnung ist die Summe der Einzelkapazitäten $C_1, C_2, \ldots, C_n$.

$$C=\sum_i^n C_i=C_1+C_2+C_3+\ldots+C_n$$

Bei *Serienschaltung, Hintereinanderschaltung*, sind jeweils Kondensatoren mit versch. Vorzeichen kettenartig verbunden. Der Kehrwert der Gesamtkapazität ist die Summe der Kehrwerte der Einzelkapazitäten.

$$1/C=\sum_i^n 1/C_i=1/C_1+1/C_2+1/C_3+\ldots+1/C_n$$

Anwendungen:

Das **Faden-** oder **Saitenelektrometer** mißt elektr. Ladungen. Ein leitender Quarzfaden (Durchmesser einige µm) ist in einem Plattenkondensator (Plattenabstand d) ausgespannt. Gelangt eine Ladung Q auf den Faden, so wirkt auf diesen eine Kraft vom Betrag $F=QU/d$, mit U: Spannung zwischen den Kondensatorplatten. Der Faden biegt sich also proportional Q durch. Wird der Faden im Meßmikroskop beobachtet, so lassen sich Ladungen > ca. 10^{-15} C messen.

Beim **Kondensatormikrophon** ist die eine Platte des Kondensators so dünn, daß sie beim Auftreffen von Schallwellen mitschwingt. Die daraus resultierenden Schwankungen von C führen zu Spannungsänderungen, die dann nach Verstärkung auf den Lautsprecher übertragen werden.

Messung der Elementarladung, erstmalig 1909 durch ROBERT MILLIKAN (1868–1953; Nobelpreis 1923):

Winzige Öltröpfchen werden in das Feld eines horizontalen Plattenkondensators (Spannung U, Plattenabstand d) gesprüht; jedes weist eine elektr. Oberflächenladung Q auf. Bei seitlicher Beleuchtung kann man ein einzelnes Tröpfchen im Meßmikroskop beobachten. Das Gewicht mg (s. S. 37) zieht es nach unten, das (entsprechend gepolte) Kondensatorfeld übt eine Kraft vom Betrag QU/d nach oben aus. Man ändert die Kondensatorspannung, bis das Tröpfchen schwebt. Beide Kräfte heben sich auf, also gilt:

$$Q=mgd/U$$

Die Tröpfchenmasse m bestimmt man anhand der viskosen Reibung (s. Fall mit Reibung, S. 47).

MILLIKAN entdeckte, daß Q immer ein ganzzahliges Vielfaches einer sehr kleinen Ladung – der Elementarladung – ist.

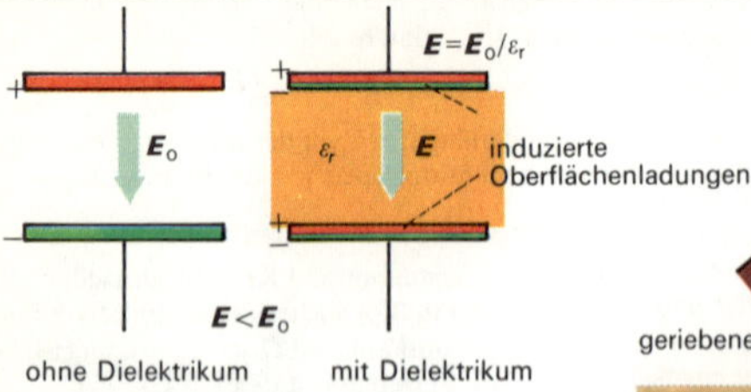

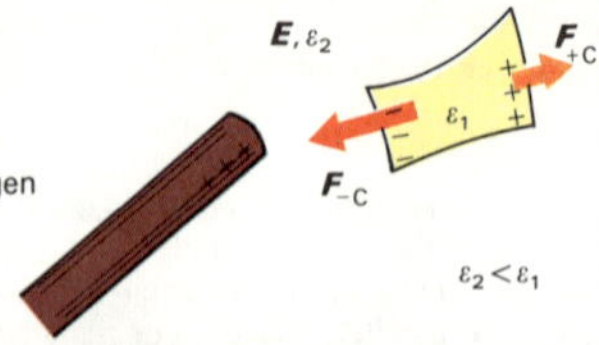

geriebener Hartgummistab in Luft zieht Papier an

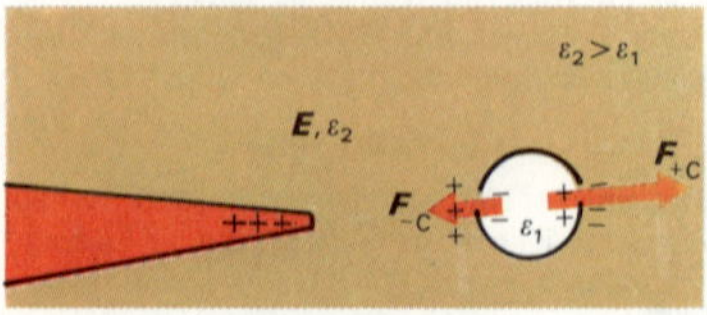

Elektrode in Öl stößt Luftblase ab

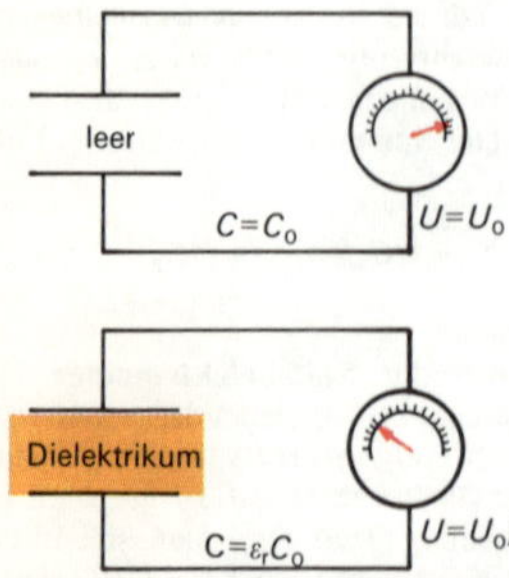

Kondensator mit und ohne Dielektrikum

Dielektrikum	ε_r	χ_0
Vakuum	1	0
Luft	1,00054	0,00054
Helium	1,0055	0,0055
Teflon	2,1	1,1
Polyethylen	2,3	1,3
Benzol	2,3	1,3
Olivenöl	3,1	2,1
Papier	3,5	2,5
Schwefel	3,5	2,5
Bakelit	4,8	3,8
Chloroform	4,8	3,8
Bernstein	5,4	4,4
Porzellan	6,5	5,5
Neoprene	6,9	5,9
Glimmer	7,0	6,0
Iod	11,1	10,1
Ethylalkohol	24	23
Glycerin	43	42
Wasser (18 °C)	81,1	80,1
Titanoxid	100	99

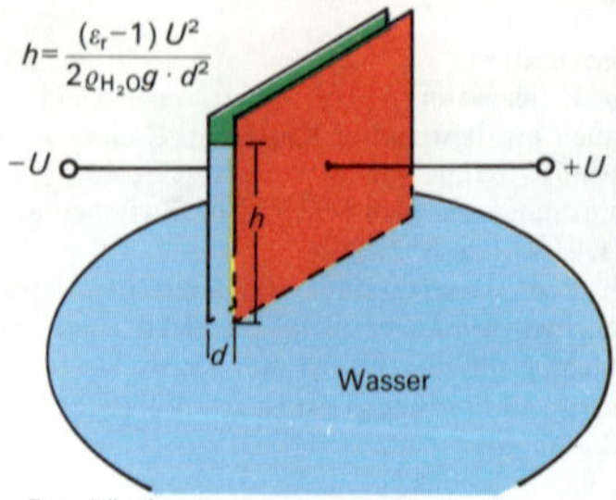

Das flüssige Dielektrikum steigt auf

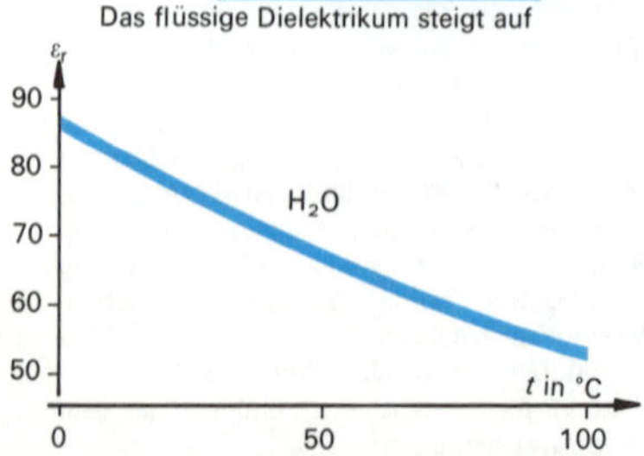

Temperaturabhängigkeit der Permittivitätszahl ε_r

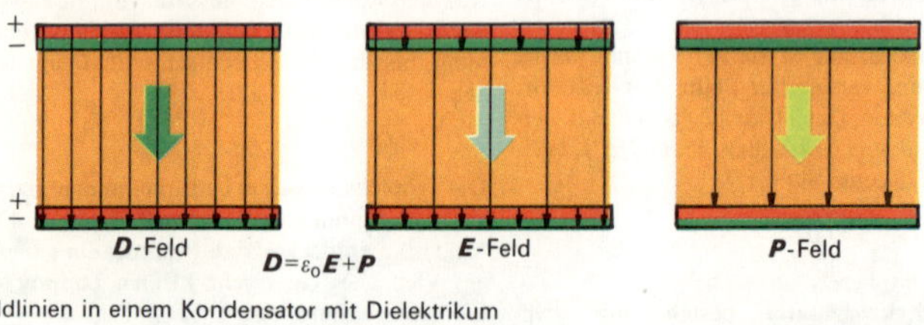

Feldlinien in einem Kondensator mit Dielektrikum

Bringt man in das elektr. Feld E eines Kondensators einen Isolator, so induziert E Oberflächenladungen auf dem Isolator. Die Coulombkraft zieht die Substanz in das Feld hinein. Umgekehrt benötigt man eine Kraft, um den Isolator aus dem Feld zu entfernen.

Das isolierende Material im elektr. Feld heißt **Dielektrikum.**

Die Kapazität C des Kondensators ist

$$C = \varepsilon_r C_0$$

mit

C_0: Kapazität ohne Dielektrikum; C: Kapazität mit Dielektrikum; ε_r: **Permittivitätszahl, Dielektrizitätszahl.**

$$\varepsilon_r = C/C_0 \qquad \textit{Permittivitätszahl}$$

ε_r ist eine dimensionslose Größe, immer $\geqq 1$; sie hängt vom Material und von der Temperatur ab. Für Vakuum gilt $\varepsilon_r = 1$, für Luft unterscheidet sich ε_r erst in der 4. Stelle von 1. Wasser hat einen ungewöhnlich hohen Wert ($\varepsilon_r = 81{,}1$).

Das Produkt aus ε_r und der elektr. Feldkonstante ε_0 heißt **Permittivität** oder **Dielektrizitätskonstante** (Formelzeichen ε) des Materials.

$$\varepsilon = \varepsilon_r \varepsilon_0 \qquad \textit{Permittivität}$$

ε_r ist damit die Permittivität eines Materials bezogen auf die Permittivität von Vakuum.

Für einen Plattenkondensator mit einem Dielektrikum zwischen den Platten gilt

$$C = \varepsilon_r \varepsilon_0 A/d = \varepsilon A/d$$

Beispiel: Ist der Plattenkondensator von Seite 217 mit Glimmer ($\varepsilon_r = 7$) gefüllt, so steigt C auf 2,48 pF.

Allgemein: Die Kapazität einer Anordnung mit Dielektrikum ist um den Faktor ε_r größer als C für die gleiche Anordnung im Vakuum.

Füllt man einen geladenen und isolierten Kondensator (Spannung U_0, Ladung Q_0, elektr. Feldstärke $\boldsymbol{E}_0$) mit einem Dielektrikum, so beobachtet man:

Die Spannung U zwischen den Platten sinkt.

$$U = U_0/\varepsilon_r$$

Die elektr. Feldstärke $\boldsymbol{E}$ sinkt.

$$\boldsymbol{E} = \boldsymbol{E}_0/\varepsilon_r$$

Die **elektrische Polarisation** (Formelzeichen $\boldsymbol{P}$) ist ein Maß für die im Dielektrikum unter dem Einfluß von $\boldsymbol{E}$ auftretenden elektr. Dipole. Diese sind entweder *permanente* Dipole (s. S. 213) und werden durch $\boldsymbol{E}$ lediglich ausgerichtet, oder $\boldsymbol{E}$ ruft elektr. Dipole erst hervor. In der Regel treten *Orientierungspolarisation* und *Verschiebungspolarisation* (s. u.) gleichzeitig auf.

Es gilt

$$\boldsymbol{P} = (\varepsilon_r - 1)\varepsilon_0 \boldsymbol{E} \qquad \textit{Polarisation}$$

$\boldsymbol{P}$ weist in die gleiche Richtung wie $\boldsymbol{E}$. Die Feldlinien von $\boldsymbol{P}$ beginnen an den negativen Oberflächenladungen des Dielektrikums und enden an den positiven.

$\varepsilon_r - 1$ heißt **elektrische Suszeptibilität** (Formelzeichen χ_e).

Anwendung: Bringt man sehr kleine, bewegliche Objekte in ein elektr. Feld, so werden sie polarisiert (s. auch *Induktion*, S. 257) und damit zu Dipolen. Sie werden in das Feld hineingezogen (z. B. Öltröpfchen in Luft). In einem Feld, dessen Permittivitätszahl kleiner ist als ihre eigene, erfahren sie eine abstoßende Kraft (z. B. Luftblasen in Wasser).

In einem elektr. Feld mit Dielektrikum gilt

$$\boldsymbol{D} = \varepsilon \boldsymbol{E} \quad \text{und} \quad \boldsymbol{D} = \varepsilon_0 \boldsymbol{E} + \boldsymbol{P}$$

mit

$\boldsymbol{D}$: elektr. Verschiebung (s. S. 215).

Die Feldlinien von $\boldsymbol{D}$ gehen von den positiven Ladungen einer Kondensatorfläche aus, passieren das Dielektrikum und enden an den negativen Ladungen der anderen.

Die Feldlinien von $\boldsymbol{E}$ gehen zwar auch von den positiven Ladungen der Kondensatorplatte aus, enden aber teilweise an den induzierten Oberflächenladungen des Dielektrikums.

Bei **Verschiebungspolarisation** polarisiert $\boldsymbol{E}$ die zuvor neutralen Atome oder Moleküle des Dielektrikums. Verschwindet $\boldsymbol{E}$, so erlischt die Verschiebungspolarisation.

Es gilt

$$\boldsymbol{P}_v = n\alpha \boldsymbol{E}$$

mit

$\boldsymbol{P}_v$: Verschiebungspolarisation; n: Anzahldichte der Atome oder Moleküle im Dielektrikum; α: **elektr. Polarisierbarkeit** der Atome oder Moleküle.

α ist ein Maß für die Verformbarkeit der Teilchen, also für die räuml. Verschieblichkeit ihrer Ladungen. $\alpha \approx 2\pi\varepsilon_0 r^3$; ($r$: Teilchenradius).

Im Inneren des Dielektrikums heben sich die induzierten Ladungen auf, nur an den Grenzflächen erscheinen sie als *Oberflächenladungen.*

Orientierungspolarisation (s. S. 213) beschreibt das Ausrichten permanenter Dipole im Dielektrikum. Verschwindet $\boldsymbol{E}$, so bleiben zwar die Dipole erhalten, doch sie sind unregelmäßig ausgerichtet und tragen daher nicht zu $\boldsymbol{P}$ bei.

Die **Energiedichte** w (= Energie/Volumen) im Kondensatorfeld mit Dielektrikum ist

$$w = \varepsilon_r \varepsilon_0 E^2/2$$

also um den Faktor ε_r größer als im Vakuum.

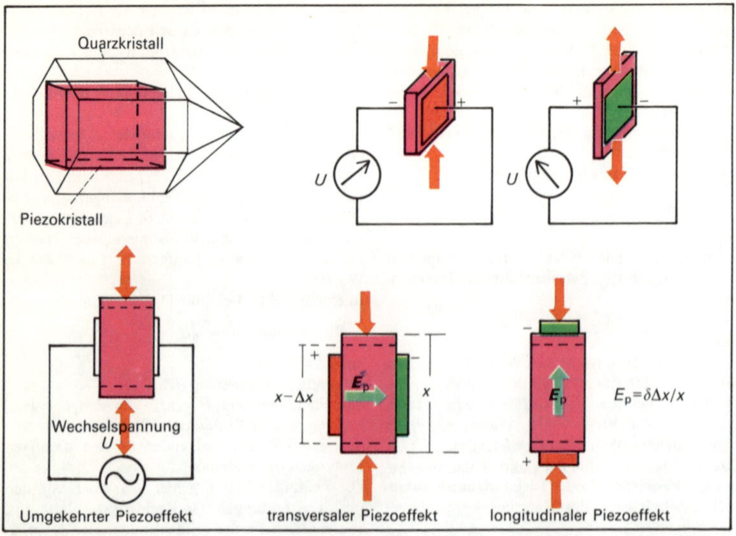

Piezoeffekt

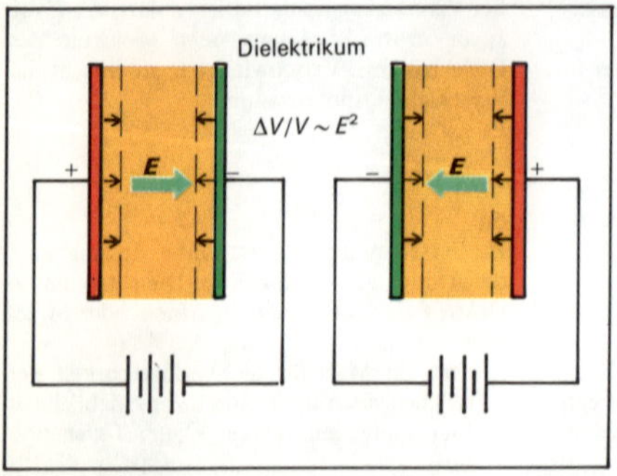

Elektrostriktion

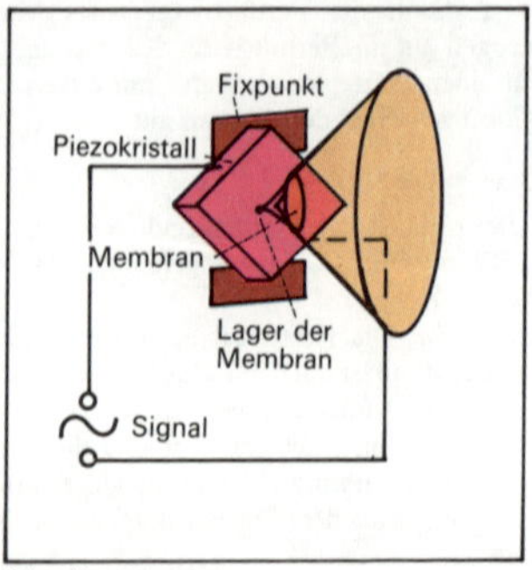

Kristallautsprecher

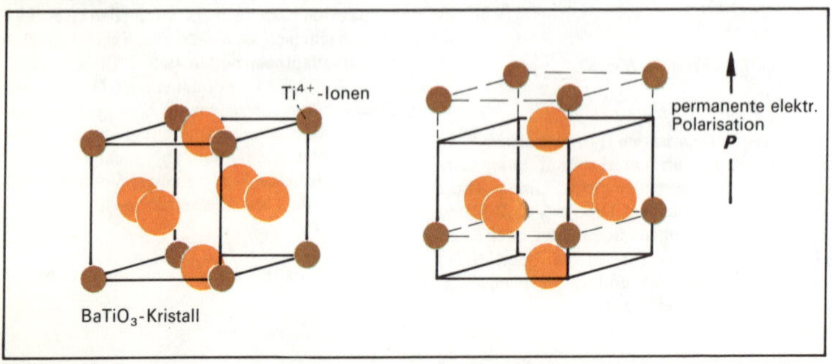

Elektret

Piezoelektrizität tritt an den Oberflächen einiger Kristalle, Keramiken und Kunststoffe auf, wenn man diese mechanisch entlang bestimmter Achsen deformiert.

JACQUES CURIE (1855–1941) und PIERRE CURIE (1859–1906) entdeckten 1880 diesen **Piezoeffekt** (nach griech. »drücken«).

Kristalle sind dann piezoelektrisch, wenn sie folgende Eigenschaften haben: elektr. Isolatoren, kein Symmetriezentrum, polare Achse.

Beispiel: Quarz, Turmalin, manche Keramiken, Bariumtitanat, Rohrzucker, Polyvinylidenfluorid (PVDF).

Piezodioden nutzen die Druckabhängigkeit des p-n-Übergangs, um mechan. Signale in elektrische umzusetzen.

Flüssigkeiten und Gase zeigen keinen Piezoeffekt. Es gilt

$$E_p = \delta \Delta x / x$$

E_p: piezoelektr. Feldstärke; Δx: Deformation; $\Delta x/x$: relative Stauchung bzw. Dehnung; δ: piezoelektr. Koeffizient.

δ wird gemessen in V/m, der Zahlenwert ist zwischen 10^7V/m und 10^9V/m.

Die piezoelektr. Spannung U bei einer Längenänderung Δx ist

$$U = \delta \Delta x$$

Beispielsweise ist $U = 10$ Volt für eine Deformation von etwa 10^{-9} cm in Quarz.

Seignette-Salz ($KNaC_4H_4O_6$) hat bei weitem den größten Wert für δ, ist aber ungeeignet in der Praxis. Es zeigt diesen hohen Wert nur zwischen $-16\,°C$ und $+24\,°C$, hat geringe mechan. Festigkeit und ist feuchtigkeitsempfindlich.

Das piezoelektr. Feld liegt zwischen den Stirnflächen des Piezomaterials. Stauchung und Dehnung erzeugen umgekehrte Feldrichtungen. Man unterscheidet:

Transversaler Piezoeffekt: $\Delta x \perp E$
Longitudinaler Piezoeffekt: $\Delta x \parallel E$
mit Δx: Verschiebung (s. S. 33).

Anwendungen:
Druckmessung, Kristallmikrophon, Tonabnehmer beim Plattenspieler (ein Piezokristall wandelt die mechan. Schwingungen in elektr. Schwingungen um), Lautsprechermembran (PVDF), Infrarotdetektor.

GABRIEL LIPPMANN (1845–1921) und PIERRE CURIE entdeckten 1881 den **umgekehrten Piezoeffekt:** Legt man eine elektr. Spannung an eine piezoelektr. Substanz, so kontrahiert oder expandiert sie, je nach Richtung der elektr. Feldstärke.

Der Zusammenhang zwischen angelegter Spannung und beobachteter Kontraktion bzw. Expansion entspricht dem beim Piezoeffekt.

Anwendungen:
Legt man eine elektr. Wechselspannung an einen Piezokristall, so schwingt er mechanisch mit der Frequenz der Wechselspannung. Seit 1922 dienen derartige *Schwingquarze* als Stabilisatoren in elektr. Schwingkreisen (s. S. 293), Sender für Schallwellen, bes. als Ultraschallgeber (s. S. 101).

Uhrenquarz: Stimmt die Frequenz der angelegten Wechselspannung mit einer Eigenfrequenz (s. S. 83) des Schwingquarzes überein, so entsteht eine zeitlich außerordentlich konstante Resonanzschwingung.

Die zeitliche Konstanz der Eigenschwingungen eines Quarzes liegt bei $1:10^{10}$, d. h. nach einem Jahr ist die Abweichung des geeichten Quarzes ca. 1/1000 s ($1\,a = 3{,}15 \times 10^7\,s$).

Elektrostriktion. Dielektrika in elektr. Feldern kontraktieren, weil die Dipole im Inneren einander anziehen, wenn sie entlang der Feldlinien ausgerichtet sind. Der Annäherung wirken die elast. Kräfte entgegen. Die Elektrostriktion tritt in festen, flüssigen und gasförmigen Körpern auf. Es gilt

$$\Delta V/V \sim \varepsilon E^2$$

mit

$\Delta V/V$: Volumenkontraktion; ε: Permittivität der Substanz; E: Betrag der angelegten elektr. Feldstärke.

Es tritt immer nur Kontraktion auf.

Der **pyroelektrische Effekt** erzeugt ein elektr. Feld zwischen gegenüberliegenden Flächen eines Kristalls, wenn sich die Temperatur ändert. Er beruht auf einer Verschiebung der Ionen im Inneren und ist bes. deutlich beim Turmalin (kristalline Mischungen aus Alkali-Erdalkaliboraten und -silicaten).

Der **elektrokalorische Effekt** ist die Umkehrung des pyroelektr. Effekts, d. h. legt man eine elektr. Spannung an einen pyroelektr. Kristall, so erwärmt er sich bzw. kühlt ab.

Ferroelektrizität. Ferroelektr. Substanzen sind permanent elektrisch polarisiert, d. h. sie tragen elektr. Oberflächenladungen. Dieser Effekt ist schwierig zu beobachten, denn er ist klein, und die in der Umgebung stets vorhandenen freien Ionen neutralisieren die Oberflächenladungen.

Eine ferroelektr. Substanz heißt **Elektret** (in Analogie zu *Magnet*). Alle Elektrete sind auch Ferroelektrika.

Beispiele: Quarz, Seignette-Salz, Bariumtitanat ($BaTiO_3$), manche Wachse.

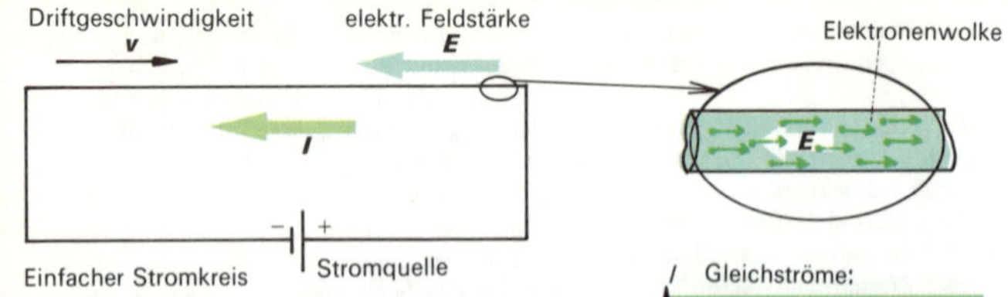

Einfacher Stromkreis

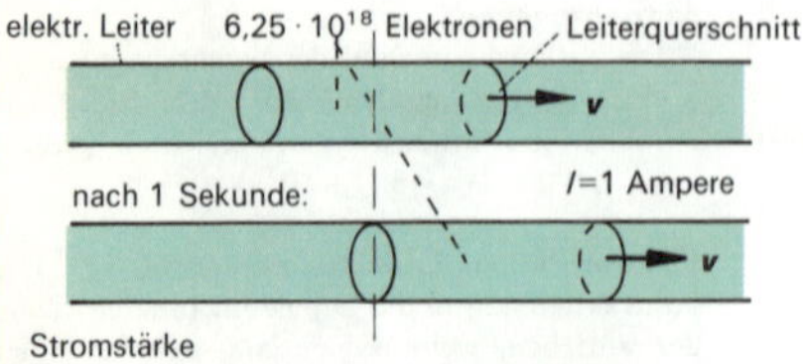

Stromstärke

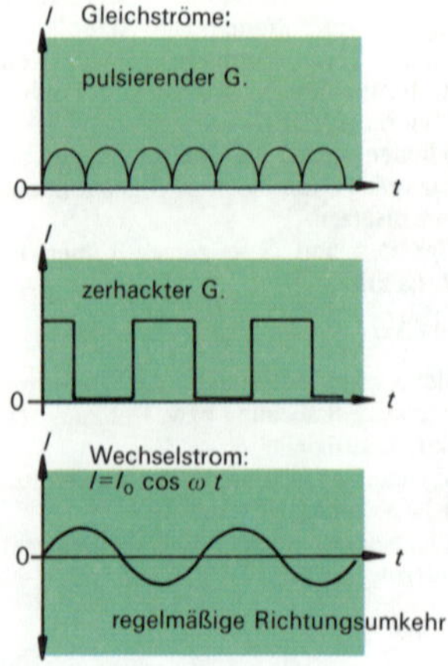

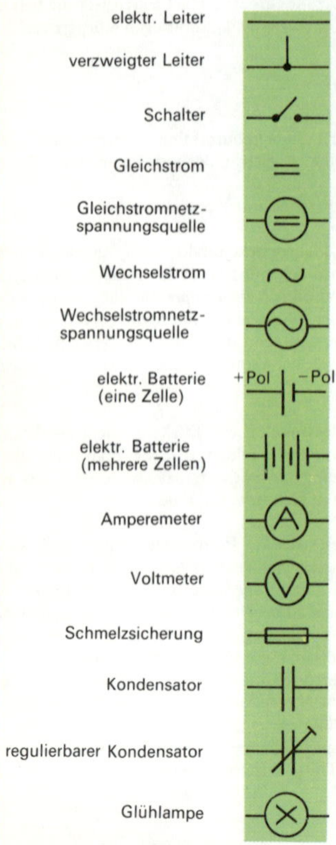

Schaltzeichen der Elektrotechnik

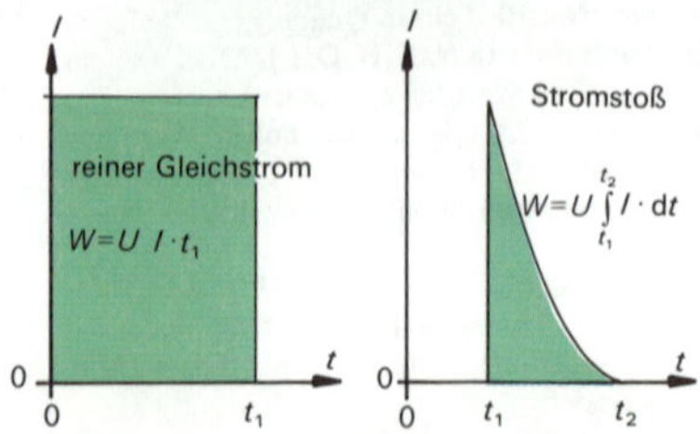

Stromarbeit

	I in A
ein Elektron pro Sekunde	$1{,}60 \cdot 10^{-19}$
Nervenpuls (max.)	10^{-11}
Betatron	10^{-9} bis 10^{-8}
Röntgenröhre	10^{-2}
Linearbeschleuniger	10^{-6} bis 1
Taschenlampe	0,2
Haushaltsglühbirne	0,1 bis 0,6
Backofen, Mikrowellenherd	10
elektr. Aal (max.)	bis 100
Elektroschweißen	500
E-Lok	2000
Blitz (max.)	10^4
Stahl-Schmelzofen	10^5
Plasmagenerator (max.)	10^7

Charakteristische Stromstärken

Ein **elektrischer Strom** existiert, wenn sich Träger elektr. Ladungen, z. B. Elektronen oder Ionen, in einem elektr. Feld bewegen.

Strom in metallischen Leitern: Die Valenzelektronen der Metalle sind so schwach gebunden, daß die Wärmeschwingungen der Atome bereits genügen, um sie quasi freizusetzen. Im Inneren des Metalls liegt dann ein *Elektronengas* vor. Anzahldichte der Elektronen in Cu ca. $10^{23}\,\text{cm}^{-3}$. Ein elektr. Feld $\boldsymbol{E}$ beschleunigt diese Elektronen. Die resultierende *Driftgeschwindigkeit* $\boldsymbol{v}$ ist dennoch konstant, da die Elektronen ständig mit den Ionen des Metalls kollidieren und dabei ständig Energie verlieren. Für ein Elektronengas ist die Richtung von $\boldsymbol{v}$ entgegengesetzt der von $\boldsymbol{E}$. Der Betrag v von $\boldsymbol{v}$ ist einige mm/s, d. h. wesentlich kleiner als der der therm. Bewegung (s. S. 113).

Beim Einschalten einer Stromquelle fließt der Strom sofort, weil $\boldsymbol{E}$ sich mit Lichtgeschw. ausbreitet.

Konvention: Die **Richtung des elektr. Stroms** in elektr. Schaltungen (s. S. 229) weist entlang der elektr. Feldlinien, also von + nach −.

Diese Verabredung stammt aus jener Zeit, als die eigentl. Ladungsträger noch unbekannt waren.

Elektrische Stromstärke (Formelzeichen I) des elektr. Stroms ist die Ladungsmenge, die pro Zeiteinheit durch den Querschnitt des elektr. Leiters fließt.
Allgemein gilt

$$I = \mathrm{d}Q/\mathrm{d}t \qquad \textit{Stromstärke}$$

mit
Q: Ladungsmenge, gemessen in C; t: Zeit, gemessen in s.

Elektrischer Gleichstrom: I ist entweder unabhängig von der Zeit (reiner G.) oder fließt immer in die gleiche Richtung (pulsierender oder zerhackter G.).

Elektrischer Wechselstrom: I ist eine period. Funktion der Zeit. Beispiel: $I = I_0 \cos(\omega t)$.

Elektrischer Stromstoß: I fließt während einer sehr kurzen Zeitspanne.

I wird gemessen in **Ampere** (Einheitenzeichen A), einer Basiseinheit des Internationalen Einheitensystems (SI).
Definition:
Das Ampere ist die Stärke eines konstanten elektrischen Stroms, der, durch zwei parallele, geradlinige, unendlich lange und im Vakuum im Abstand von 1 Meter voneinander angeordnete Leiter von vernachlässigbar kleinem, kreisförmigem Querschnitt fließend, zwischen diesen Leitern je 1 Meter Leiterlänge die Kraft 2×10^{-7} *Newton hervorrufen würde.*

Veraltete Definition des Ampere: 1 A scheidet aus einer wäßrigen Silbernitratlösung 1,118 mg Silber pro Sekunde ab.

Die Einheit der Stromstärke ist benannt nach ANDRÉ AMPÈRE (1775–1836).
Umrechnung: Bei der Stromstärke 1 A fließt 1 C pro s.
Also

$$Q = It$$

Beispiel: 2,5 A fließen für die Dauer von 4 min durch einen Draht, d. h. 600 C. Dann passieren $600/(1{,}60 \times 10^{-19}) = 3{,}75 \times 10^{21}$ Elektronen den Drahtquerschnitt.

Amperemeter messen die elektr. Stromstärke. *Galvanometer* sind bes. empfindl. Amperemeter.

Elektrische Stromdichte (Formelzeichen j), gemessen in A/m^2, ist der elektr. Strom pro Leiterquerschnitt.

Stromarbeit ist jene Energie, die die Quelle des elektr. Stroms abgeben muß, um die Ladungsträger, z. B. das Elektronengas (s. o.) durch den elektr. Leiter zu bewegen.
Es gilt

$$W = UIt \qquad \textit{Gesetz von Joule}$$

mit
W: Stromarbeit; U: elektr. Spannung zwischen den Enden des Leiters; t: Zeitspanne, während der der Strom I fließt.

Ändert sich I mit der Zeit, so gilt

$$W = \int UI\,\mathrm{d}t \qquad \textit{Stromarbeit}$$

Die Stromarbeit wird in Joule bzw. Wattsekunden gemessen.

Beispiel: Fließt ein zeitunabhängiger (d. h. stationärer) Strom von 8 A bei einer Spannung von 24 V für die Dauer von 2 min, so leistet die Stromquelle (z. B. eine Batterie) die Arbeit $W = 24 \times 8 \times 2 \times 60\ \text{V} \cdot \text{A} \cdot \text{s} = 2{,}30 \times 10^4\ \text{W} \cdot \text{s} = 6{,}4\ \text{W} \cdot \text{h}$.

W wird teilweise oder gänzlich in Wärme (Joulesche Wärme W_j) umgewandelt. $W_j \sim I^2$.

Anwendungen: Die Umwandlung der Stromarbeit in Wärme wird ausgenutzt, z. B. in Heizgeräten, Glühlampen (Hocherhitzen eines Wolframfadens), Schmelzsicherungen (Verdampfen eines Drahtes bei zu großer Stromstärke), Hitzdrahtamperemeter (therm. Expansion eines Drahtes proportional I^2), Sicherungsautomat (I erwärmt Bimetallstreifen, der dann den Stromkreis unterbricht).

Stromleistung ist die pro Zeiteinheit abgegebene oder aufgenommene Stromarbeit.
Es gilt

$$P = UI \qquad \textit{Stromleistung}$$

Ist I zeitabhängig, so verwendet man den über die Zeit gemittelten Wert von I.

Liegt ein ohmscher Leiter mit dem Widerstand R (s. S. 225) vor, so gilt $P = I^2R = U^2/R$

Die Stromleistung wird in Watt gemessen.

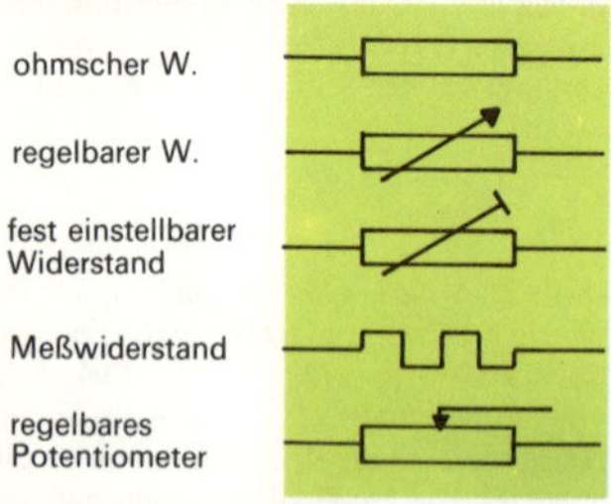

Elektrotechn. Schaltzeichen für Widerstände

Material	Resistivität ϱ in $\Omega \cdot m$ bei 20 °C	Temperaturkoeff. α in K^{-1}
Silber	$1{,}59 \cdot 10^{-8}$	0,0041
Kupfer	$1{,}67 \cdot 10^{-8}$	0,0068
Aluminium	$2{,}65 \cdot 10^{-8}$	0,0043
Wolfram	$5{,}65 \cdot 10^{-8}$	0,0045
Eisen	$9{,}71 \cdot 10^{-8}$	0,0065
Platin	$10{,}6 \cdot 10^{-8}$	0,0039
Konstantan	$49 \cdot 10^{-8}$	0,0001
Quecksilber	$98{,}4 \cdot 10^{-8}$	0,0009
Kohlenstoff	$3{,}5 \cdot 10^{-5}$	−0,0005
Germanium	0,46	−0,05
Silicium	20	−0,07
Glas	10^{10} bis 10^{14}	
Hartgummi	10^{13} bis 10^{16}	
Bernstein	10^{21}	

Leiter (Silber bis Quecksilber) · Halbleiter (Kohlenstoff bis Silicium) · Isolatoren (Glas bis Bernstein)

Widerstand eines Metalldrahtes

Material	T_c in K
Wolfram	0,012
Hafnium	0,35
Titan	0,39
Aluminium	1,20
Quecksilber	4,22
Blei	7,26
Niob	9,22

La-Keramiken

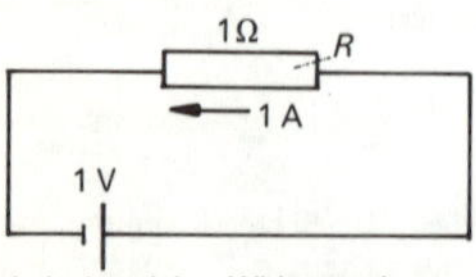

Einheit des elektr. Widerstandes

Farbe	Zahl	Zehnerpotenz	Toleranz in %
schwarz	0	0	
braun	1	1	1
rot	2	2	2
orange	3	3	
gelb	4	4	
grün	5	5	0,5
blau	6	6	
violett	7	7	
grau	8	8	
weiß	9	9	
gold		−1	5
silber		−2	10
ohne Farbe			20

Farbkode der elektr. Widerstände

Keramikwiderstand:

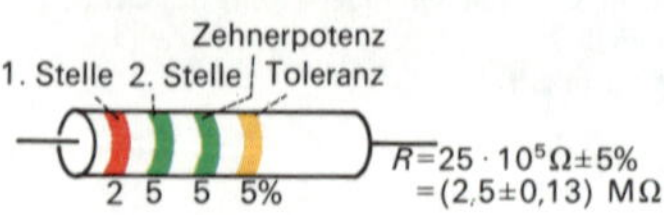

Drahtwiderstand:

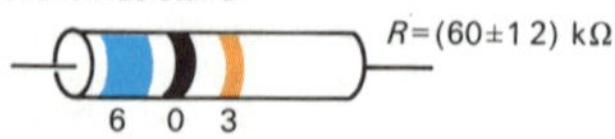

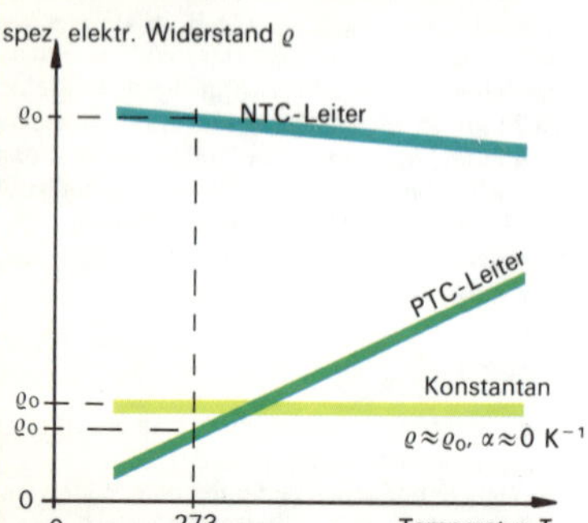

Temperaturabhängigkeit des elektr. Widerstandes

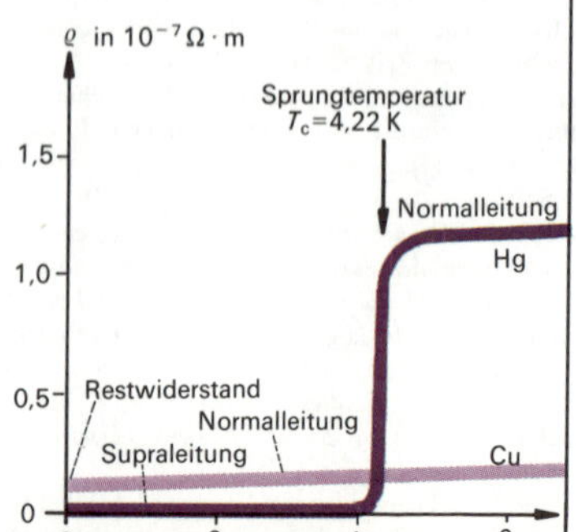

ϱ für sehr niedrige Temperaturen

Fließt ein elektr. Strom durch ein Material, so setzt dieses dem Strom einen elektr. Widerstand (Formelzeichen R) entgegen.
Für Metalle gilt

$$R=\varrho l/F$$

mit
ϱ: spez. elektr. Widerstand oder Resistivität; l, F: Länge bzw. Querschnitt des stromdurchflossenen Materials.

Die Formel zeigt unmittelbar an, wie groß der Gesamtwiderstand R_g ist, wenn man die Widerstände $R_1, R_2, \ldots, R_n$ zusammenschaltet.

Serienschaltung, d. h. einer hinter dem anderen:

$$R_g=R_1+R_2+\ldots+R_n=\sum_i^n R_i\,,$$

d. h. die Widerstände summieren sich, denn l wird addiert.

Parallelschaltung, d. h. einer neben dem anderen:

$$1/R_g=1/R_1+1/R_2+\ldots+1/R_n=\sum_i^n 1/R_i\,.$$

Der **elektr. Widerstand** (Formelzeichen R) wird gemessen in Ohm (Einheitenzeichen Ω), einer abgeleiteten SI-Einheit mit bes. Namen.

Ein Material hat den elektr. Widerstand 1 Ohm, wenn bei einer angelegten elektr. Spannung von 1 Volt ein elektr. Strom von 1 Ampere fließt.

Seit 1.1.1990 dient die Von-Klitzing-Konstante $R_{K\text{-}90}=25812{,}807\,\Omega$ (Quanten-Hall-Effekt) als Standard für die Präzisionsmessung des Ohm.
GEORG OHM (1789–1854) entdeckte 1826 den elektr. Widerstand.

Elektr. Widerstände für *Schaltungen* werden meist aus Metalldraht gewickelt, bestehen aus halbleitendem Kohlenstoff oder aus speziellen Keramiken. R ist aufgedruckt oder durch einen *Farbkode* in Zehnerpotenzschreibweise angezeigt: Farbringe 1 und 2 geben die ersten beiden Stellen, Ring 3 die Zehnerpotenz und Ring 4 die Toleranz in %.

Beispiel: Die Farbenkombination Rot, Grün, Orange, Silber bedeutet $R = 25 \times 10^3\,\Omega$ mit einem rel. Fehler von 10%. Also $R = (25 \pm 2{,}5)$ kΩ.

Der **spezifische elektrische Widerstand** (Formelzeichen ϱ) wird gemessen in Ω · m. ϱ hängt ab vom Material und von der Temperatur. Metalle zeigen die kleinsten Werte für ϱ, es sind gute elektr. Leiter. Materialien mit großem ϱ heißen *Isolatoren*; *Halbleiter* befinden sich im Übergangsbereich.

Der **elektrische Leitwert** (Formelzeichen G) ist der Kehrwert des elektr. Widerstandes, also

$$G=1/R\,.$$

G wird gemessen in der abgeleiteten SI-Einheit Siemens (Einheitenzeichen S), benannt nach WERNER VON SIEMENS (1816–92).

$$\mathrm{S}=1/\Omega$$

Die **elektr. Leitfähigkeit** (Formelzeichen γ oder σ) ist der Kehrwert des spez. elektr. Widerstandes ϱ, also

$$\gamma=1/\varrho\,.$$

γ wird gemessen in S/m.
Elektr. Leitfähigkeit γ und Wärmeleitfähigkeit λ (s. S. 121) sind oft einander proportional. Für viele Metalle gilt für $T>$ ca. $-50\,°\mathrm{C}$ das 1853 formulierte **Gesetz von Wiedemann–Franz**:

$$\lambda/\gamma=aT\approx(3\,k^2/e^2)T$$

mit
k: Boltzmann-Konstante; e: Elementarladung.
Die Leitung von Wärme und von Elektrizität in Metallen beruht also auf dem gleichen Mechanismus: Leitung durch freie Elektronen im Inneren.

Temperaturabhängigkeit von R
Für Metalle gilt näherungsweise

$$R=R_0(1+\alpha(T-T_0))$$

R_0: R bei 0 °C; α: *Temperaturkoeff.* des Metalls, gemessen in K^{-1}; T: thermodyn. Temperatur; T_0: 273 K.
Für manche Metalle gilt

$$\alpha\approx 1/273\,\mathrm{K}^{-1}$$

Manche Legierungen (z.B. Konstantan) zeigen $\alpha\approx 0\,\mathrm{K}^{-1}$, d.h. R ist weitgehend temperaturunabhängig. Aus ihnen werden Präzisions- und Normalwiderstände gefertigt.

Metalle sind *PTC-Leiter* (»positive temperature coefficient«). R wächst mit T, weil die Wärmeschwingungen der Metall-Ionen des Leiters die Bewegung der Elektronenwolke im Inneren behindern.
Halbleiter sind *NTC-Leiter* (»negative temperature coefficient«), da erst therm. Energie die Ladungsträger freisetzt. Halbleiter leiten um so besser, je wärmer sie sind.
Anwendung: **Widerstandsthermometer**. Als Thermometersubstanz dient meist geeichter Platindraht. Mißt man R, so kann man T leicht ausrechnen. Meßbereich: ca. $-250\,°\mathrm{C}$ bis $+800\,°\mathrm{C}$.

Supraleitung
Kühlt man elektr. Widerstände auf sehr niedrige Temp., so bleibt auch bei 0 K ein *spez. elektr. Restwiderstand* (ca. 0,001 R_0). Bei vielen Metallen und Legierungen ist jedoch $R=0\,\Omega$ unterhalb einer *kritischen Übergangstemp.* T_c, sie werden *supraleitend.*

HEIKE KAMERLINGH ONNES (1853–1926; Nobelpreis 1913) entdeckte 1911 die Supraleitung.
1986 schufen J. G. BEDNORZ und K. A. MÜLLER (Nobelpreis 1987) Hochtemperatursupraleiter auf der Basis von La–Ba–Cu–O-Keramiken. $T_c >$ 175 K werden erreicht.

Verwendung zur Leitung sehr hoher Ströme und Erzeugung sehr starker Magnetfelder.

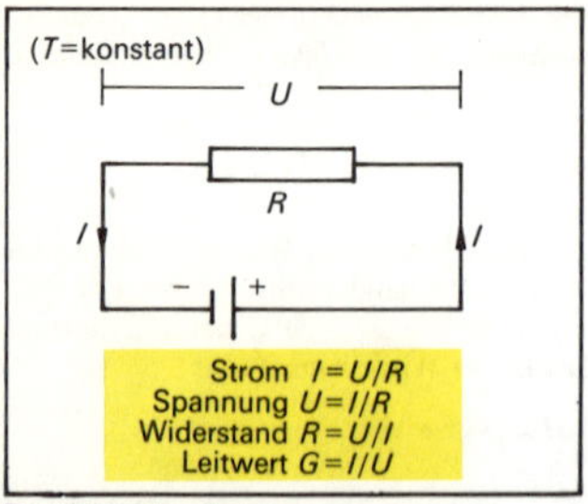

Das Ohmsche Gesetz

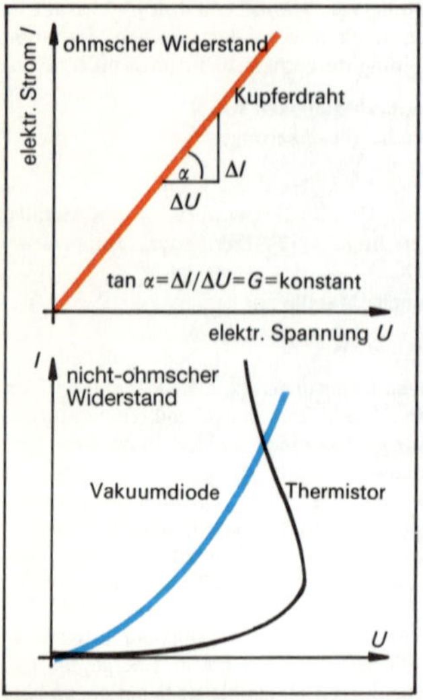

Kennlinien verschiedener Widerstände

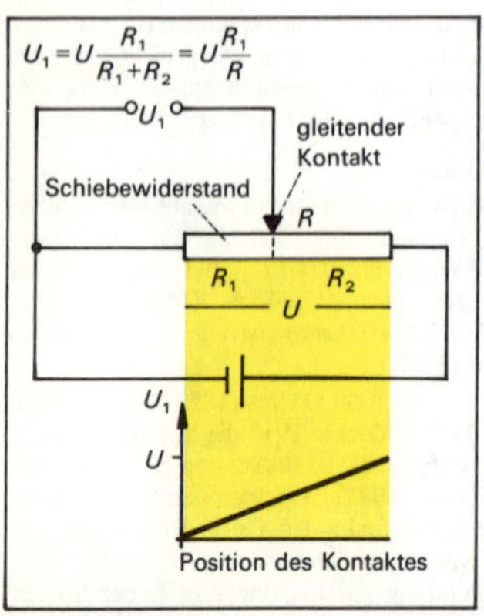

Potentiometer-Anordnung

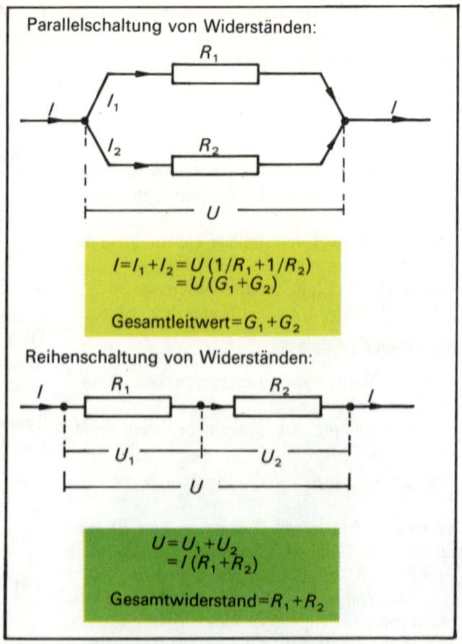

Schaltung von Widerständen

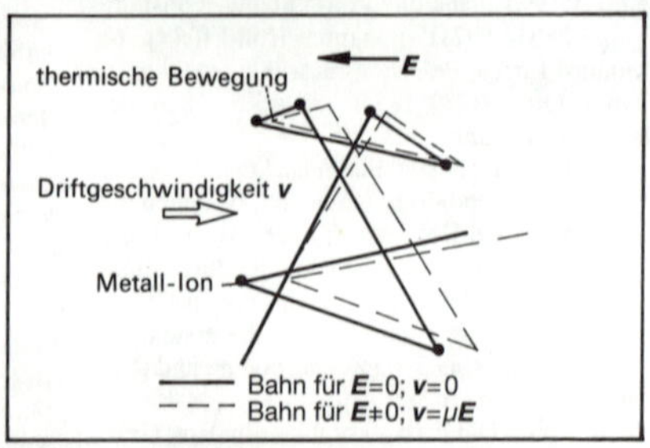

Kollisionen eines Elektrons im Leiter

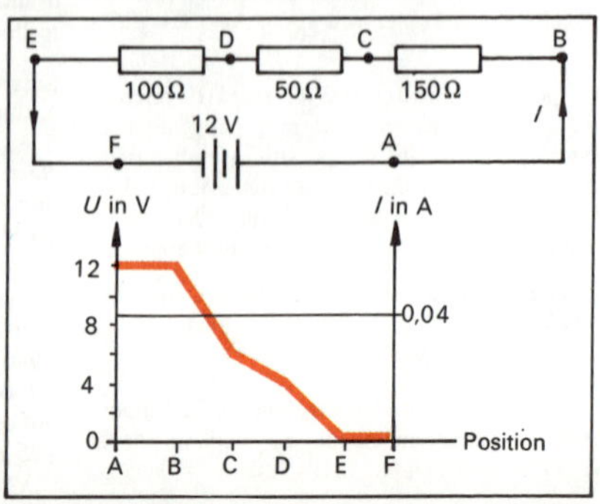

Spannungsabfälle im einfachen Stromkreis

Legt man an einen elektr. Widerstand R versch. elektr. Gleichspannungen U und mißt den resultierenden elektr. Strom I, so beobachtet man häufig einen linearen Zusammenhang, das **Ohmsche Gesetz.**

$$I = GU \quad \text{bzw.} \quad I = U/R \qquad \textit{Ohms Gesetz}$$

mit G: elektr. Leitwert.
Der Strom durch R und der Spannungsabfall zwischen den beiden Enden von R sind einander proportional. Das Ohmsche Gesetz ist unabhängig von der Stromrichtung.
Georg Ohm (1789–1854) entdeckte 1826 diesen außerordentlich wichtigen und häufig benutzten linearen Zusammenhang.

Beispiel: Schließt man eine 12 V-Batterie an einen stehenden elektr. Motor mit der Nennleistung 90 W, so fließt ein Strom von $I = 90\,\text{W}/12\,\text{V} = 7{,}5\,\text{A}$. Der Widerstand der Motorenwicklung ist $R = 12\,\text{V}/7{,}5\,\text{A} = 1{,}6\,\Omega$. Bei laufendem Motor sinkt der Spulenwiderstand wegen der Gegeninduktion (s. S. 261) auf ca. 1/5 ab.

Die graph. Darstellung von I gegen U bei konstanter Temperatur heißt **Kennlinie** des Widerstandes.
Ein Widerstand heißt **ohmscher Widerstand,** wenn $\mathrm{d}I/\mathrm{d}U$ = konstant, d.h. wenn die Steigung der Kennlinie konstant ist.

Metalle und Elektrolytlösungen sind für weite Strombereiche ohmsche Widerstände bzw. ohmsche Leiter.

Nicht-ohmsche Widerstände sind z.B. Halbleiter, Gasentladungsröhren, Vakuumdioden, Thermistoren. Der Zusammenhang zwischen I und U ist nicht linear, die Kennlinie ist keine Gerade.

Für die *Wärmeleitung* durch ein Material (s. S. 121) gilt ein dem Ohmschen Gesetz entsprechender Zusammenhang:

$$\phi = R_W \Delta T$$

mit
ϕ: Wärmestrom; R_W: Wärmewiderstand des Materials; ΔT: Temperaturdifferenz zwischen Wärmequelle und -senke.

Kombination von Widerständen
Durch *hintereinander geschaltete* Widerstände fließt der gleiche Strom I. Die Gesamtspannung ist die Summe der einzelnen Spannungsabfälle $U_i = IR_i$. Also $U = \sum_i U_i = \sum_i IR_i$ und $R = \sum_i R_i$. Der Gesamtwiderstand einer **Reihenschaltung** ist die Summe der Einzelwiderstände.
An allen *parallel geschalteten* Widerständen liegt die gleiche Spannung U. Der Strom durch den einzelnen Widerstand R_i ist $I_i = U/R_i$. Daraus folgt der gesamte Strom $I = \sum_i I_i = \sum_i U/R_i$ und der Kehrwert des Gesamtwiderstandes $1/R = \sum_i I_i/U = \sum_i 1/R_i$. Der Leitwert der **Parallelschaltung** ist die Summe der Einzelleitwerte.

Anwendung:
Potentiometer. Steht eine Spannung U zur Verfügung, man benötigt aber die kleinere Spannung U_1, so teilt man den Gesamtwiderstand R im Stromkreis in R_1 und R_2. Der gesamte Spannungsabfall ist dann nach dem Ohmschen Gesetz entsprechend den Einzelwiderständen unterteilt. Aus $I = U/(R_1 + R_2)$ folgt

$$U_1 = UR_1/(R_1 + R_2) = UR_1/R$$

In der Praxis dient als *Potentiometer* ein Widerstand mit verschiebbarem Mittelabgriff, dessen Position einen Widerstand zwischen 0 und R festlegt.

Ohmsches Gesetz und Stromdichte
Für die elektr. Stromdichte j gilt

$$j = \gamma E$$

mit
E: Betrag der elektr. Feldstärke innerhalb des Leiters bzw. Widerstands.
Die elektr. Stromdichte ist aber die Dichte der Elektronenwolke, die pro Zeiteinheit eine Ladung mit einer Geschwindigkeit v durch den Widerstandsquerschnitt transportiert.

$$j = nve$$

mit
n: Anzahl der Ladungsträger (z. B. Elektronen) pro m^3 im Material; v: Driftgeschwindigkeit der Ladungen; e: Elementarladung.
Damit das Ohmsche Gesetz gilt, muß v proportional E sein, also

$$v = \mu E \qquad \textit{Driftgeschwindigkeit}$$

μ heißt **Beweglichkeit** der Ladungsträger, gemessen in $\mathrm{m^2/(V \cdot s)}$.
Der spez. elektr. Widerstand ϱ wird damit

$$\varrho = 1/(en\mu)$$

Man erkennt, daß das Ohmsche Gesetz nicht für die Stromleitung im Vakuum (z.B. in einer Vakuumdiode) gelten kann. v nimmt hier mit der Zeit zu, was aber unvereinbar mit einem konstanten Widerstand ist. Im ohmschen Leiter dagegen bewegen sich die Ladungsträger wie in einer zähen Flüssigkeit. Obwohl eine elektromotor. Kraft auf sie einwirkt, bleibt v konstant.

Die **Driftgeschw. der Elektronen** in einem Leiter ist klein.

Beispiel: In Kupfer trägt nur ein Elektron pro Atom zur Stromleitung bei, die Beweglichkeit μ ist also

$$\mu = 1/(ne\varrho) = 4{,}44 \times 10^{-3}\,\mathrm{m^2/(V \cdot s)}$$

Für eine Stromdichte $j = 5\,\mathrm{A/mm^2}$ folgt $E = 0{,}0836\,\mathrm{V/m}$ und damit eine Driftgeschw. für die Elektronenwolke von nur $v = 0{,}371\,\mathrm{mm/s}$!

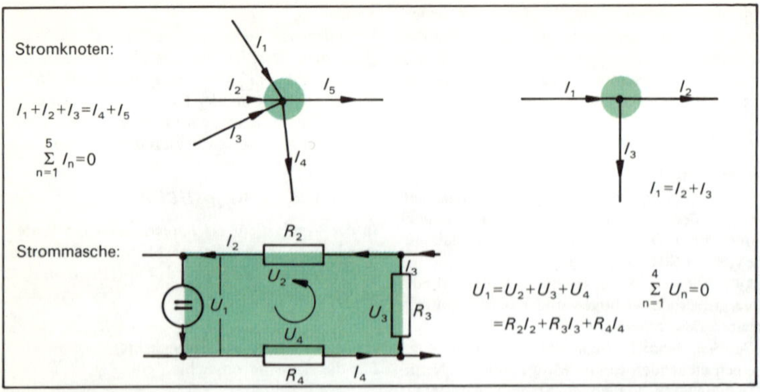

Kirchhoffsche Regeln

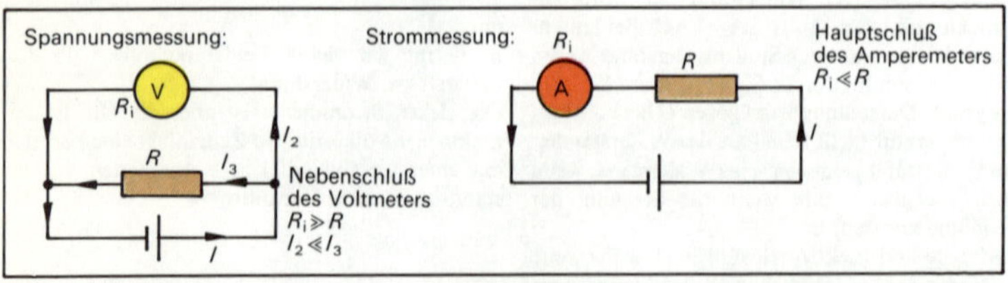

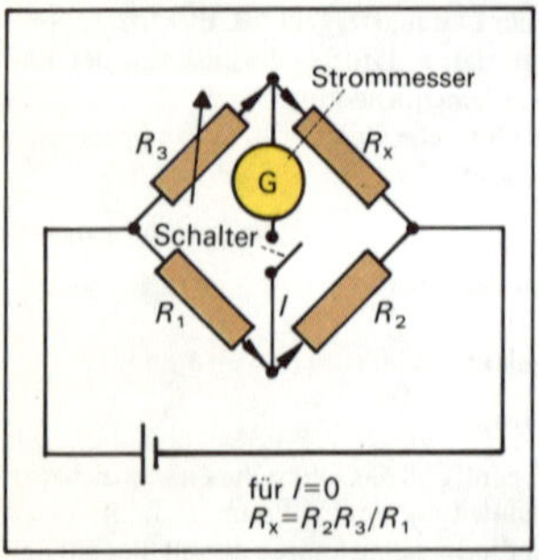

Wheatstonesche Brückenschaltung

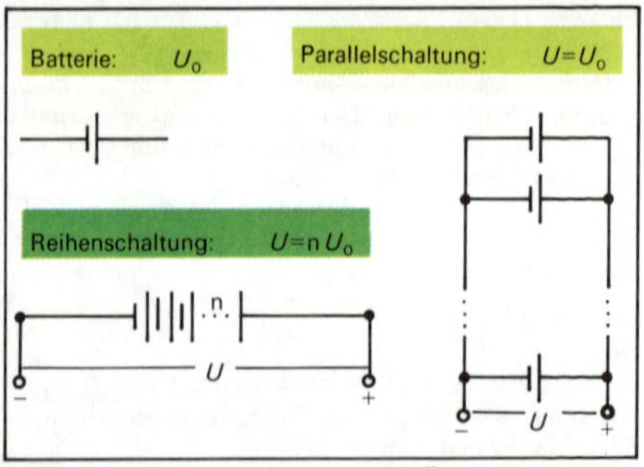

Zusammenschalten von Spannungsquellen

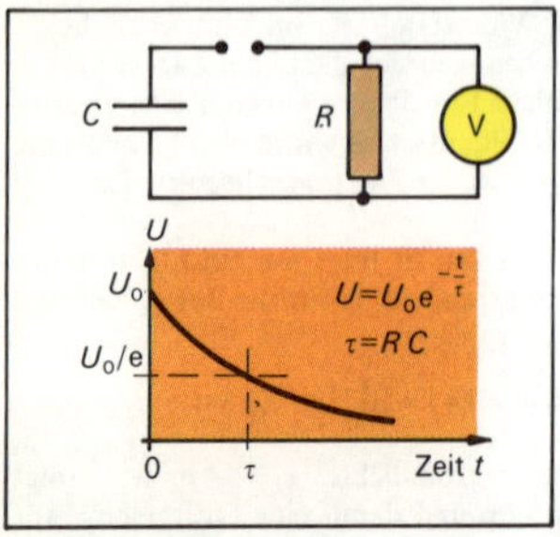

Entladung eines Kondensators

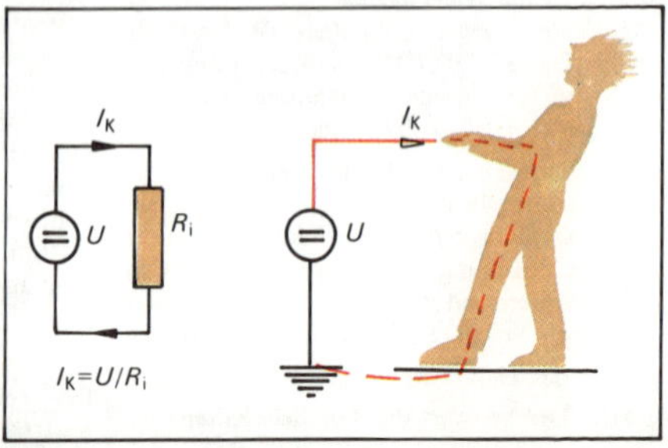

Kurzschlußstrom I_K durch den Körper

Die **Kirchhoffschen Regeln**, benannt nach GUSTAV ROBERT KIRCHHOFF (1824–87), sind Grundlage der Analyse elektr. Schaltungen. Sie gelten für ohmsche Widerstände (s. S. 227) und Gleichströme. Der Widerstand der die Schaltelemente verbindenden Leiter wird (in der Regel) vernachlässigt. Sie gelten sinngemäß auch für Wechselströme, solange man I als den Momentanwert des Stromes betrachtet.

Knotenregel. An jedem *Verzweigungspunkt* einer Schaltung ist die Summe der Stromstärken der zufließenden elektr. Ströme gleich der Summe der abfließenden.
Tragen zu- und abfließende Ströme entgegengesetzte Vorzeichen, so gilt

$$\sum_n I_n = 0$$

Maschenregel. In jedem geschlossenen Stromkreis (*Masche*) ist die Summe aller Spannungsabfälle an den einzelnen Maschenelementen (einschl. Quellen) gleich Null, solange man die Masche im gleichen Sinne umläuft. Also

$$\sum_n U_n = 0$$

Zur **Strommessung** schaltet man ein Amperemeter direkt in den Stromkreis (*Hauptschluß*). Jedes Amperemeter besitzt einen Eigenwiderstand (*Innenwiderstand R*), also gilt

$$I = I_0 R/(R_i + R)$$

mit

I: Meßstrom; I_0: Strom ohne Amperemeter; R: Widerstand des Stromkreises ohne Amperemeter.
Es muß stets $R_i \ll R$ sein, sonst verfälscht das Instrument die Messung. Amperemeter sind daher niederohmig.

Den Meßbereich eines Amperemeters verändert man durch Parallelschalten eines Widerstandes (*Nebenschlußwiderstand, Shunt*).

Bei **Spannungsmessung** schaltet man das Voltmeter parallel zum zu messenden Spannungsabfall (*Nebenschluß*).
Damit das Instrument möglichst wenig Strom abzweigt, muß $R_i \gg R$ sein. Voltmeter sind daher hochohmig.

Den Meßbereich eines Voltmeters verändert man durch Einschalten eines Widerstandes (*Vorschaltwiderstand*).

Beim *Potentiometerverfahren* wird die Spannung stromlos gemessen. Es beeinflußt den Stromkreis nicht und ist daher sehr genau. Der zu messenden Spannung U_0 wird eine bekannte, veränderliche, entgegengesetzte Spannung U_K parallel geschaltet. U_K wird so lange verändert (*Abgleichen*), bis die beiden Spannungen sich kompensieren und die Verbindung stromlos wird. Dann ist $U_0 = U_K$.
Widerstandsmessung kann durch Messen von I und U erfolgen: $R = U/I$ nach dem Ohmschen Gesetz.
Sehr viel genauer ist die 1843 von CHARLES WHEATSTONE (1802–75) entwickelte **Wheatstonesche Brücke.**

Der unbekannte Widerstand R_x ist als Teil einer Widerstandsmeßbrücke mit R_1, R_2 und R_3 geschaltet. Der veränderl. Widerstand R_3 wird so lange verstellt, bis zwischen den beiden Armen der Brücke kein Strom mehr fließt. Dann gilt

$$R_x = R_2 R_3 / R_1$$

Sehr große Widerstände, d. h. $R >$ ca. $10^9\,\Omega$, mißt man über die Entladung eines Kondensators. Verbindet man die Platten eines geladenen Kondensators über den Widerstand R, so gilt

$$U = U_0 \exp(-t/RC)$$

mit
U_0: Anfangsspannung; t: Zeit; C: Kapazität.
Nach der Zeitspanne τ ist $U = U_0/e = 0{,}368\,U_0$ V. Da $\tau = RC$, gilt $R = \tau/C$. τ heißt *Zeitkonstante* des Stromkreises.

Beispiel: Sinkt die Spannung U eines Kondensators $C = 5\,\text{nF}$ innerhalb 10 s auf $0{,}368\,U$, so ist $R = 10/(5 \times 10^{-9})\text{s/F} = 2 \times 10^9\,\Omega$.

Zusammenschalten von Spannungsquellen
Reihenschaltung. Werden n Batterien mit den Einzelspannungen U_0 hintereinander geschaltet, so ist die resultierende Spannung $U = nU_0$.
Parallelschaltung. Werden n Batterien parallel geschaltet, so ist $U = U_0$. Vorteil: Der Innenwiderstand sinkt um 1/n, die Batterie kann einen größeren Strom liefern.

Leistungsanpassung
Jede Spannungsquelle hat einen Eigenwiderstand (Innenwiderstand) R_i. Entnimmt man ihr einen Strom I, so sinkt U auf $U_0 - R_i I$, mit U_0: *Leerlaufspannung*, Spannung ohne Stromentnahme. Man kann der Quelle einen Maximalstrom $I_{max} = U_0/R_i$ entnehmen. Durch einen äußeren Widerstand R fließt dann der Strom $I = U_0/(R_i + R)$. Die Leistung $P = U_0^2 R/(R_i + R)^2$ wird abgegeben.
Die Quelle gibt ihre maximale Leistung P_{max} ab, wenn $R = R_i$, d. h. $P_{max} = U_0^2/(4R_i)$.
Damit die Spannungsquelle P_{max} liefert, müssen R und R_i *angepaßt* sein, z. B. durch Parallelschalten mehrerer Quellen.

Kurzschluß. Ist $R \ll R_i$, so fließt die *Kurzschlußstromstärke* $I = U_0/R_i$ im Stromkreis.

Elektroschock
Berührt man einen elektr. Pol und hat gleichzeitig Kontakt mit dem anderen, so fließt ein Strom durch den Körper. Nasse Haut führt zu einem Innenwiderstand des Körpers von ca. 1 kΩ. Ein Gleichstrom > 10 mA quer durch den Körper kann zu tödlichen Kontraktionen von Herz- oder Atemmuskeln führen. Hohe Stromdichten I/F rufen Hautverbrennungen hervor.

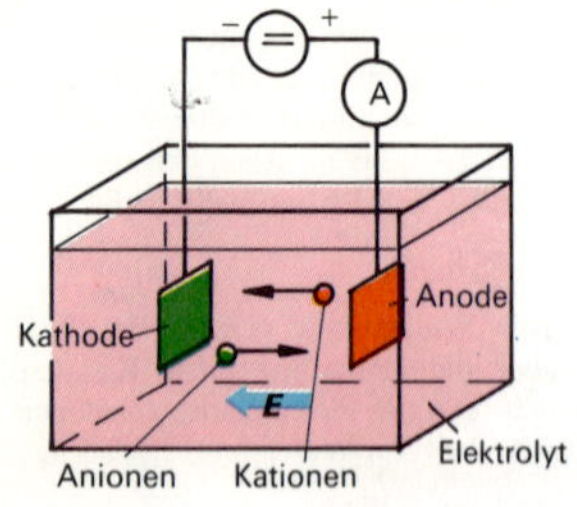

Elektrolyse

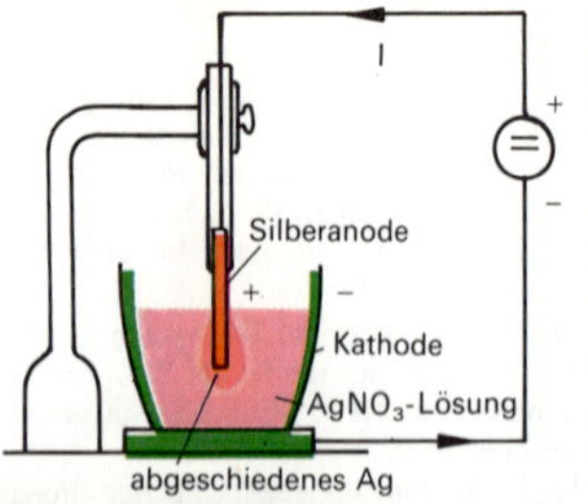

Silber-Coulombmeter

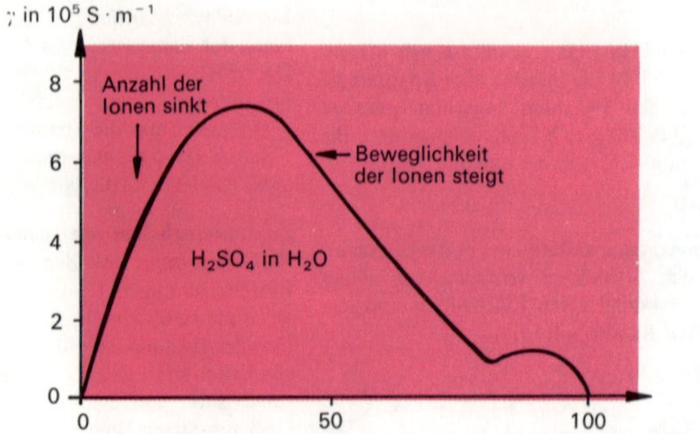

Elektr. Leitfähigkeit γ von H_2SO_4

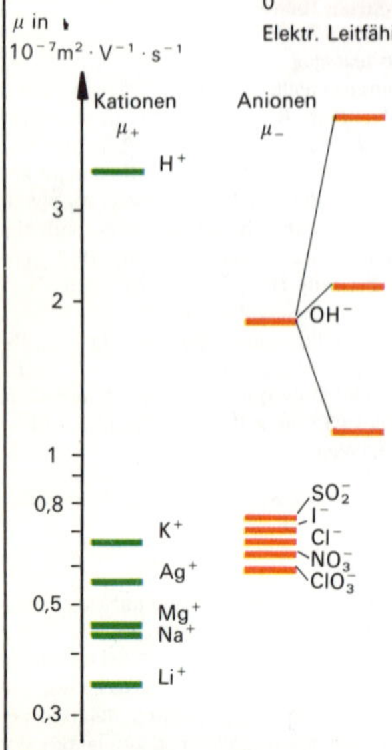

Ionen-Beweglichkeit bei 18 °C

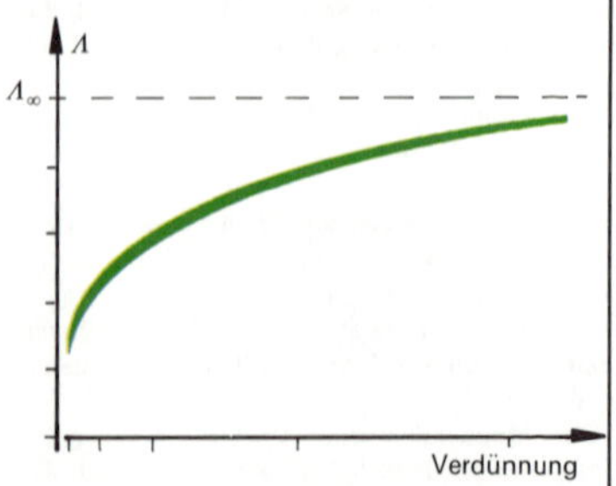

Äquivalentleitvermögen Λ und Verdünnung

Elektrolyt	Λ_∞ in S · m² · mol^{-1} bei 18 °C
HCl	0,104
NaOH	0,052
KOH	0,0418
H_2SO_4	0,0391
NaCl	0,0188
$CuSO_4$	0,00719
$AgNO_3$	0,00678

Taucht man zwei Plattenelektroden in einen Elektrolyten, z. B. in eine wäßrige Salzlösung, und legt eine elektr. Spannung an, so fließt ein elektr. Strom.

Die Ionen des Elektrolyten trennen sich räumlich, driften zu den entsprechenden Elektroden und werden dort entladen.

Elektrolyse ist die Zerlegung eines Stoffes beim Anlegen einer elektr. Spannung.

Die positiven Ionen des Elektrolyten heißen **Kationen,** sie driften in Richtung der negativen Elektrode (*Kathode*). Metalle und Wasserstoff bilden Kationen.

Die negativen **Anionen** driften zur positiven Elektrode (*Anode*). Säurereste und OH^- sind Anionen.

Beispiele:

Elektrolyse einer wäßrigen *HCl-Lösung.* H^+-Ionen nehmen an der Kathode ein Elektron auf, reagieren anschließend miteinander zu H_2 und verlassen als H_2-Gas den Elektrolyten. Die Cl^--Ionen geben ein Elektron an die Anode ab und verbinden sich zu Cl_2, das als Gas entweicht.

Elektrolyse einer Al_2O_3-*Schmelze* in beheizten Trögen mit Kohlenstoff-Elektroden. Die Sauerstoff-Ionen reagieren mit dem Anodenmaterial zu CO und CO_2, die als Gase entweichen. Das Al^{3+}-Ion driftet zur Kathode, nimmt drei Elektronen auf und sinkt als geschmolzenes Al-Metall zu Boden.

Michael Faraday (1791–1867) fand 1837 die Gesetze der Elektrolyse. Sie bewiesen erstmalig die Quantisierung der elektr. Ladung.

1. Faradaysches Gesetz: Die an den Elektroden abgeschiedene Stoffmenge n ist proportional der durch den Elektrolyten geflossenen Ladungsmenge Q. Also

$$n = Q/F$$

der Kehrwert der Proportionalitätskonstanten ist F: Faraday-Konstante $= 9{,}648 \times 10^4$ C/mol.

Ist der durch den Elektrolyten fließende Strom I konstant, so gilt

$$n = It/F$$

mit

t: zeitl. Dauer der Elektrolyse.

Anwendung: **Coulomb-Meter**. Fließt der Strom 1 A für 1 s – also die Ladungsmenge 1 C – durch eine $AgNO_3$-Lösung, so scheiden sich an der Kathode $n = 1/9{,}648 \times 10^4$ mol $= 1{,}036 \times 10^{-5}$ mol Silber ab. Da 1 mol Ag 107,9 g beträgt, ist die Menge des abgeschiedenen Silbers 1,118 mg. Auf diese Weise war bis 1948 die Ladungseinheit Coulomb definiert.

1 mol $AgNO_3$ enthält $N_A = 6{,}022 \times 10^{23}$ Ag^+-Ionen mit jeweils der Ladung $Q = 1/(1{,}036 \times 10^{-5} \times 6{,}022 \times 10^{23})$C. Das ist die Elementarladung $e = 1{,}602 \times 10^{-19}$ C.

Ist die *Ionenladungszahl* (Formelzeichen z) > 1, so ist die abgeschiedene Stoffmenge n/z.

2. Faradaysches Gesetz: Die durch gleiche Elektrizitätsmengen abgeschiedenen Stoffmengen unterschiedlicher Stoffe verhalten sich wie deren Äquivalentmassen.

Also gilt

$$n_1/n_2 = \text{Äquivalentmasse } 1/\text{Äquivalentmasse } 2$$

mit Äquivalentmasse = (rel. Atommasse bzw. rel. Molekülmasse)/z.

Beispiel: Die Äquivalentmasse von Al^+ ist 26,98 g, die von SO_4^{--} ist 96,06/2 = 48,03 g.

Elektrische Leitfähigkeit eines Elektrolyten

Im elektr. Feld $\boldsymbol{E}$ zwischen den Elektroden bewegen sich die Ionen mit gleichförmiger Geschwindigkeit v durch den Elektrolyten. Die Coulomb-Kraft wird durch die Reibungskraft der Ionen im Elektrolyten kompensiert. Es gilt

$$v = \mu E \qquad \textit{Driftgeschwindigkeit}$$

mit

v: Driftgeschw. der Ionen; μ: *Beweglichkeit* der Ionen; E: Betrag der elektr. Feldstärke.

Jede Ionensorte hat eine andere Beweglichkeit. Im allgem. ist μ der Ionen ca. um den Faktor 10^{-4} kleiner als μ der Elektronen.

Beide Ionenarten tragen zum elektr. Strom im Elektrolyten bei.

Die **elektr. Leitfähigkeit** γ eines Elektrolyten, gemessen in S/m, ist

$$\gamma = z(\mu_+ n_+ + \mu_- n_-)e$$

mit

μ_+, μ_-: Beweglichkeiten beider Ionensorten; e: Elementarladung; (n_+, n_-): Anzahldichten beider Ionensorten.

Die Formel für γ gilt nur für große Verdünnung der Ionen.

Während der Elektrolyse fließt also der elektr. Strom

$$I = \gamma \frac{FU}{l} \qquad \textit{Elektrolysestrom}$$

mit

F: Fläche der Elektroden; U: elektr. Spannung; l: Elektrodenabstand.

Die **Äquivalentleitfähigkeit** (Formelzeichen Λ) eines Elektrolyten ist

$$\Lambda = \gamma/c$$

mit

γ: elektr. Leitfähigkeit; c: Stoffmengenkonzentration (in der Chemie *Molarität* genannt), die Anzahl der Mole pro Liter.

Λ wird gemessen in $S \cdot m^2 \cdot mol^{-1}$.

Λ wächst mit der Verdünnung und strebt einem Grenzwert Λ_∞ zu.

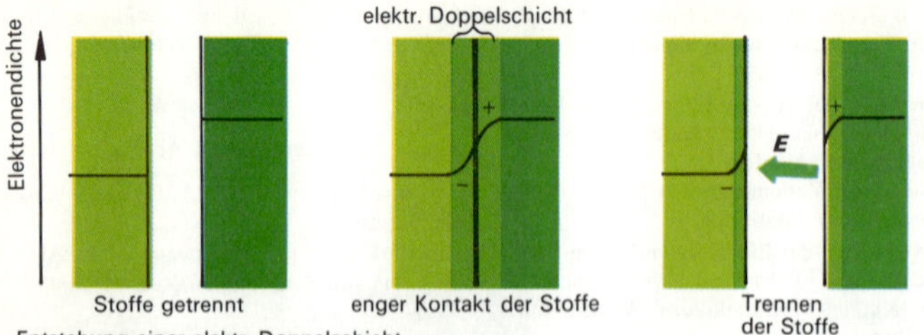

Entstehung einer elektr. Doppelschicht

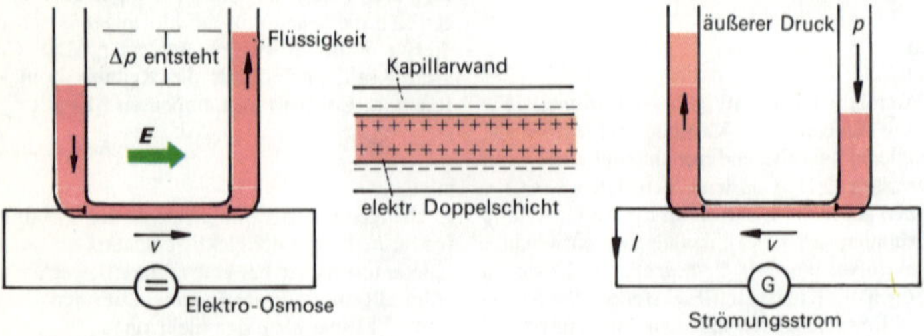

Elektrokinetische Prozesse

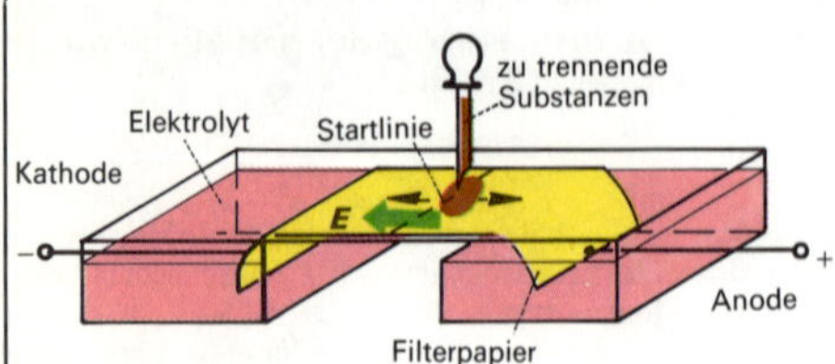

Papierelektrophorese

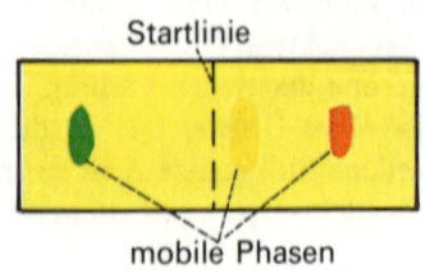

Filterpapier nach Zeitspanne

Reibungselektrizität

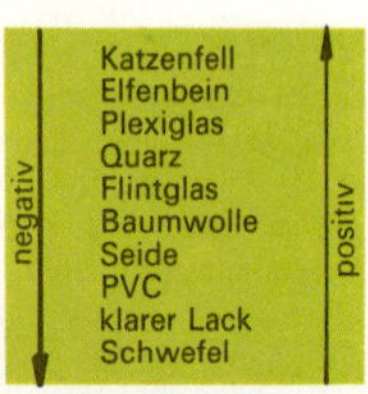

Spannungsreihe der Reibungselektrizität

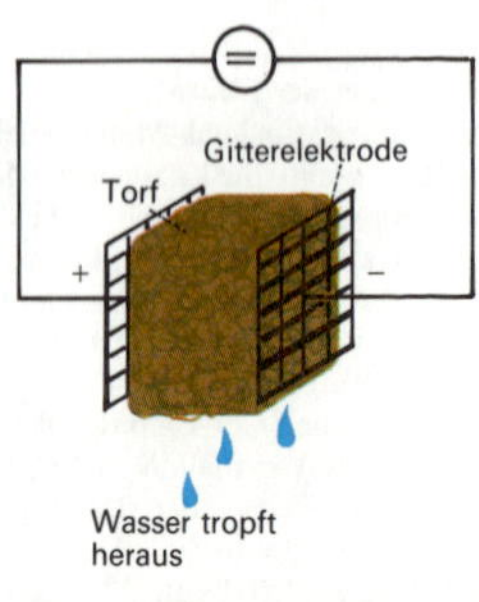

Torftrocknen mit Elektro-Osmose

Sehr kleine Teilchen, suspendiert in einer Flüssigkeit, tragen meist elektr. Ladungen auf ihrer Oberfläche.

Beispiel: Negativ oder positiv geladene kolloidale AgI-Teilchen in einer $AgNO_3$-Lösung.

Ionen oder polare Moleküle – vor allem H_2O – lagern sich an, bilden eine sehr dünne **elektrische Doppelschicht** und eine Ladungswolke um das Teilchen. Die effektive Ladung der suspendierten Partikel kann positiv oder negativ sein. Die Teilchen stoßen sich gegenseitig ab, können also keine größeren Verbände bilden und verbleiben so in Suspension.

Durch Zusatz von Elektrolyten kann die effektive Teilchenladung neutralisiert werden. Dann erreicht es seinen **isoelektrischen Punkt** und fällt aus. Dieser Vorgang heißt *Ausflocken.*

Elektrophorese (entdeckt 1809) ist die Bewegung einer festen, elektrisch geladenen Phase in einer flüssigen Phase unter dem Einfluß eines elektr. Feldes.

Beispiel: Legt man an eine Suspension organ. Makromoleküle eine elektr. Spannung, so wandern die von einer Ladungswolke umgebenen Moleküle je nach ihrem Vorzeichen entweder zur Anode (*Anaphorese*) oder zur Kathode (*Kataphorese*).

Auf diese Weise lassen sich häufig anders nicht unterscheidbare Moleküle quantitativ trennen.

Es gilt

$$v = 2\varepsilon\zeta E/(3\eta)$$

mit

v: elektrophor. Geschw. der Teilchen; ζ: elektrokinet. Potential, d. h. Spannungsdifferenz der Doppelschicht; E: Betrag der elektr. Feldstärke; η: Viskosität (s. S. 69); ε: Permittivität der fl. Phase.

v ist weitgehend unabhängig vom Teilchenradius.

Papierelektrophorese. Zwischen zwei gegenüberliegenden Kanten eines Filterpapiers liegt eine Gleichspannung an (bis zu einigen tausend V). Die Suspension wird in der Mitte aufgebracht, und die Moleküle oder kolloidalen Teilchen bewegen sich zur Anode oder Kathode. Da unterschiedl. Bestandteile der Suspension auch mit versch. Geschwindigkeiten wandern, trennen sich die Komponenten. Mikrogramm-Mengen können so separiert werden. v gibt zusätzlich Aufschluß über die Art des Moleküls.

Anwendung: Analyt. Chemie, Trennchemie, Lacke.

Elektroosmose ist die Bewegung einer flüssigen, elektrisch geladenen Phase in einer festen unter dem Einfluß eines elektr. Feldes.

Beispiel: Flüssigkeit in einem U-Rohr mit Kapillarverbindung oder einem porösen Material (z. B. Wattepfropf) im horizontalen Zweig wandert, legt man ein elektr. Feld an. Grund: Die Moleküle der Flüssigkeit bilden an den Wänden eine elektr. Doppelschicht, die sich zum Teil ablöst. Eine Hydrathülle der polaren Wassermoleküle umgibt die bewegl. Ionen, und durch innere Reibung gerät die gesamte Flüssigkeit in Bewegung. Die Fl. steigt so lange in einem Ast des U-Rohrs auf, bis die Druckdifferenz Δp die elektroosmot. Kraft – die Coulombkraft – kompensiert.

Im Gegensatz zur Elektrophorese erfolgt die Bewegung bei der Elektroosmose nur in *einer* Richtung.

Es gilt

$$\Delta p = 8\varepsilon\zeta l E/r^2$$

mit

l: Länge der Kapillare; r: Radius der Kapillare.

Anwendung: Entwässern poröser Materialien (Kaolin, Torf) im elektr. Feld.

Strömungselektrizität, entdeckt 1859 durch Georg Hermann Quincke (1834–1924), ist die Umkehrung der Elektroosmose: Preßt man Flüssigkeit durch einen porösen Körper oder durch eine Kapillare, so löst sich die elektr. Doppelschicht teilweise ab und man beobachtet einen elektr. Strom durch die Strömungskanäle.

Reibungselektrizität

Die Dichte der bewegl. elektr. Ladungsträger (z. B. Elektronen) ist verschieden von Material zu Material. Bringt man zwei versch. Substanzen in sehr engen Kontakt (z. B. durch Aneinanderreiben), so treten Ladungsträger innerhalb einer sehr dünnen Kontaktschicht über, eine elektr. Doppelschicht entsteht. Trennt man beide Substanzen, so tragen sie Ladungen mit entgegengesetzten Vorzeichen. Die bei der Separation wachsende elektr. Spannung zwischen ihnen kann sich in einem Funken entladen.

Reibungselektrizität beobachtet man nur an Isolatoren, da sich bei einem Leiter die Oberflächenladungen sofort verteilen.

Beispiel: Reibt man einen Hartgummistab rasch mit einem Wolltuch, so ist anschließend der Stab elektrisch (positiv) geladen, er zieht Papierschnitzel an (sie tragen eine Oberflächenladung, die beim Zerreißen entstand).

In der Regel laden sich Substanzen mit großer Permittivität positiv auf. Es gibt sogar eine *reibungselektr. Spannungsreihe* (s. S. 232).

Anwendung: Bandgenerator (s. S. 215), elektrostat. Kopierer.

Gewitterelektrizität entsteht durch Reibung von Wassertröpfchen an den Luftmolekülen innerhalb von Gewitterwolken. In der Regel laden sich die oberen Wolken positiv, die unteren negativ auf. Bei Feldstärken bis zu 10^5 V/m treten elektr. Spannungen bis zu 10^9 V auf. Der mittlere Energieumsatz eines Blitzes beträgt ca. 10 kWh. Über *Blitzableiter* fließt der Blitzstrom (ca. 10^5 A) ohne merkliche Erwärmung in die Erde.

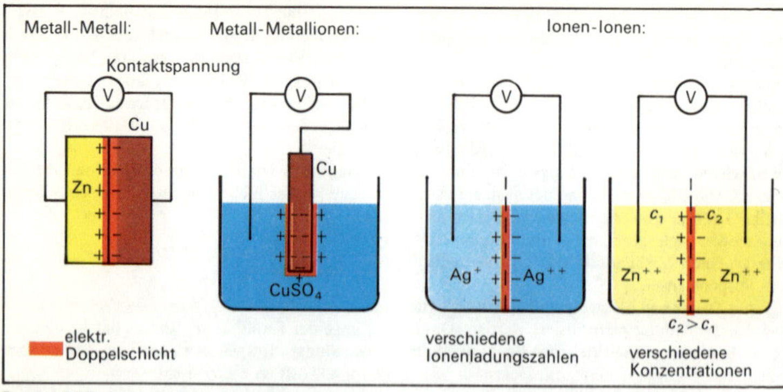

Potentialdifferenzen entstehen an Grenzflächen

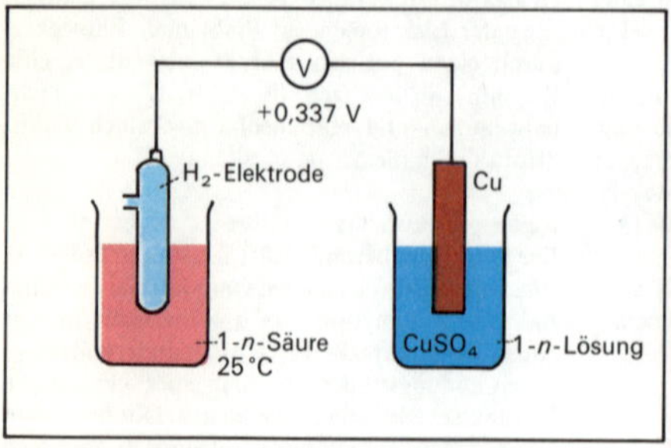

Messung der normalen elektrochem. Spannung von Cu

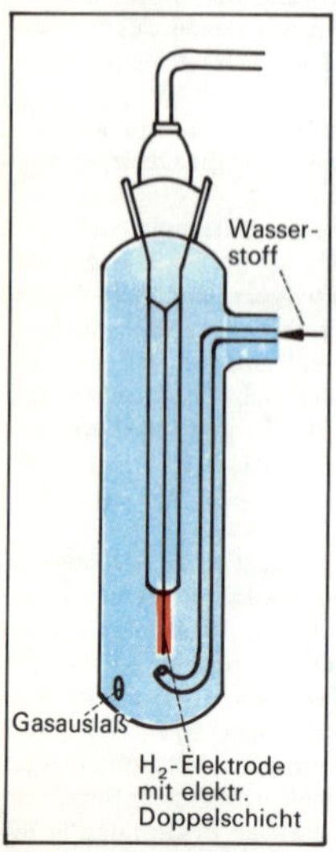

Wasserstoffelektrode

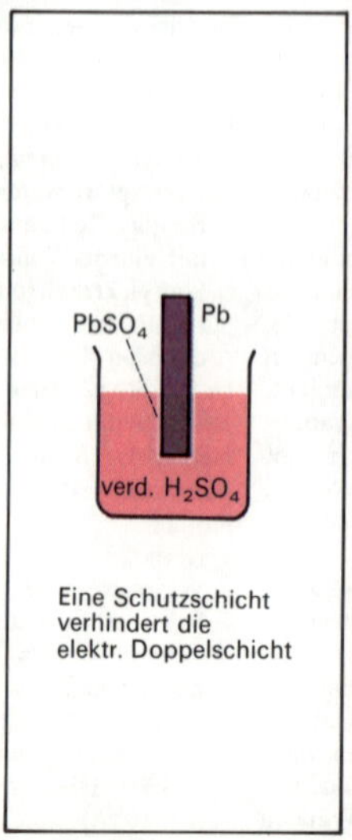

Passivierung

Elektrodenmaterial	Normalspannung in Volt	
Li	−3,04	in saurer Lösung
Al	−2,92	
Ca	−2,87	
Na	−2,71	
Mg	−2,36	
Be	−1,85	
Al	−1,66	
Mn	−1,18	
Zn	−0,763	
Cr	−0,744	
Fe	−0,400	
Co	−0,277	
Ni	−0,250	
Sn	−0,136	
Pb	−0,126	
D	−0,0034	
H	0,0000 (Definition)	
Cu	+0,337	
Ag	+0,799	
Hg	+0,854	
Pd	+0,987	
Pt	+1,2	
Au	+1,50	

Li	−3,04	in basischer Lösung
Al	−2,33	
Zn	−1,22	
Sn	−0,909	
Ag	+0,345	
Au	+0,70	

$U^{3+} \longrightarrow U^{4+}$	−0,607
$Cr^{2+} \longrightarrow Cr^{3+}$	−0,408
$Au^{+} \longrightarrow Au^{3+}$	+1,40
$Cu^{+} \longrightarrow Cu^{2+}$	+0,153
$Sn^{2+} \longrightarrow Sn^{4+}$	+0,154
$Ag^{+} \longrightarrow Ag^{2+}$	+1,98

Wechsel der Ionenladungszahl in saurer Lösung

Elektrochemische Spannungsreihe

An den Grenzflächen zweier Substanzen bildet sich durch Diffusion elektr. Ladungsträger (Elektronen oder Ionen) eine sehr dünne elektr. Doppelschicht aus, die zu einer Potentialdifferenz *U* zwischen den Substanzen führt. *U* wirkt der Diffusion entgegen, so daß ein Gleichgewicht der Ladungsträger entsteht.

Grenzfläche Metall-Metall: Berühren sich zwei versch. Metalle, so diffundieren einige der Leitungselektronen durch die Grenzflächen hindurch in das andere Metall. Die elektr. Doppelschicht ruft eine **Kontaktspannung** zwischen den Metallen hervor. Jenes Metall, das die meisten Elektronen verliert, wird positiv, das andere negativ. Es ist der gleiche Vorgang wie bei der Reibungselektrizität (s. S. 233).

ALESSANDRO VOLTA (1745–1827) entdeckte 1794 die Kontaktspannung, daher auch der Name *Volta-Effekt.*

Beispiel: Die Kontaktspannung kann man messen, wenn man zwei plangeschliffene, sehr saubere Kupfer- und Zinkplatten aufeinander preßt oder entsprechende Drähte zusammenlötet. Cu wird negativ, Zn positiv. Beide Metalle müssen gleiche Temperatur haben, sonst tritt eine zusätzl. *Thermospannung* (s. S. 239) auf.

Die Potentialdifferenz der Kontaktspannung erstreckt sich über eine Doppelschicht von ca. 10^{-5} cm Dicke. Rund 10^{14} Elektronen sind pro cm^2 Grenzfläche übergetreten.

Die Kontaktspannung beträgt wenige Volt, sie ist materialabhängig. Das Metall mit der kleineren *Austrittsarbeit* wird positiv.

Austrittsarbeit (Formelzeichen φ) ist jene Energie, die ein Elektron benötigt, um das Ionengitter des Metalls zu verlassen. $\varphi \approx (1\text{–}5)$ eV. Alkalimetalle zeigen den kleinsten Wert für φ, die Edelmetalle den größten.

Grenzfläche Ionen-Ionen: Trennt eine (ionendurchlässige) Membran zwei Lösungen mit versch. Konzentrationen der gleichen Ionenart, so erzeugt die Ionendiffusion durch die Grenzfläche eine elektr. Doppelschicht, angezeigt durch eine *Potentialdifferenz U*.

Es gilt die **Nernst-Gleichung**, formuliert von WALTHER NERNST (1864–1941)

$$U = \pm (kT/e) \ln(c_1/c_2)$$

mit

U: elektr. Spannung zwischen beiden Lösungen; *k*: Boltzmann-Konstante; *T*: thermodyn. Temp.; *e*: Elementarladung; c_1, c_2: Ionenkonzentrationen. Das positive Vorzeichen gilt für negative Ionen und umgekehrt.

Die Nernst-Gl. gilt nicht für die Kontaktspannung zwischen Metallen.

Die Ionengleichgewichte in aneinander grenzenden Lösungen gleicher Ionen mit versch. Ionenladungszahlen führen ebenfalls zu Potentialdifferenzen.

Beispiele: Trennt eine (ionendurchlässige) Membran saure Lösungen von Ag^+ und Ag^{2+}, so herrscht eine Potentialdifferenz von +1,980 V; zwischen U^{3+} und U^{4+} eine von −0,607 V.

Grenzfläche Metall-Metallion: Eine Potentialdifferenz tritt auf, wenn ein Metall in einen Elektrolyten taucht. Einige Metall-Ionen des Metallgitters treten in den Elektrolyten über, es bildet sich eine elektr. Doppelschicht an der Grenzfläche. Es gilt die Nernst-Gleichung.

Beispiel: Taucht ein Kupferstab in einen Elektrolyten, z.B. in eine wäßrige $CuSO_4$-Lösung, so verlassen Cu^{2+}-Ionen das Metall, bis das elektr. Feld der daraufhin entstehenden Doppelschicht eine weitere Diffusion verhindert.

Die Potentialdifferenz *U* ist nicht direkt meßbar, da man Elektrolyt und Metall durch einen Leiter verbinden müßte und so eine weitere Doppelschicht entstünde.

Normalspannung: Elektr. Spannung *U* zwischen Metall und Elektrolytlösung (Konzentration: 1 mol Ionen/l des gleichen Metalls) gemessen mit einer *Wasserstoffelektrode.*

Definition: *U* für das System $H \rightleftarrows H^+$ beträgt 0 Volt.

Die **Normal-Wasserstoffelektrode** ist eine von H_2 bei Normalluftdruck (s. S. 57) umspülte und in eine 1-normale Wasserstoffionenlösung bei 25 °C eintauchende platinierte Platinelektrode. Eine 1-normale H^+-Ionenlösung enthält 1 g H^+-Ionen pro Liter. Beispiel: 1-normale H_2SO_4 enthält (98,1/2) g H_2SO_4 pro l.

Die **elektrochemische Spannungsreihe** (in saurer Lösung) ordnet die Normalspannungen der Metalle. Steht ein Metall in der Spannungsreihe oberhalb von H, so ist *U* negativ, steht es unterhalb, so ist *U* positiv. Das höherstehende Metall gibt Elektronen an das tieferstehende ab, es ist weniger »edel«.

Anwendung: *Silbergewinnung.* Das fein zermahlene Silbererz wird mit einer Cyanidlösung ausgelaugt; nach Reinigung ist das Silber als Ag^+-Ion in Lösung. Jetzt wird Zinkstaub eingerührt. Ag steht in der Spannungsreihe unterhalb von Zn, also gehen Elektronen vom Zink zu den Silberionen über: $2Ag^+ + Zn \rightarrow 2Ag + Zn^{2-}$. Silber fällt als Metall aus, die Zn-Ionen bleiben in Lösung.

Die elektrochem. Spannungsreihe bezieht sich meist auf saure Lösung, doch kann sie auch für basische Lösung gemessen werden, erneut bezogen auf die H^+-Elektrode. Die Position einiger Metalle ist verändert, das spielt in der präparativen Chemie eine Rolle.

Schutzschichten. Taucht Mg, Al oder Zn in Wasser, so sollten die Metalle den Wasserstoff verdrängen. Das ist aber nicht der Fall, da diese sofort eine wasserunlösliche Schutzschicht aus Metallhydroxiden bilden, z.B. $Mg(OH)_2$.

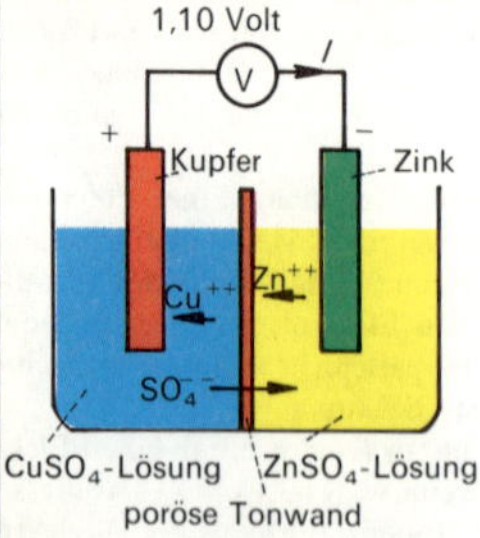

Daniell-Element (vereinfacht)

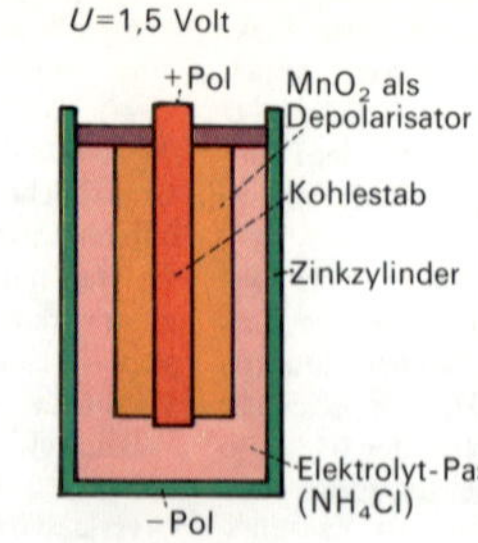

Trockenelement (Monozelle)

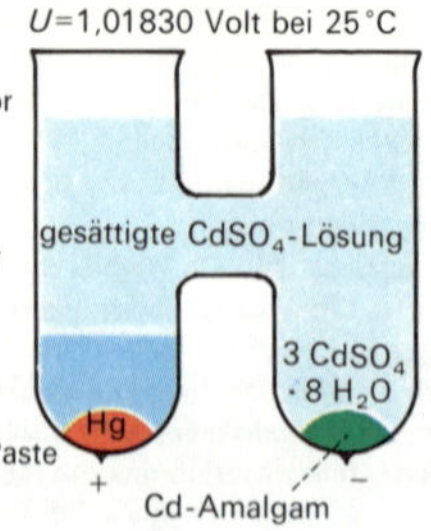

Weston-Normalelement

Blei-Akkumulator:

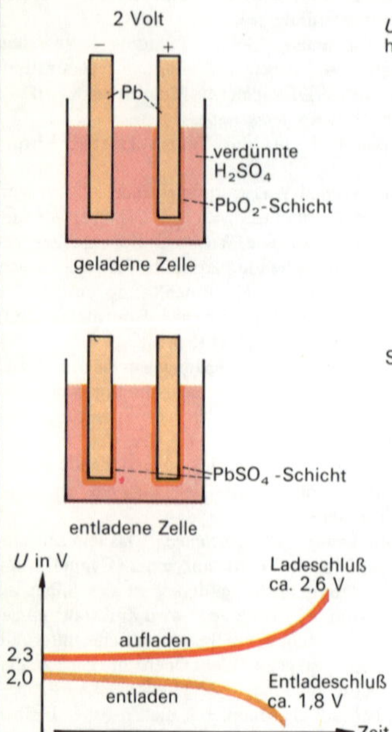

Brutto-Reaktion:
$Pb + PbO_2 + 2\,H_2SO_4 \rightleftharpoons 2\,PbSO_4 + 2\,H_2O$ + Energie

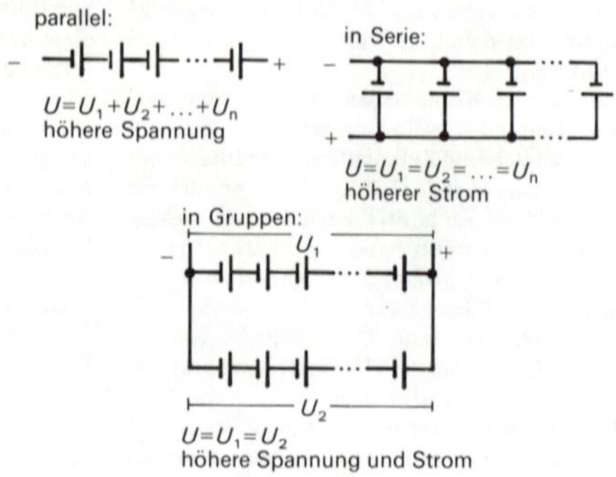

Schaltung galvanischer Elemente

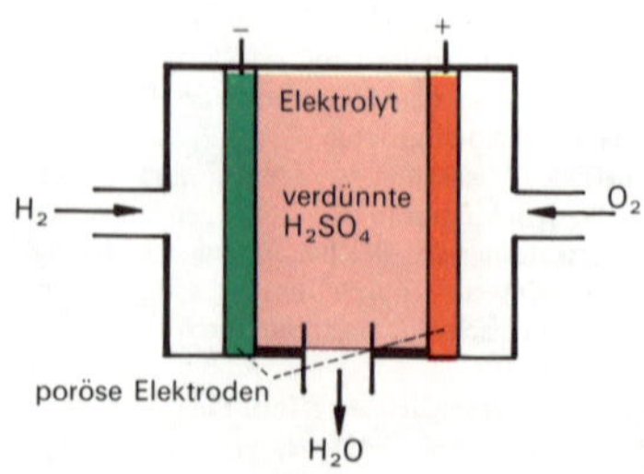

Brutto-Reaktion:
$2\,H_2 + O_2 \longrightarrow 2\,H_2O$ + Energie

Wasserstoff-Sauerstoff-Brennstoffzelle

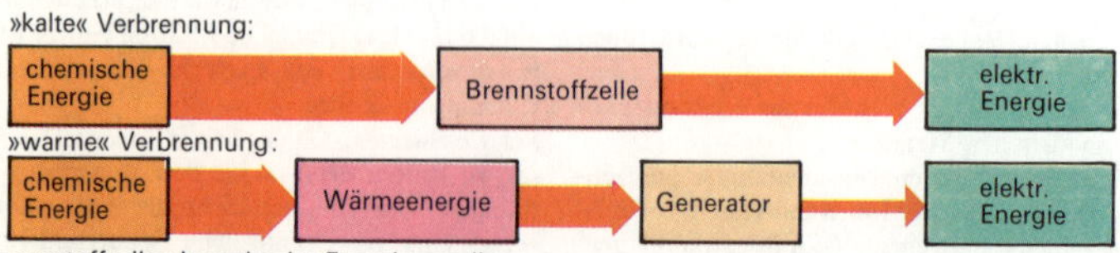

Brennstoffzelle als optimaler Energiewandler

Taucht man zwei versch. Metalle in einen Elektrolyten und verbindet sie mit einem Leiter, so fließt zwischen den Metallen (den Elektroden) ein elektr. Strom. Diese Anordnung heißt **Galvanisches Element.**

Benannt nach LUIGI GALVANI (1737–98), der 1789 beobachtete, daß die Muskeln eines Froschschenkels zuckten, wenn er sie mit einem Draht aus zwei versch. Metallen berührte.

Das in der elektrochem. Spannungsreihe (s. S. 234) weiter unten stehende (also weniger »edle«) Elektrodenmaterial bildet die Kathode. Die Spannung zwischen den Elektroden ist gleich der Differenz ihrer Normalspannungen (s. S. 235).

Der Strom der Elektronen im elektr. Leiter wird durch einen Strom positiver Ionen im Elektrolyten geschlossen.

Beispiel: Die **Voltasche Säule**, entwickelt 1799 von ALESSANDRO VOLTA, bestand aus Cu- und Zn-Scheiben, getrennt durch in verd. H_2SO_4 getauchte Filzlappen. Zn ist negativ, Cu positiv; die Normalspannung einer Cu–Zn-Kombination ist $-0{,}763\,V-(+0{,}337\,V)=-1{,}10\,V$. Es war die erste brauchbare Stromquelle.

JOHN DANIELL (1790–1845) erfand 1836 das **Daniell-Element**. Eine Cu-Elektrode taucht in eine $CuSO_4$-Lösung, eine Zn-Elektrode in eine $ZnSO_4$-Lösung. Eine poröse Membran trennt beide Lösungen. Zn^{2+}-Ionen treten aus dem Metall in die $ZnSO_4$-Lösung über, Cu^{2+}-Ionen der $CuSO_4$-Lösung schlagen sich auf der Cu-Elektrode nieder. Verbindet man die Elektroden, so fließt ein elektr. Strom. Zn geht in Lösung, Cu verläßt die Lösung, bis die Zn-Elektrode verbraucht ist. Also

$$Zn + CuSO_4 \rightarrow ZnSO_4 + Cu$$

Die abgegebene elektr. Energie ist – theoretisch – gleich der chem. Reaktionsenergie, solange die Temperatur des Galvan. Elementes konstant bleibt.

Brennstoffelemente sind Galvan. Elemente mit Gaselektroden: Zwei elektrisch verbundene Platinelektroden tauchen in verdünnte Schwefelsäure. H_2 umspült die eine Elektrode, O_2 die andere. Auf den Elektrodenoberflächen bilden sich Gasschichten, deren Moleküle katalytisch in Atome dissoziieren.

$$2\,H \rightarrow 2\,H^+ + 2\,e^-$$

Die Elektronen fließen durch die elektr. Verbindung, die H^+-Ionen wandern durch den Elektrolyten und reagieren mit dem Sauerstoff der anderen Gaselektrode (*kalte Verbrennung*):

$$O_2 + 4\,H^+ + 4\,e^- \rightarrow 2\,H_2O$$

Das ist die *Knallgasreaktion.* Für jedes Mol H_2O wird die Bildungsenthalpie 286,2 kJ frei; sie erscheint in Form elektr. Energie.

Die techn. Ausführung von **Brennstoffzellen** (Brennstoff: H_2, Oxidationsmittel: O_2) ist komplex, doch gelten sie als eine wichtige Quelle elektr. Energie für die Zukunft. Der Wirkungsgrad dieser direkten Umwandlung von chem. in elektr. Energie liegt gegenwärtig bei ca. 60%.

Schaltung Galvanischer Elemente

Bei *Parallelschaltung* einzelner Galvan. Elemente (auch *Zellen* genannt) zu *Batterien* werden Kathoden mit Kathoden und Anoden mit Anoden verbunden. Die elektr. Spannung der Batterie ist gleich der der einzelnen Zelle.

Bei *Serienschaltung* werden Kathoden und Anoden aufeinanderfolgender Zellen verbunden. Die Gesamtspannung U von n Zellen der Einzelspannungen U_e ist

$$U = nU_e$$

Elektrolytische Polarisation

Im Galvan. Element können chem. Reaktionen beim Stromdurchgang die Elektroden so verändern, daß der Strom zum Erliegen kommt. Z. B. bilden sich an Pt-Elektroden in wäßrigen Elektrolyten Pt–O_2 bzw. Pt–H_2 Doppelschichten, die ihrerseits Galvan. Elemente sind. Diese neuen Galvan. Elemente sind dem ursprünglichen entgegengeschaltet, und die Spannung zwischen den Pt-Elektroden wird immer geringer.

Die elektrolyt. Reaktionsprodukte an den Elektroden kann man oft chemisch auflösen; dann entstehen *konstante Galvan. Elemente.*

Beispiel: *Trockenbatterien* bestehen aus einem Kohlestab (Anode) in Elektrolyt-Paste, umgeben von einem Zn-Zylinder (Kathode). Der am Kohlenstoff entstehende H_2 würde die Anode rasch polarisieren, er wird jedoch durch eine den Kohlestab umhüllende Schicht aus Braunstein (MnO_2) zu H_2O oxidiert. Die Batteriespannung bleibt konstant, bis alles Zn verbraucht ist.

Akkumulatoren sind regenerierbare Galvan. Elemente, d.h. der Aufladeprozeß kehrt die bei der Entladung ablaufenden chem. Prozesse um. Am weitesten verbreitet ist der **Blei-Akkumulator.** Als Elektroden dienen mit $PbSO_4$ überzogene, gitterförmige Bleiplatten. Beim Aufladen wird der Akku mit einer Gleichspannungsquelle verbunden. An der Kathode entsteht metallisches, schwammförmiges Pb, an der Anode PbO_2.

Laden:

Anode: $$PbSO_4 + SO_4 + 2\,H_2O \rightarrow PbO_2 + 2\,H_2SO_4$$

Kathode: $$PbSO_4 + 2\,H \rightarrow Pb + H_2SO_4$$

Entladen:

Anode: $$PbO_2 + 2\,H + H_2SO_4 \rightarrow PbSO_4 + 2\,H_2O$$

Kathode: $$Pb + SO_4 \rightarrow PbSO_4$$

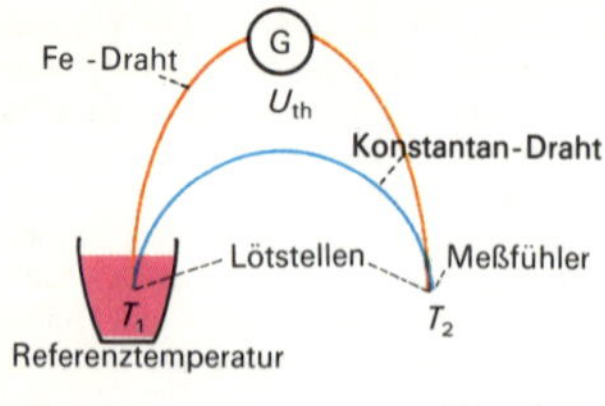

Thermoelement

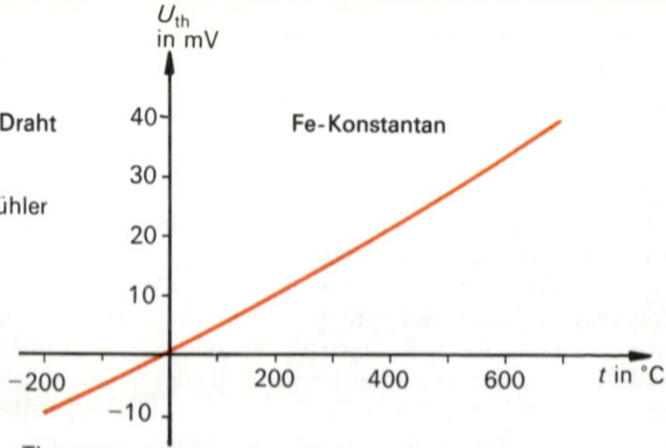

Thermospannungen eines Thermoelements

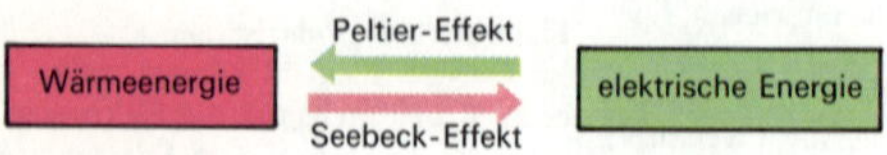

Seebeck-Effekt:

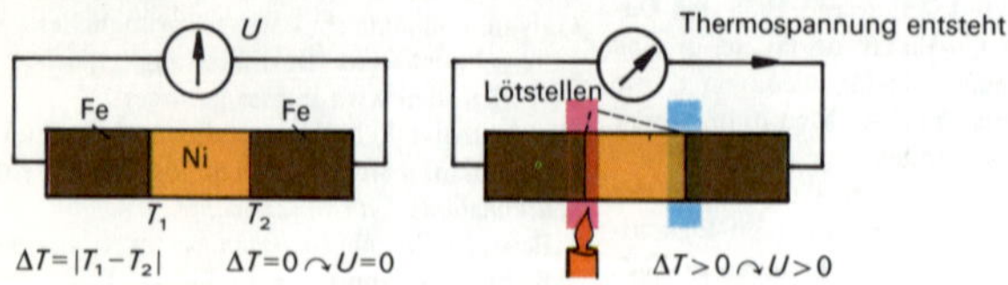

Peltier-Effekt:

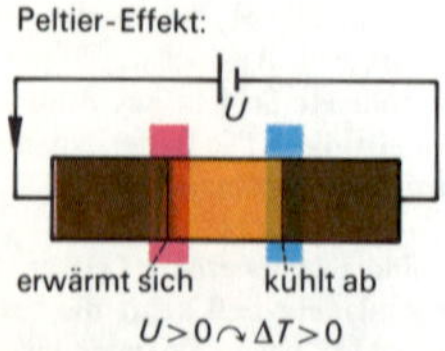

Thomson-Effekt:

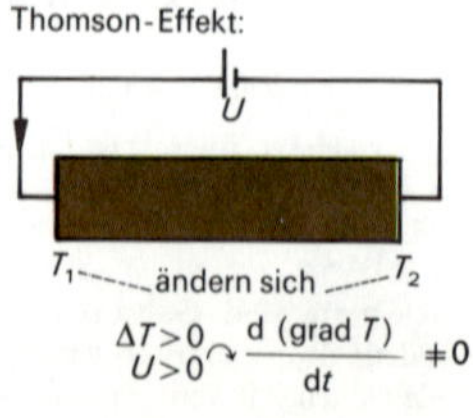

Thermoelektrische Vorgänge

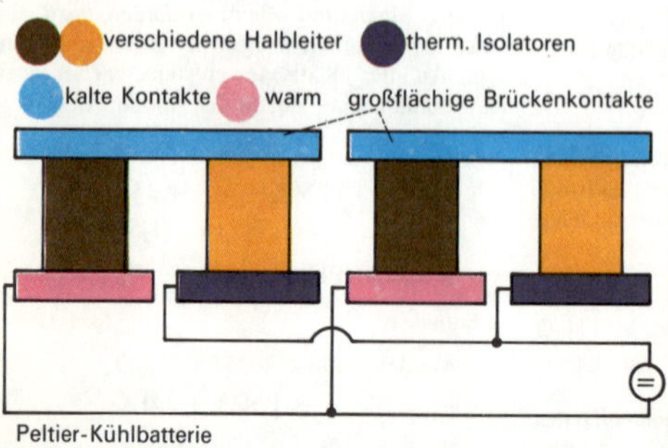

Peltier-Kühlbatterie

Material x	S_{xPb} für 20 °C in µV/K
Se	+1000
Ge	+300
Sb	+35
Fe	+16
Zn	+3
Cu	+2,8
Ag	+2,6
Pb	0,0 Definition
Al	−0,5
Pt	−3,1
Ni	−19
Bi	−70

Thermoelektrische Spannungsreihe

Lötet man zwei Metallstreifen an beiden Enden zusammen, so entsteht an den Lötstellen eine *Kontaktspannung* (s. S. 235). Es fließt jedoch kein Strom, da die Spannungen entgegengerichtet sind. THOMAS JOHANN SEEBECK (1770–1831) entdeckte 1821 den

Seebeck-Effekt: Existiert zwischen den Lötstellen eine Temperaturdifferenz, so tritt zwischen ihnen eine *Thermospannung* auf, es fließt ein *Thermostrom.* Diese Anordnung heißt *Thermoelement.* Es gilt

$$U_{\text{th}} = a\Delta T + b\Delta T^2 + c\Delta T^3 + \dots$$

mit
U_{th}: Thermospannung; ΔT: Temperaturdifferenz; a, b, c: Koeffizienten.

Für einige Materialkombinationen und für gewisse Temperaturbereiche ist der Zusammenhang zwischen U_{th} und ΔT näherungsweise linear. Dann gilt

$$U_{\text{th}} = S_{\text{ab}}\Delta T \qquad \textit{Thermospannung}$$

mit
S_{ab}: Seebeck-Koeffizient für die verbundenen Materialien a und b.

Ordnet man die Materialien nach der Größe von S_{ab}, so entsteht die **thermoelektr. Spannungsreihe**, meist auf Cu oder Pb bezogen. Je weiter zwei Stoffe in dieser Reihe voneinander entfernt stehen, desto größer ist die Thermospannung für eine gegebene Temperaturdifferenz.

Beispiel: Lötet man Eisen- und Nickeldrähte zusammen, so entsteht ein Fe–Ni-Thermoelement. $S_{\text{FePb}} = +16\,\mu\text{V/K}$ und $S_{\text{NiPb}} = -19\,\mu\text{V/K}$, also ist $S_{\text{FeNi}} = 35\,\mu\text{V/K}$. Taucht man die eine Lötstelle des Thermoelements in Eiswasser und erwärmt die andere auf 80 °C, so ist die Thermospannung $U_{\text{th}} = 2{,}8$ mV.

Moderne Halbleitermaterialien haben bes. große Seebeck-Koeffizienten.

Anwendungen:

Thermoelemente dienen als Thermometer. Vorteile: Extrem klein, daher ist ihre Wärmekapazität gering, sie beeinflussen nicht das Meßobjekt und reagieren sehr rasch. Großer Meßbereich, bis zu 3300 K.

Thermosäulen sind in Reihe geschaltete Thermoelemente mit geschwärzten, flachgepreßten Lötstellen. Sie dienen als Strahlungsmesser.

Thermogeneratoren besitzen große Kontaktflächen, deren eine beheizt wird (z. B. durch Erdgas). Es ist ein direkter Energiewandler Wärme→Elektrizität. Ge–Si-Mischkristalle oder Bismut-Telluride werden benutzt. Wirkungsgrad um 10%.

Das *Thermokreuz* diente der Messung sehr schwacher Hochfrequenzströme. Ein dünner Konstantan- und ein Eisendraht sind kreuzweise verschlungen und an der Berührungsstelle verlötet. Man leitet den Strom I durch eine der beiden Fe-Konstantan-Zuführungen, I erwärmt die Lötstelle. An den anderen beiden Zuführungen mißt man eine Thermospannung, sie ist proportional I^2.

SNAP-Generator, Isotopenbatterie. Der Zerfall einer radioaktiven Quelle (z.B. ^{90}Sr, ^{242}Cm) liefert Wärmeenergie, die dann über einen Thermogenerator in elektr. Energie umgewandelt wird.

JEAN PELTIER (1785–1845) entdeckte 1834 den **Peltier-Effekt.** Er ist dem Seebeck-Effekt nahe verwandt, und betrachtet man lediglich die Energieumwandlung, so ist es die Umkehrung.

Lötet man an die beiden Enden eines Metalls (oder Halbleiters) ein anderes Metall und leitet einen elektr. Gleichstrom hindurch, so kühlt sich die eine Lötstelle ab, die andere erwärmt sich. Kehrt man die Stromrichtung um, so vertauschen sich auch Warm- und Kaltstellen. Es gilt

$$P = \Pi_{\text{ab}} I$$

mit
P: Wärmeleitung an den Kontaktstellen; Π_{ab}: Peltier-Koeffizient der verbundenen Materialien a und b; I: Stromstärke.

Da zwischen beiden Kontaktstellen eine Temperaturdifferenz herrscht, fließt auch ein Thermostrom I_{th} (s. o.). Die Richtung von I_{th} ist entgegen der von I.

Anwendung als *Peltier-Element* (aus Halbleitermaterial) für die direkte Umwandlung von elektr. Energie in Kälteenergie. Kleinvolumige, leichte und geräuschlose Kühlschränke. Kühlung elektron. Bauelemente.

Thomson-Effekt, entdeckt 1856 von WILLIAM THOMSON, später LORD KELVIN (1824–1907): Fließt ein elektr. Strom durch ein Material, das ein Temperaturgefälle aufweist, so verändert sich der Temperaturgradient. Fließt z.B. der Strom in Cu (oder Ag, W, Au) vom warmen zum kalten Ende, so erzeugt der Strom eine Wärmemenge. Fließt er dagegen in Fe (oder Pt, Zn, Ni), so verbraucht der Strom eine Wärmemenge.
Es gilt

$$P = \pm \mu I (\mathrm{d}T/\mathrm{d}l)$$

mit
P: entlang des Temperaturgefälles abgegebene (oder aufgenommene) Wärmeleistung; μ: Thomson-Koeffizient; I: Stromstärke; $\mathrm{d}T/\mathrm{d}l$: Temperaturgefälle entlang der Länge l.

Betrag und Vorzeichen von μ sind materialabhängig. Man kann den Thomson-Effekt als einen kontinuierl. Peltier-Effekt betrachten.

Die Erwärmung darf man nicht mit der Abgabe von Wärme beim Stromdurchgang (s. S. 223) verwechseln. Die Joulesche Wärme ist $\sim I^2$.

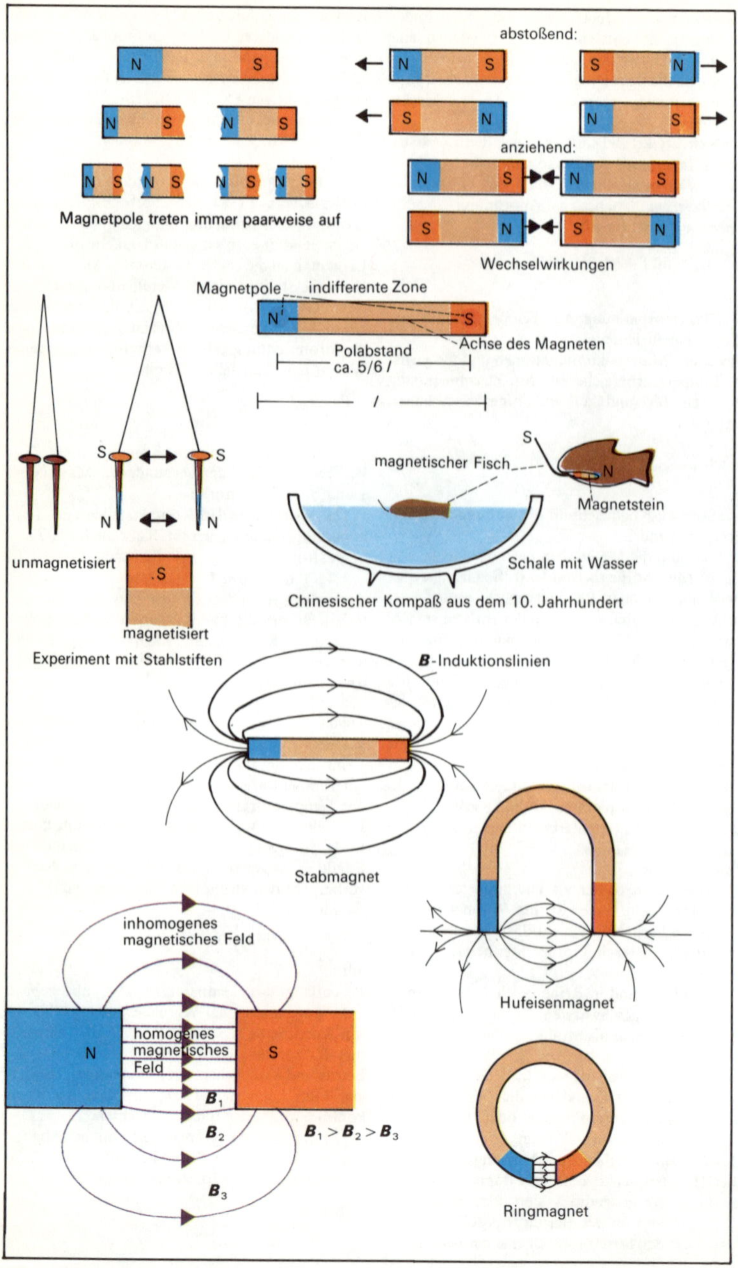
abstoßend:
anziehend:
Magnetpole treten immer paarweise auf
Wechselwirkungen
Magnetpole
indifferente Zone
Achse des Magneten
Polabstand
ca. 5/6 l
l
unmagnetisiert
magnetisiert
Experiment mit Stahlstiften
magnetischer Fisch
Magnetstein
Schale mit Wasser
Chinesischer Kompaß aus dem 10. Jahrhundert
B-Induktionslinien
Stabmagnet
Hufeisenmagnet
inhomogenes magnetisches Feld
homogenes magnetisches Feld
$B_1 > B_2 > B_3$
Ringmagnet

Die **Magnetostatik** erfaßt vorwiegend zeitunabhängige magnet. Erscheinungen.

Der Name »Magnet« – so berichtet der Römer LUCRETIUS – ist abgeleitet von »Magnetit« (Magneteisenstein, Fe_3O_4). Dieses Mineral scheint man zuerst in der Nähe der thessalonikischen Siedlung *Magnesia* abgebaut zu haben. Die Überreste der Stadt liegen im heutigen Westanatolien (Türkei).

Die richtungweisenden Eigenschaften magnet. Materialien haben wohl als erste die Chinesen im 10. Jahrhundert ausgenutzt. Wann der Kompaß nach Europa kam, ist nicht genau festzustellen, denn anfangs wurde er geheim gehalten wegen seiner enormen kommerziellen und militär. Bedeutung. Im 13. Jahrhundert finden wir die ersten Hinweise darauf in der »offenen« Literatur (ein leider auch heute wohlbekannter Begriff). Die ersten quantitativen Untersuchungen stammen von CHARLES-AUGUSTIN DE COULOMB (1736–1806).

Magnete erkennt man nur an ihren Wirkungen; wir besitzen kein Organ, um die Gegenwart eines Magneten festzustellen (manche Tiere jedoch können das).

Alle Magnete besitzen erfahrungsgemäß zwei **Magnetpole** an entgegengesetzten Enden; jeder Magnet ist ein **magnetischer Dipol**. Die *Dipolachse* verbindet beide Pole.

Jener Magnetpol, der in Richtung des geograph. Nordpols weist, heißt *magnetischer Nordpol*, der andere heißt *magnetischer Südpol.*

Nähert man zwei Magnete einander, so stoßen sich gleichnamige Pole ab und ungleichnamige ziehen sich an.

Einer der beiden magnet. Pole der Erde liegt in der Nähe des geograph. Nordpols, kurioserweise heißt er dennoch magnet. Nordpol. (Da es keine einheitliche Bezeichnung gibt, verwendet man besser den Namen *arktischer Magnetpol.*)

Die beiden Pole eines Magneten lassen sich nicht trennen:

Bricht man einen Magneten auseinander, so entstehen zwei neue Magnete.

Das gilt bis hinunter in den atomaren Bereich; jedes Atom ist ein winziger Magnet mit Pol und Gegenpol.

Seit vielen Jahren suchen die Physiker vergeblich nach dem *magnetischen Monopol*, also einem für sich alleine existierenden Magnetpol.

Es gibt starke und schwache Magnete, doch die beiden Pole eines Magneten sind stets gleich stark.

Manche Materialien werden in der unmittelbaren Umgebung eines Magneten selbst zu Magneten, sie werden *magnetisiert.*

Permanente Magnete oder *Dauermagnete* verlieren nach der Magnetisierung nur ganz langsam ihre magnet. Eigenschaften.

Beispiel: Kompaßnadel.

Äußere Einwirkungen können die magnet. Eigenschaften eines Magneten schwächen oder ganz verschwinden lassen.

Beispielsweise Hämmern oder Erwärmen über die Curie-Temperatur hinaus (s. auch magnet. Induktion und magnet. Feldstärke).

Bei der nun folgenden quantitativen Darstellung, wird sich immer wieder die Analogie mit den Beschreibungen der Elektrostatik (s. S. 207) aufdrängen. Es ist jedoch zu beachten, daß weder in der Magnetostatik noch bei den elektromagnet. Erscheinungen ein Analogon zur elektr. Ladung Q existiert.

Einige **analoge physikalische Größen**:
magnet. Induktion $\boldsymbol{B}\rightarrow$elektr. Feldstärke $\boldsymbol{E}$
elektromagnet. Moment $\boldsymbol{m}\rightarrow$elektr. Dipolmoment $\boldsymbol{p}$
magnet. Feldstärke $\boldsymbol{H}\rightarrow$ elektr. Flußdichte $\boldsymbol{D}$
Magnetisierung $\boldsymbol{M}\rightarrow$elektr. Polarisation $\boldsymbol{P}$

Magnete besitzen um sich herum ein **magnetisches Feld**. Es ist eine Eigenschaft des Raumes und bedarf keines Überträgers, existiert also auch im leeren Raum in der Umgebung des Magneten. Man beachte jedoch:

Das magnet. Feld ist lediglich ein Hilfsmittel, um unsere Vorstellung von den physikalischen Zusammenhängen zu unterstützen.

Die Gegenwart oder Abwesenheit eines magnet. Feldes kann man mit Hilfe eines anderen Magneten feststellen:

Im magnet. Feld wirkt eine Kraft auf einen anderen Magneten.

Die **magnetische Flußdichte** oder **magnetische Induktion** (Formelzeichen $\boldsymbol{B}$) charakterisiert jeden Punkt des magnet. Feldes. Die Richtung des Vektors $\boldsymbol{B}$ weist vom Nord- zum Südpol. Der Betrag B des Vektors $\boldsymbol{B}$ wird gemessen in der abgeleiteten SI-Einheit **Tesla** (Einheitenzeichen T), benannt nach NIKOLA TESLA (1856–1943).

In der Geophysik wird eine Einheit mit bes. Namen benutzt: $1\,\gamma = 10^{-9}\,\mathrm{T}$
Im CGS-System gilt die abgeleitete Einheit Gauß (Einheitenzeichen G), benannt nach CARL FRIEDRICH GAUSS (1777–1855).
Umrechnung: $1\ \mathrm{T} = 10\ \mathrm{kG}$

Magnetometer messen $\boldsymbol{B}$.

Beispiele für magnet. Induktion:
interstellarer Raum: 100 pT–10 nT
Erdmagnetfeld bei 50° n.Br.: 20 µT
Erdmagnetfeld am Äquator: 31 µT
großer Hufeisenmagnet: 1 mT
Sonnenfleck (Oberfläche): 10 T
Neutronenstern: 100 MT–1 GT

$\boldsymbol{B}$-Induktionslinien zeichnen ein anschaul. Bild der magnet. Induktion im Raum. Die Pfeilspitzen der $\boldsymbol{B}$-Induktionslinien weisen in Richtung des magnet. Südpols. Ihre Dichte ist proportional dem Betrag von $\boldsymbol{B}$. Dort, wo sich die $\boldsymbol{B}$-Induktionsli-

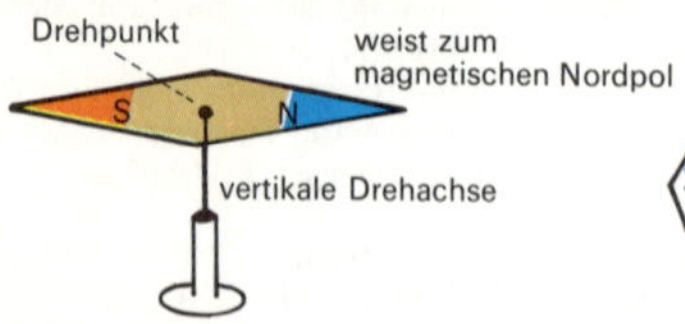

Kompaßnadel

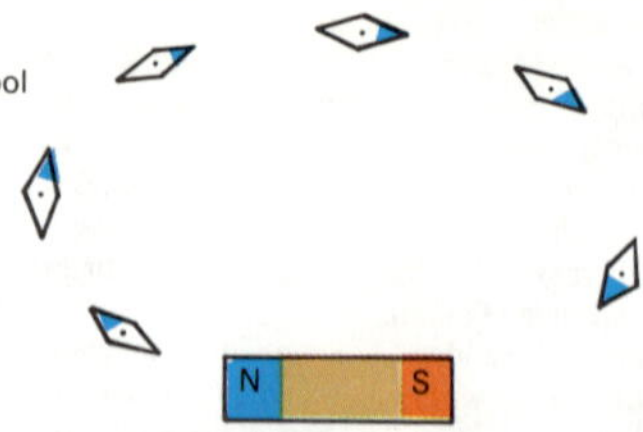

Verfolgen einer **B**-Induktionslinie mit der Kompaßnadel

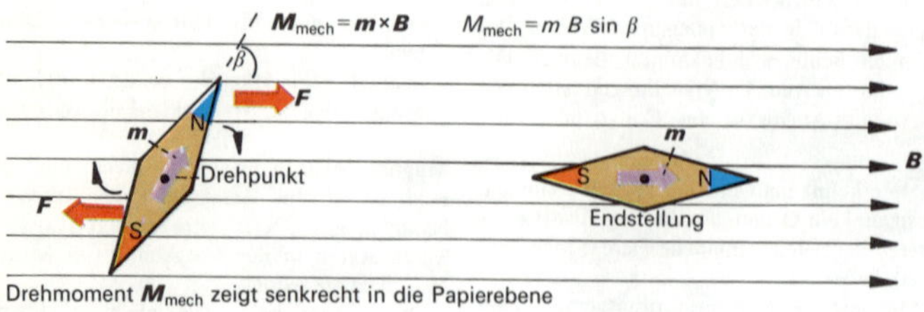

Magnetischer Dipol im magnetischen Feld

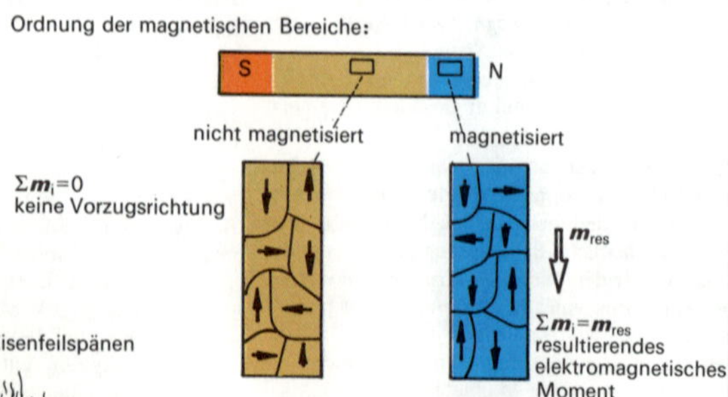

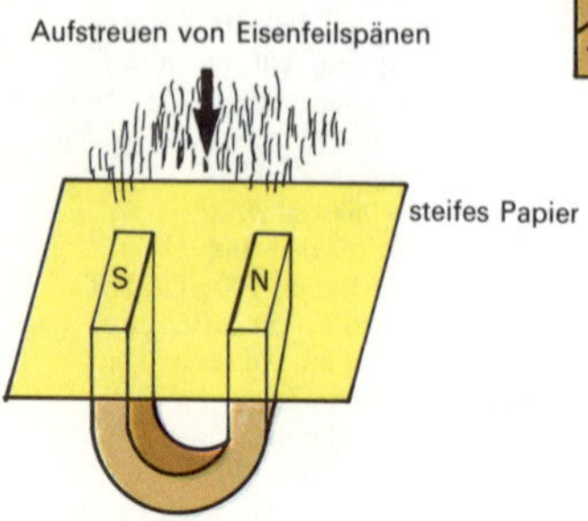

Hufeisenmagnet

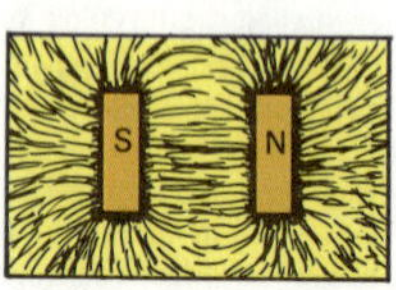

B-Induktionslinien werden sichtbar

nien zusammendrängen, erreicht $\boldsymbol{B}$ relativ hohe Werte.

Sind die $\boldsymbol{B}$-Induktionslinien parallel und gleich dicht, so beschreiben sie ein **homogenes** magnet. Feld. Anderenfalls ist das Feld **inhomogen**.

Die $\boldsymbol{B}$-Induktionslinien haben weder Anfang noch Ende, sie schließen in sich selbst. Es gibt *keine* offenen $\boldsymbol{B}$-Induktionslinien.

Die $\boldsymbol{B}$-Induktionslinien sind genau wie der Begriff des Feldes ein abstraktes Konzept, um unser Vorstellungsvermögen zu unterstützen; dennoch lassen sie sich sichtbar machen.

Eisenfeilspäne werden im magnet. Feld magnetisiert. Sie sind dann einzelne kleine magnet. Dipole und richten sich entlang der $\boldsymbol{B}$-Induktionslinien aus.

In Gebieten großer magnet. Induktion, also um die Pole herum, ist die Verteilung der Dipole deutlich dichter.

Magnetischer Dipol im homogenen magnetischen Feld

Befindet sich ein magnet. Dipol in einem magnet. Feld, beispielsweise zwischen den Polschuhen eines Hufeisenmagneten, so greift an jedem seiner Pole eine Kraft an.

In einem *homogenen magnet. Feld* sind die Kräfte von gleichem Betrag, aber unterschiedl. Richtungen. Es resultiert ein mechan. Drehmoment $\boldsymbol{M}_{mech}$ (s. S. 49) proportional der magnet. Induktion $\boldsymbol{B}$. Es gilt

$$\boldsymbol{M}_{mech} = \boldsymbol{m} \times \boldsymbol{B}$$

mit

$\boldsymbol{M}_{mech}$: Drehmoment (um Verwechslungen mit der Magnetisierung auszuschließen, wird ausnahmsweise ein Subskript benutzt); $\boldsymbol{m}$: elektromagnet. Moment des magnet. Dipols (s. u.); die Richtung von $\boldsymbol{m}$ weist entlang der Dipolachse zum magnet. Nordpol.

$\boldsymbol{M}_{mech}$ steht senkrecht auf der durch die beiden Vektoren $\boldsymbol{m}$ und $\boldsymbol{B}$ aufgespannten Ebene. Die Richtung von $\boldsymbol{M}_{mech}$ folgt aus den Regeln des Vektorprodukts.

Der Betrag M_{mech} des Drehmoments $\boldsymbol{M}_{mech}$ ist

$$M_{mech} = mB \sin \beta$$

mit

m: Betrag des elektromagnet. Moments; β: Winkel zwischen Dipolachse und $\boldsymbol{B}$-Induktionslinien.

Lagert man den Magneten auf einer Achse zwischen den Polen, so dreht er sich, bis das Drehmoment verschwindet ($\beta = 0$); d. h. die Dipolachse stellt sich parallel zu den $\boldsymbol{B}$-Induktionslinien ein.

Beispiel: Im **Magnetkompaß** ist ein sehr leichter magnet. Dipol (die *Kompaßnadel*) drehbar um eine senkrechte Achse gelagert. Das Magnetfeld der Erde ist praktisch homogen, also dreht sich die Magnetnadel, bis sie parallel zu den $\boldsymbol{B}$-Induktionslinien des magnet. Erdfeldes ausgerichtet ist. Dann weist sie zum arktischen Magnetpol.

Ist $\boldsymbol{B}$ inhomogen, so tritt neben dem Drehmoment zusätzlich eine Kraft auf, die den magnet. Dipol als Ganzes in Richtung wachsender magnet. Induktion beschleunigt.

Das elektromagnet. Moment $\boldsymbol{m}$ kann man veranschaulichen: $\boldsymbol{m}$ ist proportional einem Orientierungsvektor $\boldsymbol{l}$, dessen Betrag l der Abstand zwischen den Magnetpolen ist. Dann gilt

$$\boldsymbol{m} = P\boldsymbol{l}$$

Der Proportionalitätsfaktor P heißt *Polstärke* des Magnetpols.

Für die Kraft $\boldsymbol{F}$ auf einen Magnetpol gilt ein dem Coulombschen Gesetz (s. S. 207) formal entsprechender Zusammenhang:

$$\boldsymbol{F} \sim P_1 P_2 \boldsymbol{B}/l^2$$

mit

$\boldsymbol{F}$: Kraft zwischen den magnet. Polen mit den Polstärken P_1, P_2; l: Abstand zwischen den Polen. Beim Stabmagneten ist das z. B. ca. 5/6 der Stablänge. Für das Drehmoment des Dipols im homogenen Magnetfeld gilt dann

$$\boldsymbol{M}_{mech} = P(\boldsymbol{l} \times \boldsymbol{B})$$

Mikroskopisches Bild des Magneten

Magnetisierbare Substanzen sind zusammengesetzt aus winzigen Bereichen, genannt Weiss-Bereiche (ca. 1 mm Durchmesser), von denen jeder für sich einen Magneten darstellt. Es gibt keine Vorzugsrichtungen. Im Magneten sind viele der magnet. Dipolmagnete dieser Bereiche so ausgerichtet, daß ein gesamtes magnet. Dipolmoment resultiert.

Wird der Magnet entmagnetisiert, so schrumpfen die Bereiche. Gleichzeitig orientieren sie sich so um, daß ihre Vorzugsrichtung verschwindet, damit wird das Gesamtdipolmoment Null.

Unter dem Einfluß eines äußeren Magnetfeldes wachsen die Bereiche und richten ihre Dipolmomente vorzugsweise entlang der $\boldsymbol{B}$-Induktionslinien aus.

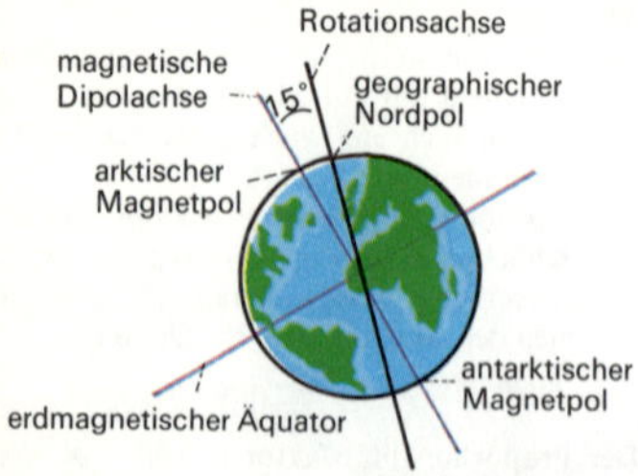

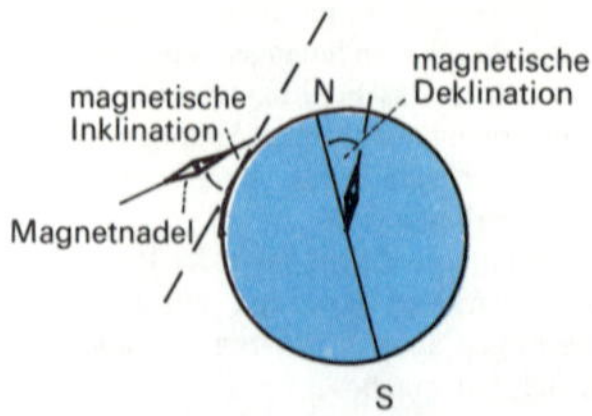

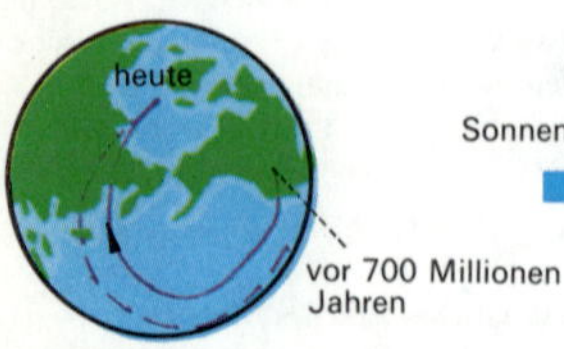

Wanderung des arktischen Magnetpols

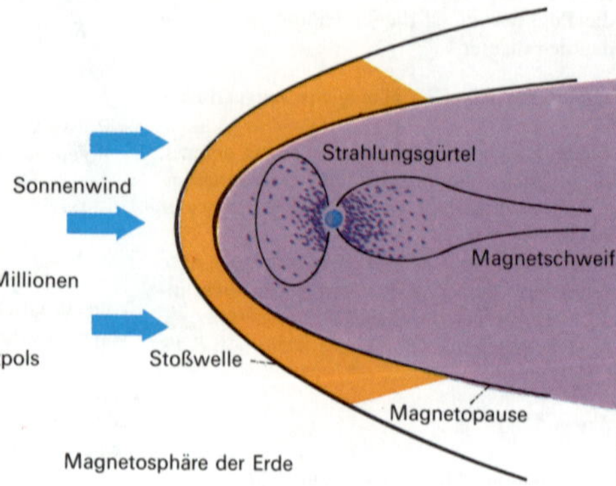

Magnetosphäre der Erde

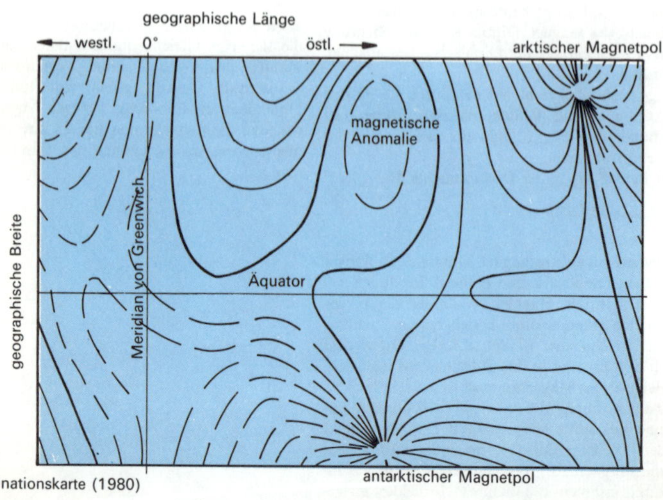

Deklinationskarte (1980)

Ein Magnetfeld umgibt unsere Erde, die **Magnetosphäre**. Es scheint, als umschließe sie einen gigant. Stabmagneten, dessen Dipolachse beinahe mit ihrer Rotationsachse übereinstimmt. Dort, wo die ***B***-Induktionslinien aus der Erde quellen bzw. in sie eintreten, liegen die magnet. Pole. Ihre Position ist gegenwärtig nicht weit entfernt von den geograph. Polen.

Magnetische Inklination. Lediglich in der Nähe des Äquators verlaufen die ***B***-Induktionslinien horizontal zur Erdoberfläche. An allen anderen Orten bilden sie einen Neigungswinkel, den *Inklinationswinkel* (Kurzzeichen meist ϑ, gemessen in Grad). Es ist der Winkel zwischen erdmagnet. ***B***-Induktionslinie und Erdoberfläche für einen bestimmten geograph. Ort.

Gemessen wird ϑ mit Hilfe des *Inklinometers*, einer um eine horizontale Drehachse aufgehängten Magnetnadel. Die Dipolachse der Magnetnadel stellt sich parallel zu den ***B***-Induktionslinien ein, ϑ wird am Teilungskreis abgelesen.

Isoklinen verbinden auf einer Karte die Orte gleicher Inklination. Sie umspannen die Erde ähnlich wie die Breitengrade, fallen aber weder mit ihnen zusammen noch sind es Kreise. Die Isokline für $\vartheta = 0°$ ist der *magnetische Äquator*. Er verläuft teils nördlich, teils südlich vom geograph. Äquator.

An den magnet. Polen ist $\vartheta = 90°$, d. h. dort steht die Magnetnadel senkrecht. Es sind übrigens nicht jene Punkte, an denen die Dipolachse die Erdoberfläche durchstößt. Wegen magnet. Anomalien und weil die Dipolachse exzentrisch (ca. 350 km) zum Erdmittelpunkt verläuft, liegen die Durchstoßpunkte ca. 1000 km von den magnet. Polen entfernt.

Die magnet. Inklination eines Ortes zeigt säkulare Änderungen, hervorgerufen durch die Polwanderung (s. u.).

Magnetische Deklination (oder **Mißweisung** der Magnetnadel) ist der Winkel zwischen den ***B***-Induktionslinien der Erde und den Meridianen. Man unterscheidet eine östliche und eine westliche magnet. Deklination, je nachdem, ob die Nordrichtung der Magnetnadel nach Ost oder West vom Meridian abweicht.

Die magnet. Deklination wird mit dem *Deklinometer* gemessen, einer vertikal drehbar aufgehängten Magnetnadel, die sich parallel zu den ***B***-Induktionslinien ausrichtet. Der Winkel wird auf einer zuvor auf Nord–Süd ausgerichteten Skala abgelesen.

Isogonen verbinden auf einer Karte die Linien gleicher Deklination.

Deklinationskarten sind außerordentlich wichtig für die Navigation, zur Korrektur des Kompasses. EDMOND HALLEY (1656–1742) stellte 1701 die erste Deklinationskarte für den Atlant. und den Indischen Ozean auf.

Die magnet. Mißweisung ist sehr unterschiedlich; sie beträgt in Deutschland knapp 3° West. Lokale magnet. Anomalien lassen die Magnetnadel bis zu 180° mißweisen.

Agonen heißen die Linien mit Deklination = 0, d. h. dort zeigt die Magnetnadel genau nach Norden.

Aufgrund der Polwanderungen (s. u.) ändert sich die Deklination mit der Zeit; z. B. sinkt sie in Deutschland um ca. 0,1° pro Jahr.

Die **magnetische Induktion des Erdfeldes** beträgt am magnet. Äquator 31,2 µT, am Pol das Doppelte. **Isodynamen** verbinden auf einer Karte die Orte gleicher magnet. Induktion. Eruptivgesteine und ausgedehnte Erzlager rufen *magnetische Anomalien* hervor, d. h. ***B*** zeigt starke lokale Änderungen. Getauchte U-Boote sind ebenfalls meßbare Quellen magnet. Anomalien.

Änderungen des Erdmagnetfeldes

Die *Elemente des Erdmagnetismus* (Inklination, Deklination, Induktion) eines Ortes ändern sich mit der Zeit.

Langzeitänderungen gehen auf die *Polwanderung* der magnet. Erdpole zurück.

Beispielsweise ist der arkt. Magnetpol seit der Jahrhundertwende von Boothia Felix nach Prince-of-Wales-Land gewandert: rund 600 km.

Diese Polwanderungen lassen sich feststellen, wenn man die Richtung der lokalen Magnetfelder in eisenhaltigen Eruptivgesteinen bestimmt. Die Weiss-Bereiche (s. S. 243) des erstarrenden Gesteins richten sich parallel zu den momentan vorhandenen ***B***-Induktionslinien aus. Kennt man das Alter des Gesteins (meßbar durch radioaktiven Zerfall), so kann man den Wanderweg rekonstruieren. Arkt. und antarkt. Magnetpol vertauschen ihre Position etwa alle Million Jahre.

Die gemessenen Polwanderungen beweisen die bereits 1912 von ALFRED WEGENER (1880–1930) entdeckte Kontinentalverschiebung.

Kurzzeitänderungen (Sekunden bis Tage) beruhen auf Wechselwirkungen des Sonnenwindes mit der Ionosphäre der Erde (magnetische Stürme).

Die **Magnetosphäre der Erde** erstreckt sich weit in den Raum hinaus. Der Verlauf der ***B***-Induktionslinien weicht von denen eines magnet. Dipols ab. Der *Sonnenwind*, ein Strom elektr. geladener Teilchen, verzerrt das Dipolfeld. Bei den Wechselwirkungen entstehen Bereiche mit sehr unterschiedl. magnet. Induktion. Stellenweise werden Teilchen eingefangen, es entstehen *Strahlungsgürtel*.

Die **Entstehung des Magnetfeldes der Erde** ist noch nicht geklärt. Wahrscheinlich spielen sehr langsame Ringströme von Materie, die sich tief im Inneren gegeneinander bewegen, eine Rolle (*Dynamotheorie*). Das Magnetfeld hängt vermutlich nicht von der Rotation der Erde ab.

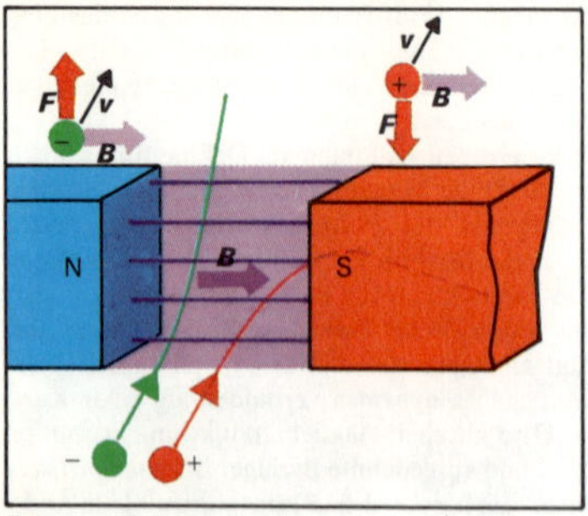

Geladene Teilchen im magnetischen Feld

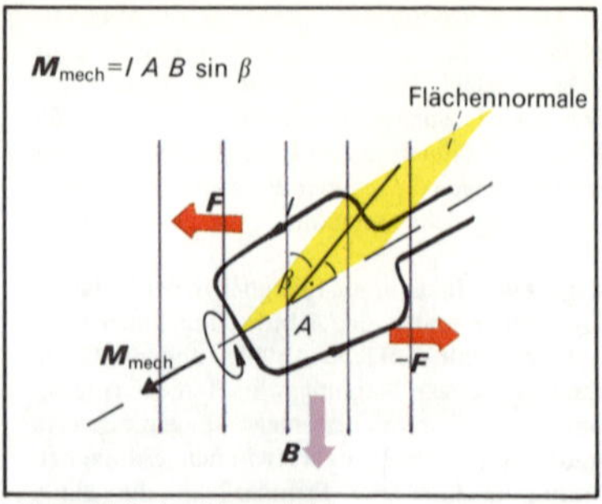

Leiterschleife im Magnetfeld

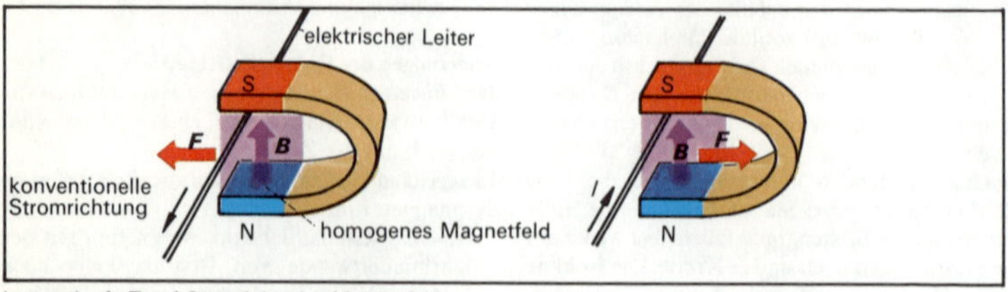

Lorentzkraft ***F*** auf Stromleiter im Magnetfeld

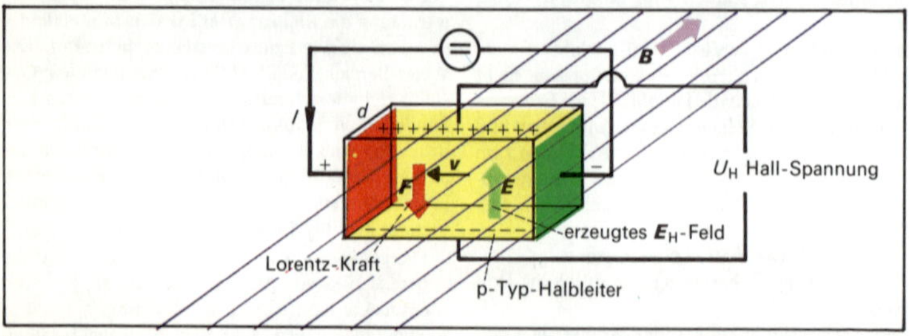

Hall-Effekt

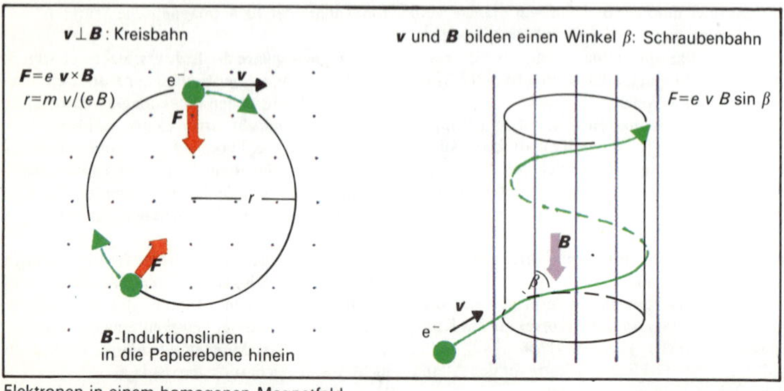

Elektronen in einem homogenen Magnetfeld

Eine **Lorentz-Kraft**, benannt nach Hendrik Antoon Lorentz (1853–1928), tritt auf, wenn sich ein elektr. Ladungsträger durch ein Magnetfeld *bewegt*. Es gilt

$$\boldsymbol{F} = Q\boldsymbol{v} \times \boldsymbol{B} \qquad \textit{Lorentz-Kraft}$$

mit

$\boldsymbol{F}$: Lorentz-Kraft (L.K.); Q: elektr. Ladung des Teilchens; $\boldsymbol{v}$: (vektorielle) Geschwindigkeit des Teilchens; $\boldsymbol{B}$: magnet. Induktion des Feldes.

Der Betrag F von $\boldsymbol{F}$ ist dann

$$F = QvB \sin\beta$$

mit

β: Winkel zwischen den $\boldsymbol{B}$-Induktionslinien und $\boldsymbol{v}$.

Die Richtung von $\boldsymbol{F}$ folgt aus den Regeln des Vektorprodukts.

Die *Linke-Hand-Regel* gilt für negative Teilchen: Zeigen die gestreckten Finger der linken Hand in $\boldsymbol{v}$-Richtung, dann zeigt der abgespreizte Daumen in Richtung $\boldsymbol{F}$, wenn die sich abwinkelnden Finger in Richtung von $\boldsymbol{B}$ weisen.

Mit Hilfe der L.K. leitet man die SI-Einheit der magnet. Induktion $\boldsymbol{B}$ aus den SI-Basiseinheiten ab:

$$B = F/(Qv \sin\beta)$$

also

$$1\,\mathrm{N}/(1\,\mathrm{C}\cdot\mathrm{m}\cdot\mathrm{s}^{-1}) = 1\,\mathrm{N}/(\mathrm{A}\cdot\mathrm{m}) = 1\,\mathrm{Tesla}$$

Fließt in einem 1 m langen Draht ein Strom mit der Stromstärke 1 A, so wirkt auf ihn die Kraft 1 N, wenn er sich vollständig in einem magnet. Feld mit der magnet. Induktion 1 Tesla (Einheitenzeichen T) befindet.

Folgerungen aus der Lorentz-Kraft:

$\boldsymbol{F} \perp \boldsymbol{v}$, d. h. der Ladungsträger wird senkrecht zu seiner Bewegungsrichtung abgelenkt.

Wenn $\boldsymbol{v} = 0$, so folgt $\boldsymbol{F} = 0$, d. h. auf eine ruhende Ladung wirkt keine L.K.

Wenn $\boldsymbol{v} \parallel \boldsymbol{B}$, so folgt $\boldsymbol{F} = 0$, d. h. bewegt sich eine Ladung entlang der $\boldsymbol{B}$-Induktionslinien, so wirkt auf sie keine L.K.

Minus- und Plus-Ladungen werden in entgegengesetzte Richtungen abgelenkt.

Anwendung: Elektronen in Magnetfeldern. Fliegt ein Elektron senkrecht zu $\boldsymbol{B}$ in ein homogenes Magnetfeld, so beschreibt es eine Kreisbahn. Die Bahnebene liegt senkrecht zu den $\boldsymbol{B}$-Induktionslinien. Der Betrag der L.K. ist gleich dem der Zentrifugalkraft.

$$mv^2/r = evB$$

also ist der Bahnradius

$$r = mv/(eB)$$

mit

m: Elektronenmasse; e: Elementarladung.

Sind v und B bekannt, so kann man mit Hilfe dieser Anordnung die *spezifische Elektronenladung e/m* bestimmen.

Ein **elektr. Strom im Magnetfeld** unterliegt ebenfalls der L.K. Es gilt

$$\boldsymbol{F} = -enlA\,\boldsymbol{v} \times \boldsymbol{B}$$

mit

n: Anzahldichte der Ladungsträger; l: Länge des elektr. Leiters innerhalb des Magnetfeldes; A: Leiterquerschnitt.

Die Richtung der L.K. folgt der Handregel (s. o.); aber: die konventionelle Stromrichtung entspricht jener für positive Teilchen.

Da die elektr. Stromstärke $I = envA$, gilt

$$F = IlB \sin\beta$$

mit

β: Winkel zwischen Leiter und $\boldsymbol{B}$-Induktionslinien.

Beispiele:

Ein *elastischer Draht* leite 14 A unter dem Winkel $\beta = 60°$ durch ein 12 cm langes homogenes 0,8 T Magnetfeld. Dann wirkt eine L.K. mit dem Betrag

$$F = 14\,\mathrm{A}\cdot 0{,}12\,\mathrm{m}\cdot 0{,}8\,\mathrm{T}\cdot 0{,}866$$
$$= 1{,}16\,\mathrm{Newton}$$

$\boldsymbol{F}$ verschiebt den Draht senkrecht zu den $\boldsymbol{B}$-Induktionslinien.

Eine *Drahtschleife* im Magnetfeld erfährt ein L.K.-Paar, es entsteht ein mechan. Drehmoment $\boldsymbol{M}_{\mathrm{mech}}$ mit dem Betrag

$$M_{\mathrm{mech}} = IAB \sin\beta$$

mit

A: Fläche der Schleife; β: Winkel zwischen Flächennormale und Feld.

$\boldsymbol{M}_{\mathrm{mech}}$ versucht, die Drahtschleife so auszurichten, daß ihre Flächennormale parallel zu $\boldsymbol{B}$ ist. Das ist die Grundlage des Elektromotors.

Hall-Effekt, entdeckt 1879 von Edwin Hall (1855–1938):

Befindet sich ein starr montierter stromdurchflossener Leiter in einem Magnetfeld, so entsteht ein elektr. Querfeld, dessen Coulomb-Kraft nach kurzer Zeit die L.K. kompensiert. Es gilt

$$U_{\mathrm{H}} = -IB/(Qnd) \qquad \textit{Hall-Spannung}$$

oder

$$U_{\mathrm{H}} = A_{\mathrm{H}}(IB/d)$$

mit

U_{H} = Potentialdifferenz des elektr. Querfeldes; Q: Ladung des Stromträgers; n: Anzahldichte der Ladungsträger; d: Dicke des Hall-Leiters längs der Richtung von $\boldsymbol{B}$.

A_{H} heißt *Hall-Koeffizient*. Er hängt vom Vorzeichen des Ladungsträgers, ist sehr klein für metall. Leiter, aber bedeutend für Halbleiter.

Anwendung: Detektor in sehr kleinen Magnetometern und als Bauelement in Analogrechnern.

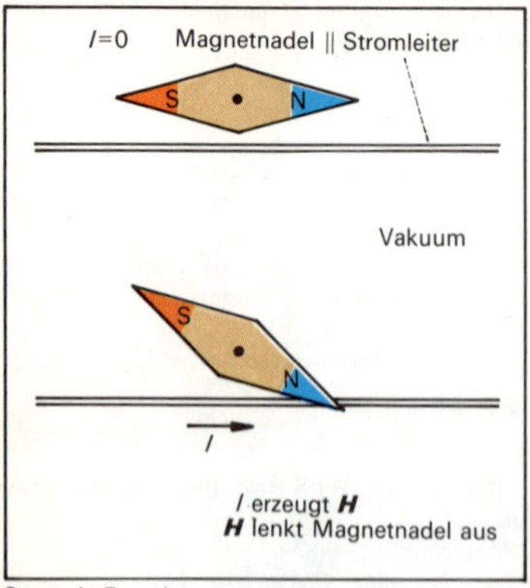

Oersteds Experiment

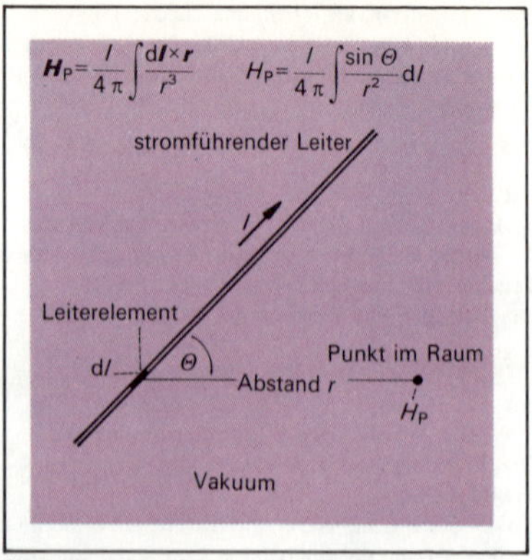

Gesetz von Biot-Savart

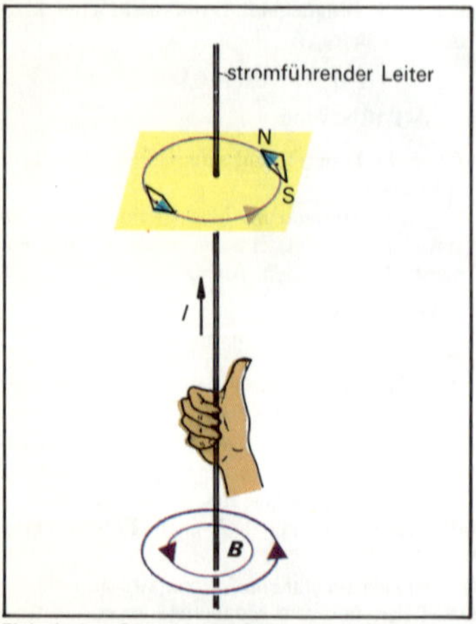

Elektrischer Strom I und $\boldsymbol{B}$-Induktionslinien

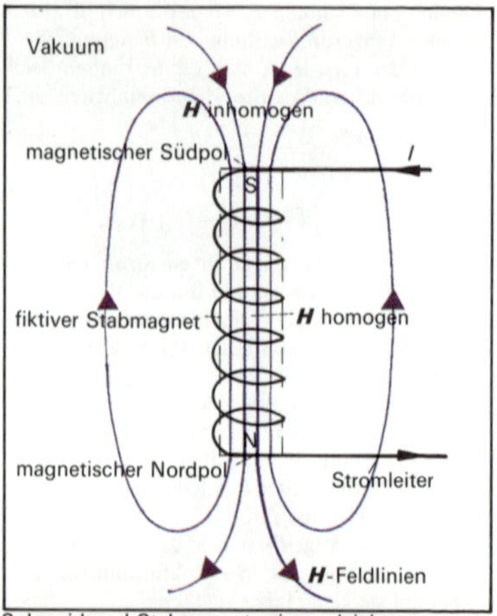

Solenoid und Stabmagnet zeigen gleichen Feldlinienverlauf

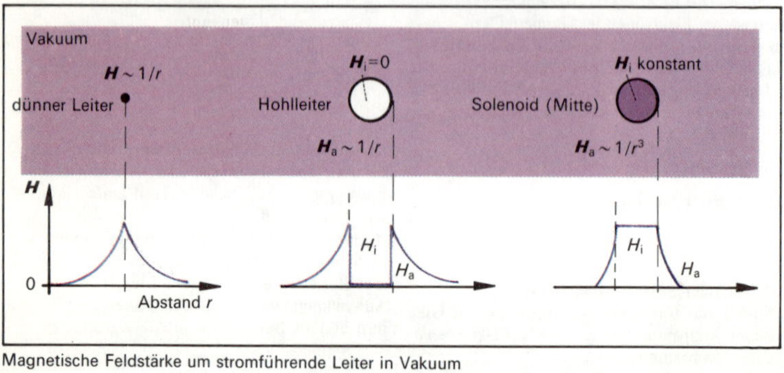

Magnetische Feldstärke um stromführende Leiter in Vakuum

HANS CHRISTIAN ØRSTED (1777–1851) beobachtete 1820, daß ein stromdurchflossener Draht die Magnetnadel ablenkt.
Fließt ein elektr. Strom I, so baut er im Vakuum um sich herum ein **magnetisches Feld** H auf.

In Materie (z. B. in Luft) beobachtet man um I herum die *magnetische Induktion* $\boldsymbol{B}$. $\boldsymbol{B}$ und $\boldsymbol{H}$ sind verbunden über $\boldsymbol{B}=\mu\boldsymbol{H}$, mit μ: Permeabilität (s. S. 251).

Die **magnetische Feldstärke** (Formelzeichen $\boldsymbol{H}$) charakterisiert jeden Punkt des magnet. Feldes im Vakuum ($\boldsymbol{H}$-Feld). Der Betrag H des Vektors $\boldsymbol{H}$ wird gemessen in A/m (Ampere pro Meter), dafür gibt es *keinen* bes. Einheitennamen.

Veralt. Einheit: Oersted (Einheitenzeichen Oe).
Umrechnungen: 1 A/m = 0,0126 Oe;
1 Oe = 79,4 A/m

Die Richtung von $\boldsymbol{H}$ wird durch eine Rechtsschraube bestimmt: Weist der elektr. Strom in Vorschubrichtung der Schraube, so weist $\boldsymbol{H}$ an jedem Punkt in ihre Drehrichtung.

***H*-Feldlinien**, d. h. die Feldlinien der magnet. Feldstärke $\boldsymbol{H}$, zeichnen ein anschaul. Bild des magnet. Feldes im Vakuum. $\boldsymbol{H}$-Feldlinien sind in sich geschlossen, sie haben weder Anfang noch Ende. Es gibt keine offenen $\boldsymbol{H}$-Feldlinien, sie schließen sich um den stromführenden Leiter, der das magnet. Feld erzeugt.

Die Pfeilspitzen der $\boldsymbol{H}$-Feldlinien weisen entsprechend der Rechtsschraube. Die Dichte der $\boldsymbol{H}$-Feldlinien ist proportional dem Betrag H der magnet. Feldstärke. Dort, wo sich die $\boldsymbol{H}$-Feldlinien zusammendrängen, erreicht H relativ hohe Werte.

Parallele gleichdichte $\boldsymbol{H}$-Feldlinien beschreiben ein **homogenes magnet. Feld**, anderenfalls ist es **inhomogen.**

$\boldsymbol{H}$-Feldlinien sind genau so wie der Begriff des magnet. Feldes ein abstraktes Konzept, um unsere Vorstellung zu unterstützen, dennoch lassen sie sich sichtbar machen. Eisenfeilspäne werden in $\boldsymbol{H}$ magnetisiert. Sie sind dann einzelne, kleine magnet. Dipole und richten sich entlang der $\boldsymbol{H}$-Feldlinien aus. In Gebieten hoher magnet. Feldstärke ist die Verteilung der Dipole deutlich dichter.

Das 1820 abgeleitete **Gesetz von Biot-Savart** beschreibt H für jeden Punkt P im magnet. Feld eines stromführenden Leiters (JEAN BAPTISTE BIOT, 1774–1862; FELIX SAVART, 1791–1841).

$$H = I/4\pi \int (\sin\Theta/r^2)\,\mathrm{d}l$$

mit
H: Betrag der magnet. Feldstärke in P; $\mathrm{d}l$: Längenelement des stromführenden elektr. Leiters; r: Abstand zwischen P und $\mathrm{d}l$; Θ: Winkel zwischen $\mathrm{d}l$ und der Verbindungslinie $\mathrm{P}-\mathrm{d}l$.

Befindet sich der stromführende Leiter nicht im Vakuum, so gilt das Gesetz entsprechend für B, wenn man die rechte Seite mit μ multipliziert.

Beispiele:
Leiterkonfigurationen, berechnet nach dem Gesetz von Biot-Savart:

Langer, gerader, dünner Leiter:

$$H = I/(2\pi r) \qquad \textit{Draht}$$

mit
I: Stromstärke; r: Abstand vom Leiter.

Langer, hohler Leiter:

Innenfeld: $H = 0$ *Hohlleiter*

Die magnet. Feldstärke im Innenraum eines Hohlleiters ist Null.

Außenfeld: wie beim dünnen Leiter.

Langer, gerader, dicker Leiter:

Innenfeld: $H = Ir/(2\pi R^2)$ *Volleiter*

mit
H: Betrag der magnet. Feldstärke $\boldsymbol{H}$; r: Achsenabstand im Innenraum; R: Leiterradius.
Die magnet. Induktion wächst im Leiter von innen nach außen, von der Oberfläche aus sinkt sie exponentiell mit dem Abstand.

Kreisförmiger, dünner Leiter (Stromschleife):

$$H = IA/(2\pi r^3) \qquad \textit{Ringleiter}$$

mit
r: Abstand von der Kreisebene unter der Voraussetzung $r \gg$ Kreisradius; A: vom Strom umschlossene Fläche.

Die Formel gilt für eine flache Stromschleife beliebiger Gestalt, denn in großem Abstand (wie vorausgesetzt) spielt die Form der umschlossenen Fläche keine Rolle.

Zylindrische, lange, enge Spule (Solenoid):

Innenfeld: $H = nI/l$ *Solenoid*

mit
n: Anzahl der Spulenwindungen; l: Länge der Spule unter der Voraussetzung $l \gg$ Spulenradius.
Die Formel gilt für eine beliebige Gestalt des Spulenquerschnitts.
Die magnet. Feldstärke im Inneren hängt ab vom Produkt nI, genannt *Amperewindungszahl.*
Im Innenraum der Spule ist $\boldsymbol{H}$ überall homogen.

Außenfeld: $\boldsymbol{H}$ ist überall inhomogen.

Eine geschlossene Formel läßt sich nicht angeben. Das magnet. Feld außerhalb der Spule gleicht dem eines Stabmagneten, dessen Pole mit den Enden des Solenoids zusammenfallen. Dort, wo die $\boldsymbol{H}$-Feldlinien aus der Spule quellen, ist der magnet. Nordpol.

Anwendungen: *Galvanometer* enthalten eine bewegl. Magnetnadel senkrecht zu einer festen Spule. Der zu messende Strom erzeugt ein Magnetfeld, das die Nadel proportional zu I auslenkt.
Elektromagnete sind u-förmig gebogene Solenoide, meist mit Material hoher Permeabilität gefüllt.

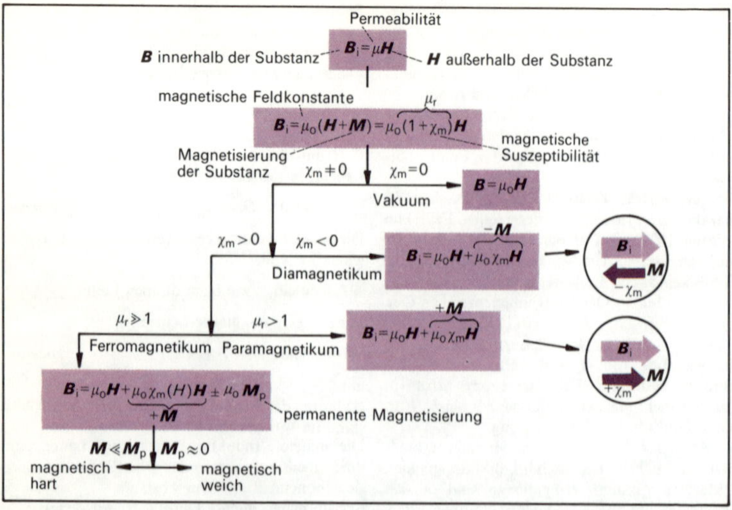

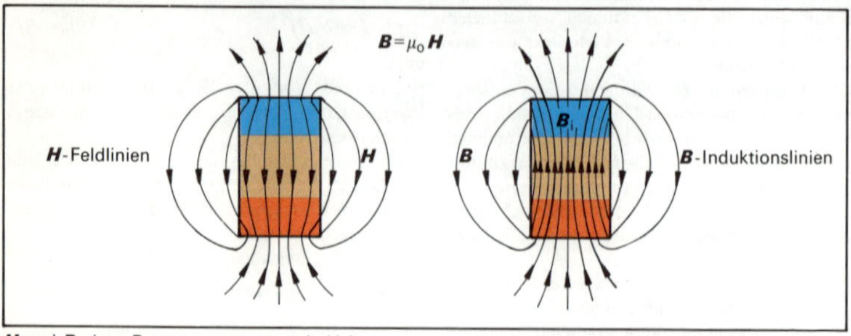

H und B eines Permanentmagneten in Vakuum

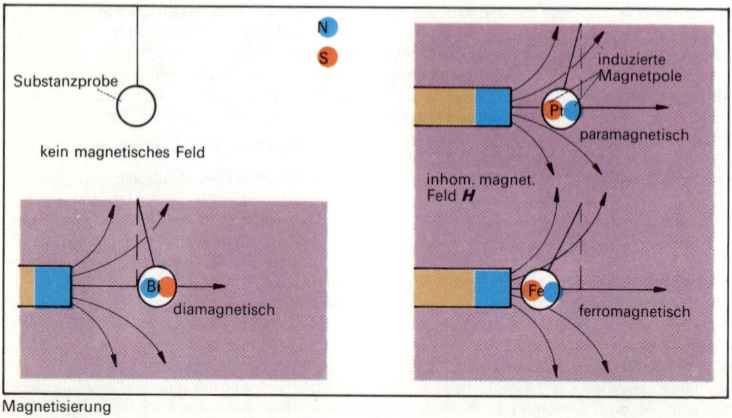

Magnetisierung

Zwischen den beiden physikalischen Größen *magnet. Induktion* $\boldsymbol{B}$ und *magnet. Feldstärke* $\boldsymbol{H}$ muß man sorgfältig unterscheiden.
Im Vakuum gilt:

$$\boldsymbol{B}=\mu_0\boldsymbol{H}$$

mit

$$\mu_0=1{,}257\times10^{-6}\,\mathrm{V\cdot s\cdot A^{-1}\cdot m^{-1}}$$
magnet. Feldkonstante

Magnet. Feldkonstante μ_0 und elektr. Feldkonstante ε_0 sind über folgende Relation verknüpft:

$$\mu_0=1/(\varepsilon_0 c^2)$$

Im Vakuum stimmt der Verlauf der $\boldsymbol{B}$-Induktionslinien mit dem Verlauf der $\boldsymbol{H}$-Feldlinien überein, insbesondere haben beide die gleiche Richtung. In Gasen unterscheidet sich ihr Verlauf nur wenig. In Materie verknüpft die **Permeabilität** (Formelzeichen μ, gemessen in $\mathrm{V\cdot s\cdot A^{-1}\cdot m^{-1}}$) der Substanz die Größen $\boldsymbol{B}$ und $\boldsymbol{H}$:

$$\boldsymbol{B}=\mu\boldsymbol{H}$$

Die **Permeabilitätszahl** (Formelzeichen μ_r) erlaubt einen einfachen Vergleich versch. Substanzen. Es gilt

$$\mu_r=\mu/\mu_0$$
Permeabilitätszahl

μ_r ist eine reine Zahl und mit Ausnahme bei ferromagnet. Substanzen (s. u.) eine Materialkonstante.
Es gilt also:

$$\boldsymbol{B}=\mu_r\mu_0\boldsymbol{H}$$

Beispiel: **Permanentmagnet** in Luft.
Außerhalb des Magneten stimmen die Gestalten von $\boldsymbol{B}$-Induktionslinien und $\boldsymbol{H}$-Feldlinien praktisch überein. Beide weisen von N nach S.
Innerhalb des Magneten weisen die $\boldsymbol{B}$-Induktionslinien von S nach N, damit schließen sie in sich selbst. $\boldsymbol{B}$-Induktionslinien haben weder Quellen noch Senken.
Innerhalb des Magneten weisen die $\boldsymbol{H}$-Feldlinien von N nach S. Sie sind *nicht* geschlossen, sondern beginnen und enden in den magnet. Polen.
Die Richtungen von $\boldsymbol{H}$ und $\boldsymbol{B}$ sind in diesem Falle einander *entgegengesetzt*.

Magnetisierung

Eine Substanz in einem magnet. Feld $\boldsymbol{H}$ wird *magnetisiert*. Es gilt

$$\boldsymbol{M}=\chi_m\boldsymbol{H}$$
Magnetisierung

mit
$\boldsymbol{M}$: Magnetisierung, gemessen in $\mathrm{A\cdot m^{-1}}$; χ_m: **magnet. Suszeptibilität** der Substanz, eine reine Zahl. Zusammenhang:

$$\chi_m=\mu_r-1$$

Mit Ausnahme ferromagnet. Substanzen (s. u.) ist χ_m eine Materialkonstante.
Für die magnet. Induktion $\boldsymbol{B}_i$ innerhalb der Substanz gilt also

$$\boldsymbol{B}_i=\mu_0(\boldsymbol{H}+\boldsymbol{M})$$

Man unterscheidet je nach dem Vorzeichen von χ_m:
Diamagnetische Substanzen zeigen negatives χ_m und $\mu_r<1$. $\boldsymbol{M}$ und $\boldsymbol{H}$ sind einander entgegengerichtet. Im Inneren einer diamagnet. Substanz (z. B. Bi, H_2O, N_2) ist die Dichte der $\boldsymbol{B}$-Induktionslinien geringer als außen.

Beispiel: Eine Bi-Kugel vor dem konischen Polschuh eines Magneten wird magnetisiert. Bi ist diamagnetisch, also ist $\boldsymbol{M}$ dem äußeren Feld $\boldsymbol{H}$ entgegengerichtet. Die Kugel wird abgestoßen.

Diamagnetismus beruht darauf, daß $\boldsymbol{H}$ in einigen den Atomkern umlaufenden Elektronen ein magnet. Moment induziert. Diese magnet. Bahnmomente schwächen $\boldsymbol{B}_i$. Alle Substanzen sind diamagnetisch, doch überdeckt das der meist stärkere Para- bzw. Ferromagnetismus.
Paramagnetische Substanzen zeigen positives χ_m und $\mu_r>1$ (mit $\mu_r\approx1$). $\boldsymbol{M}$ und $\boldsymbol{H}$ weisen in die gleiche Richtung. Im Inneren einer paramagnet. Substanz (z.B. Pt, W, O_2) ist die Dichte der $\boldsymbol{B}$-Induktionslinien größer als außen.

Beispiel: Eine Pt-Kugel vor dem konischen Polschuh eines Magneten wird magnetisiert. Pt ist paramagnetisch, also weist $\boldsymbol{M}$ in Richtung des äußeren Feldes $\boldsymbol{H}$. Die Kugel wird angezogen.

Paramagnetismus beruht auf dem vorhandenen magnet. Spinmoment einiger Elektronen des Atoms. $\boldsymbol{H}$ richtet diese winzigen Permanentmagnete so aus, daß sie $\boldsymbol{B}_i$ verstärken.
Ferromagnetische Substanzen zeigen positives χ_m und $\mu_r\gg1$. Ferromagnetika (z.B. Fe, Co, Ni, magnet. Legierungen) verhalten sich wie paramagnet. Stoffe, jedoch:

μ_r (ferromagnet.) $\gg\mu_r$ (paramagnet.),
μ_r (ferromagnet.) hängt von $\boldsymbol{H}$ und der Vorgeschichte ab.

Ferromagnetismus entsteht durch gleichzeitige Ausrichtung ganzer Gruppen paramagnet. Atome in Richtung von $\boldsymbol{H}$ (s. u.).

Für *permanente* Magnete gilt:

$$\boldsymbol{B}_i=\mu_0(\boldsymbol{H}+\boldsymbol{M}+\boldsymbol{M}_p)$$

mit
$\boldsymbol{M}_p$: permanente Magnetisierung.
Ist $\boldsymbol{M}_p\approx0$, so liegt ein *magnet. weicher* Stoff vor. $\boldsymbol{B}_i$ steigt mit wachsendem $\boldsymbol{H}$ steil bis auf einen Sättigungswert an.
Ist die Magnetisierung $\boldsymbol{M}\approx0$, so liegt ein *magnet. harter* Stoff vor. $\boldsymbol{H}$ verändert $\boldsymbol{B}_i$ nur wenig. $\boldsymbol{M}_p$ und $\boldsymbol{H}$ müssen keineswegs parallel sein.

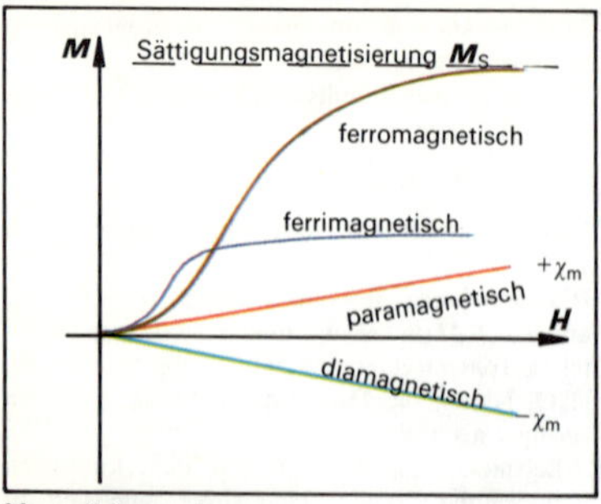

Magnetisierungskurven

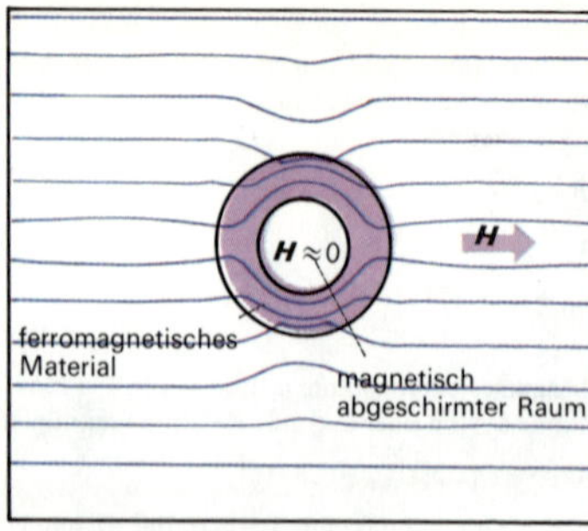

Abschirmung eines Magnetfeldes

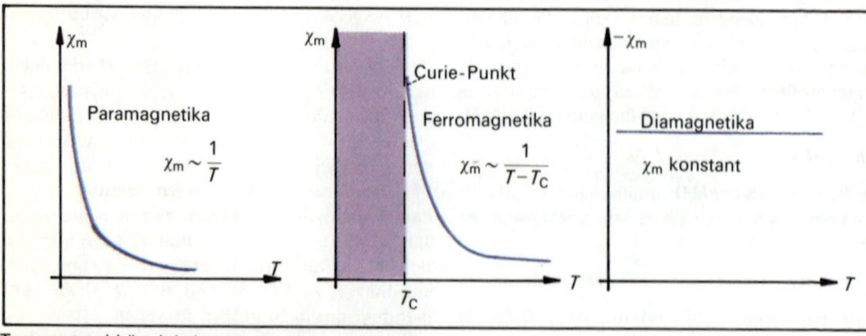

Temperaturabhängigkeit von χ_m

Substanz	$\chi_m \cdot 10^6$	
Bismut	−13,4	paramagnetisch
Antimon	− 9,2	
Quecksilber	− 2,6	
Zink	− 1,0	
Wasser	− 0,94	
Kupfer	− 0,8	
Benzol	− 0,63	
Wasserstoff (fl.)	− 0,14	
Carbondioxid (g.)	− 0,00083	
Wasserstoff (g.)	− 0,00018	
Vakuum	0	
Sauerstoff (fest)	+522	diamagnetisch
Eisenchlorid	+299	
Sauerstoff (fl.)	+274	
$FeCl_2$ in Lösung	+117	
Palladium	+60	
Chrom	+26	
Platin	+21	
Aluminium	+1,7	
Zinn	+0,19	
Sauerstoff (g.)	+0,15	
Luft	+0,03	
	Sättigungsmagnetisierung (Anhaltswerte)	ferromagnetisch
Reinsteisen	+180000	
Permalloy	+100000	
Mu-Metall	+45000	
Ni (+0,7% Mn)	+1100	
Co (+1,4% C, u.a.)	+175	
Ferrite	+100	

Magnetische Suszeptibilitäten χ_m

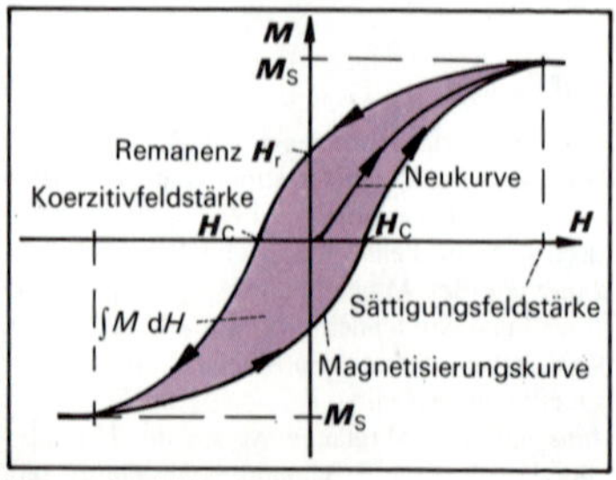

Hysteresisschleife (Stahl)

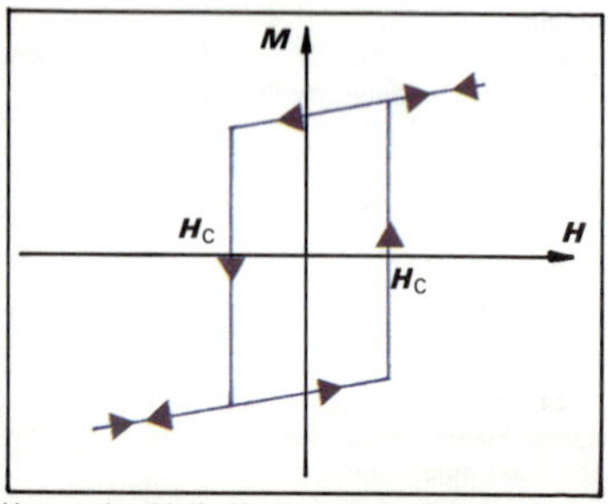

Hysteresisschleife (ferrimagnetische Keramik)

Temperaturabhängigkeit der Magnetisierung
Diamagnetismus hängt nicht von der Temperatur ab, d. h.

χ_m (diamagnet.) ist temperatur*un*abhängig.

Paramagnetismus beruht auf der Ausrichtung vorhandener magnet. Momente. Dem wirkt das Unordnungsbestreben der Wärmebewegung entgegen, d. h.

χ_m (paramagnet.) ist temperatur*ab*hängig.

PIERRE CURIE (1859–1906) entdeckte 1894/95 den Zusammenhang:

$\chi_m = C/T$ *Curiesches Gesetz*

mit

χ_m: paramagnet. Suszeptibilität; T: Temperatur, gemessen in K; C: Curie-Konstante, eine materialabhängige Größe.

Ferromagnetismus verschwindet oberhalb der **Curie-Temperatur** T_c. Für $T_c > T$ wird ferromagnet. Material paramagnetisch und es gilt

$\chi_m = C/(T - T_c)$

Beispiele für Curie-Temperaturen:

	T_c in K
Co	1404
Fe	1043
Ni	631
Gd	289

Für viele rostfreie Fe-Legierungen (z. B. V2A-Stahl) liegt T_c unterhalb der Zimmertemperatur.

Magnetische Abschirmung
B-Induktionslinien werden gebrochen beim Übergang zwischen Stoffen mit unterschiedl. Permeabilitätszahlen. Zwischen paramagnet. und diamagnet. Substanzen spielt diese Brechung eine sehr geringe Rolle, da die Beträge der χ_m-Werte sehr ähnlich sind. Für ferromagnet. Stoffe ist das anders: Bereits bei Einfallswinkeln von wenigen Grad sind die Brechungswinkel $> 70°$.
Folgerung: Ferromagnetische Hohlkörper konzentrieren die ***B***-Induktionslinien im Material. Nur sehr wenige dringen in den Hohlraum ein, er ist gegen das magnet. Feld *abgeschirmt*.

Anwendung: Hochempfindliche Galvanometer besitzen einen Eisenmantel, um den störenden Einfluß des erdmagnetischen Feldes auf die Meßspule abzuschirmen.

Ferromagnetika
Ferromagnet. Substanzen zeigen positive magnet. Suszeptibilität mit $\chi_m \gg 1$ (bis über 1000). χ_m hängt ab von ***H*** und von der Vorgeschichte des Stoffes, d. h. ob er früher bereits magnetisiert war. Nur feste Stoffe sind ferromagnetisch. Beispielsweise sind Fe-Dampf und Fe-Ionen in Lösungen lediglich paramagnetisch.

Magnetisierungskurve: Bringt man eine noch nie magnetisierte ferromagnet. Substanz in ein veränderbares Magnetfeld, so geschieht folgendes: Steigt ***H*** von Null aus an, so wächst die Magnetisierung ***M*** entlang der *Neukurve* bis zu einem Sättigungswert $\boldsymbol{M}_s$. Reduziert man nun ***H***, so sinkt auch ***M***, jedoch entlang höherer Werte als auf der Neukurve. Bei $\boldsymbol{H} = 0$ verbleibt eine *Restmagnetisierung*, genannt **Remanenz.**

Da das äußere Magnetfeld Null ist, ist die Substanz jetzt ein *Permanentmagnet*.

Nimmt ***H*** weiter ab, so wird $\boldsymbol{M} = 0$ bei $\boldsymbol{H} = -\boldsymbol{H}_c$, der **Koerzitivfeldstärke** der Substanz. Weiteres Wachsen von ***H*** in Richtung negativer Werte führt erneut zur Sättigung von ***M***. Zurücknahme von ***H*** und anschließendes Ansteigen schließt die Magnetisierungskurve und es entsteht die **Hysteresisschleife.**

Die Fläche unter der Hysteresisschleife, also $\int M \mathrm{d}H$, entspricht der für die vollständige Magnetisierungskurve aufgewandten Energie; diese wird als Wärme nach außen abgegeben.

Die Form der Hysteresisschleife hängt von Legierung und Verarbeitung der Substanz ab. Eisen für E-Motoren und Transformatoren ist magnetisch *weich*, die Hysteresisschleife ist sehr eng, d. h. die Energieverluste sind klein. Magnetkernspeicher für Computer erfordern eine steile, breite Hysteresisschleife mit hoher Koerzitivfeldstärke.

Entmagnetisierung eines Ferromagneten gelingt, wenn man die Substanz in ein magnet. Wechselfeld bringt, dessen max. Feldstärke kontinuierlich absinkt. Die Fläche der Hysteresisschleife schrumpft auf Null zusammen.

Ferrimagnetika (z. B. Fe_3O_4, $BaO \cdot 6\,Fe_2O_3$, keramische Werkstoffe) verhalten sich wie Ferromagnetika mit sehr geringen Sättigungswerten. In der Regel sind es Nichtleiter mit steiler Magnetisierungskurve und großen Koerzitivfeldstärken. Verwendung vor allem als Kernspeicher für Computer.

Struktur der Ferromagnetika
Im Ferromagnetikum enthalten Volumenbereiche mit 10^6–10^9 Atomen spontan parallel ausgerichtete Elektronenspins. Diese **Weiss-Bereiche** – benannt nach CHRISTIAN WEISS (1780–1856) – kompensieren sich normalerweise gegenseitig. Gerät jedoch die Substanz in ein Magnetfeld, so wachsen die parallel zu ***H*** ausgerichteten Weiss-Bereiche auf Kosten der nicht parallelen. Bei noch größeren Werten von ***H*** drehen sich die restlichen Bereiche in Feldrichtung, hörbar als *Barkhausen-Effekt* (über Verstärker und Lautsprecher). Reduziert man anschließend ***H*** bis auf Null, so verbleiben einige Weiss-Bereiche in Feldrichtung: ein Permanentmagnet ist entstanden.

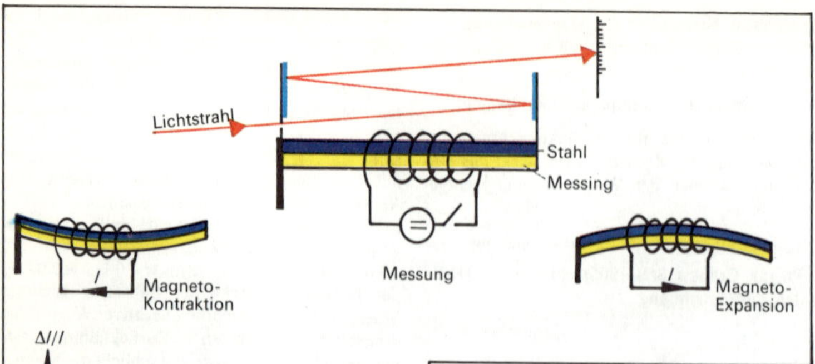
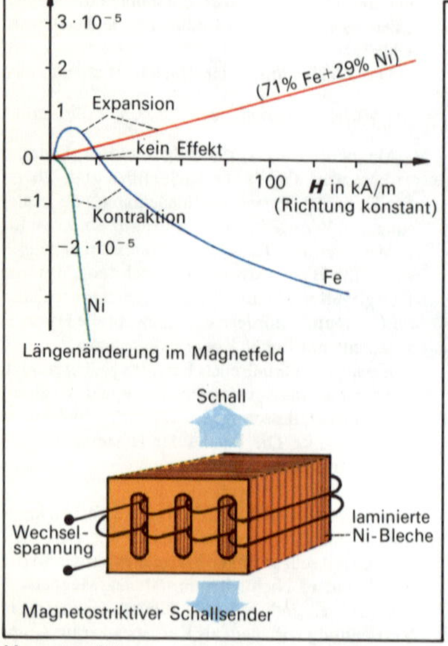

Magnetostriktion

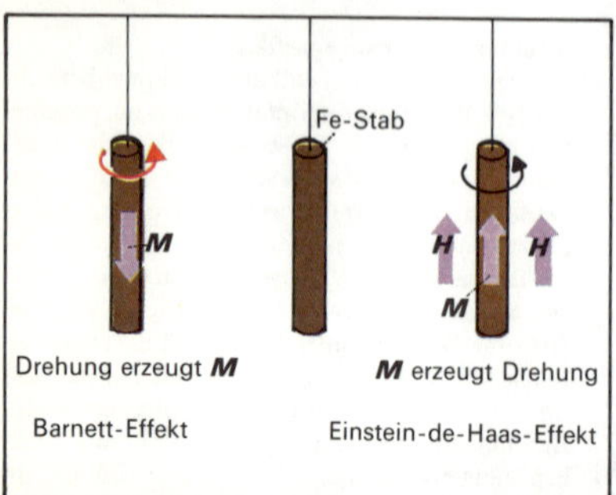

Gyromagnetischer Effekt

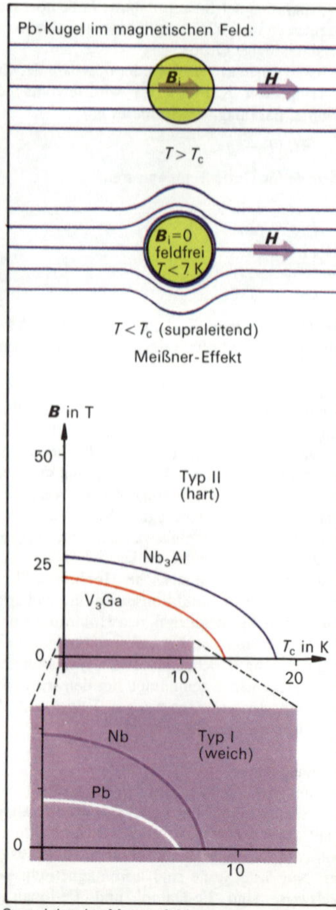

Supraleiter im Magnetfeld

Magnetostriktion

Bringt man eine ferromagnetische Substanz in ein Magnetfeld, so verändern sich ihre äußeren Abmessungen. Grund: Wandverschiebungen und Drehungen der Weiss-Bereiche (s. S. 253). JAMES JOULE (1818–89) entdeckte 1847 diesen Effekt.

Beispiel: Zwei Eisen- und Messingstreifen werden der Länge nach zu einem Bimetallstreifen zusammengenietet und in eine lange Spule plaziert. Ein Stromstoß durch die Spule erzeugt ein Magnetfeld, dieses magnetisiert den Eisenstreifen, der daraufhin, je nach Feldrichtung, kontrahiert oder expandiert. Das Messing wird nicht beeinflußt, also verbiegt sich der Bimetallstreifen.

Die relative Längenänderung $\Delta l/l$ ist von der Größenordnung 10^{-5} und ändert sich meist mit $\boldsymbol{H}$. Auch eine Umkehrung von Ausdehnen in Zusammenziehen wird mit wachsender magnet. Feldstärke manchmal (z. B. in Fe) beobachtet.

Anwendung: Magnetostriktiver Ultraschallsender. Ein Ni-Stab im Inneren einer Wechselstromspule schwingt mechanisch mit der Frequenz der angelegten Wechselspannung. Die Stabenden strahlen Ultraschallwellen ab. Bei Resonanz von Wechselstromfrequenz und Eigenfrequenz des Stabes (s. S. 83) erreicht die Schalleistung ein Maximum.

PHILIPP REIS (1834–74) benutzte 1861 im ersten Telephon die Magnetostriktion einer schwach magnetisierten Nadel zur Schallwiedergabe.

Inverse Magnetostriktion ist die Umkehrung der Magnetostriktion: Mechan. Schwingungen einer ferromagnet. Substanz erzeugen magnet. Wechselfelder, die dann in einer Spule einen Wechselstrom induzieren.

Verwendung: z. B. als Ultraschall-Empfänger.

Die Magnetostriktion im Magnetfeld entspricht der Elektrostriktion in einem elektr. Feld.

Supraleiter im Magnetfeld

Bringt man einen Supraleiter in ein Magnetfeld, so setzt die magnet. Induktion den Wert der krit. Übergangstemperatur T_c herab. Das heißt, die Supraleitfähigkeit setzt erst bei niedrigeren Temperaturen als im feldfreien Raum ein.

Beispiel: Blei wird bei $T_c = 7{,}26$ K supraleitend. Bei einer magnet. Induktion von 50 mT sinkt T_c auf 5 K, ab $\boldsymbol{B} > 80$ mT wird Pb überhaupt nicht mehr supraleitend.

Oberhalb der *kritischen magnet. Induktion* (Formelzeichen B_c) wird ein Material nicht mehr supraleitend, B_c ist eine Materialkonstante. Je nach dem Verhalten im magnet. Feld unterscheidet man:

Supraleiter Typ I (*weiche* Supraleiter): $B_c >$ ca. 0,2 T.

Beispiele: Nb, Pb, Ta, Hg, Sn.

Supraleiter Typ II (*harte* Supraleiter): $B_c >$ ca. 20 T.

Beispiele: Legierungen der Seltenen Erden, Nb_3Sn, Nb_3Al, V_3Si.

Typ II toleriert also sehr hohe $\boldsymbol{B}$-Werte und ermöglicht z. B. den Bau supraleitender Magnete für Teilchenbeschleuniger, Elektromotoren und Generatoren.

Meißner-Effekt, entdeckt 1933 durch FRITZ WALTHER MEISSNER (1882–1974): Bringt man eine nichtferromagnet. Kugel in ein Magnetfeld, so treten die $\boldsymbol{B}$-Induktionslinien praktisch unverändert durch das Material. Kühlt man jetzt die Kugel auf Temperaturen unter T_c ab, so werden die $\boldsymbol{B}$-Induktionslinien herausgedrängt. Sie umfließen die Kugel wie die Strömungslinien einer Flüssigkeit.

Im Inneren der Kugel gilt $\boldsymbol{B} = 0$, d. h. das Innere eines Supraleiters ist *feldfrei*.

Einstein-de-Haas-Effekt

Bringt man eine para- oder ferromagnet. Substanz in ein Magnetfeld, so richten sich die magnet. Momente der Elektronen teilweise in Richtung der $\boldsymbol{B}$-Induktionslinien aus. Da die Elektronen einen Eigendrehimpuls (Spindrehimpuls, s. S. 361) besitzen, entsteht ein resultierender Drehimpuls $\boldsymbol{L}$. Der Gesamtdrehimpuls bleibt erhalten, also muß die Substanz bei der Magnetisierung einen Drehimpuls $-\boldsymbol{L}$ um die Magnetisierungsachse zeigen.

ALBERT EINSTEIN (1879–1955) und W. J. DE HAAS (1878–1960) beobachteten 1915 diesen Effekt.

Ein Eisenstab hängt an einem Faden in einer Spule. Ein Stromstoß durch die Spule erzeugt im Inneren ein Magnetfeld. Die Spins der Elektronen richten sich teilweise entlang der Spulenachse aus, der Eisenstab erhält einen Drehimpuls in entgegengesetzter Richtung. Dieser dreht den Stab aus der Ruhelage heraus. Der Drehwinkel wird optisch gemessen.

Dieses Experiment beweist, daß der Ferromagnetismus auf den Elektronenspins beruht.

Der **Barnett-Effekt** – gemessen 1914 durch S. J. BARNETT (1873–1956) – ist die Umkehrung des eben beschriebenen gyromagnet. Effekts:

In einem sehr schnell rotierenden Eisenstab richten sich die Elektronenspins – wieder wegen der Drehimpulserhaltung – teilweise entlang der Drehachse aus. Der Eisenstab wird magnetisiert.

In magnet. Wechselfeldern werden **Kern-** und **Elektronenspinresonanzen** beobachtet (vgl. z. B. ›dtv-Atlas zur Atomphysik‹).

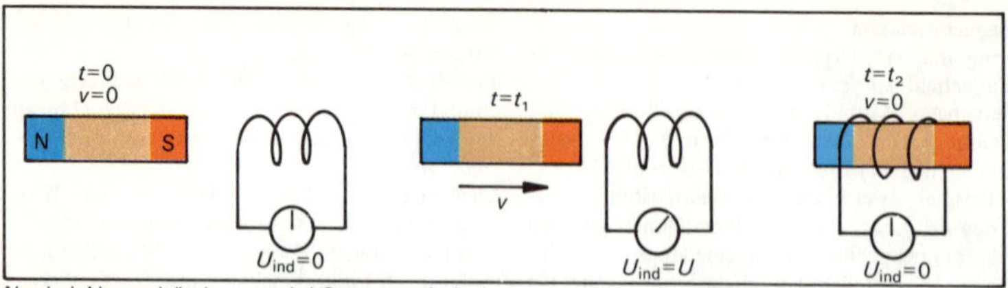

Nur bei Abstandsänderung wird Spannung induziert

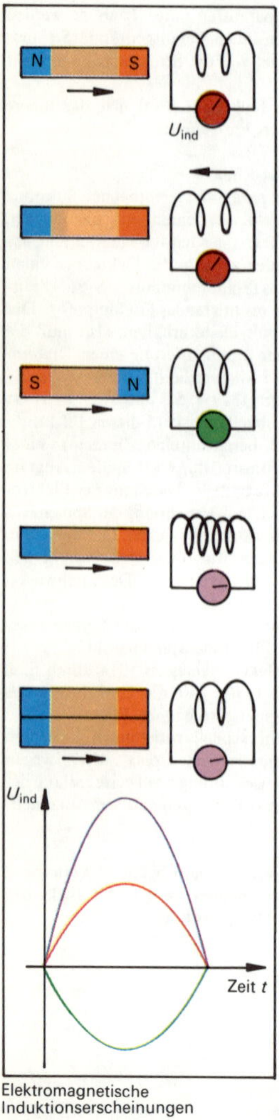

Elektromagnetische Induktionserscheinungen

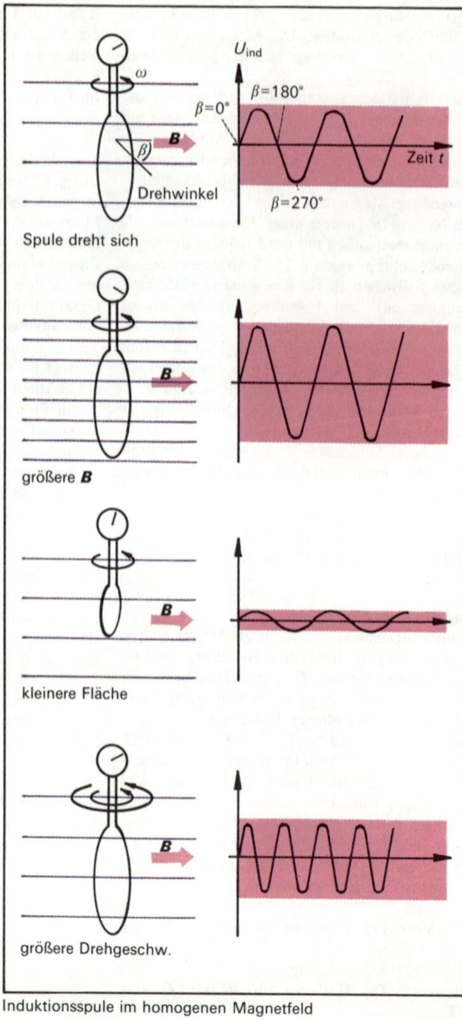

Induktionsspule im homogenen Magnetfeld

Die **elektromagnetische Induktion**, oft nur **Induktion** genannt, beruht auf der Lorentz-Kraft (s. S. 247):
Unter dem Einfluß eines sich ändernden Magnetfeldes bewegen sich freie elektr. Ladungsträger.
MICHAEL FARADAY (1791–1867) untersuchte systematisch die Fülle der vor ihm bekannten Induktionsphänomene und formulierte als Resultat weiterer Experimente 1831 das Induktionsgesetz (s. u.). Er schuf damit die Grundlagen der modernen Elektrotechnik.

Grunderscheinungen

Experimentelle Anordnung: Ein elektr. Leiter ist zu einer kreisförmigen Spule gebogen, ein Voltmeter mißt die elektr. Spannung U zwischen den beiden Enden. Mit einem passenden Widerstand kann auch der Strom I gemessen werden.

1) *Spule und Permanentmagnet.*

a) Bewegt man den Nordpol eines Stabmagneten in axialer Richtung auf die Spule zu, so beobachtet man in der Spule eine *induzierte* elektr. Spannung U_{ind}. U_{ind} ist proportional der Annäherungsgeschwindigkeit. Ist der Magnet bewegungslos, so ist $U_{ind}=0$. Selbstverständlich spielt es keine Rolle, ob Spule oder Magnet gegeneinander verschoben werden. Die relative Bewegung zwischen beiden führt zur elektromagnet. Induktion.

Der *Spannungsstoß* $\int U_{ind}\,dt$ bleibt für jede Annäherungsgeschw. konstant; d.h. die Fläche unter dem Integral ändert sich nicht, sie hängt nur ab von Anfangs- und Endposition des Magneten.

An Stelle des Permanentmagneten kann man natürlich auch eine stromdurchflossene Spule verwenden, da diese von einem Magnetfeld umgeben ist.

b) Bewegt man den Südpol des Permanentmagneten auf die Spule zu, so beobachtet man das gleiche Phänomen, lediglich U_{ind} zeigt das andere Vorzeichen.

c) Ändert man die magnet. Induktion $\boldsymbol{B}$ des Stabmagneten um den Faktor m, so beobachtet man eine induzierte Spannung mU_{ind}, d. h. U_{ind} ändert sich proportional mit $\boldsymbol{B}$.

d) Verändert man die Anzahl der Windungen in der Spule um den Faktor n, so beobachtet man eine induzierte Spannung nU_{ind}, d. h. U_{ind} ändert sich proportional mit der Anzahl der Stromschlingen.

Beispiel: Ist $U_{ind}=2\,\mathrm{V}$ in einer Spule mit 5 Windungen, so steigt U_{ind} auf 10 V für eine Spule mit 25 Windungen.

2) *Spule innerhalb eines permanenten Magnetfeldes.*

a) Stehen die $\boldsymbol{B}$-Induktionslinien des Magnetfeldes parallel zu der durch die Windungen der Spule aufgespannten Ebene und dreht man die Spule um 180°, so beobachtet man Erscheinen und Verschwinden einer induzierten Spannung U_{ind}. U_{ind} ist proportional der Drehgeschwindigkeit. Erneut ist der *Spannungsstoß* $\int U_{ind}dt$ für alle Drehgeschw. konstant.

b) Dreht man die Spule um weitere 180°, so beobachtet man das gleiche Phänomen, lediglich U_{ind} hat das andere Vorzeichen.

c) Verändert man $\boldsymbol{B}$ um den Faktor m, so beobachtet man in der Schleife die Induktionsspannung mU_{ind}.

d) Verändert man die Anzahl der Windungen der Spule um den Faktor n, so beobachtet man eine induzierte Spannung nU_{ind}.

3) *Spule mit veränderlichem Querschnitt im konstanten magnet. Feld.*

Verändert man die Querschnittsfläche S der Spule, so beobachtet man ebenfalls eine induzierte Spannung U_{ind}. Für $dS/dt=0$ folgt $U_{ind}=0$.

a) Vergrößert man S, so wächst U_{ind} proportional zu S.

b) Verkleinert man S, so sinkt U_{ind} proportional zu S.

Induktionsgesetz

Ändert sich die Anzahl der $\boldsymbol{B}$*-Induktionslinien durch eine Fläche, so wird in der Umrandung dieser Fläche eine Spannung* U_{ind} *induziert.*

Für die math. Formulierung des Induktionsgesetzes ist die physik. Größe **magnetischer Fluß** (Formelzeichen ϕ) nützlich.
Es gilt

$$\phi=\int B\cos\beta\,dS \qquad \textit{magnetischer Fluß}$$

mit
B: Betrag der magnet. Induktion $\boldsymbol{B}$; β: Winkel zwischen $\boldsymbol{B}$ und der Fläche S.
ϕ ist ein Maß für die Anzahl der $\boldsymbol{B}$-Induktionslinien durch eine Fläche.
ϕ wird gemessen in der abgeleiteten SI-Einheit Weber (Einheitenzeichen Wb), benannt nach WILHELM WEBER (1804–91).
Zusammenhang: $1\,\mathrm{Wb}=1\,\mathrm{T}\cdot\mathrm{m}^2$

$$U_{ind}=-d\phi/dt \qquad \textit{Induktionsgesetz}$$

Ändert sich der magnet. Fluß durch eine Fläche mit der Zeit, so wird in der Umrandung dieser Fläche eine Spannung induziert.

Der Spannungsstoß $\int U_{ind}dt$ hängt nur von der Gesamtänderung des magnet. Flusses ab, ist also unabhängig davon, wie ϕ sich mit der Zeit ändert. Erfolgt die Flußänderung durch eine Spule mit n Windungen, so gilt

$$U_{ind}=-n\,d\phi/dt$$

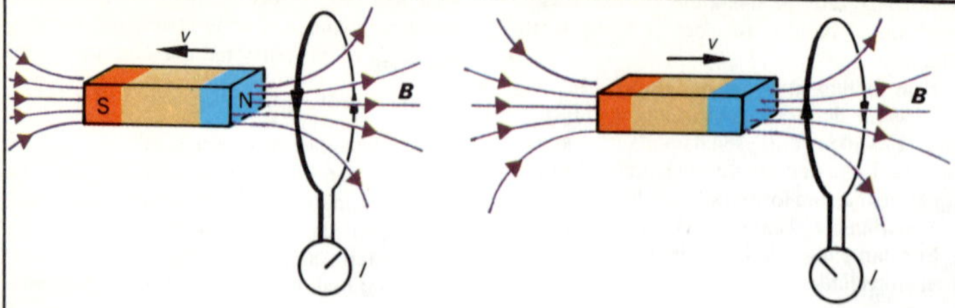

Richtung des induzierten Stroms I

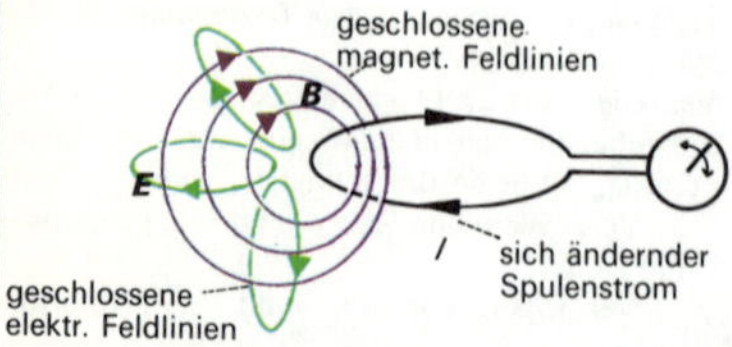

Elektromagnetische Felder um I

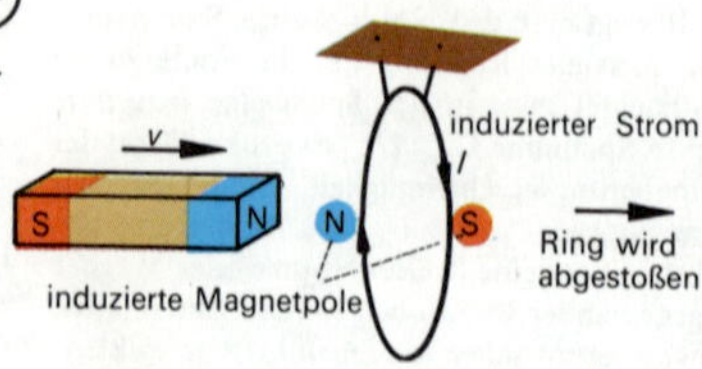

Demonstration der Lenzschen Regel

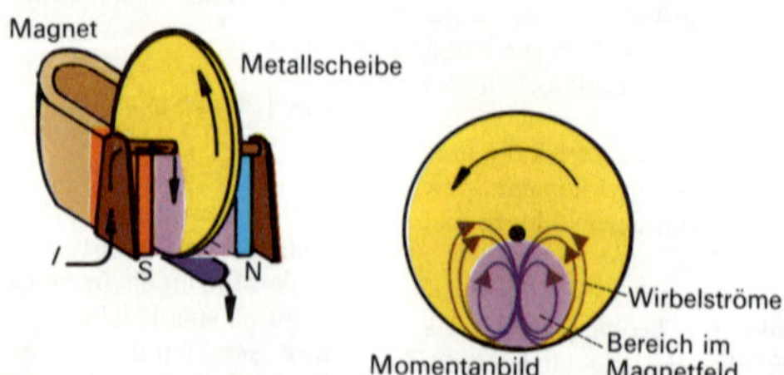

Entstehung von Wirbelströmen

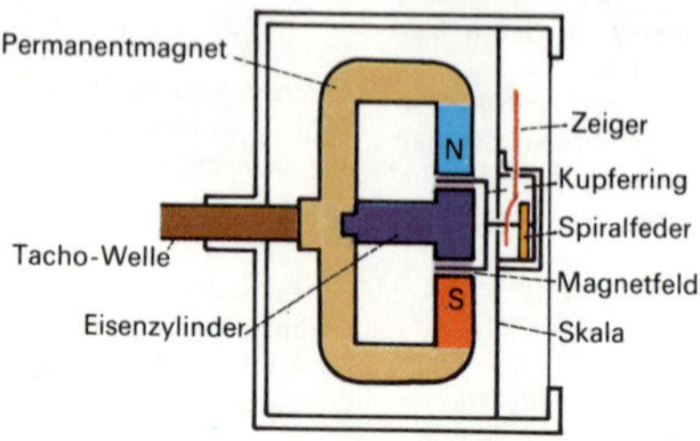

Wirbelstromtachometer

Bewegt man beim Induktionsversuch (s. S. 257) den Nordpol des Magneten auf die Spule zu, so bemerkt man einen mechan. Widerstand gegen diese Bewegung. Zieht man dann den Magneten zurück, so scheint die Induktionsspule ihn zu bremsen. Erklärung: In Bewegungsrichtung gesehen, ist die Richtung des induzierten Stromes I entgegen dem Uhrzeiger. I erzeugt um sich herum geschlossene $\boldsymbol{B}$-Induktionslinien (s. S. 249), d.h. ein magnet. Feld, dessen Nordpol zum Nordpol des sich nähernden Magneten weist. Beide stoßen sich ab, und dieser Widerstand muß überwunden werden.

Entfernt man den induzierenden Magneten, so weist I in die entgegengesetzte Richtung, und der entstehende magnet. Südpol versucht, den Magneten zurückzuhalten.

Lenzsche Regel, benannt nach HEINRICH LENZ (1804–65):

Der induzierte Strom ist so gerichtet, daß er seiner Entstehungsursache entgegenwirkt.

Diese 1834 aufgestellte Regel ist eine Folge des Satzes von der Erhaltung der Energie. Die Erzeugung von I und des damit verbundenen Magnetfeldes erfordert Energie. Also ist Arbeit nötig, um Magnet und Spule einander zu nähern.

Die Lenzsche Regel wird auch als **Rechte-Hand-Regel** formuliert:

Daumen, Zeige- und Mittelfinger der rechten Hand sollen die drei positiven Achsen eines rechtwinkligen, räuml. Koordinatensystems bilden. Weist der Daumen in Richtung der Bewegung zwischen Magnet und Spule, der Zeigefinger in Richtung der $\boldsymbol{B}$-Induktionslinien, so gibt der Mittelfinger die Richtung des induzierten Stromes an.

Geschlossene magnet. Feldlinien umfassen kreisförmig den induzierten Strom (s. S. 249). Geschlossene elektr. Feldlinien umfassen ihrerseits kreisförmig diese $\boldsymbol{B}$-Induktionslinien und sind selbst erneut von magnet. Feldlinien umgeben usw. Das heißt, bei der elektromagnet. Induktion entstehen **elektromagnetische Felder**, die sich mit Lichtgeschw. ausbreiten. JAMES MAXWELL (1831–79) sagte 1861 den Vorgang voraus, HEINRICH HERTZ (1857–94) entdeckte 1887 diese elektromagnet. Wellen. Damit waren die Grundlagen der Funktechnik gelegt.

Wirbelströme entstehen in einem ausgedehnten elektr. Leiter, wenn dieser sich durch ein inhomogenes Magnetfeld bewegt. Das Magnetfeld dieser induzierten Wirbelströme hemmt die Bewegung des Leiters, entsprechend der Lenzschen Regel.

Beispiele:

Dreht sich eine Kupferscheibe im Spalt zwischen den Polen eines Magneten, so erzeugt die elektromagnet. Induktion abbremsende Wirbelströme in der Scheibe. Soll die Scheibe rotieren, so muß ihr Antriebsenergie zugeführt werden. Die dabei aufgewandte Arbeit wird über die ohmschen Verluste der Wirbelströme (s. Stromarbeit, S. 223) in Wärme umgewandelt.

Waltenhofensches Pendel. Ein massiver Kupferpendelkörper schwingt zwischen den Polschuhen eines Elektromagneten. Ist der Magnet stromlos, so schwingt das Pendel unbehindert. Schaltet man den Strom ein, dann stoppt das Pendel, sobald es zwischen die Magnetpole gerät.

Umgekehrt entstehen Wirbelströme in einem *ruhenden* elektr. Leiter, wenn sich dieser in einem zeitlich veränderl. Magnetfeld befindet.

Wirbelströme führen zu unerwünschten Energieverlusten in elektr. Anlagen. Sie lassen sich reduzieren, indem man die Wirbelströme räumlich begrenzt.

Beispiel: Die Eisenkerne in Transformatoren (s. S. 285) sind ausgedehnte stationäre elektr. Leiter in magnet. Wechselfeldern. Zusammensetzen der Trafokerne aus einzelnen, isolierten Blechen (lamellieren) reduziert die Wirbelstromverluste.

Anwendungen:

Wirbelstrombremse. Auf der Radachse ist radial eine Metallscheibe montiert; sie bewegt sich durch den Spalt zwischen den Polen eines Elektromagneten. Soll die Radachse gebremst werden, so sendet man einen Strom durch den Elektromagneten. Es entsteht ein magnet. Feld zwischen den Polen, das in der Scheibe einen Wirbelstrom erzeugt, dessen Feld die Drehung bremst. In modernen E-Lokomotiven wird der erzeugte Wirbelstrom teilweise ins elektr. Netz geleitet.

Tachometer. Die Antriebswelle vom Rad (oder Getriebe) dreht einen Permanentmagneten, zwischen dessen Polschuhen sich ein koaxialer Eisenzylinder mitdreht. Im ringförmigen Spalt zwischen Magnetpolen und Zylinder herrscht ein permanentes Magnetfeld. Im Spalt sitzt ein Kupferring, auf dessen Achse der Tachozeiger montiert ist. Dreht sich die Welle, so entstehen im Kupferring Wirbelströme, die den Ring mitdrehen würden. Eine koaxiale Spiralfeder hält ihn jedoch zurück. Je größer der Wirbelstrom, desto stärker lenkt das entstehende Drehmoment den Zeiger gegen die rückziehende Kraft der Feder aus. Die Tacho-Skala wird bei bekannten Drehzahlen geeicht.

Weitere Anwendungen sind z. B. Schwingungsdämpfung von Meßinstrumenten (Vorgang wie beim Tachometer), industrielle Induktionsöfen (Erhitzung der Charge über induzierte Wirbelströme), Wirbelstrom-Motoren (Mitnehmen des Läufers durch die in ihm erzeugten Wirbelströme).

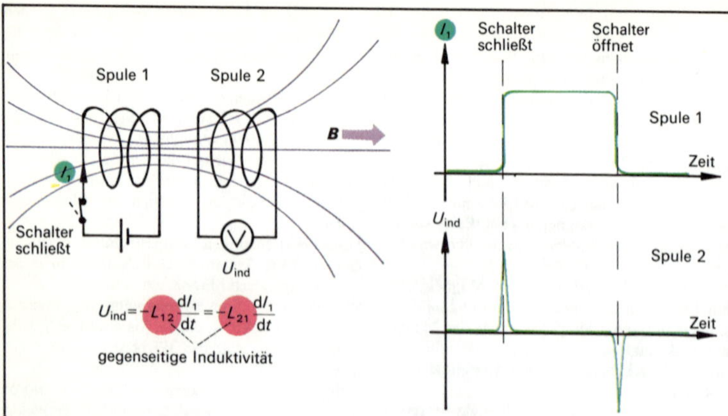

Gegenseitige Induktion

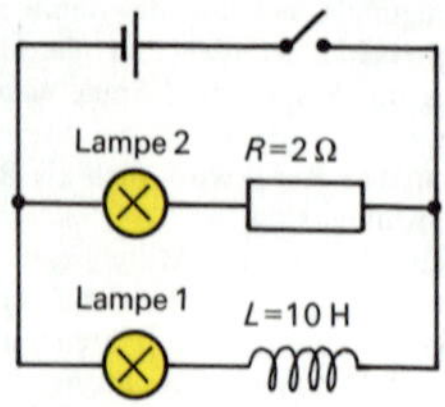

Einschalten:
Lampe 1 leuchtet ca. 10 s (=2 τ) nach Lampe 2 auf.

$\tau = L/R = 5$ s

Experiment zur Selbstinduktion

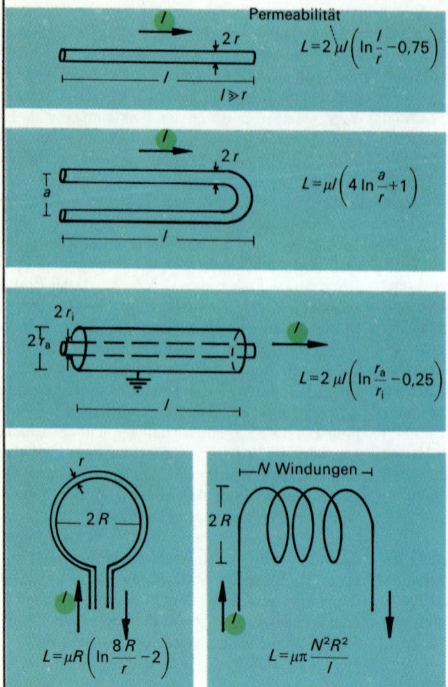

L für verschiedene Leiteranordnungen

I : Strom l : Länge

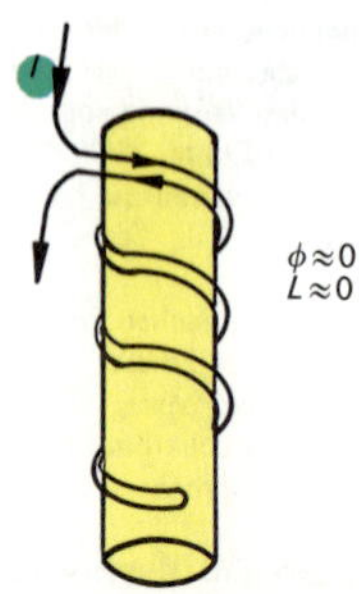

Bifilar gewickelter Widerstand

Gegeninduktion

Im Induktionsversuch auf S. 257 erzeugt ein sich ändernder Magnetfluß in einer Spule eine Induktionsspannung U_{ind}. Der Magnetfluß kann auch durch eine stromführende Spule (1) erzeugt werden. Ändert sich ihr Strom mit der Zeit, so induziert sie in einer benachbarten Spule (2) eine Spannung. Dieser Vorgang heißt **Gegeninduktion** (oder **gegenseitige Induktion**).

Es gilt

$U_{ind} = -L_{12}(dI_1/dt)$ *Gegeninduktionsspannung*

mit

U_{ind}: in Spule 2 induzierte Spannung; dI_1/dt: zeitl. Änderung des Stroms in Spule 1; L_{12}: Proportionalitätskonstante, genannt **gegenseitige Induktivität** (Formelzeichen L_{12} oder M).

Selbstverständlich können beide Leiter beliebige Gestalt haben, z. B. parallele Drähte, konzentrische Leiter.

Die gegenseitige Induktivität zweier Leiter wird gemessen in der abgeleiteten SI-Einheit Henry (Einheitenzeichen H), benannt nach JOSEPH HENRY (1797–1878).

Definition: Zwei Leiter haben die gegenseitige Induktivität 1 Henry, wenn eine Stromänderung von 1 A/s in einem die Spannung 1 Volt in dem anderen induziert.

Umrechnung: $1\,H = 1\,V \cdot s \cdot A^{-1} = 1\,Wb \cdot A^{-1}$

L_{12} hängt nur ab von Lage und Abmessungen der Leiter und dem Material dazwischen.

Liegen k benachbarte elektr. Stromkreise vor, so koppeln alle induktiv. Die im i-ten Stromkreis induzierte Spannung U_i ist dann die Summe der Gegeninduktionen aller k Stromkreise, also

$$U_i = -\sum_k L_{ik}(dI_k/dt)$$

mit

L_{ik}: gegenseitige Induktivität der Stromkreise i und k.

Werden k und i vertauscht, so ändert das nichts; es ist also $L_{ik} = L_{ki}$.

Beispiel: Die beiden gleich langen Spulen 1 und 2 liegen direkt übereinander (d. h. alle von 1 ausgehenden $\boldsymbol{B}$-Induktionslinien durchdringen auch 2), haben aber versch. Windungszahlen. Dann gilt

$$L_{12} = \mu N_1 N_2 S/l$$

mit

μ: Permeabilität der die Spulen ausfüllenden Substanz (z. B. Luft oder Eisen); N_1, N_2: Windungsanzahl der Spulen; S: Fläche der inneren Spule; l: Spulenlänge.

Selbstinduktion

Ändert sich der durch eine *einzelne* Spule fließende elektr. Strom, so ändert sich auch der durch ihren Querschnitt greifende Magnetfluß. Dieser Magnetfluß induziert in der eigenen Spule eine Induktionsspannung, der Strom wirkt also auf sich selbst zurück. Dieser Vorgang heißt **Selbstinduktion** (oder **Eigeninduktion**).

Es gilt

$U_{ind} = -L(dI/dt)$ *Selbstinduktionsspannung*

mit

L: Selbstinduktivität der Spule, gemessen in Henry; dI/dt: zeitl. Änderung des Stroms in der Spule. L hängt nur von Form und Größe der Spule ab. Entsprechend der Lenzschen Regel (s. S. 259) ist die Richtung des selbstinduzierten Stroms der erzeugenden Stromrichtung entgegengerichtet.

Folgerungen: Schließt man einen Stromkreis, so erreicht der Strom seinen Endwert erst nach einer endlichen Zeit, da der selbstinduzierte Gegenstrom seinen Anstieg hemmt. Umgekehrt fällt der Strom nicht sofort auf Null, wenn man einen Stromkreis unterbricht, der selbstinduzierte Gegenstrom hemmt den Abfall. (Quantitative Beschreibung, s. S. 263.)

Beispiele:

Spule.

$$L = \mu N^2 S/l$$

mit

μ: Permeabilität des Materials innerhalb der Spule; N: Windungsanzahl; S: Spulenquerschnitt; l: Spulenlänge.

Für eine 1 cm lange Spule im Vakuum (oder Luft) mit dem Querschnitt 5 cm² und $N = 15$ ist dann

$$L = (1{,}26 \times 10^{-6} \times 225 \times 0{,}0005)/0{,}01\ \mathrm{H}$$
$$= 1{,}41 \times 10^{-5}\ \mathrm{H}$$

Besitzt die Spule einen Eisenkern mit der Permeabilitätszahl μ_r, so vergrößert sich ihre Selbstinduktivität auf $\mu_r \times 1{,}41 \times 10^{-5}$ H.

Gerader Leiter.

$$L = 2\,\mu l(\ln(2l/r) - 0{,}75)$$

mit

r: Leiterradius; l: Leiterlänge ($l \gg r$).

Koaxiales Kabel.

$$L = 2\,\mu l(\ln(r_a/r_i) - 0{,}25)$$

mit

r_a: Radius des zylindr. Außenleiters; r_i: Radius des Innenleiters.

Die Selbstinduktion einer Spule (oder jeder anderen Leiteranordnung) kann durch eine **bifilare Wicklung** beseitigt werden: Der isolierte Leiter wird in der Mitte geknickt und verdrillt. Beide Hälften erzeugen Magnetflüsse mit gleichem Betrag aber unterschiedl. Vorzeichen, sie heben sich auf.

Anwendung: z. B. in Widerstandsspulen für Wechselstrom-Meßbrücken.

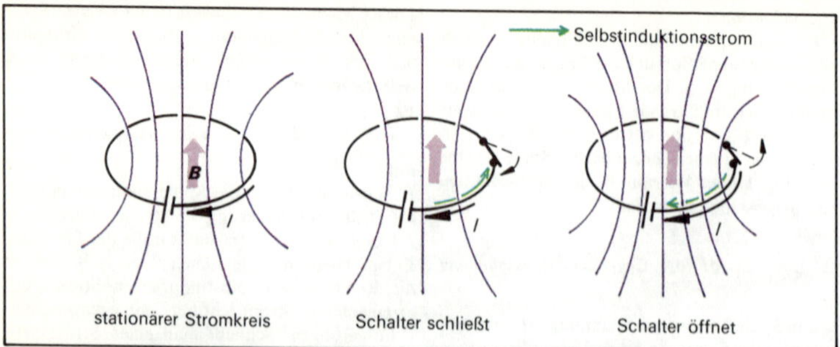

Selbstinduktion in einem einfachen Stromkreis

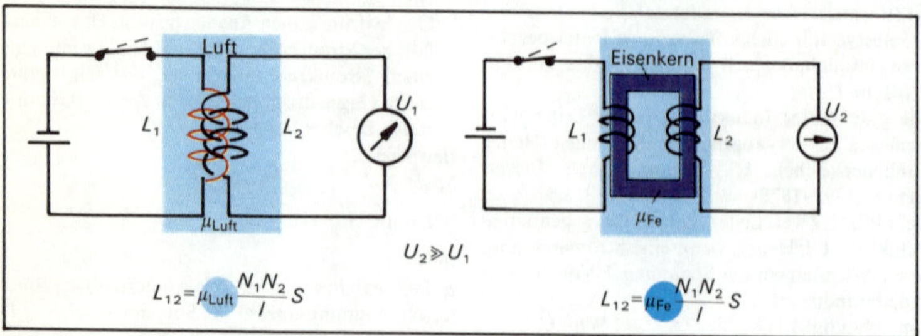

Induktiv gekoppelte Stromkreise

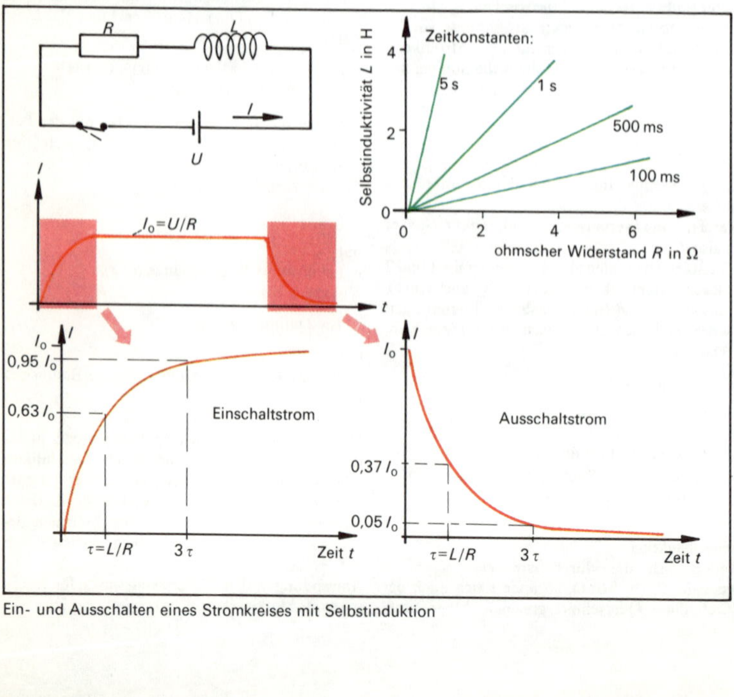

Ein- und Ausschalten eines Stromkreises mit Selbstinduktion

Kopplungsgrad
Benachbarte, elektrisch gegeneinander isolierte Leiter sind über die elektromagnet. Induktion miteinander *induktiv gekoppelt* (s. o.). Der **Kopplungsgrad** (Formelzeichen k) ist ein Maß dafür, wie eng diese induktive Kopplung ist.

$$k = L_{12}/\sqrt{L_1 L_2} \qquad \textit{Kopplungsgrad}$$

mit
L_{12}: gegenseitige Induktivität der Spulen; L_1, L_2: Selbstinduktivitäten der Spulen 1 und 2.

Ein- und Ausschalten von Gleichströmen
Jeder geschlossene Stromkreis stellt eine Spule mit einer Windung dar, besitzt also immer eine Selbstinduktivität L. Daher treten beim Schließen und Öffnen eines Stromkreises stets induzierte Spannungen auf, denn in diesem Augenblick ist $\mathrm{d}I/\mathrm{d}t \neq 0$.
Einschalten: Ein offener elektr. Stromkreis enthalte eine Quelle mit der Spannung U_0 und einen Widerstand R. Schließt man ihn, so wird er zu einer Induktionsspule mit der Selbstinduktivität L. Beim Schließen gilt für die elektr. Spannung U im Stromkreis

$$\begin{aligned} U &= U_0 + U_{\mathrm{ind}} \\ &= U_0 - L(\mathrm{d}I/\mathrm{d}t) \end{aligned}$$

mit
$U_{\mathrm{ind}} = -L(\mathrm{d}I/\mathrm{d}t)$: induzierte Spannung.
Die Lösung dieser Differentialgleichung erster Ordnung beschreibt den Anstieg von U bzw. I in Abhängigkeit von der Zeit:

$$U = U_0(1 - \mathrm{e}^{-t/\tau})$$

und

$$I = (U_0/R)(1 - \mathrm{e}^{-t/\tau})$$

mit
U_0, I_0: Endwerte, stationäre Werte für Spannung und Strom; t: Zeit; $\tau = L/R$: **Zeitkonstante** des Stromkreises. τ wird gemessen in s.
U steigt exponentiell auf seinen stationären Wert U_0 an. τ bestimmt die Anstiegsgeschwindigkeit.

Innerhalb von 1 τ steigen I und U auf 63% ihrer Endwerte an. Nach 3τ haben sie 95% ihrer stationären Werte erreicht.

Die Zeitkonstante kann erhebliche Werte erreichen.

Beispiel: Für einen typ. Elektromagneten mit $L = 8\,\mathrm{H}$ und $R = 2\,\Omega$ ist $\tau = 4\,\mathrm{s}$. Das heißt, es dauert 12 s ($t = 3\tau$), bis 95% der Quellenspannung U_0 und damit von $\boldsymbol{B}$ erreicht sind.

Ausschalten: Unterbricht man einen geschlossenen Stromkreis, so fallen I und U nicht sofort auf Null. Beim Öffnen erzeugt die Selbstinduktion (wegen $\mathrm{d}I/\mathrm{d}t \neq 0$) eine Induktions-Gegenspannung, die den Abfall des Stromes hemmt. Für Strom I und Spannung U im Stromkreis gelten

$$I = I_0\,\mathrm{e}^{-t/\tau}$$

und

$$U = U_0\,\mathrm{e}^{-t/\tau}$$

t: Zeit; I_0, U_0: Strom und Spannung für $t = 0$; $\tau = L/R$: **Zeitkonstante** des Stromkreises mit dem ohmschen Widerstand R und der Selbstinduktivität L.
Strom und Spannung fallen beim Unterbrechen eines Stromkreises also mit endl. Geschw. auf Null ab. Die Zeitkonstante (und damit L/R) bestimmt die Abfallgeschwindigkeit. Innerhalb der Zeitspanne 1 τ sinken I und U auf 37% ihrer Anfangswerte ab. Nach 3τ betragen sie nur noch 5% der Anfangswerte.

In der Elektrotechnik sind die beim Abschalten von Gleichströmen erscheinenden Selbstinduktionsspannungen keineswegs zu vernachlässigen. Diese können bei kurzen Schaltzeiten einen Lichtbogen, den **Öffnungsfunken,** auslösen. Dieser kann den Schalter zerstören. Abhilfe durch langsames Ausschalten über einen Regulierwiderstand oder durch Parallelschalten eines Kondensators. Bei sehr hohen elektr. Strömen in Leistungsschaltern wird der Öffnungslichtbogen durch elektr. oder magnet. Hilfsfelder abgezogen.
Beim Ottomotor trennt der Unterbrecher den Stromkreis der Primärwicklung der Zündspule. Die Selbstinduktionsspannung erzeugt in der Sekundärspule den Spannungsstoß für die Zündkerze.

Im Magnetfeld einer Spule gespeicherte Energie
Bei Einschalten eines Stromkreises der Selbstinduktivität L steigt der Strom I mit einer Zeitkonstanten auf seinen Endwert I_0, weil I eine Arbeit W gegen die induzierte Spannung U_{ind} verrichten muß. W erscheint als Energie des durch I aufgebauten Magnetfeldes. Es gilt

$$\begin{aligned} W &= -\int_0^\infty I U_{\mathrm{ind}}\,\mathrm{d}t \\ &= \int_0^\infty I L(\mathrm{d}I/\mathrm{d}t)\,\mathrm{d}t \\ &= L I_0^2/2 \qquad \textit{Magnetfeldenergie} \end{aligned}$$

Je größer L, desto mehr Energie wird für den Aufbau des Magnetfeldes benötigt; desto länger dauert es also, bis I_0 erreicht wird.

Der gleiche Wert für W muß beim Ausschalten eines Stromkreises vernichtet werden, denn das Magnetfeld verschwindet. Diese Energie unterhält den Lichtbogen beim Öffnungsfunken.

Die **Energiedichte** w (gemessen in $\mathrm{J/m^3}$) im Magnetfeld der Spule ist

$$w = \mu B^2/2 \qquad \textit{Magnetfeldenergiedichte}$$

B: Betrag der magnet. Induktion der Spule.
Die Formel gilt für beliebige Magnetfelder. Sie ist analog der für die Energiedichte in elektr. Feldern (s. S. 215).

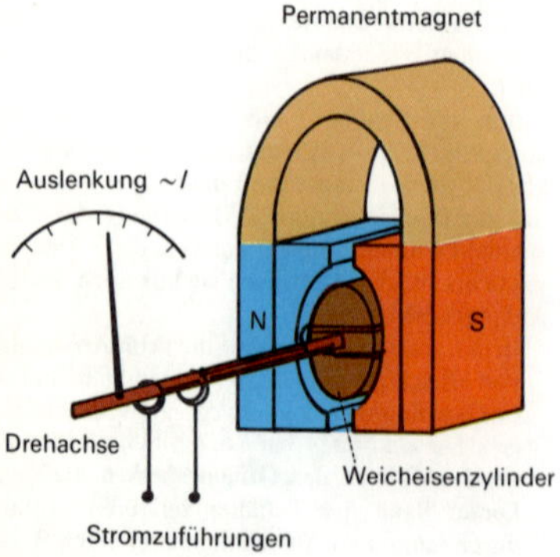

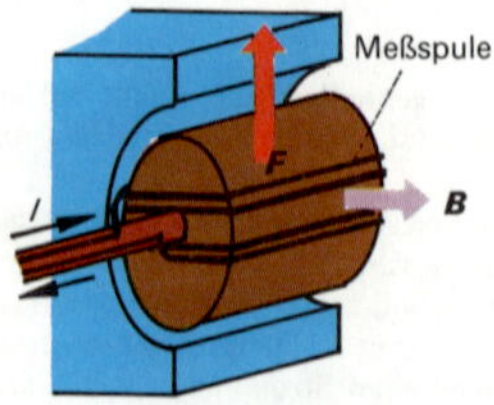

Drehspul-Meßwerk

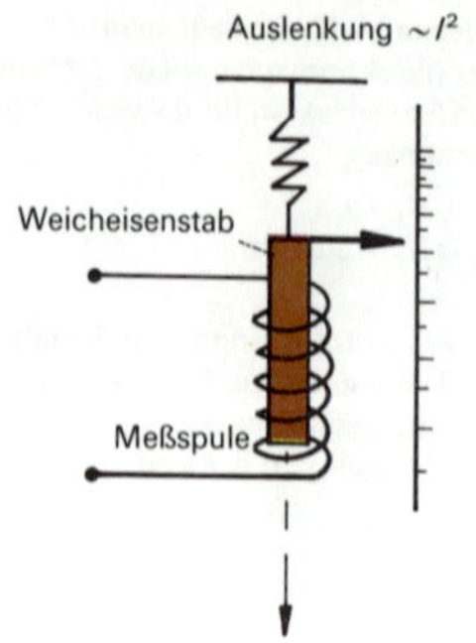

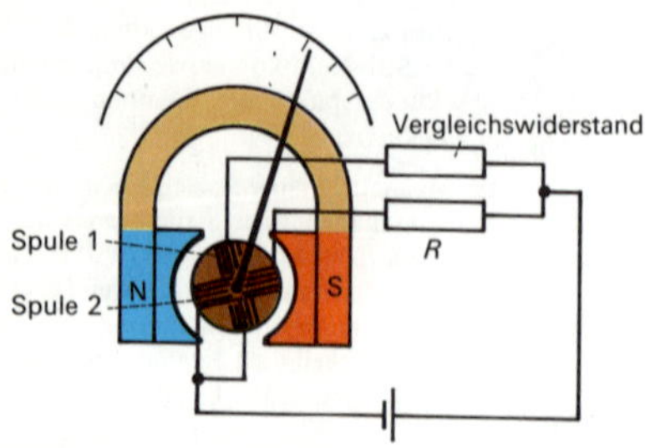

Einfaches Weicheisenamperemeter

Kreuzspul-Meßwerk als Ohm-Meter

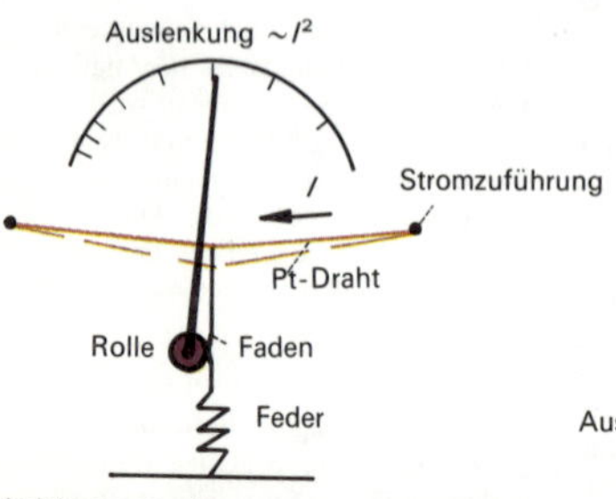

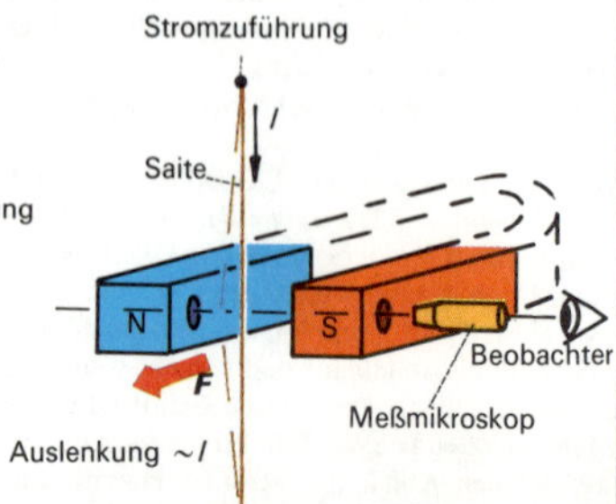

Hitzdrahtamperemeter

Saitengalvanometer

Drehspul-Meßwerke beruhen auf der Lorentz-Kraft (s. S. 247), die eine stromdurchflossene Spule im Magnetfeld dreht. Erstmalig erwähnt 1867 von WILLIAM THOMSON LORD KELVIN (1824–1907).
Zwischen den halbkreisförmig ausgesparten Polschuhen eines Permanentmagneten befindet sich ein zylindr. Weicheisenkern. In dem engen Luftspalt zwischen Magnet und Weicheisen herrscht überall die gleiche magnet. Induktion. Die ***B***-Induktionslinien verlaufen radial zum Zylinderkern. Innerhalb des Luftspaltes dreht sich koaxial zum Kern eine flach gewickelte Spule. In jeder Spulenstellung verlaufen die ***B***-Induktionslinien in der Spulenebene. Die Stromzuführung erfolgt über zwei an der Spulenachse isoliert angebrachte Spiralfedern.
Fließt durch die Meßspule ein Gleichstrom, so wirkt eine Lorentz-Kraft, die der Spule ein Drehmoment erteilt. Sie dreht sich aus der Ruhelage heraus, ein Zeiger markiert den Drehwinkel. Diese Drehung spannt die beiden Spiralfedern, es stellt sich ein Gleichgewicht zwischen dem durch den Strom erzeugten Drehmoment und dem rücktreibenden Drehmoment der Federn ein. Es gilt

$$M = NISB$$

mit
M: Betrag des Drehmomentes $\boldsymbol{M}$ der Spule; N: Anzahl der Spulenwindungen; I: elektr. Stromstärke; B: Betrag der magnet. Induktion $\boldsymbol{B}$ im Luftspalt; S: Querschnittsfläche der Schleife.
Der Zeigerausschlag ist proportional I, also ist die Skala gleichmäßig unterteilt. Die Richtung des Ausschlages hängt ab von der Stromrichtung. Das *Drehspulinstrument* mißt *nur* Gleichströme bzw. *nur* Gleichspannungen.

Empfindlichkeit des Meßwerkes: Größe des Zeigerausschlages dividiert durch den entsprechenden Meßstrom, gemessen in mm/A bzw. mm/V. Hochempfindl. Instrumente erreichen bis zu 10^{12} mm/A bzw. 10^8 mm/V. Die Brownsche Bewegung (s. S. 113) setzt der Messung kleinster Ströme eine untere Grenze.

Hochempfindl. Drehspul-Meßwerke heißen **Drehspulgalvanometer**. Die Anzeige erfolgt dabei häufig über einen Lichtstrahl, der die Bewegung der Spule mit Hilfe eines auf der Achse montierten Spiegels wiedergibt.

Die **Schwingungsdauer von Drehspul-Meßwerken** ist proportional der Wurzel aus Trägheitsmoment/Federkonstante der Drehspule. Galvanometerspulen haben ein bes. niedriges Trägheitsmoment und daher große Schwingungsdauer.

Ballistische Galvanometer messen einen *Stromstoß* $\int I \mathrm{d}t$, d. h. die innerhalb einer sehr kurzen Zeitspanne τ durch die Spule transportierte Ladung. Es sind Drehspulgalvanometer mit einer Schwingungsdauer $T \gg \tau$ und großem Trägheitsmoment.

Kreuzspul-Meßwerke sind Drehspul-Meßwerke mit zwei elektrisch getrennten, mechanisch aber starr verbundenen koaxialen Meßspulen. Beide bilden einen Winkel von ca. 30°; rückholende Spiralfedern gibt es keine. Durch die Meßspulen kann man die elektr. Ströme I_1 und I_2 leiten.
Für

a) $I_1 = I_2$ und I_1 entgegengerichtet I_2 stellt sich eine Gleichgewichtslage – bestimmt durch die Spulengeometrie – ein.

b) $I_1 \neq I_2$ und I_1 entgegengerichtet I_2 stellt sich das Meßwerk proportional I_1/I_2 ein.

Mißt Spule 1 den Strom und Spule 2 die Spannung eines Stromkreises, so ist die Anzeige des Meßwerkes proportional dem Widerstand des Stromkreises.

Kreuzspul-Meßwerke werden in Vielfach-Drehspulinstrumenten benutzt, weil die Anzeige bei Widerstandsmessungen unabhängig vom Ladungszustand der eingebauten Batterie ist.

Weicheisen-Meßwerke baute als erster FRIEDRICH KOHLRAUSCH (1840–1910). Ein an einer Feder aufgehängter Eisenstab taucht teilweise in eine Meßspule. Fließt ein Strom I durch die Spule, so magnetisiert das durch I erzeugte Magnetfeld den Stab und zieht ihn an. Die Eintauchtiefe ist proportional I und *unabhängig* von der Stromrichtung, denn im inhomogenen Magnetfeld bewegt sich der magnetisierte Stab stets in Richtung wachsender magnet. Induktion.
Verwendet man zwei Eisenstreifen innerhalb der Meßspule, einer fest, der andere auf einer Drehachse konzentrisch zur Spulenachse, so stoßen sich beide beim Magnetisieren ab. Man erhält eine Winkelanzeige, unabhängig von der Stromrichtung.
Diese Meßwerke sind robuster, aber nicht so empfindlich wie Drehspul-Meßwerke.
WILLEM EINTHOFEN (1860–1927) entwickelte 1903 das **Saitengalvanometer**: Ein sehr dünner (wenige μm Durchmesser) elektr. Leiter ist zwischen den Polschuhen eines Magneten ausgespannt. Fließt ein Strom I in der Saite, so verbiegt die Lorentz-Kraft sie senkrecht zu den ***B***-Induktionslinien. Die Auslenkung ist proportional I, ihre Richtung hängt von der Stromrichtung ab. Saitengalvanometer dienen meist zur Messung schnell veränderlicher Ströme.
Hitzdrahtamperemeter beruhen auf der therm. Ausdehnung (s. S. 103) eines stromdurchflossenen Leiters infolge der dabei entwickelten Wärme. Die Anzeige ist proportional I^2, die Skala also nichtlinear unterteilt. Sie ist unabhängig von der Stromrichtung und gilt auch für Wechselströme.
Multimeter kombinieren Strom-, Spannungs- und Widerstandsmessung in einem Instrument. Die Anzeige erfolgt meist digital.

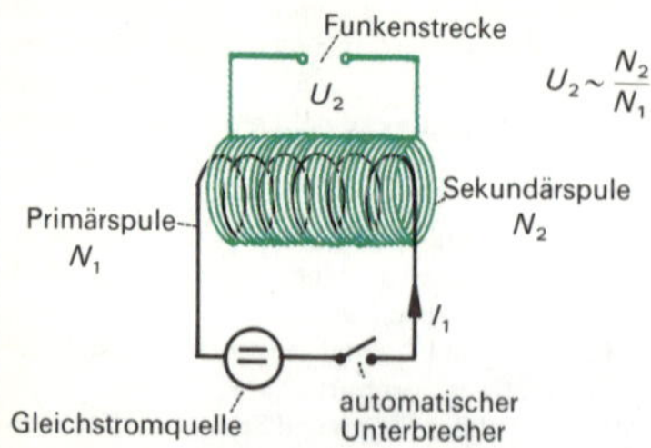

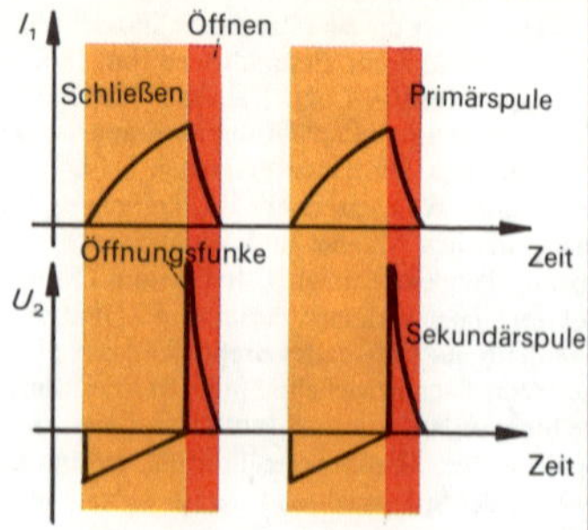

I und *U* beim Funkeninduktor

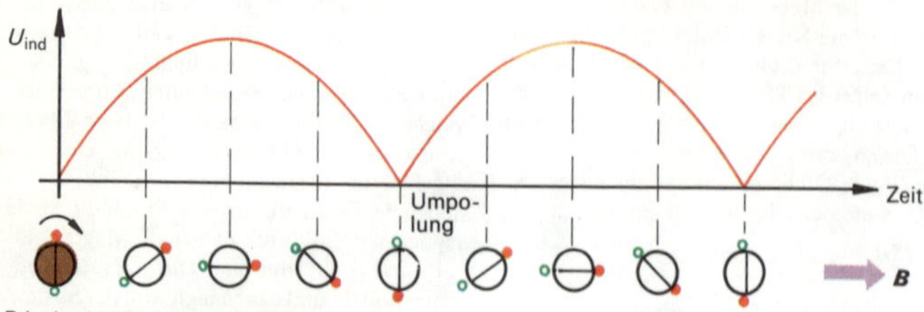

Prinzip des Gleichstromgenerators

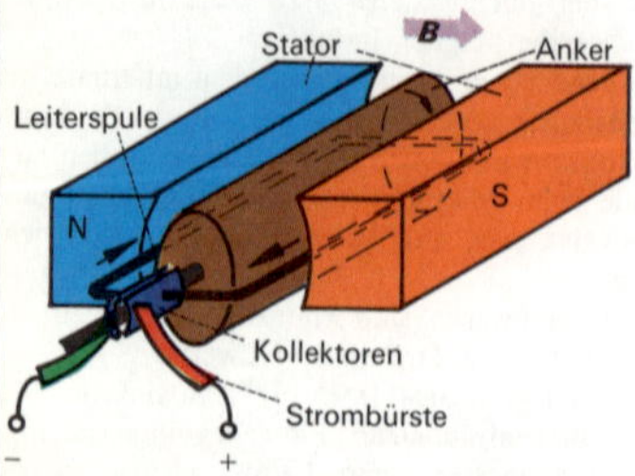

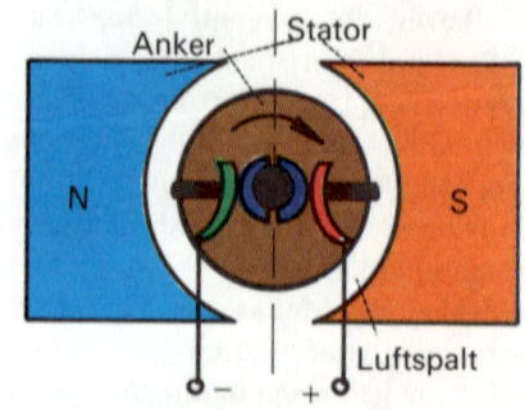

Stator-Anker-Querschnitt

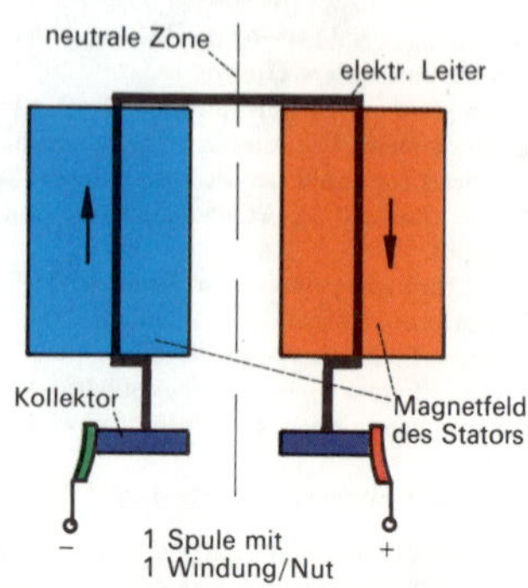

aufgeschnittener und abgerollter Anker

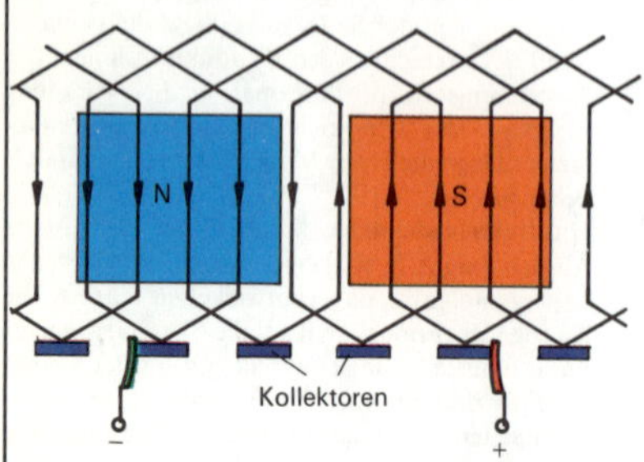

Anker-Konfiguration

Der **Induktionsapparat** ist eine Anwendung der Gegeninduktion (s. S. 261). Er dient der einfachen Erzeugung von Spannungsstößen für Funkenstrecken. Eine *Primärspule* mit wenigen Leiterwindungen (N_1) ist über einen Schalter mit einer Gleichstromquelle verbunden. Die *Sekundärspule* enthält sehr viele Windungen (N_2) und ist entweder über die Primärspule gewickelt oder neben ihr angeordnet. Beide Spulen sind damit induktiv gekoppelt. Schließt oder öffnet man den Schalter der Primärspule, so ändert sich ihr elektr. Strom. Die resultierende Gegeninduktion induziert in der Sekundärspule eine Spannung U_{ind} proportional dem Verhältnis der Windungszahlen N_2/N_1 und der zeitlichen Änderung der Stromstärke (dI/dt). Kurze Spannungspulse bis zu 10^5 V werden erreicht. Die Spannungsspitze beim Öffnen der Primärspule ist bes. hoch, da die Selbstinduktion den Primärstrom vergrößert. Umgekehrt verkleinert die Selbstinduktion die Spannungsspitze beim Schließen des Primärkreises.
Automat. Stromunterbrecher in der Primärspule führen zu *nicht-sinusförmigen Wechselspannungen* am Ausgang der Sekundärspule. Anwendung in der Zündspule des Ottomotors (s. S. 263).

Elektrolytischer Stromunterbrecher. I fließt über zwei Bleielektroden durch eine leitende Flüssigkeit. Da die eine Elektrode in eine Platinspitze ausläuft, führt die hohe elektr. Stromdichte zu starker, lokaler Erwärmung. Eine Dampfblase entsteht, umhüllt die Spitze und unterbricht den elektr. Strom. Sofort kondensiert der Dampf, und der Stromkreis schließt sich. Unterbrecherfrequenz: einige hundert Hz.

Gleichstromgeneratoren

Bereits ein Jahr nach Formulierung des Induktionsgesetzes durch MICHAEL FARADAY 1831 baute HIPPOLYTE PIXII den ersten – noch von Hand betriebenen – Gleichstromgenerator. WERNER VON SIEMENS (1816–92) schloß 1866 diese Entwicklung mit den Dynamomaschinen im wesentlichen ab. Das erste elektr. Kraftwerk errichtete 1882 THOMAS EDISON (1847–1931).

Magneto-hydrodynamische Generatoren und Solarzellen sind moderne Konstruktionen mit noch sehr geringem Anteil an der Elektrizitätserzeugung.

Magneto-elektrische Generatoren

Dreht man eine Leiterschleife durch die $\boldsymbol{B}$-Induktionslinien eines Magnetfeldes, so erzeugt die elektromagnet. Induktion in der Schleife eine Induktionsspannung U_{ind}. Führt man die Enden der Leiter an zwei gegeneinander isolierte Halbringe auf der Achse und nimmt dort U_{ind} über Schleifkontakte ab, so erhält man eine *pulsierende Gleichspannung*. Für gleichförmige Drehung gilt

$$|U_{ind}| = \omega NSB \sin \omega t$$

$|U_{ind}|$: Betrag der induzierten Spannung; $\omega = 2\pi\nu$: Winkelgeschw. der Schleife; ν: Anzahl der vollständigen Umdrehungen; S: durch die Leiterschleife aufgespannte Fläche; B: Betrag der magnet. Induktion $\boldsymbol{B}$, in der sich die Schleife dreht; t: Zeit.
$|U_{ind}|$ erreicht zweimal pro Umdrehung ein Maximum, den *Höchst-* oder *Scheitelwert* $\hat{U} = \omega NSB$.

Beispiel: Dreht sich eine Spule mit 60 Windungen und einem Querschnitt von 200 cm² durch ein magnet. Feld mit $B = 32$ mT, so ist die Scheitelspannung bei 50 Umdrehungen pro s:

$$\hat{U} = 60 \times 0{,}02 \times 0{,}032 \times 6{,}24 \times 50\ \text{V} = 12\ \text{V}$$

Dieser Scheitelwert wird 100mal pro s erreicht.
$\hat{U}$ läßt sich erhöhen durch
1) Vergrößern der Anzahl der Spulenwicklungen,
2) Verstärkung von $\boldsymbol{B}$ durch Wickeln der Spule über einen Eisenkern. Die Leiter sitzen in Aussparungen (Nuten), so daß der Luftspalt sehr klein (d. h. der magnet. Fluß sehr groß) wird.

Hauptbestandteile des Generators:

Anker oder **Rotor**: rotierender Eisenzylinder mit ein oder mehr in Nuten aufgewickelten Spulen. (Oft wird als Anker jenes Bauelement bezeichnet, von dem der erzeugte Strom abgenommen wird).

Feldmagnet oder **Stator**: ein aus Eisenblechen (zur Verkleinerung der Wirbelströme) geschichteter Magnet, zwischen dessen Polschuhen der Anker sich dreht.

Kollektor oder **Kommutator**: elektr. isolierter und geschlitzter Zylinder auf der Drehachse, von dem Schleifkontakte (*Bürsten*) U_{ind} abnehmen.

In der Praxis gibt es viele Bauweisen. Beispielsweise rotiert oft der Feldmagnet auf der Achse und die Spule ruht. Auch baut man häufig sechs oder mehr Feldmagnete mit alternierenden Polrichtungen zu einem Statorring zusammen, in dessen Mitte der Anker rotiert. U_{ind} von jedem Polpaar haben getrennte Kollektoren, die einzelnen U_{ind} werden anschließend parallel geschaltet.
Mehrere, gegeneinander verdrehte Spulen auf einem Anker erzeugen anstelle der pulsierenden Gleichspannung eine *geglättete Gleichspannung*; d. h. U_{ind} fällt nicht mehr auf Null ab, sondern auf einen geringfügig von $\hat{U}$ abweichenden Wert. Elektr. Schaltelemente können die verbleibende *Welligkeit* der Gleichspannung weitgehend beseitigen. Es entsteht eine *glatte* Gleichspannung.

Der **Trommelanker**, erfunden 1842, trägt in achsenparallelen Nuten mehrere Spulen. Die Leitungen in zwei Nuten unter ungleichnamigen Magnetpolen sind jeweils gegensinnig in Reihe geschaltet, die Verbindungsleitungen liegen den Stirnseiten des Ankers auf. U_{ind} jeder einzelnen Spule ist zeitlich gegen die der anderen verschoben, bei vier Spulen z. B. jeweils um eine viertel Periode. Die U_{ind} jeder Spule werden parallel

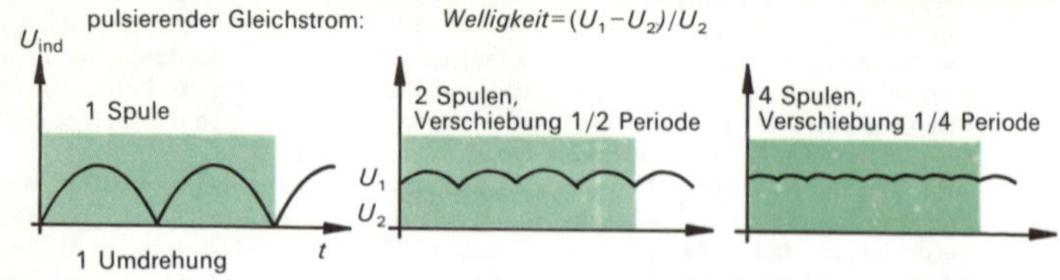

Glättung des induzierten Gleichstroms

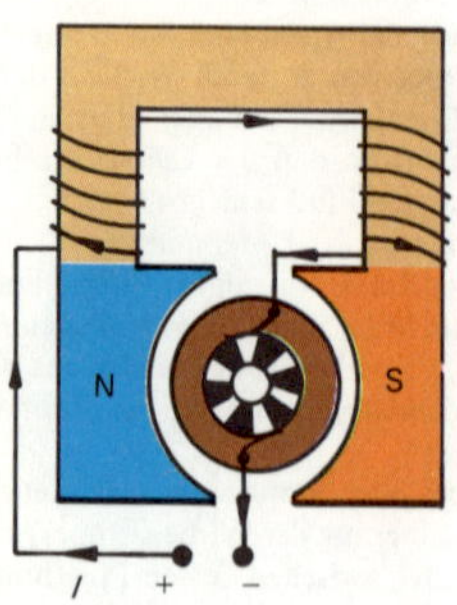

Hauptschlußdynamo

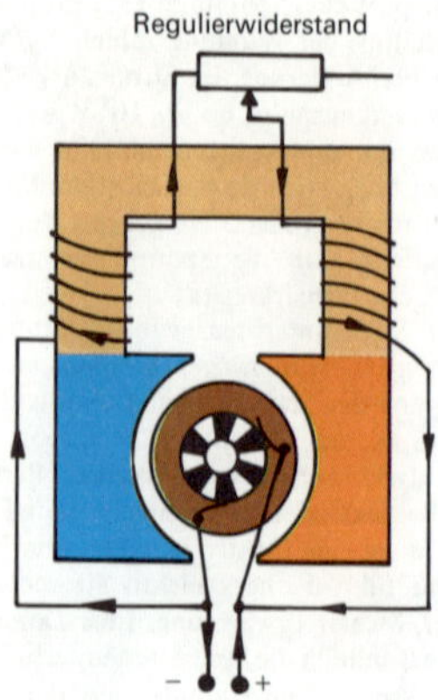

Nebenschlußdynamo

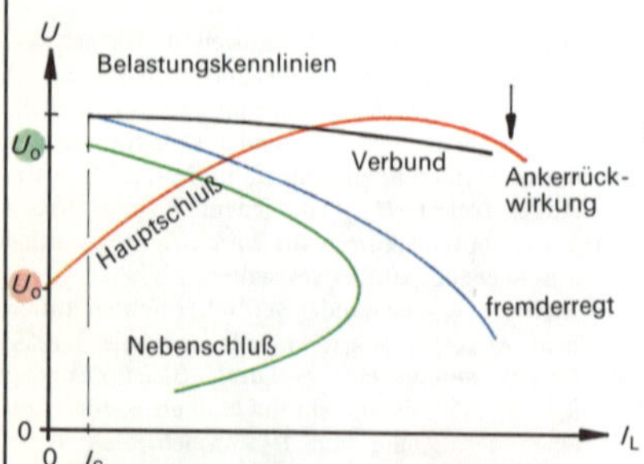

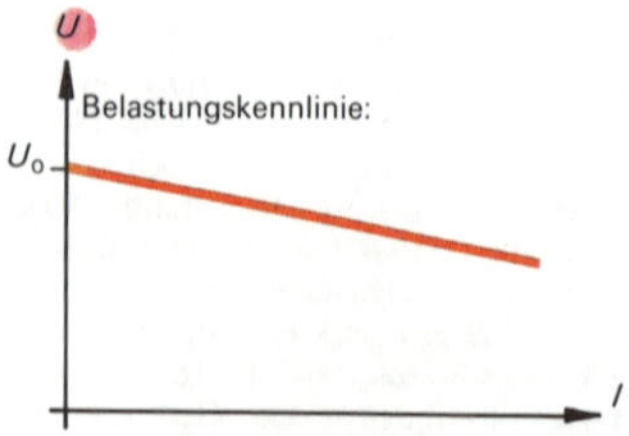

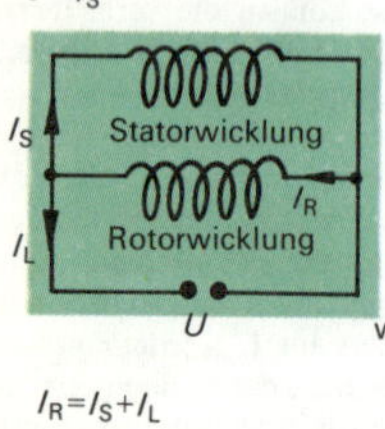

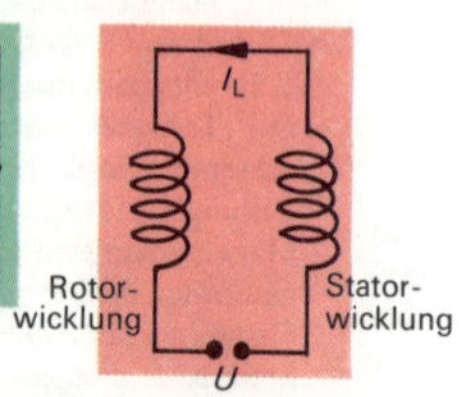

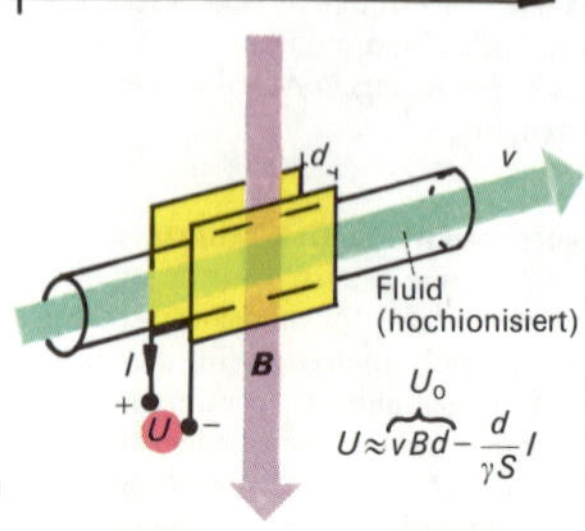

Prinzip des MHD-Generators

geschaltet und damit überlagert. Je mehr Spulen auf dem Anker sitzen, desto glatter ist die Generatorspannung.

Verwendung: Lichtmaschinen älterer Bauart, Kurbelinduktoren für Fernsprecher.

Ankerrückwirkung. Der in den Rotorspulen fließende induzierte Strom erzeugt ein dem Statorfeld entgegengerichtetes Magnetfeld. Bei Stromentnahme schwächt es U_{ind} und verdreht $\boldsymbol{B}$. Die Lage der Kollektoren müßte sich bei Belastung des Generators verändern. Abhilfe durch zusätzl. Feldmagnete (*Wendepole*).

Dynamo-elektrische Generatoren

Solange der Generator permanente Feldmagnete verwendet, bleibt die erreichbare elektr. Leistung gering. Elektromagnete dagegen können wesentlich stärkere Magnetfelder erzeugen, benötigen aber selbst Elektrizität. WERNER VON SIEMENS hatte 1866 den genialen Einfall, den Feldmagneten durch den Generatorstrom selbst zu erregen. Ein derartiger *dynamo-elektrischer Generator*, der **Dynamo**, verwendet einen Bruchteil des von ihm erzeugten elektr. Stroms, um seinen eigenen Feldmagneten zu erregen.

Der Feldmagnet eines derartigen selbsterregten Generators besitzt eine magnet. Remanenz, die ausreicht, um beim anfängl. Drehen des Ankers eine Spannung zu induzieren. Diese wird an die Wicklung des Feldmagneten gelegt und erzeugt eine höhere magnet. Induktion. Daraufhin steigt U_{ind}, im Gefolge erneut $\boldsymbol{B}$ usw., bis das Eisen des Ankers magnetisch gesättigt ist.

Dynamomaschinen produzieren heute praktisch die gesamte elektr. Leistung (vor allem als Wechselstromgeneratoren, s. S. 277).

Je nach der elektr. Zusammenschaltung von Anker- und Feldmagnetwicklung unterscheidet man Hauptschluß-, Nebenschluß- und Verbundmaschinen:

Hauptschluß- oder **Serienmaschine**. Stator- und Rotorwicklung sind in Reihe geschaltet, d. h. der im Anker induzierte Strom fließt erst durch die Wicklung des Feldmagneten und dann in die Verbraucherleitung. Selbsterregung findet nur statt, wenn die Verbraucherleitung geschlossen ist.

Belastungskennlinie: Bei konstanter Drehzahl wächst U_{ind} proportional mit der elektr. Stromstärke I über den durch die Remanenz gegebenen Anfangswert (*Leerlauf*) hinaus. Der Anstieg wird langsamer, wenn sich das Eisen des Feldmagneten zu sättigen beginnt und kommt bei Sättigung zum Stillstand. Weitere Erhöhung von I erregt den Feldmagneten nicht mehr stärker, doch die *Ankerrückwirkung* (s. o.) senkt jetzt U_{ind}.

Die vom Hauptschlußgenerator gelieferte elektr. Spannung hängt ab von seiner Belastung, d. h. vom abgegebenen Strom. Er arbeitet optimal, wenn sein elektr. Widerstand $\ll$ gegen den Verbraucherwiderstand ist.

Nebenschlußmaschine. Stator- und Rotorwicklung sind parallel geschaltet, d. h. der im Anker induzierte Strom fließt *gleichzeitig* durch die Wicklung des Feldmagneten und in die Verbraucherleitung. Selbsterregung erfolgt auch im *Leerlauf*, d. h. bei offener Verbraucherleitung.

Belastungskennlinie: Für konstante Drehzahl ist U_{ind} maximal bei offener Verbraucherleitung (*Leerlauf*), denn der gesamte erzeugte Strom I erregt den Feldmagneten. Schaltet man einen Verbraucher an, so fließt nur noch ein Teil von I durch die Feldspule, U_{ind} sinkt ab. Mit steigendem Verbraucherstrom sinkt U_{ind} überproportional, die Kennlinie biegt um.

Die vom Nebenschlußgenerator gelieferte elektr. Spannung hängt zwar ab von der Belastung, kann aber durch Einbau eines Regulierwiderstandes im Kreis der Feldwicklung stabilisiert werden. Er arbeitet optimal, wenn der elektr. Widerstand der Feldwicklung $\gg$ und der Widerstand der Ankerwicklung $\ll$ gegen den Verbraucherwiderstand sind.

Verbund- oder **Doppelschlußmaschinen, Compound-Generatoren** stellen eine Kombination von Haupt- und Nebenschlußmaschine dar. Die Feldmagneten tragen übereinander zwei Windungen, die eine im Hauptschluß, die andere im Nebenschluß mit der Rotorwicklung.

Belastungskennlinie: Eine Kombination der beiden oben beschriebenen. Mit Hilfe eines Regulierwiderstandes im Nebenschlußkreis läßt sich die Kennlinie horizontal einstellen.

Von Verbundmaschinen gelieferte elektr. Spannung ist weitgehend unabhängig von der Belastung.

Magneto-hydrodynamische Generatoren oder **MHD-Generatoren** erzeugen elektr. Strom *ohne* Verwendung der Induktion, sie benötigen also keine drehenden Teile.

Ein hocherhitztes Fluid strömt zwischen zwei parallelen Leiterplatten innerhalb eines magnet. Feldes. $\boldsymbol{B}$ ist senkrecht zur Strömungsrichtung. Die Lorentz-Kraft lenkt die elektr. Bestandteile des ionisierten Fluids je nach Vorzeichen auf die Platten, eine elektr. Spannung entsteht.

Solange kein Strom entnommen wird, gilt

$$U_0 = vdB \qquad \textit{Leerlaufspannung}$$

mit

U_0: elektr. Spannung; v: Geschw. des Fluids; d: Plattenabstand; B: Betrag von $\boldsymbol{B}$.

Wird ein Strom I entnommen, so fließt ein Teil der gesammelten Ladungsträger ab und es gilt

$$U \approx U_0 - dI/(\gamma S) \qquad \textit{Betriebsspannung}$$

mit

γ: elektr. Leitfähigkeit des Fluids; S: Fläche der Elektroden.

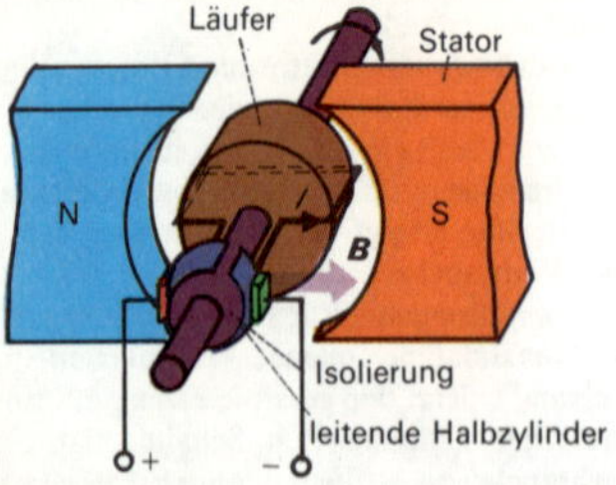

Prinzip des Gleichstrom-Elektromotors

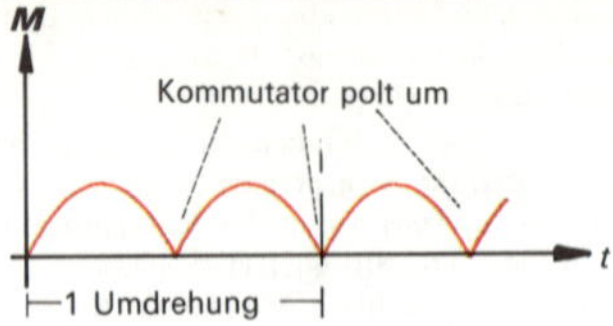

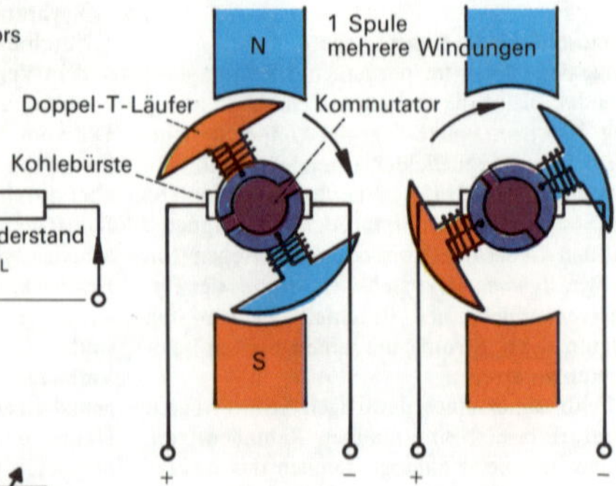

Der Kommutator vertauscht die Pole im richtigen Moment

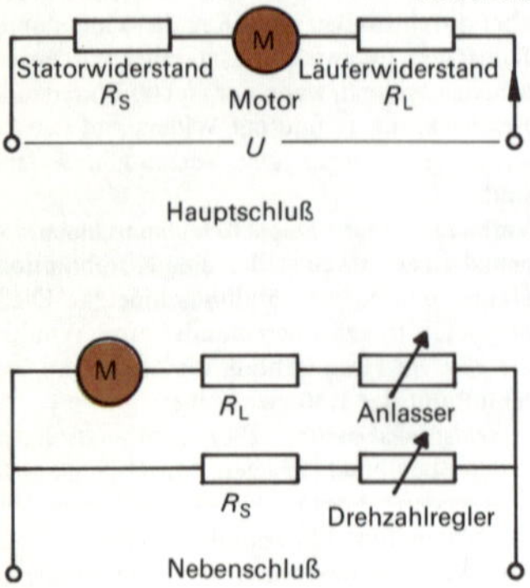

Schaltung wichtiger Gleichstrommotoren

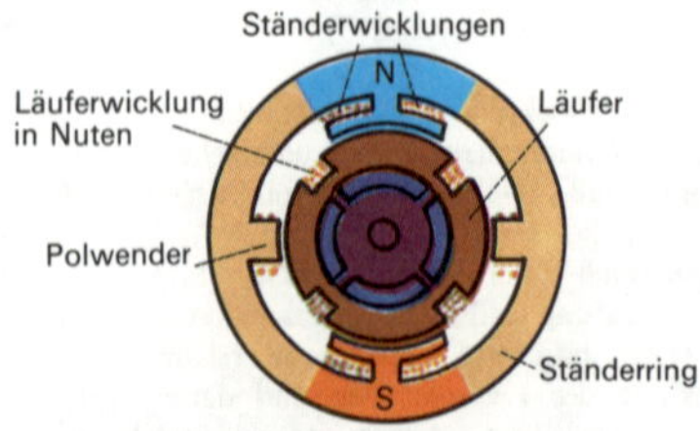

Querschnitt durch einen Gleichstrommotor mit 2 Läuferspulen

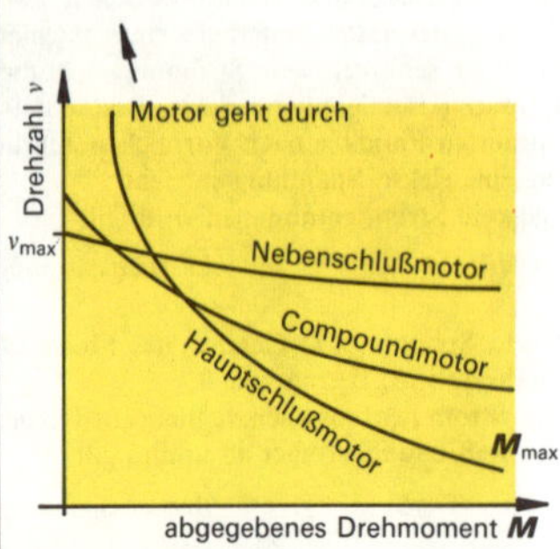

Drehzahlkennlinien

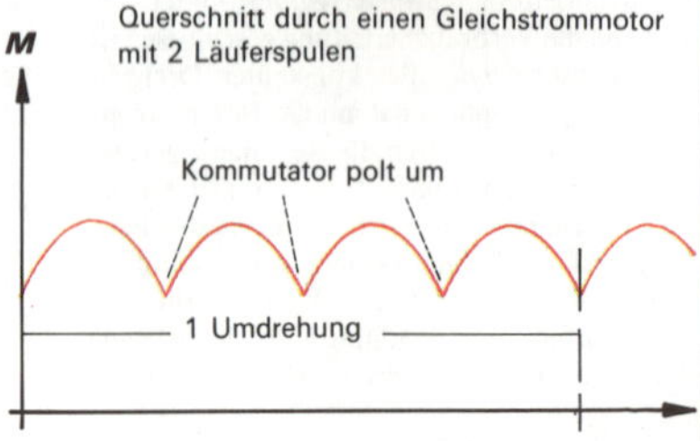

Elektromotoren sind die Umkehrung des elektr. Generators:
1834 baute MORITZ VON JACOBI (1801–74) den ersten Elektromotor. Heute leisten einzelne Elektromotoren bis zu 10^9 W.

Eine drehbare Drahtschleife im Magnetfeld erfährt ein Lorentz-Kräftepaar senkrecht zu den $\boldsymbol{B}$-Induktionslinien (s. S. 247). Es entsteht ein Drehmoment $\boldsymbol{M}$ mit dem Betrag

$$M = NISB \sin\beta \qquad \textit{momentanes Drehmoment}$$

mit
N: Anzahl der Schleifenwindungen; I: elektr. Stromstärke; S: Querschnittsfläche der Schleife; B: Betrag der magnet. Induktion $\boldsymbol{B}$; β: Winkel zwischen Flächennormale und $\boldsymbol{B}$.
Der max. magnet. Fluß durch die Spulenwindungen ist $\phi = NSB$, also gilt

$$M = \phi I \sin\beta$$

Hauptbestandteile des Elektromotors:
Läufer, Rotor oder **Anker**: rotierender Eisenzylinder mit in Nuten eingelassenen Spulen. Er gibt mechan. Energie ab.
Ständer oder **Stator**: Elektromagnet, zwischen dessen Polschuhen der Läufer sich dreht. Er heißt *selbsterregt*, wenn er mit dem Läufer elektrisch verbunden ist (wie beim Dynamo, s. S. 269), *fremderregt*, wenn Ständer- und Läuferstromkreise elektr. gegeneinander isoliert sind.
Nur elektr. Kleinstmotoren verwenden Permanentmagnete.
Kommutator: Schleifkontakte (*Bürsten*) für Zuleitung von I.
Sobald I durch den Elektromotor fließt, dreht die Lorentz-Kraft den Läufer. Erreicht die Läuferwicklung $\beta = 0$, dann wird $\boldsymbol{M} = 0$. Bei weiterer Rotation würde $\boldsymbol{M}$ zwar wieder wachsen, aber in die umgekehrte Richtung. Der Kommutator polt jedoch bei $\beta = 0$ die Stromrichtung automatisch um, so daß $\boldsymbol{M}$ wächst *und* in die alte Richtung weist. Die Sinusform von $\boldsymbol{M}$ wird geglättet, wenn mehrere, gegeneinander versetzte Spulen auf dem Läufer sitzen, deren Drehmomente sich addieren.
Die *Drehrichtung* des Elektromotors ist so, daß der durch das Statorfeld im Läufer induzierte Strom den urspr. Strom schwächt (s. Lenzsche Regel, S. 259).
Der **Wirkungsgrad** η des Gleichstrommotors ist

$$\eta = \text{mechan. Leistung/elektr. Leistung}$$
$$= 1 - (RI/U_0) \qquad \textit{Wirkungsgrad}$$

mit
R: ohmscher Widerstand des Elektromotors; U_0: angelegte elektr. Spannung ohne Leistungsabnahme (*Leerlaufspannung*).
R ist sehr klein. Wird der Motor aus dem Stillstand »angefahren«, so würden die anfangs sehr großen elektr. Ströme die Wicklungen beschädigen. Deshalb wird ein Vorwiderstand (*Anlaßwiderstand*) eingeschaltet, der herabgesetzt wird, sobald die Gegeninduktion I hinreichend reduziert.
Motorkennlinien beschreiben $\boldsymbol{M}$ in Abhängigkeit von der Drehzahl v.
Fallende Kennlinie: v ist stabil bei Belastung.
Steigende Kennlinie: v ist *nicht* stabil bei Belastung.

Hauptschlußmotor. Stator- und Läuferwicklung sind in Reihe geschaltet, d. h. I fließt hintereinander durch Stator- und Läuferwicklung. Es gilt

$$M = LU^2/(\omega L_{SL} + R)^2$$

mit
L: Selbstinduktivität des Ständers; L_{SL}: gegenseitige Induktivität Ständer–Läufer; $\omega = 2\pi v$; v: Drehzahl.
$\boldsymbol{M}$ erreicht einen Maximalwert für

$$M = LU^2/R^2 \qquad \textit{max. Drehmoment}$$

Geht die Belastung gegen Null, so erreicht M sehr hohe Werte, der Motor *geht durch.*
Verwendung: dort, wo das Drehmoment bei geringer Drehzahl groß sein soll; z. B. Straßenbahn, Ventilator, Aufzug.
Der Hauptschlußmotor kann für Leistungen bis ca. 500 W auch mit Wechselstrom betrieben werden (*Universalmotor*).
Nebenschlußmotor. Stator- und Läuferwicklung sind parallel geschaltet. Es gilt

$$M = M_{max}(1 - \omega L_{SL}/R_S)$$

und

$$M_{max} = LU^2/(R_S R_L) \qquad \textit{max. Drehmoment}$$

mit
R_S, R_L: ohmscher Widerstand von Stator bzw. Läufer.
Die Drehzahl wird bestimmt durch den Statorstrom; sie erreicht ein Maximum für

$$v_{max} = R_S/(2\pi L_{SL}) \qquad \textit{max. Drehzahl}$$

v_{max} ist wenig abhängig von der Belastung.
Verwendung: dort, wo belastungsunabhängige Drehzahlen benötigt werden; z. B. Werkzeugmaschinen.
Compound- oder **Doppelschlußmotor**. Ein Teil der Ständerwicklung ist in Reihe, der Rest parallel zur Läuferwicklung geschaltet.
Verwendung: Antrieb von Schwungrädern.

Der **Linearmotor** erzeugt eine geradlinige Bewegung; er ist die Umkehrung des Prinzips des MHD-Generators (s. S. 269). Ein magnet. Wanderfeld wirkt auf einen geraden Leiter.
Verwendung: z. B. als Antrieb für Schienenfahrzeuge.

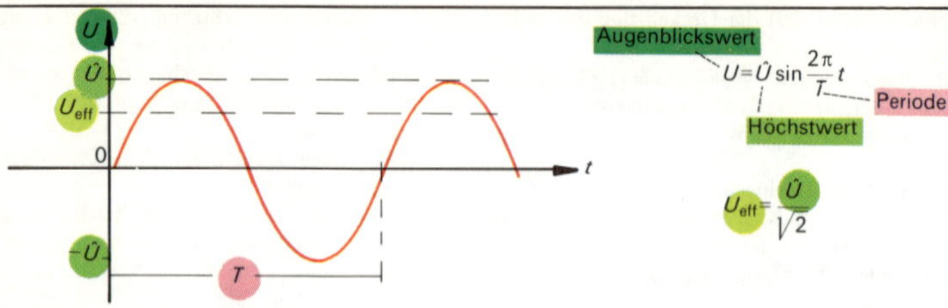

Sinusförmige Wechselspannung

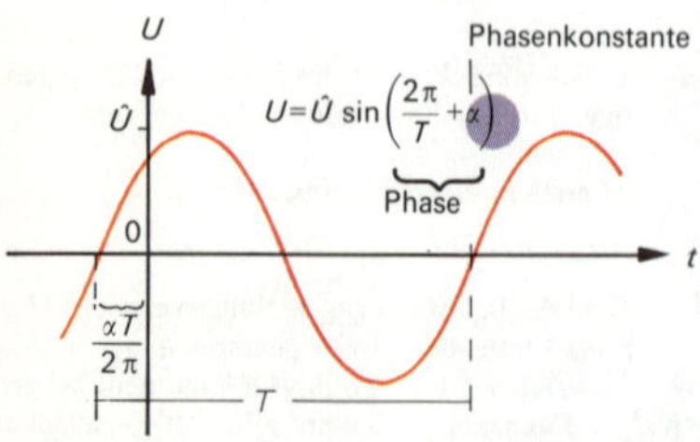

Phasenverschobene sinusförmige Wechselspannung

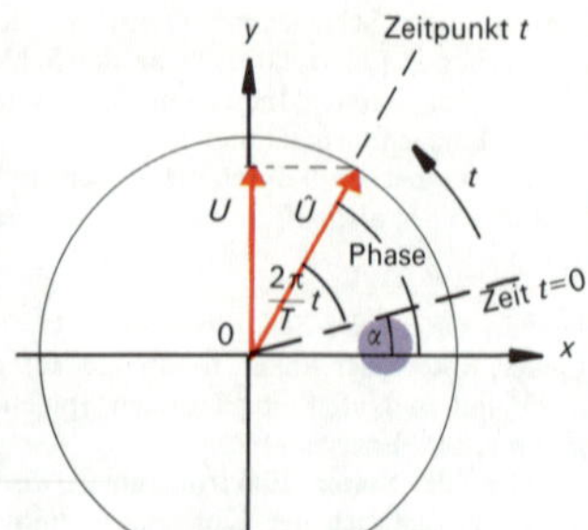

Zeigerdiagramm

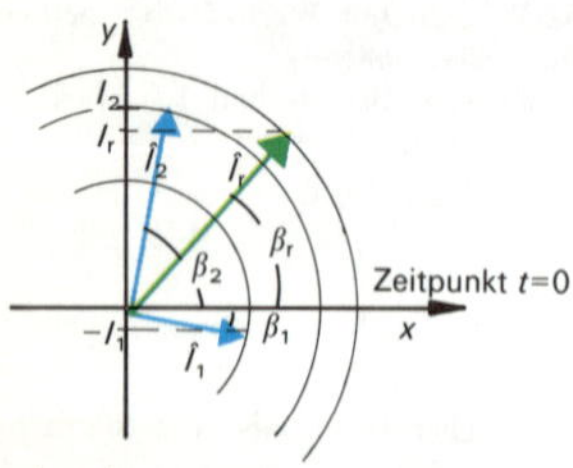

Addition phasenverschobener Wechselströme

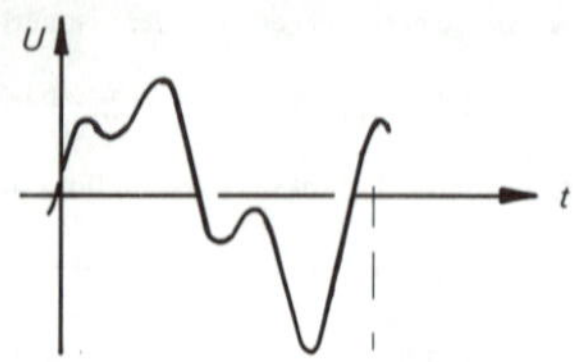

nicht-sinusförmige Wechselspannung

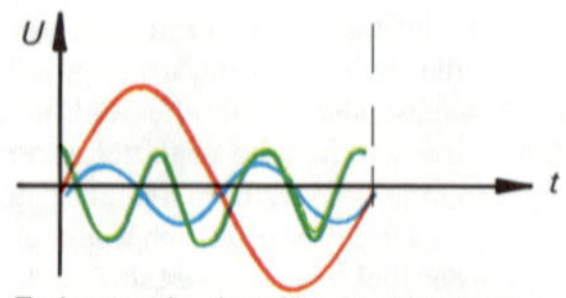

Zerlegung in sinusförmige Wechselspannungen

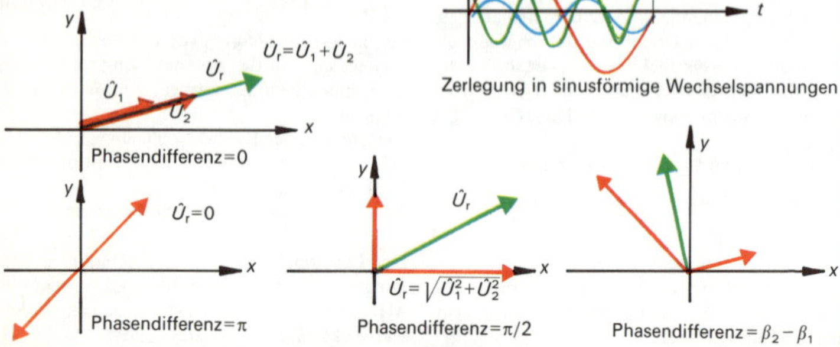

Addition von Wechselspannungen im Zeigerdiagramm

Ändern sich Vorzeichen und Betrag einer elektr. Spannung periodisch mit der Zeit, so liegt eine **Wechselspannung** vor. Insbesondere ist damit eine sinusförmige Zeitabhängigkeit gemeint.

Mit Hilfe der *Fourier-Analyse* kann jede period. Änderung in eine Summe von Sinus- und Cosinus-Funktionen zerlegt werden (s. S. 81).

Man beschreibt eine *elektr. Wechselspannung* durch

$U=\hat{U}\sin\omega t$ *elektr. Wechselspannung*

mit

U: **Augenblickswert** der elektr. Wechselspannung, gemessen in Volt; $\hat{U}$: **Höchstwert** oder **Scheitelwert**; $\omega=2\pi\nu$; ν: Frequenz, gemessen in Hertz; $1/\nu=T$: Periode, gemessen in Sekunden; t: Zeit.

Für sinusförmige Wechselspannungen gilt

$U_{\text{eff}}=\hat{U}/\sqrt{2}$ *Effektivwert*

mit

U_{eff}: Effektivwert der Wechselspannung.

Beispiel: Für die Wechselspannung des öffentl. Elektrizitätsnetzes gilt: $U_{\text{eff}}=220$ V (*Netzspannung*), d. h. $\hat{U}=311$ V; $\nu=50$ Hz (*Netzfrequenz*); $T=20$ ms. Die elektr. Spannung an der Steckdose ändert sich also 50mal in der Sekunde zwischen den beiden Scheitelwerten $+311$ V und -311 V; sie ist 100mal pro s gleich Null.

In einem geschlossenen Stromkreis, der nur einen ohmschen Widerstand R enthält, erzeugt eine sinusförmige Wechselspannung auch einen sinusförmigen **Wechselstrom**. Es gilt

$I=\hat{I}\sin\omega t$ *elektr. Wechselstrom*

mit

I: *Augenblickswert*; $\hat{I}$: *Höchstwert, Scheitelwert.*

Nach dem Ohmschen Gesetz (s. S. 227) gilt

$I=U/R=(\hat{U}/R)\sin\omega t$

und

$\hat{I}=\hat{U}/R$

U und I haben die gleiche *Phase* (s. u.), d. h. sie erreichen z. B. $\hat{U}$ und $\hat{I}$ zum gleichen Zeitpunkt.

Entsprechend U_{eff} gibt es auch einen *Effektivwert* I_{eff} für den elektr. Wechselstrom.

$I_{\text{eff}}=\hat{I}/\sqrt{2}$ *Effektivwert*

Auch hier gilt I_{eff} *nur* für sinusförmige Wechselströme.

Phasenkonstante

Ganz allgemein gilt für die Augenblickswerte elektr. Wechselspannungen und -ströme

$U=\hat{U}\sin(\omega t+\alpha)$

und

$I=\hat{I}\sin(\omega t+\beta)$

mit

α, β: *Phasenkonstanten* von Wechselspannung bzw. Wechselstrom.

Die Phasenkonstanten geben die Verschiebung von U bzw. I gegen den Zeitnullpunkt an.

Beispiel: Ist $U>0$ für $t=0$, so gilt $U=0$ für $t=-\alpha/2\pi\nu$. Die Phasenkonstante folgt aus dem zeitl. Abstand zwischen Nulldurchgang von U und dem Zeitnullpunkt, also ist $\alpha=-2\pi\nu t$.

Ist in einem Stromkreis $\alpha=\beta$, so heißen I und U *phasengleich*, sie schwingen *in Phase.*

Addition von Wechselspannungen und -strömen

Fließen zwei getrennte Wechselströme gleicher Frequenz in einen gemeinsamen Leiter, so entsteht aus

$I_1=\hat{I}_1\sin(\omega t+\beta_1)$

und

$I_2=\hat{I}_2\sin(\omega t+\beta_2)$

der resultierende Wechselstrom

$I_r=\hat{I}_r\sin(\omega t+\beta_r)$

mit dem Quadrat des Augenblickswertes

$\hat{I}_2^2=\hat{I}_1^2+\hat{I}_2^2+2\hat{I}_1\hat{I}_2\cos(\beta_1-\beta_2)$

und dem Tangens der Phasenverschiebung

$$\tan\delta_r=(\hat{I}_1\sin\beta_1+\hat{I}_2\sin\beta_2)/(\hat{I}_1\cos\beta_1+\hat{I}_2\cos\beta_2)$$

Sind I_1 und I_2 phasengleich, so gilt

$I_r=(\hat{I}_1+\hat{I}_2)\sin(\omega t+\alpha)$

Zeigerdiagramm

Um die Analyse von Wechselstromkreisen zu erleichtern, stellt man I bzw. U geometrisch durch einen **Zeiger** im *Zeigerdiagramm* dar.

Der Zeiger dreht sich um seinen Anfangspunkt in einem rechtwinkligen Koordinatensystem. Seine Länge ist gleich dem Höchstwert, die Projektion auf die y-Achse gleich dem Augenblickswert. Für eine volle Umdrehung benötigt der Zeiger

$T=1/\nu=2\pi/\omega$

Die *Phase* ist der Winkel zwischen Zeiger und x-Achse.

Beispiel: Addition zweier Wechselströme $I_1=I_2$ mit den Phasenkonstanten $\alpha_1=0$, $\alpha_2=\pi/2$, also der Phasendifferenz $\pi/2=90°$.

Beide Zeiger stehen senkrecht aufeinander. Man sieht leicht, daß $\hat{I}_r=\hat{I}_1\sqrt{2}$ und $\tan\alpha_r=1$.

Folglich ist $\alpha_r=\pi/4$ und es gilt

$I_r=(\hat{I}_1/\sqrt{2})\sin(\omega t+\pi/4)$

Der resultierende Strom eilt I_1 um 45° in der Phase voraus und hinkt I_2 um 45° nach.

Zeigerdiagramme für Impedanzen und Admittanzen sind ebenfalls verwendbar.

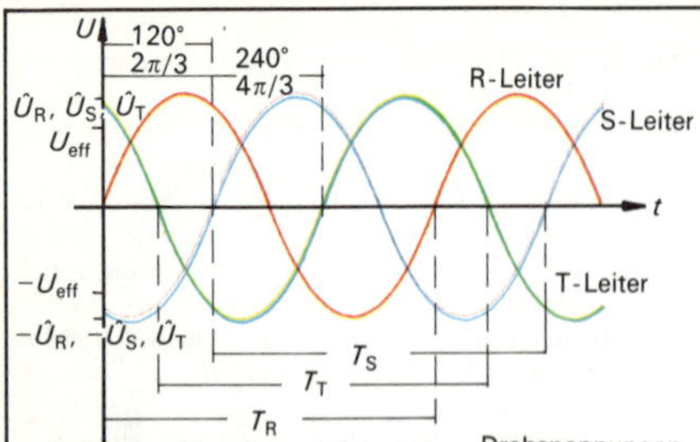

$$U_R = \hat{U}_R \sin \frac{2\pi}{T_R} t$$

$$U_S = \hat{U}_S \sin\left(\frac{2\pi}{T_S} t + \frac{2\pi}{3}\right)$$

$$U_T = \hat{U}_T \sin\left(\frac{2\pi}{T_T} t + \frac{4\pi}{3}\right)$$

Drehspannungen

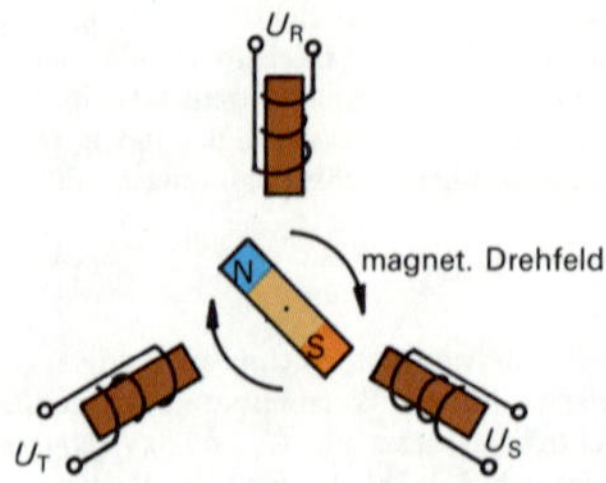

Erzeugung eines magnetischen Drehfeldes

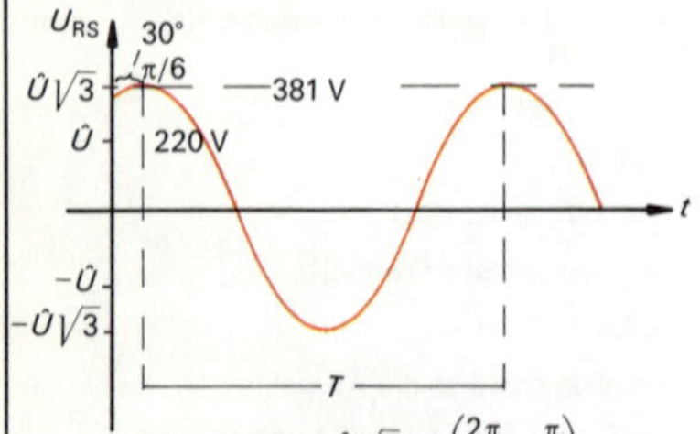

$$U_{RS} = U_R - U_S = \hat{U}\sqrt{3} \sin\left(\frac{2\pi}{T} t - \frac{\pi}{6}\right)$$

$$\hat{U} = \hat{U}_R = \hat{U}_S$$

U zwischen zwei Außenleitern bei Sternschaltung

Leistung im Wechselstromkreis

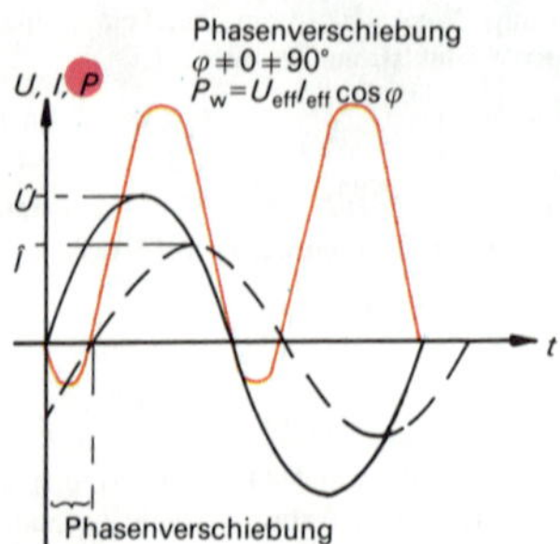

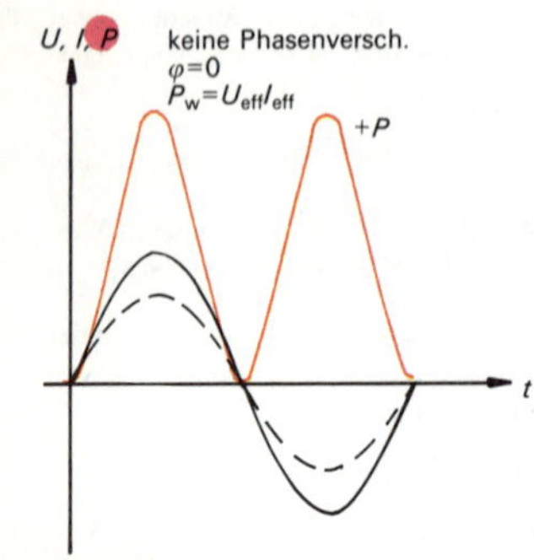

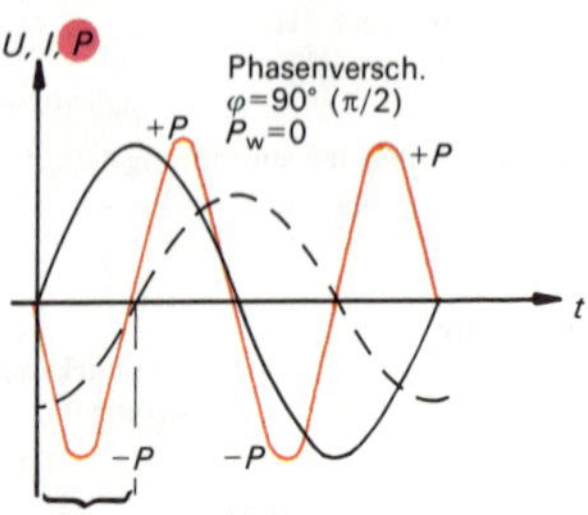

Leistungskurven für Wechselströme und -spannungen

Drehstrom bzw. **Drehspannung** heißen drei gegeneinander jeweils um 120° phasenverschobene Wechselspannungen bzw. -ströme mit gleicher Frequenz:

$$U_R = \hat{U}_R \sin\omega t$$

$$U_S = \hat{U}_S \sin(\omega t + 2\pi/3) \qquad \textit{Drehspannungen}$$

$$U_T = \hat{U}_T \sin(\omega t + 4\pi/3)$$

In einem rein ohmschen Stromkreis sind die entsprechenden elektr. Ströme phasengleich; es gilt

$$I_R = \hat{I}_R \sin\omega t$$

$$I_S = \hat{I}_S \sin(\omega t + 2\pi/3) \qquad \textit{Drehströme}$$

$$I_T = \hat{I}_T \sin(\omega t + 4\pi/3)$$

mit

R, S, T: übl. Subskripte zur Unterscheidung der einzelnen Spannungen U bzw. Ströme I; $\hat{U}$, $\hat{I}$: Höchstwerte; $\omega = 2\pi\nu$; ν: Frequenz; t: Zeit.

$2\pi/3$ ist die Phasenverschiebung zwischen U_R und U_S, $4\pi/3$ die zwischen U_S und U_T.

Die Vorsilbe *Dreh-* hat folgenden Grund: Ordnet man drei Spulen konzentrisch so an, daß ihre Querschnittsflächen jeweils um 120° gegeneinander verdreht sind, und schaltet I_R an die erste, I_S an die zweite und I_T an die dritte Spule, so entsteht im Inneren ein magnet. *Drehfeld.* Dieses läuft mit der Frequenz ν um. Ein drehbarer Magnet im Inneren folgt dem Feld und rotiert mit der Drehzahl ν.

Unverkettete Drehströme fließen in 3 × 2 gegeneinander isolierten Leitern.

Verkettete Drehströme haben weniger Leiter: in *Sternschaltung* 4, in *Dreieckschaltung* nur 3 (s. S. 277).

Sternschaltung zeigt die *Außenleiter* R-, S- und T, sowie den *Nulleiter* 0. Es gilt

$$U_{RS} = \hat{U}_R \sin\omega t - \hat{U}_S \sin(\omega t + 2\pi/3)$$

$$= \hat{U}_R \sqrt{3} \sin(\omega t - \pi/6)$$

mit

U_{RS}: Spannung zwischen den Außenleitern R und S; U_R, U_S: Spannung zwischen R bzw. S und dem Nulleiter.

Entsprechendes gilt für U_{ST} und U_{TR}.

U_{RS} ist um 30° ($\pi/6$) gegen U_R und um 150° ($5\pi/6$) gegen U_S phasenverschoben.

Die Höchstspannung zwischen zwei Außenleitern ist um den Faktor $\sqrt{3} = 1{,}73$ höher als zwischen Außen- und Nulleiter.

Beispiel: In Deutschland ist $(U_{eff})_R = 220$ V, also $(U_{eff})_{RS} = 381$ V.

Sind die elektr. Widerstände zwischen Null- und Außenleiter gleich groß, so sind die in dem gemeinsamen Leiter zusammenfließenden Ströme gegeneinander um $2\pi/3$ phasenverschoben, also $\sum_n I_n = 0$. Der Nulleiter ist stromlos. Sind die Widerstände verschieden, so ist die Summe der Ströme $\neq 0$, der Nulleiter führt Strom. Daher darf der Nulleiter nicht geerdet werden.

Dreieckschaltung enthält nur die Leiter R, S und T. Die Spannungen zwischen je zwei Leitern stimmen überein. Der verkettete Strom in jeder Leitung hat zwei Anteile. Es gelten die gleichen Überlegungen wie für die Spannung bei Sternschaltung. Es gilt für symmetr. Belastung:

Verketteter Höchststrom $= \sqrt{3}$ mal Höchstwert der Teilströme.

Vorteile des Drehstroms:

Drehstromgeneratoren und -motoren sind einfach und zuverlässig.

Bei Sternschaltung stehen gleichzeitig zwei Spannungen zur Verfügung, z. B. 220 V und 381 V. Nur vier Leiter (bei geringer Verbraucherleistung sogar nur drei) sind notwendig, um die gleiche elektr. Leistung (s. u.) wie mit sechs getrennten zu übertragen.

Man kann leicht die Leistung P eines Verbrauchers um den Faktor 3 vergrößern: Umschalten von 220 V auf $\sqrt{3} \times 220\,\text{V} = 381$ V erlaubt die Erhöhung von I um den Faktor $\sqrt{3}$. P ist das Produkt aus U und I, also steigt P auf das Dreifache.

Leistung von Wechselströmen

Ein elektr. Gerät nimmt auf oder gibt ab die Leistung

$$P = U \cdot I$$

P gemessen in Watt, U in V und I in A.

Bei Wechselströmen müssen die Zeitabhängigkeit von U und I sowie eine eventuelle Phasenverschiebung zwischen U und I berücksichtigt werden.

Es gilt

$$P_W = U_{eff} I_{eff} \cos\varphi \qquad \textit{Wirkleistung}$$

mit

P_W: **Wirkleistung**, d. h. die tatsächlich abgegebene oder aufgenommene physikal. Leistung; U_{eff}, I_{eff}: Effektivwerte für Spannung und Strom; φ: Phasenverschiebung(-unterschied) zwischen U und I.

Für $\varphi = 0$ sind U und I phasengleich, es gilt

$$P_W = U_{eff} I_{eff}$$

Für $\varphi = \pi/2 = 90°$ gilt

$$P_W = 0$$

Für $\varphi \neq 0$ und $\neq 90°$ gilt

$$P_W < U_{eff} I_{eff}$$

Hier gibt es Zeitintervalle, in denen das elektr. Gerät Leistung aufnimmt, andere, in denen es Leistung an das elektr. Netz zurückgibt.

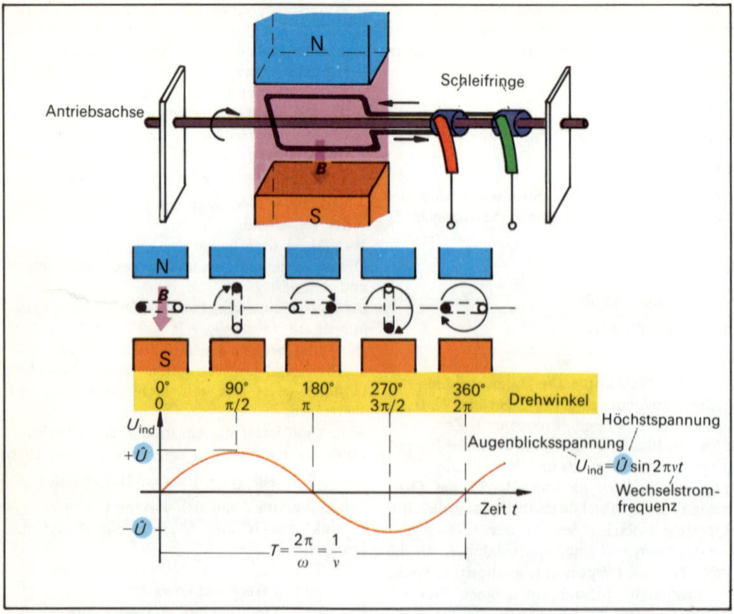

Einfacher Wechselstromgenerator

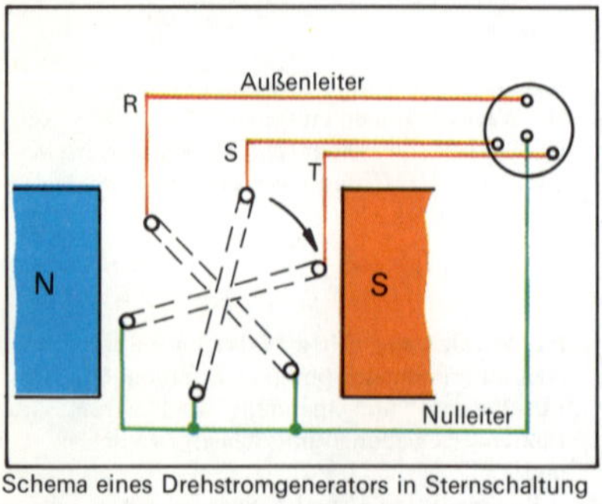

Schema eines Drehstromgenerators in Sternschaltung

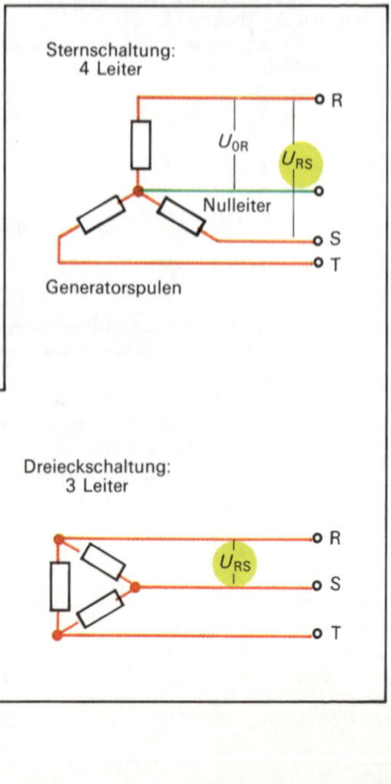

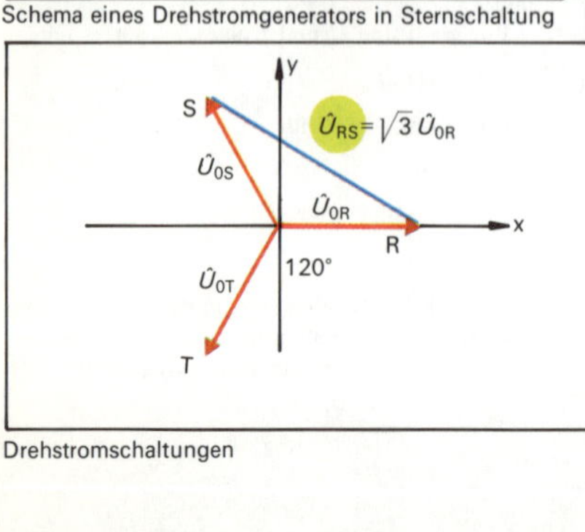

Drehstromschaltungen

Dreht man eine Leiterschleife durch die $\boldsymbol{B}$-Induktionslinien eines Magnetfeldes, so erzeugt die magnet. Induktion in der Schleife eine Induktionsspannung U_{ind} (s. S. 267). Ist jedes Schleifenende mit einem isolierten Ring auf der Drehachse verbunden, so kann man die entstehende *Wechselspannung* durch Kontakte (Kohlebürsten) abnehmen. Es gilt

$$U_{\text{ind}} = \omega NSB \sin \omega t$$

mit

$\omega = 2\pi\nu$; ν: Drehfrequenz der Schleife, gemessen in Hertz; S: Fläche der Schleife; B: Betrag der magnet. Induktion $\boldsymbol{B}$, in der sich S dreht; t: Zeit. U_{ind} erreicht zweimal pro Umdrehung einen Extremwert, genannt *Höchst-* oder *Scheitelwert* $\hat{U}$.

Die Frequenz ν des europ. Verbundnetzes ist 50 Hz, in den USA sind es 60 Hz. Die Bundesbahn verwendet $\nu = 16\frac{2}{3}$ Hz.

Hauptbestandteile des Wechselstromgenerators:

Läufer, **Rotor** oder **Polrad**: meist Träger der Magnetpole, denn es kommt nur auf die Relativbewegung zwischen elektr. Schleife und Magnetfeld an. Das Magnetfeld einer derartigen **Innenpol-Maschine** wird durch Gleichstrom erregt. Der zugehörige Generator sitzt auf der selben Antriebswelle. Schleifkontakte übertragen den relativ niedrigen Felderregerstrom.

Ständer oder **Anker**: Die Spulen, in denen U_{ind} entsteht, sind in Nuten eingelegt. Kommutatoren, um die erzeugte Wechselspannung abzuführen, entfallen. Erst dadurch sind moderne Hochleistungsgeneratoren mit Spannungen von 20 kV und Strömen um 1000 A möglich.

Einphasige Wechselspannung entsteht, wenn jeder Spule im Generator ein Paar Magnetpole gegenüberstehen. Enthält ein zweipoliger Ständer mehrere gegeneinander verdrehte Spulen, so entsteht eine *mehrphasige Wechselspannung*. Besonders wichtig ist jene mit drei Phasen, s. Drehstrom, vorige Seite.

Generatortypen

Kleingeneratoren sind als Außen- oder Innenpolmaschinen gebaut; zur Felderzeugung dienen oft Permanentmagnete.

Beispiel: Autozündmaschine, Fahrraddynamo.

Turbogeneratoren sind Innenpolmaschinen mit bis zu 10 Elektromagnetpaaren auf dem Läufer; Antrieb durch schnellaufende Dampf- oder Wasserkraftturbinen. Die Frequenz der Wechselspannung ist ν = Anzahl der Polpaare × Drehzahl des Polrads.

Beispiel: Turbogenerator mit zwei Elektromagneten auf dem Läufer. Im Inneren des Stators befinden sich vier Ankerspulen, von denen benachbarte entgegengesetzten Wicklungssinn aufweisen. Die vier um 90° ($= \pi/2$) gegeneinander versetzten Ständerspulen sind in Reihe geschaltet und erzeugen zwei Wechselstromperioden bei einem vollständigen Polradumlauf. 1500 Umdrehungen/min erzeugen eine Wechselspannung mit $\nu = 50$ Hz.

Kolbengeneratoren werden durch langsam laufende Maschinen angetrieben. Um die meist geforderten 50 Hz zu erreichen, ist die Anzahl der Ankerspulen relativ groß.

Hochfrequenzgeneratoren sind Innenpolmaschinen mit einem unbewickelten Zahnrad als Läufer. Eine Spule im Ständer erregt den Läufer axial mit Gleichstrom. Die Induktion kommt durch die unterschiedl. $\boldsymbol{B}$ im Luftspalt zwischen Ständer und Zahn bzw. Lücke zustande. Hochfrequenzgeneratoren erreichen bis zu 30 kHz, doch ist die Generatorleistung gering,

Drehstromgenerator

Rotieren in einem Magnetfeld n gegeneinander verdrehte Leiterschleifen, so entstehen n gegeneinander phasenverschobene Wechselspannungen $U_1, U_2, \ldots, U_n$. Technisch wichtig ist der **Dreiphasen-** oder **Drehstromgenerator.**

Der Name *Drehstrom* geht auf den damit angetriebenen Drehstrommotor (s. S. 275) zurück.

Drehspannung bzw. Drehstrom entsteht, wenn in drei Leiterschleifen, die gegeneinander um 120° verdreht sind, eine Spannung induziert wird. Die U_{ind} sind um 1/3 Periodendauer gegeneinander verschobene Wechselspannungen.

Eigentlich benötigt man für die Ableitung der U_{ind} 3 Leiterpaare, doch lassen sich mehrere durch Zusammenschalten *verketten*:

Sternschaltung. Man schaltet einen Leiter von jeder Spule zum *Null-* oder *Mittelpunktsleiter* zusammen. Die übrigen heißen die *Außenleiter* R, S und T. Sind die Verbraucherwiderstände zwischen Null- und Außenleiter gleich, so fließt kein Strom im Nullleiter.

Das Zeigerdiagramm ergibt für die Spannungen zwischen Nulleiter und Außenleiter:

$$U_{\text{0R}} = U_{\text{0S}} = U_{\text{0T}} = U$$

Zwischen Außenleiter und Außenleiter:

$$U_{\text{RS}} = U_{\text{RT}} = U_{\text{ST}} = \sqrt{3}U$$

mit

U: die in einer Spule induzierte Augenblicksspannung.

Dem Verbraucher stehen also zwei Effektivspannungen zur Verfügung: in Deutschland 220 V (einphasig) und 381 V (dreiphasig).

Dreieckschaltung. Man schaltet die Spulen in Reihe. Von den drei Verbindungspunkten zweigen die Leiter R, S und T ab. Das Zeigerdiagramm ergibt:

$$U_{\text{RS}} = U_{\text{RT}} = U_{\text{ST}} = U$$

Heute produzieren Drehstromgeneratoren in Sternschaltung praktisch die gesamte elektr. Energie.

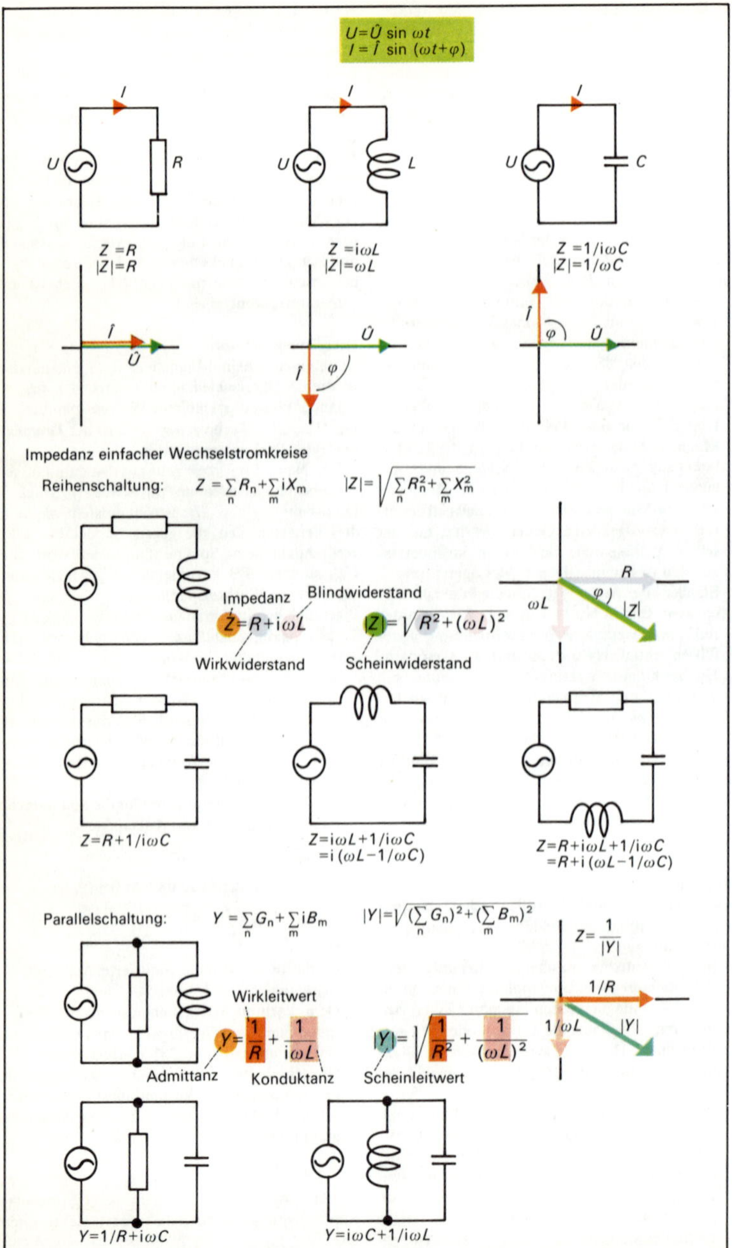

U=Û sin ωt
I=Î sin (ωt+φ)
I
U
R
L
C
Z =R
|Z|=R
Z =iωL
|Z|=ωL
Z =1/iωC
|Z|=1/ωC
Î
Û
φ
Impedanz einfacher Wechselstromkreise
Reihenschaltung: Z = ∑n Rn + ∑m iXm |Z| = √(∑n Rn² + ∑m Xm²)
Impedanz
Blindwiderstand
Z=R+iωL
|Z|= √(R²+(ωL)²)
Wirkwiderstand
Scheinwiderstand
ωL
|Z|
Z=R+1/iωC
Z=iωL+1/iωC
=i(ωL−1/ωC)
Z=R+iωL+1/iωC
=R+i(ωL−1/ωC)
Parallelschaltung: Y = ∑n Gn + ∑m iBm |Y|=√((∑n Gn)²+(∑m Bm)²)
Z= 1/|Y|
1/R
Wirkleitwert
Y= 1/R + 1/iωL
|Y|= √(1/R² + 1/(ωL)²)
1/ωL
|Y|
Admittanz
Konduktanz
Scheinleitwert
Y=1/R+iωC
Y=iωC+1/iωL

Legt man Wechselspannung an einen Stromkreis, der neben elektr. Widerständen Spulen (Induktivitäten) und Kondensatoren (Kapazitäten) enthält, so erwartet man andere Vorgänge als im Gleichstromkreis. Die Induktionsphänomene beeinflussen den alternierenden Strom, an den Kondensatoren treten zeitabhängige Vorgänge auf. Das Ohmsche Gesetz (s. S. 227) und die Kirchhoffschen Regeln (s. S. 229) gelten weiterhin für Augenblicks- und Höchstwerte, solange die Wechselstromfrequenz konstant bleibt. Die Rechnungen werden wesentlich einfacher, verwendet man die Zeigerdarstellung (s. S. 273).

Nomenklatur

Im Wechselstromkreis ersetzt die **Impedanz** (Formelzeichen Z), gemessen in Ohm, den elektr. Widerstand. Es gilt

$$Z = R + \mathrm{i}X$$

mit

R: elektr. Widerstand oder *Wirkwiderstand*, auch ohmscher Widerstand genannt (s. S. 225); X: **Blindwiderstand** oder **Reaktanz**, gemessen in Ohm; $\mathrm{i} = \sqrt{-1}$: imaginäre Einheit.

R ist jener Anteil von U/I, für den U und I phasengleich sind.

i dient ausschließlich zur bequemen Berechnung von Z. Es ist lediglich ein Hilfsmittel und hat keinerlei physik. Bedeutung.

Dreht man z. B. im Zeigerdiagramm den Vektor $\boldsymbol{R}$ um 180°, so entspricht das einer Multiplikation mit $-1 = \sqrt{-1} \cdot \sqrt{-1}$. Eine Drehung um 90° gegen den Uhrzeigersinn entspricht dann $\sqrt{-1}\,\boldsymbol{R}$, d. h. $\mathrm{i}\boldsymbol{R}$. Der Faktor i vor einer Größe zeigt also, daß diese Größe um 90° gegen eine Bezugsgröße verdreht ist.

Der Betrag $|Z|$ von Z heißt **Scheinwiderstand**.

An die Stelle des elektr. Leitwerts tritt im Wechselstromkreis die **Admittanz** (Formelzeichen Y), gemessen in Siemens. Es gilt

$$Y = 1/Z = G + \mathrm{i}B$$

mit

G: elektr. Leitwert oder **Wirkleitwert** (s. S. 225); B: **Blindleitwert** oder **Konduktanz**, gemessen in Siemens.

Der Betrag $|Y|$ von Y heißt **Scheinleitwert**.

Die physik. Größen Strom, Spannung und Leistung haben im Wechselstromkreis ebenfalls eigene Namen. Sie werden analog mit den Vorsilben Schein-, Wirk- und Blind- gebildet. Eigene Formelzeichen gibt es nicht, es werden die Subskripte s, w und b benutzt.

Beispiele:

Gesamtstrom $I_{\mathrm{S}} = I_{\mathrm{W}} + \mathrm{i}I_{\mathrm{b}}$

Scheinstrom $|I_{\mathrm{S}}| = \sqrt{I_{\mathrm{W}}^2 + I_{\mathrm{b}}^2}$

und

Scheinleistung $|P_{\mathrm{S}}| = \sqrt{P_{\mathrm{W}}^2 + P_{\mathrm{b}}^2}$

mit

$$P_{\mathrm{W}} = U_{\mathrm{eff}} I_{\mathrm{eff}} \cos\varphi; \qquad P_{\mathrm{b}} = U_{\mathrm{eff}} I_{\mathrm{eff}} \sin\varphi\,.$$

Der Scheinstrom $|I_{\mathrm{S}}|$ in einem Wechselstromkreis mit angelegter sinusförmiger Spannung $U = \hat{U} \sin\omega t$ ist dann

$$|I_{\mathrm{S}}| = (\hat{U}/|Z|) \sin(\omega t + \varphi)$$

mit

$\tan\varphi = -X/R$; φ: Phasenverschiebung zwischen Strom und Spannung.

Reihenschaltungen

Stromkreis mit R und L: Ein elektr. Widerstand und eine Spule sind in Serie an eine Wechselspannungsquelle geschaltet. Bei einer angelegten sinusförmigen Spannung $U = \hat{U} \sin\omega t$ fließt dann ein phasenverschobener Strom

$$I = \hat{I} \sin(\omega t + \varphi)$$

mit

$\hat{I}$: Höchstwert von I; φ: Phasenverschiebung.

Über die Spule wird eine Spannung induziert (s. S. 257)

$$U_{\mathrm{ind}} = -L\mathrm{d}I/\mathrm{d}t = -\omega L \hat{I} \cos(\omega t + \varphi)$$

mit

L: Selbstinduktivität der Spule.

Nach Umrechnung folgt für den im Stromkreis fließenden Höchstwert

$$\hat{I} = \hat{U}/\sqrt{R^2 + \omega^2 L^2}$$

und

$$\tan\varphi = -\omega L/R$$

Der Strom hinkt der Spannung hinterher.

In Analogie zum Ohmschen Gesetz führt man für den Quotienten $\hat{U}/\hat{I}$ ein:

$$|Z| = \sqrt{R^2 + \omega^2 L^2} \qquad \textit{Scheinwiderstand}$$

mit

R: **Wirkwiderstand** (R ist stets in Phase mit I); $\omega L = X$: **Blindwiderstand** der Spule.

Man erhält also

$$\hat{I} = \hat{U}/|Z|$$

Für die Impedanz des Stromkreises folgt

$$Z = R + \mathrm{i}\omega L \qquad \textit{Impedanz}$$

Zeigerdiagramm: Wirk- und Blindwiderstand bilden ein Rechteck. $|Z|$ entspricht der Länge der Diagonalen. U bildet mit I den Winkel φ. Da die Phasenverschiebung negativ ist, liegt I im vierten Quadranten: entsprechend der Diagrammregel, daß negative Verschiebung im Uhrzeigersinn erfolgt.

Sonderfälle:

$R \ll \omega L$.

Das ist z. B. der Fall bei hochfrequenten Strö-

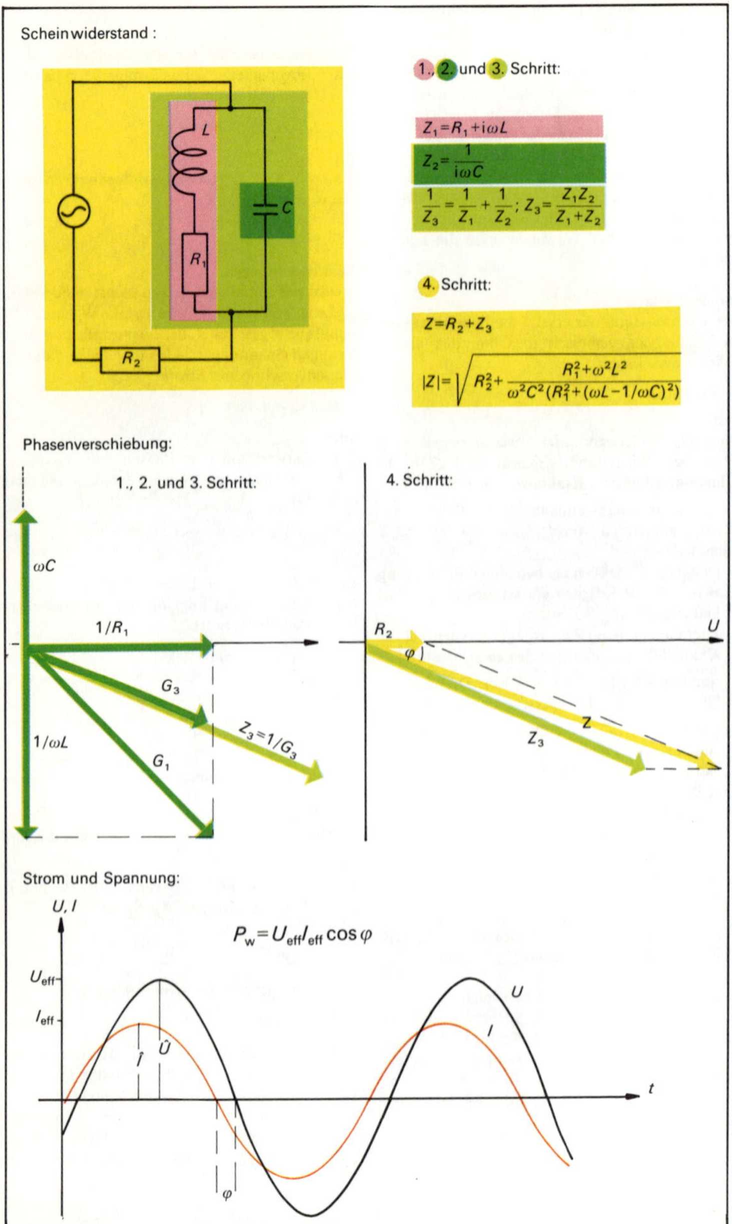

Schrittweise Berechnung der Impedanz

men oder widerstandsarmen Zuleitungen. Dann folgt

$$\varphi = -\pi/2$$

d. h. I und U stehen senkrecht aufeinander und

$$I = \frac{\hat{U}}{\omega L} \sin(\omega t - \pi/2)$$

Die Wirkleistung ist Null, der Strom verrichtet effektiv keine Arbeit. I baut innerhalb $\pi/4$ das Magnetfeld in der Spule auf. Die dafür der Quelle entnommene Energie fließt im nächsten $\pi/4$ Zeitintervall wieder zurück.
$R \gg \omega L$.
Dann folgt

$$\varphi = 0$$

d. h. I und U sind in Phase und es gilt das Ohmsche Gesetz

$$I = U/R$$

Die Wirkleistung ist $P_W = U_{eff} I_{eff}$.

Anwendungen: Die *Drosselspule* besitzt eine große Selbstinduktivität. Wird sie in einen Stromkreis geschaltet, so stellt sie für Wechselstrom einen sehr großen Widerstand dar, während eine Gleichstromkomponente im selben Kreis unbeeinflußt bleibt. Die Drosselspule reduziert also den Wechselstromanteil.
Als *Siebglied* in einem Wechselstromkreis mit versch. Frequenzen läßt eine Spule die niederfrequenten Anteile bevorzugt durch, denn der Wechselstromwiderstand ist proportional ν.

Stromkreis mit R und C: Ein elektr. Widerstand und ein Kondensator sind in Serie an eine Wechselspannungsquelle geschaltet. Bei einer angelegten sinusförmigen Spannung $U = \hat{U} \sin \omega t$ fließt dann ein phasenverschobener Strom

$$I = \hat{I} \sin(\omega t + \varphi)$$

Der Entladungsstrom des Kondensators ist gleich I, also

$$I = -\mathrm{d}Q/\mathrm{d}t$$

mit
Q: dem Kondensator zugeführte Ladung.
Der augenblickl. Spannungsabfall U_c am Kondensator ist

$$U_c = Q/C$$

mit
C: elektr. Kapazität.
Nach Umrechnung folgt für den im Stromkreis fließenden Höchstwert

$$\hat{I} = \hat{U}/\sqrt{R^2 + (1/\omega^2 C^2)}$$

und die Phasenverschiebung

$$\tan \varphi = 1/(\omega C R)$$

Der Strom läuft der Spannung voraus.
In Analogie zum Ohmschen Gesetz führt man erneut für den Quotienten $\hat{U}/\hat{I}$ ein:

$$|Z| = \sqrt{R^2 + (1/\omega^2 C^2)} \qquad \textit{Scheinwiderstand}$$

mit
R: **Wirkwiderstand**, *elektr. Widerstand*, *Resistanz* (R ist stets in Phase mit I).
$1/(\omega C) = X_c$: **Blindwiderstand** des Kondensators oder *Reaktanz*, auch kapazitiver Widerstand genannt. Also erhält man

$$\hat{I} = \hat{U}/|Z|$$

Für die Impedanz des Stromkreises folgt

$$Z = R + 1/(\mathrm{i}\omega C) = R - \mathrm{i}/(\omega C) \qquad \textit{Impedanz}$$

Zeigerdiagramm: R und X_c bilden ein Rechteck. Z entspricht der Länge der Diagonalen. U verläuft entlang der x-Achse und bildet mit I den Winkel φ. Da die Phasenverschiebung positiv ist, liegt I im ersten Quadranten: entsprechend der Diagrammregel, daß positive Verschiebung im Uhrzeigersinn erfolgt.

Sonderfälle:
a) $R = 0$.
Es liegt ein reiner Blindstrom vor mit der Phasenverschiebung

$$\varphi = +\pi/2$$

d. h. I und U stehen senkrecht aufeinander und

$$\hat{I} = \hat{U} \omega C$$

Die Wirkleistung ist Null. I baut innerhalb $\pi/4$ das elektr. Feld im Kondensator auf. Die dafür der Quelle entnommene Energie fließt im nächsten $\pi/4$-Zeitintervall wieder zurück.
b) $C = 0$.
Der Stromkreis ist unterbrochen, $I = 0$.
c) $C = \infty$.
U und I sind in Phase, es liegt ein reiner Wirkstrom vor mit

$$I = U/R$$

Anwendung: Mit Hilfe einer kapazitiven Kopplung kann man einen Gleichstrom aus einem Wechselstromkreis heraushalten. Der Kopplungskondensator läßt zwar den Wechselstrom – allerdings mit einer Phasenverschiebung – durch, stellt jedoch für einen Gleichstrom einen unendlich großen Widerstand dar.

Stromkreis mit R, L und C: Ein elektr. Widerstand, eine Spule und ein Kondensator sind in Reihe an eine Wechselspannungsquelle geschaltet. Liegt eine sinusförmige Spannung an, so kann man (wie oben) den Einfluß von R, L und C analysieren und erhält für den Höchstwert $\hat{I}$ des Stroms

$$\hat{I} = \hat{U}/\sqrt{|R^2 + (\omega L - 1/(\omega C))^2|}$$

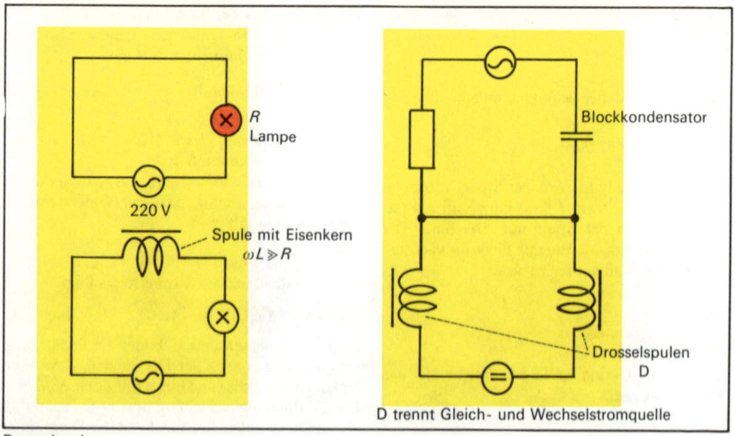

Drosselspulen

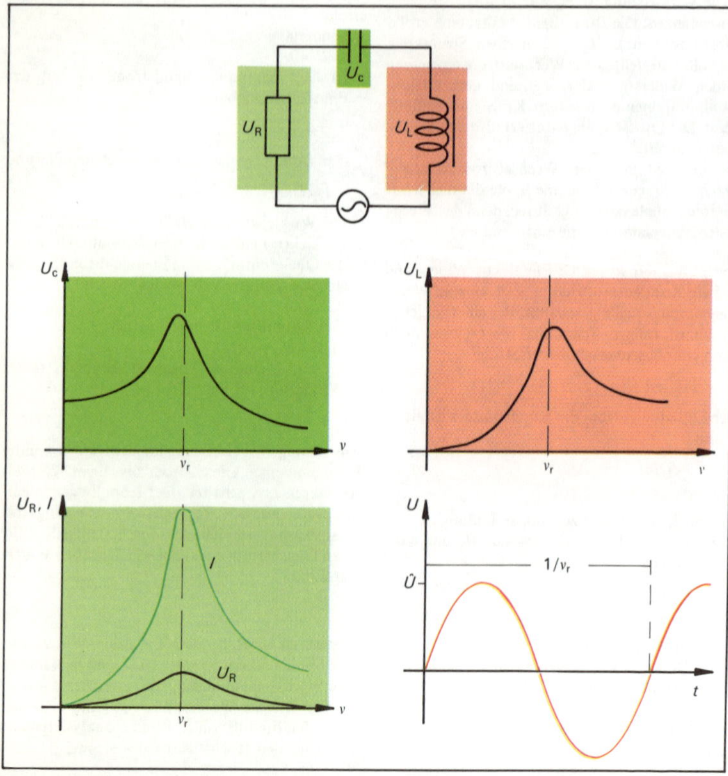

Resonanz im Wechselstromkreis

und für die Phasenverschiebung

$$\tan\varphi = (\omega L - 1/(\omega C))/R$$

Je nach den Werten für L und C eilt I der Spannung voraus oder hinkt nach (oder ist phasengleich mit U, s. u. Sonderfall).
Der Scheinwiderstand des Stromkreises ist

$$|Z| = \sqrt{R^2 + (\omega L - 1/(\omega C))^2} \qquad \textit{Scheinwiderstand}$$

mit
$\omega L - 1/(\omega C) = X$: Blindwiderstand des Stromkreises.
Wir erhalten also

$$\hat{I} = \hat{U}/|Z|$$

Für die Impedanz des Stromkreises folgt

$$Z = R + \mathrm{i}(\omega L - 1/(\omega C)) \qquad \textit{Impedanz}$$

Zusammenfassung
Die Wechselstromwiderstände der einzelnen Elemente des Stromkreises sind:

elektr. Widerstand	R
Spule	$\mathrm{i}\omega L$
Kondensator	$-\mathrm{i}/(\omega C) = 1/(\mathrm{i}\omega C)$

Man berechnet die Impedanz eines Wechselstromkreises in Serienschaltung – analog dem Gesamtwiderstand eines Gleichstromkreises – aus
Impedanz = Wirkwiderstand
+ Blindwiderstand
und den Scheinwiderstand $|Z|$ aus

$$|Z| = \sqrt{(\Sigma R_n)^2 + (\Sigma X_m)^2}$$

Die Phasenverschiebung ist dann
$\tan\varphi$ = Blindwiderstand/Wirkwiderstand

Parallelschaltung
In Gleichstromkreisen erhält man den Gesamtwiderstand parallel geschalteter Widerstände durch Addition der Leitwerte und anschließender Umkehrung der Summe. Im folgenden werden nach der entsprechenden Methode die Admittanzen Y addiert und daraus die Impedanz berechnet. Die Phasenverschiebung zwischen I und U folgt dann aus:
$\tan\varphi$ = Blindleitwert/Wirkleitwert
Die Wechselstromleitwerte der einzelnen Elemente des Stromkreises sind die Kehrwerte ihrer Wechselstromwiderstände:

elektr. Widerstand	$1/R$
Spule	$1/(\mathrm{i}\omega L)$
Kondensator	$\mathrm{i}\omega C$

Stromkreis mit R und L:

$$Y = G + \mathrm{i}B = 1/R - \mathrm{i}/(\omega L)$$

$$|Y| = \sqrt{G^2 + B^2} = \sqrt{1/R^2 + 1/(\omega^2 L^2)}$$

Nach Umrechnung folgt

$$|Z| = \frac{R}{\sqrt{1 + R^2/(\omega^2 L^2)}}$$

und

$$\tan\varphi = -R/(\omega L)$$

Stromkreis mit R und C:

$$Y = G + \mathrm{i}B = 1/R + \mathrm{i}\omega C$$

$$|Y| = \sqrt{G^2 + B^2} = \sqrt{1/R^2 + \omega^2 C^2}$$

Nach Umrechnung folgt

$$|Z| = R/\sqrt{1 + R^2\omega^2 C^2}$$

und

$$\tan\varphi = R\omega C$$

Stromkreis mit R, L und C:

$$Y = G + \mathrm{i}(B_1 + B_2)$$

$$= 1/R + \mathrm{i}(\omega C - 1/(\omega L))$$

$$|Y| = \sqrt{1/R^2 + (\omega C - 1/(\omega L))^2}$$

daraus folgt

$$|Z| = 1/|Y|$$

und

$$\tan\varphi = R(\omega C - 1/(\omega L))$$

Verwickelte Schaltungen
Enthält ein Wechselstromkreis hintereinander und parallel geschaltete Elemente, so wird er Abschnitt für Abschnitt analysiert. Die Ströme addieren sich nach den Kirchhoffschen Regeln (s. S. 229), und für den Scheinstrom des gesamten Kreises gilt

$$|I_S| = (\hat{U}/|Z|)\sin(\omega t + \varphi)$$

mit

$$\tan\varphi = -X/R$$

Verlustwinkel
Kondensatoren sind keine idealen Kapazitäten, d. h. sie verbrauchen Energie. Der **Verlustwinkel** (Formelzeichen δ), gemessen im Bogenmaß, ist ein Maß für diesen Energieverbrauch.
Für sehr kleine Verluste (das ist meist der Fall) gilt

$$\delta = P_V/(U_{\mathrm{eff}} I_{\mathrm{eff}})$$

mit
P_V = Leistungsverlust im Kondensator.
Ein typischer Wert ist $\delta = 5 \times 10^{-4}$. In diesem Fall verliert der Stromkreis 0,05% seiner Leistung durch (meist dielektrische) Vorgänge im Inneren des Kondensators.

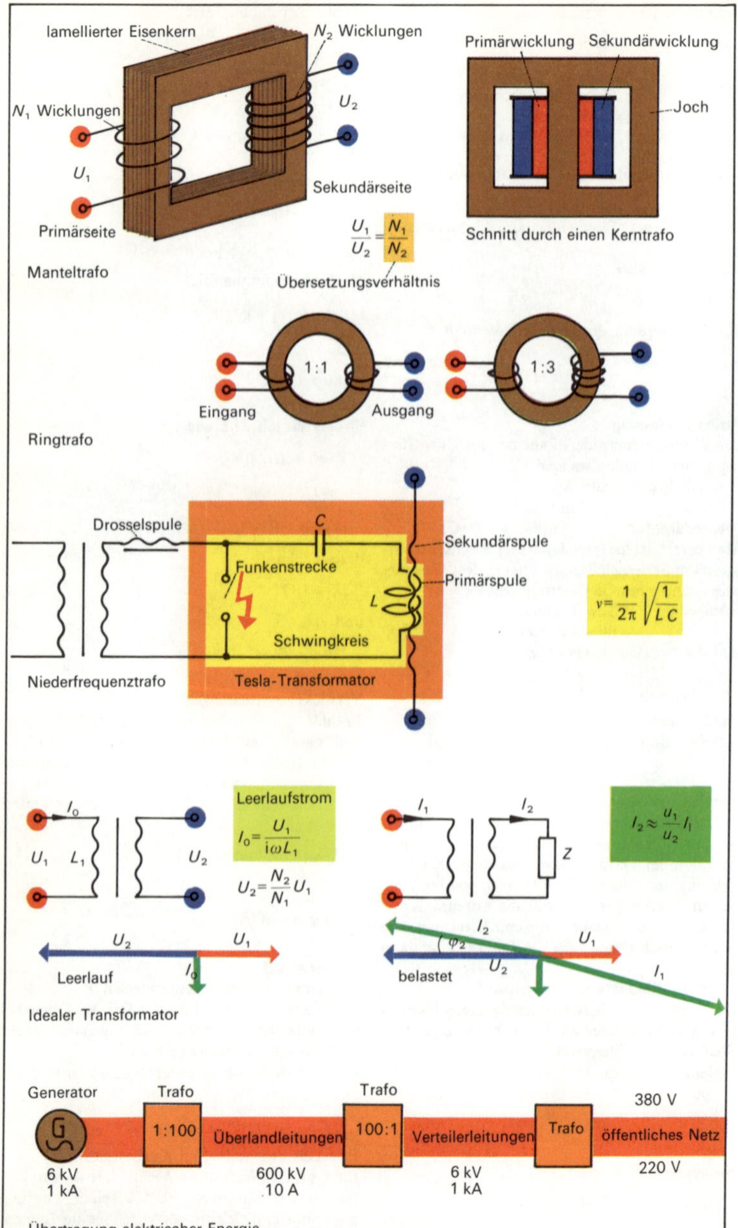

Transformatoren

Transformatoren oder **Umspanner** verändern die Höchstwerte elektr. Wechselspannungen; die Frequenz bleibt dabei konstant. Es gibt sehr versch. Ausführungsformen, vom kleinen *Meßwandler* bis zum gewaltigen *Umspanner* in der Starkstromtechnik. Erst der **Trafo** macht die Elektrizität so vielseitig verwendbar.

Der Trafo beruht auf dem Induktionsgesetz (s. S. 257), er ist ein Induktionsapparat (s. S. 267) mit Eisenkern. Er besteht aus zwei Spulen mit unterschiedl. Windungszahlen, die einen gemeinsamen magnet. Fluß umgreifen. Dazu sind sie um einen Eisenkern gewickelt. Zur Vermeidung von Wirbelströmen besteht dieser aus gegeneinander isolierten, 0,35 mm dicken Blechen (*lamellierter* Kern). Die Eingangsseite führt zur *Primärspule*, die Enden der *Sekundärspule* bilden die Ausgangsseite.

Der **ideale Trafo** besitzt Spulen mit vernachlässigbarem Wirkwiderstand; weiterhin verlaufen alle *B*-Induktionslinien im Eisenkern. Er transformiert die Spannungen verlustfrei.

Es gilt

$$U_2/U_1 = N_2/N_1 \qquad \textit{Spannungsübersetzung}$$

mit

U_1: an den Eingang gelegte elektr. Primärspannung; U_2: am Ausgang auftretende elektr. Sekundärspannung; N_2/N_1: *Übersetzungsverhältnis*; N_1, N_2: Anzahl der Windungen in der Primär- bzw. der Sekundärspule.

U_1 und U_2 zeigen gegeneinander eine Phasenverschiebung von π. Das gleiche gilt für die Spulenströme I_1 und I_2. Ist die Eingangsspannung

$$U_1 = \hat{U}_1 \sin\omega t$$

so ist die Ausgangsspannung

$$U_2 = \hat{U}_2 \sin(\omega t + \pi) = -\hat{U}_2 \sin\omega t$$
$$= -\hat{U}_1 (N_2/N_1) \sin\omega t$$

Transformatorengleichung: Die von der Primärseite des Trafos abgegebene elektr. Leistung ist gleich der an der Sekundärseite aufgenommenen.

$$U_{1\text{eff}} I_{1\text{eff}} \cos\varphi_1 = U_{2\text{eff}} I_{2\text{eff}} \cos\varphi_2 \qquad \textit{Trafogleichung}$$

mit

U_{eff}, I_{eff}: Effektivwerte von U und I; φ_1, φ_2: Phasenverschiebung zwischen U_1 und I_1 bzw. U_2 und I_2.

Sind beide Phasenverschiebungen wenig verschieden, so gilt

$$I_1/I_2 \approx N_2/N_1$$

Leerlauf liegt vor, wenn an die Sekundärseite kein Verbraucher geschaltet ist. Zwar ist dann $I_2 = 0$, doch in der Primärwicklung fließt ein *Leerlauf-* oder *Blindstrom*

$$I_0 = U_1/Z_1 = U_1/(\mathrm{i}\omega L_1) \qquad \textit{Leerlaufstrom}$$

mit

Z_1: Impedanz der Primärspule; $\omega = 2\pi\nu$; ν: Frequenz des Wechselstroms; L_1: Selbstinduktivität der Primärspule. Es ist $R_1 \ll \mathrm{i}\omega L_1$.

Die Phasenverschiebung zwischen U_1 und I_0 beträgt $\pi/2$. I_0 hinkt hinter U_1 her.

Der **reale Trafo** verbraucht elektr. Leistung: *Kupferverluste* sind die Wirkwiderstände der Zuleitungen und Spulen.

Eisenverluste erfassen den Energieverbrauch der Magnetisierung im Eisenkern, durch Wirbelströme und Streuverluste (nicht alle *B*-Induktionslinien verlaufen durch beide Spulen).

Bei kleinen Trafos erreichen die Verluste bis zu 10% der übertragenen Leistung, für große liegen sie bei 0,5%. Die entstehende Joulesche Wärme wird über Luft oder das Trafoöl abgeleitet.

Die elektr. Daten des realen Trafos folgen aus seinem *Ersatzschaltbild*:

Aus Eisen-, Kupfer- und Streuverlusten, der Impedanz des Verbrauchers und den Induktivitäten der Spulen berechnet man die Impedanzen von Primär- und Sekundärkreis.

Im Ersatzschaltbild sind beide Kreise zusammengeschaltet, beide Ströme haben entgegengesetzte Richtungen.

Tesla-Transformator, entwickelt 1892 von NIKOLA TESLA (1856–1943): Die Primärspule ist Teil eines elektr. Hochfrequenz-Schwingkreises (s. S. 293) mit Kondensator und Funkenstrecke. Die Sekundärspule weist sehr viele Windungen auf, d. h. $N_2 \gg N_1$. Ihre Eigenfrequenz stimmt mit der des Schwingkreises überein. Die Sekundärspule erzeugt in ihrer Nähe ein elektr. Hochfrequenzfeld. Beweis: Zuleitungsfreie Neonröhren in der Umgebung leuchten auf.

Enthält die Sekundärseite nur wenige Windungen, so treten an ihr starke, hochfrequente Ströme ($\nu > 10^5$ Hz, $I > 10$ A) auf. Diese *Diathermieströme* sind ungefährlich für den menschl. Körper. Sie entwickeln Joulesche Wärme tief im Körperinneren.

Übertragung elektr. Energie

Soll elektr. Energie über große Entfernungen transportiert werden, so ist zu beachten, daß die Verluste in den Leitungen $P = RI^2$ sind. R ist vor allem durch die Länge der Leitungen bestimmt, denn dem Leitungsquerschnitt sind techn. Grenzen gesetzt. Also muß I minimalisiert werden; das geschieht durch hohe Überträgerspannungen, bei Überlandleitungen bis zu 1 MV.

Die Verluste in den Überlandleitungen werden noch geringer, verwendet man hohe Gleichspannungen (denn $|Z| > R$). Das erfordert preiswerte und betriebssichere Gleichrichter.

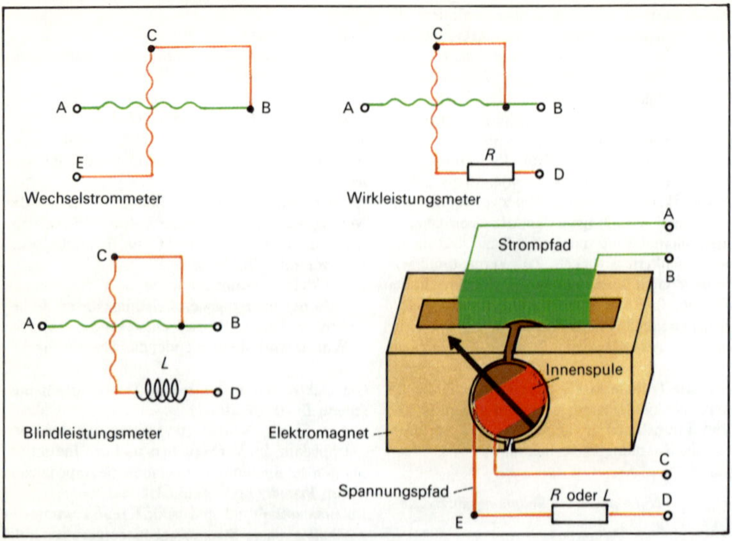

Elektrodynamisches Meßwerk

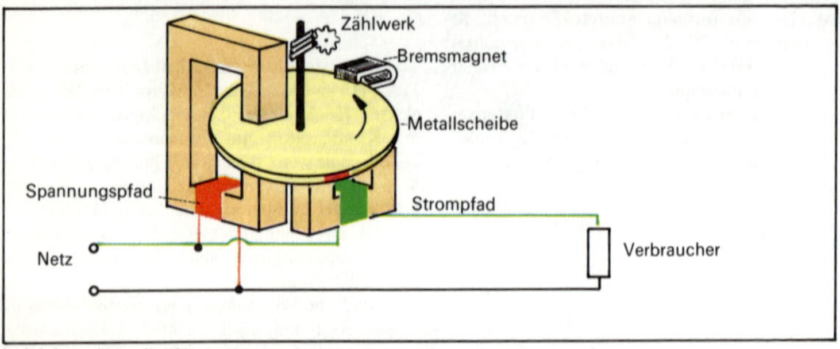

Induktionszähler für Wechselstrom

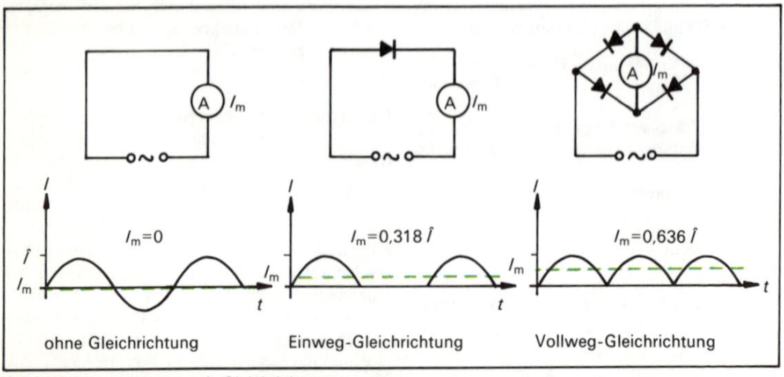

Wechselstrommessung nach Gleichrichtung

Wechselspannungs- und Wechselstrommessung
Spannungsmessung wird meist auf eine Strommessung zurückgeführt und dann nach dem Ohmschen Gesetz umgerechnet. Zeigerinstrumente präsentieren den Meßwert *analog* auf einer geeichten Skala. *Digitale* Anzeige erfolgt in Dezimalzahlen mit richtiger Kommastelle.

Digitalinstrumente verwenden meist eine Kompensationsschaltung mit automat. Abgleich. Analoganzeige kann elektronisch in Digitalwerte umgewandelt werden (Analog-Digital-Umsetzer).

Das Wechselstrom-Meßwerk muß unabhängig von der Stromrichtung anzeigen, sonst (wie z. B. beim Drehspulgalvanometer) schwingt der Zeiger lediglich um die Nullage.

Drehspul-Meßwerke (s. S. 265) sind dann geeignet, wenn die Wechselspannung vorher gleichgerichtet (s. S. 291) wird.

Einweg-Gleichrichtung zeigt einen
Mittelwert = 0,318 × Höchstwert,
Vollweg-Schaltung nach Graetz einen
Mittelwert = 0,636 × Höchstwert.

Moderne Instrumente rechnen automatisch den Meßwert um.

Die **Empfindlichkeit** des Meßwerkes ist die Größe des Zeigerausschlages dividiert durch den entsprechenden Meßwert, angegeben in mm/A bzw. mm/V. Die Brownsche Bewegung (s. S. 113) begrenzt die Empfindlichkeit nach unten.

Die **Genauigkeit** des Meßwerkes ist der Kehrwert der Abweichung zwischen wahrem und gemessenem Strom bzw. wahrer und gemessener Spannung.

Elektrodynamische Meßwerke, entwickelt 1846 von WILHELM WEBER (1804–91), bestehen aus einer festen Außenspule, in der sich eine Innenspule mit Zeiger dreht. Oft ersetzt ein Elektromagnet die Außenspule. Schaltet man beide Spulen hintereinander, so erzeugt jede ihre eigene magnet. Induktion und die bewegl. Innenspule dreht sich unter dem Einfluß der Lorentz-Kraft. Das Drehmoment spannt die mit der Drehachse verbundenen Rückstellfedern, der Zeiger erreicht eine Gleichgewichtsposition. Der Abstand von der Nullage ist die Anzeige.

Für einen sinusförmigen Wechselstrom ist die Anzeige $\sim I_{\text{eff}}^2$, also ist die Skala nicht in gleich große Intervalle unterteilt.

Wechselstromgalvanometer sind bes. empfindliche Elektrodynamometer. Die Anzeige erfolgt häufig über einen Lichtstrahl, der die Bewegung der Innenspule mit Hilfe eines auf der Drehachse montierten Spiegels wiedergibt.

Weicheisen-Meßwerke (s. S. 265) sind unabhängig von der Stromrichtung, eignen sich also auch als Wechselstrommeter.

Für einen sinusförmigen Wechselstrom ist die Anzeige $\sim I_{\text{eff}}^2$. Die Skala ist nicht in gleich große Intervalle unterteilt.

Hitzdraht-Meßwerke verwenden die therm. Ausdehnung eines Leiters infolge der bei Stromdurchgang entwickelten Jouleschen Wärme. Diese Instrumente sind veraltet, werden aber in Kombination mit einem Thermoelement noch benutzt. Die Temperatur des stromdurchflossenen Leiters ist für einen sinusförmigen Wechselstrom $\sim I_{\text{eff}}^2$. Den vom Thermoelement erzeugten Thermostrom mißt ein Gleichstrom-Galvanometer. Das ist eine zuverlässige Meßmethode für hochfrequente Wechselströme.

Messung der Wechselstrom-Leistung
Wattmeter verwenden das elektrodynam. Meßwerk (s.o.). Leitet man durch die Außenspule (*Strompfad*) den Verbraucherstrom und schaltet die Innenspule (*Spannungspfad*) – ihrerseits in Reihe mit einem großen Wirkwiderstand – parallel zum Verbraucher, so ist die Anzeige proportional der Wirkleistung des Verbrauchers.

Ersetzt man den Wirkwiderstand im Spannungspfad durch eine Spule, so erfolgt eine 90°-Phasenverschiebung, und die Anzeige ist proportional der vom Verbraucher aufgenommenen *Blindleistung*.

Induktions-Meßwerke sind weit verbreitet bei Verbrauchern am öffentl. Netz. Zwei Elektromagnete wirken auf eine drehbare Al-Scheibe. Den einen speist der Verbraucherstrom, den anderen die Verbraucherspannung. Beide Elektromagnete sind um 90° gegeneinander versetzt. Sie erzeugen ein magnet. Drehfeld, das die Metallscheibe mitnimmt. Drehmoment und Drehfrequenz der Scheibe sind proportional $U_{\text{eff}} I_{\text{eff}} \cos\varphi$. Die Anzahl der Drehungen ist ein Maß für die verbrauchte elektr. Energie und wird automatisch in kWh umgerechnet.

Ein zusätzl. Permanentmagnet erzeugt bremsende Wirbelströme in der sich drehenden Scheibe. Das dämpft die Scheibenbewegung und stoppt sie, sobald der Verbraucherstrom verschwindet.

Leistungsmessung bei Drehströmen hängt von der Art des Verbrauchers ab. Ist der Verbrauch symmetrisch, so genügt ein Wattmeter. Die Anzeige wird mit dem Faktor 3 multipliziert. Bei unsymmetrischem Verbrauch benötigt man im Dreileiternetz 2 Wattmeter, denn $L_3 = L_1 + L_2$, im Vierleiternetz 3 Wattmeter.

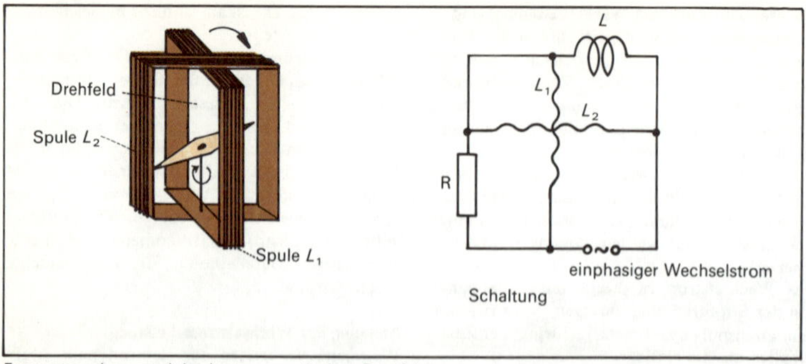

Erzeugung eines zweiphasigen magnetischen Drehfeldes

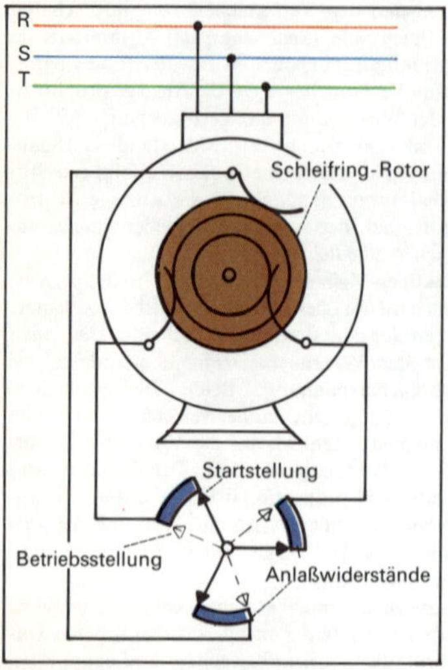

Drehstrommotor mit Anlaßwiderstand

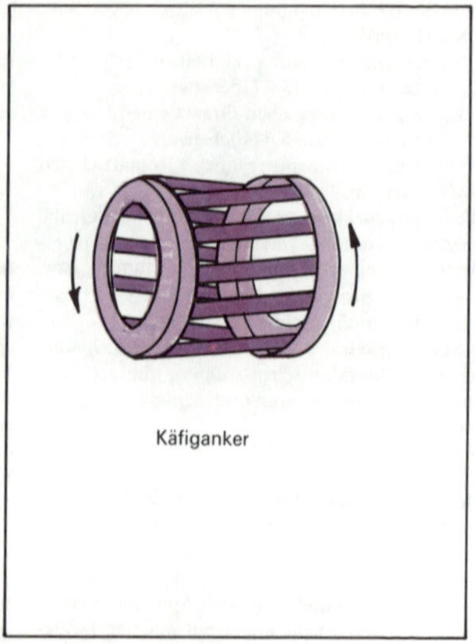

Kurzschluß-Rotor

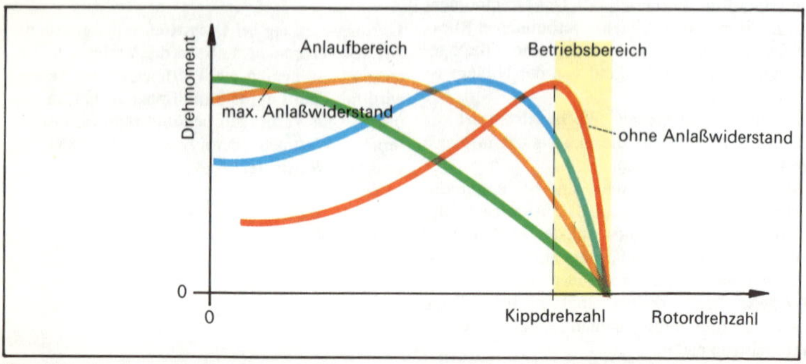

Kennlinien des Drehstrom-Asynchronmotors

Wechselstrommotoren sind die Umkehrung der Wechsel- und Drehstromgeneratoren: Ein elektr. Strom durch ein oder mehrere Leiterschleifen in einem Magnetfeld erzeugt eine Lorentz-Kraft, die die Spule dreht. Besonders einfach und robust sind Rotoren in einem magnet. Drehfeld. Aus diesem Grunde ist der Dreiphasen-Wechselstrommotor, genannt **Drehstrommotor,** weit verbreitet. Der Drehstrom (s. S. 275) ist vor allem wegen der dadurch möglichen einfachen Elektromotoren in der Industrie weit verbreitet.

Magnetisches Drehfeld. Leitet man einen elektr. Wechselstrom durch zwei senkrecht zueinander angeordnete Spulen, so entstehen zwei sich rechtwinklig kreuzende Magnetfelder mit einer Phasenverschiebung von 90° ($=\pi/2$). Dieses *magnet. Drehfeld* rotiert mit der Winkelgeschwindigkeit $\omega=2\pi\nu$; ν ist die Frequenz des sinusförmigen Wechselstroms (s. S. 273). Eine drehbare Magnetnadel im Inneren des Drehfeldes rotiert mit ω. Polt man eine der Spulenzuleitungen um, so wechselt der Drehsinn der Magnetnadel.

GALILEO FERRARIS (1847–97) beschrieb 1888 als erster ein derartiges Drehfeld.

Der Aufbau der Wechselstrommotoren gleicht dem der Gleichstrommotoren (s. S. 271), auch die Bezeichnungen stimmen überein. Es sind Hauptschlußmotoren. Der *Läufer* oder *Rotor* dreht sich im magnet. Wechselfeld des *Ständers* oder *Stators* und gibt mechan. Energie ab.

Drehstrom- oder **Induktionsmotoren** verwenden das magnet. Drehfeld eines Dreiphasenstroms (Drehstroms). Die einzelnen Phasen sind also um 120° ($=2\pi/3$) gegeneinander verschoben. In der Regel trägt der Stator die drei Erregerspulen, deren elektr. Wechselfeld im Rotor Induktionsströme hervorruft. Im Gefolge erscheint eine Lorentz-Kraft, und das magnet. Drehfeld nimmt den Rotor mit. Die störanfälligen Schleifringe für die Stromzuführung sind also nicht notwendig (doch s. u., Anlassen).

Der **Asynchronmotor** gibt ein bes. hohes Drehmoment über seinen **Kurzschluß-Rotor** ab. Dieser besteht aus Kupferstäben, die in Längsnuten des zylindr. Rotors eingesetzt und durch Kupferringe an den Stirnseiten untereinander kurzgeschlossen sind (*Käfiganker*). Zur Unterdrückung der Wirbelströme besteht der Rotor aus dünnen Eisenblechen. Die Drehzahl des Asynchronmotors ist abhängig von der Belastung, sie bleibt um einige Prozent hinter der Frequenz der Wechselspannung zurück.

Schlupf oder *Schlüpfung* (Formelzeichen S), angegeben in Prozent, ist ein Maß für das Zurückbleiben des Rotors.

$$S=(n_0-n)/n \qquad \textit{Schlupf}$$

mit

(n_0-n): Schlupfdrehzahl; n_0: Drehzahl des Drehfeldes, gemessen in Umdrehungen/s (in der Technik meist in Umdrehungen/min); n: Rotordrehzahl.

Ohne Belastung (Leerlauf) ist S sehr klein, bei Leistungsabgabe des Motors kann S einige % erreichen.

Unter Belastung und bei konstanter Drehspannung ist der Schlupf proportional dem elektr. Widerstand des Rotors. Durch einen einschaltbaren Widerstand in den Rotorkreis kann daher der Drehstrommotor abgebremst bzw. seine Drehzahl verändert werden.

Beim **Anlassen** des Drehstrommotors fließt zwar ein sehr großer Strom in der Kurzschlußwicklung des Rotors, dennoch ist das Drehmoment M klein, da für dessen Betrag M gilt

$$M\sim\cos\varphi$$

und

$$\cos\varphi=R/\sqrt{R^2+\omega^2L^2}$$

mit

φ: Phasenwinkel zwischen Rotorstrom und -spannung; R, L: Wirkwiderstand bzw. Selbstinduktivität des Rotors; ω: Kreisfrequenz des Drehfeldes.

Da im allg. $R\ll\omega L$ ist, legt man über Schleifringe *Anlaßwiderstände* in den Rotorkreis, die dann bei Erreichen der Solldrehzahl abgeschaltet werden.

Einphasen-Wechselstrommotoren oder **Wechselstrommotoren** sind die Umkehrung des einphasigen Wechselstromgenerators (s. S. 277). Man erregt die Feldmagnete des Rotors durch einen Gleichstrom und schickt den Wechselstrom durch die Spulen des Stators.

Es gilt

$$n=2\nu/p \qquad \textit{Drehzahl}$$

mit

n: Rotordrehzahl, in Umdrehungen/s; ν: Wechselstromfrequenz; p: Anzahl der Pole des Stators.

Der Wechselstrommotor ist also ein **Synchronmotor**, d. h. synchron mit dem spannungserzeugenden Generator. n bleibt auch bei Belastung konstant. Der Wechselstrommotor läuft nicht von selbst an, denn der Stator erzeugt kein Drehfeld.

Anlassen erfolgt durch zusätzl. Hilfsspulen.

Synchronmotoren erzielen relativ geringe Leistungen.

Verwendung: z. B. als Antrieb für Grammophone, Uhren und Registriergeräte.

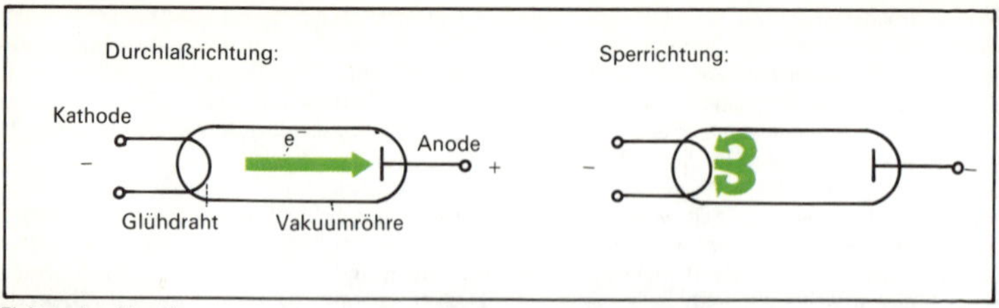

Elektrisches Ventil

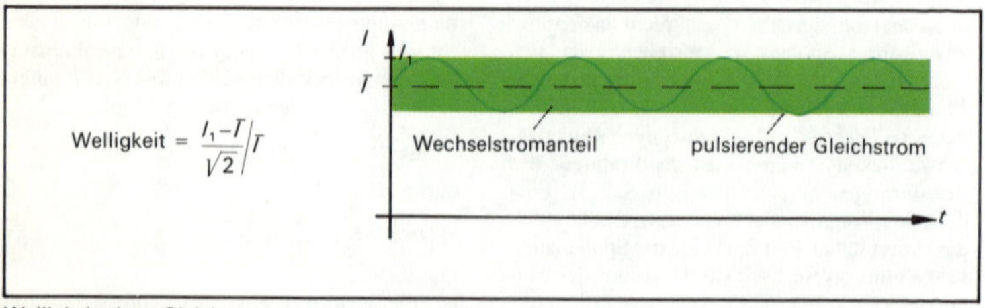

Welligkeit eines Gleichstroms

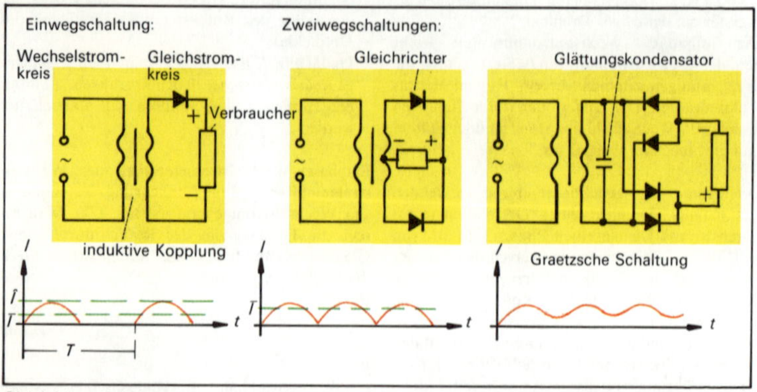

Gleichrichter-Schaltungen

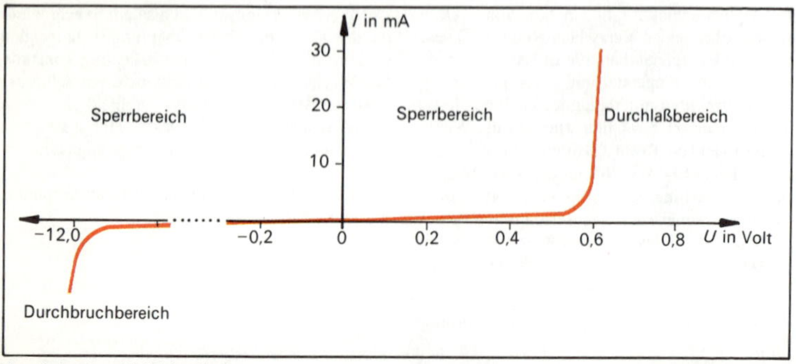

Kennlinie einer Halbleiterdiode

Gleichrichter, elektr. Ventile, sind Vorrichtungen, die den elektr. Strom in einer Richtung durchlassen (*Durchlaßrichtung*) und ihn gleichzeitig in der anderen Richtung sperren (*Sperrichtung*). Sie wandeln Wechselstrom in Gleichstrom um. Der Gleichrichter ist zwischen Wechsel- und Gleichstromkreis geschaltet.

Welligkeit des Gleichstroms: I_{eff} des noch vorhandenen Wechselstromanteils/Gleichstromstärke.

Die Welligkeit wird ausgedrückt in Prozent und hängt ab von der benutzten Gleichrichterschaltung (s.u.).

Beispiele: Einwegschaltung: 112%, Zweiwegschaltung: 48%, Drehstrom-Sternschaltung: 18%, Drehstrom-Brückenschaltung: 4,2%.

Die Welligkeit kann durch Drosselspulen und Siebketten im Verbraucherkreis beliebig reduziert werden.

Im **Kontaktgleichrichter** bewegt ein durch den Wechselstrom gesteuerter Magnet eine Kontaktfeder hin und her. Und zwar so, daß sie nur während einer Halbwelle den Gleich- an den Wechselstromkreis schließt.

Beispiel: Kollektor in Gleichstrommaschinen (s. S. 267).

Elektrolytgleichrichter nutzen aus, daß ein Ionentransport oft nur in eine Richtung erfolgt.

Beispiel: Zwischen Al-Platten in alkalischer Lösung fließt ein Strom nur in Richtung der Kathode.

Trockengleichrichter sind vor allem die *Halbleiterdioden*. Im Halbleiterkristall (s. S. 317) kann die elektr. Leitfähigkeit durch entsprechende Dotierung festgelegt werden. Zwischen n- und p-Bereich entsteht eine *Sperrschicht*, die elektr. Ströme nur in eine Richtung durchläßt. Eine Kennlinie beschreibt das Durchlaßverhalten der Halbleiterdiode. Ihr Querschnitt bestimmt die max. Stärke des Durchlaßstroms. Anhaltswert: 10^{-3} A/cm^2. Es gibt Dioden, die Ströme bis 500 A bei 2000 V gleichrichten.

Thyristoren sind steuerbare Si-Halbleiterdioden mit pnpn-Dotierung. Sie richten Ströme bis einige kA und kV gleich.

Gleichrichterröhren, Glühventile, sind Hochvakuumröhren. Die von der direkt oder indirekt beheizten Kathode emittierten Elektronen stellen den einzigen Strompfad durch die Röhre dar, die Gegenrichtung ist gesperrt.

Verwendung: nur für rel. kleine Ströme aber große Spannungen, z. B. für den Betrieb von Röntgenröhren.

Quecksilberdampf-Gleichrichterröhren. Ein Glas- oder Eisenbehälter ist mit Hg-Dampf gefüllt. Bei Potentialdifferenz zwischen Kathode und Anode fließt nur ein geringer Strom von Elektronen. Erhöht man die Anodenspannung auf die *Zündspannung* der Röhre, so reicht die kinet. Energie der Elektronen aus, um beim Zusammenstoß die Hg-Atome zu ionisieren und eine Elektronenlawine auszulösen. Es entsteht ein Lichtbogen, und ein sehr großer Strom fließt, jedoch nur in eine Richtung.

Verwendung für Leistungen bis zu einigen Megawatt.

Thyratrons sind steuerbare, gasgefüllte Röhren für elektr. Ströme bis zu kA. Heute verdrängt durch Halbleiter-Thyristoren (s. o.).

Schaltung der Gleichrichter

Einweg-Gleichrichtung. Spannungsquelle, Gleichrichter und Verbraucher sind in Reihe geschaltet. Jeweils nur eine Halbwelle des Wechselstroms kann passieren, es entsteht ein *pulsierender* Gleichstrom.

Es gilt

$$\bar{I} = (1/T) \int_0^T I(t)\,\mathrm{d}t = 0{,}318\,\hat{I} \qquad \textit{Gleichstrom-Mittelwert}$$

mit

$\bar{I}$: Mittelwert der Gleichstromstärke; T: Periodendauer des pulsierenden Gleichstroms; t: Zeit; $I(t)$: Stromstärke des pulsierenden Gleichstroms; $\hat{I}$: Höchstwert des pulsierenden Gleichstroms.

Zweiweg-Gleichrichtung mit zwei Gleichrichtern (oder vier nach Leo Graetz, 1856–1941). Beide Halbwellen des Wechselstroms werden ausgenutzt, es entsteht ein *pulsierender* Gleichstrom.

Es gilt

$$\bar{I} = 0{,}636\,\hat{I} \qquad \textit{Gleichstrom-Mittelwert}$$

Wechselrichter formen einen Gleichstrom in einen Wechselstrom um. Das Prinzip ist einfach: Zwischen Gleich- und Wechselstromnetz unterbricht (zerhackt) eine Vorrichtung den Gleichstrom und polt ihn dabei jedesmal um. Um einen sinusförmigen Wechselstrom zu erzielen, wird der zerhackte Gleichstrom anschließend geformt. Grundsätzlich können alle steuerbaren Gleichrichter als Wechselrichter funktionieren.

Der **selbstgeführte Wechselrichter** verwendet einen eigenen Frequenzgeber, der den Unterbrecher ansteuert.

Der **netzgeführte Wechselrichter** steuert den Unterbrecher über das Wechselstromnetz selber an.

Der Unterbrechertyp hängt von der geforderten Leistung des Wechselstroms ab. Der einfachste Unterbrecher ist ein nockengesteuerter mechan. Schalter. Thyristoren (s. o.) erhalten die gewünschte Wechselstromfrequenz über ihre Steuerelektrode und wirken so als elektron. Unterbrecher.

Verwendung: Universalmeßgeräte, Hilfsgeneratoren für Netzausfall, Gleichstromspannungswandler, Gleichstrom-Überlandleitungen (Verbraucherseite).

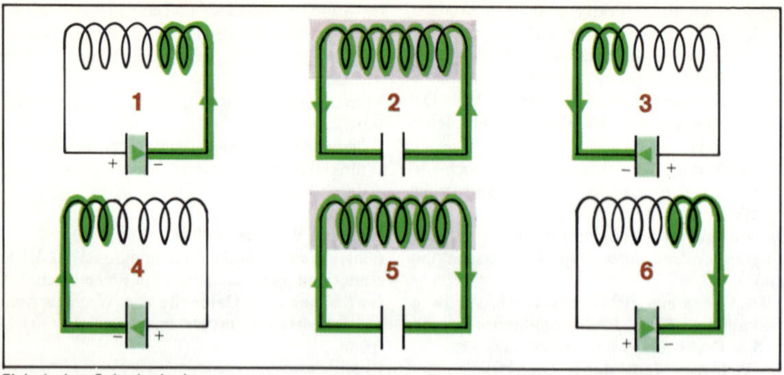

Elektrischer Schwingkreis

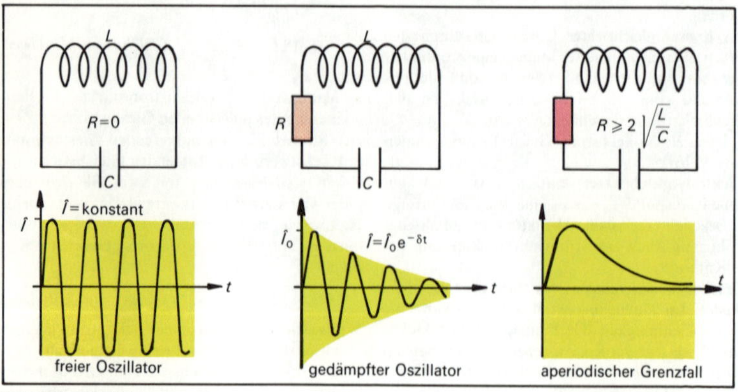

Elektrische Oszillatoren

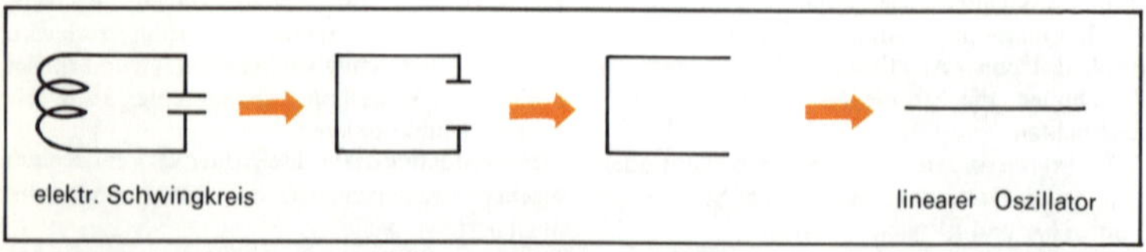

Vom elektrischen Schwingkreis zum linearen Oszillator

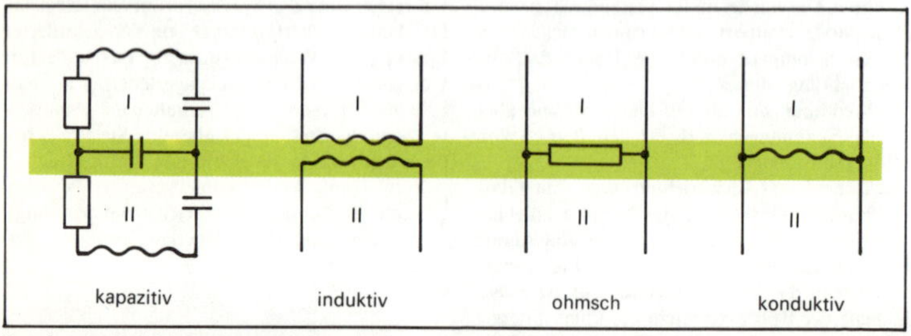

Kopplungsmöglichkeiten zweier Schwingkreise

Der **elektr. Schwingkreis** oder **elektr. Oszillator** besteht aus in Reihe geschalteter Kapazität C, Induktivität L und Wirkwiderstand R. Ist der Kondensator aufgeladen, so entlädt er sich sofort über R und L, d. h. ein elektr. Strom I fließt und baut in der Spule ein magnet. Feld auf. Die im elektr. Feld von C gespeicherte Energie wird in Magnetfeldenergie überführt. Infolge der Selbstinduktivität von L fließt bei entladenem C der Strom I weiter und lädt C wieder auf; allerdings in entgegengesetzte Richtung. Die im magnet. Feld von L gespeicherte Energie fließt auf dieses Weise in C zurück. Die elektr. Energie E pendelt zwischen C und L.

Der Betrag der Energie sinkt bei jeder Schwingung, da sich in R ein Bruchteil von E irreversibel in Joulesche Wärme umwandelt.

Dieses Hin- und Herfluten der Energie beobachtet man auch bei der mechan. Schwingung (s. S. 79). Es herrscht volle Analogie zwischen mechan. und elektr. Schwingung, und man kann die entsprechenden Formeln übernehmen. Dabei ist

Richtgröße $D \to 1/C$
Reibungskonstante $k \to R$
Masse $m \to L$

Beim *elektr. Oszillator* unterscheidet man drei Fälle:

1) Verschwindender elektr. Widerstand, d. h. $R \to 0$.
Ungedämpfte elektr. Schwingung mit der Frequenz

$$\nu' = 1/(2\pi\sqrt{LC}) \qquad \textit{Eigenfrequenz}$$

Das ist ein Idealfall; tatsächlich muß dem Schwingkreis elektr. Energie zugeführt werden, um die auftretenden Verluste zu kompensieren.

2) Endlicher elektr. Widerstand R.
Eine *gedämpfte elektr. Schwingung* entsteht mit der Frequenz

$$\nu' = (1/2\pi)\sqrt{(1/(LC)) - (R^2/4L^2)}$$

Für den Höchstwert $\hat{I}$ des elektr. Stroms gilt

$$\hat{I} = \hat{I}_0 \exp(-\delta t)$$

mit
$\hat{I}_0$: $\hat{I}$ zum Zeitpunkt $t = 0$; $\delta = R/(2L)$: Abklingkoeffizient; t: Zeit.

Je größer δ, desto stärker ist die elektr. Schwingung gedämpft, d. h. desto rascher fällt $\hat{I}$.

3) Sehr großer elektr. Widerstand, d. h. $R \geq 2\sqrt{L/C}$.
Aperiodischer Grenzfall: es entsteht *keine* elektr. Schwingung.

Linearer Oszillator

Biegt man den elektr. Oszillator auf und zieht gleichzeitig L auseinander, so bleibt der Schwingkreis erhalten, doch C und L werden immer kleiner. Bei vollständiger Streckung entsteht ein *linearer Oszillator*.

Heinrich Hertz (1857–94) führte 1887 als erster dieses Experiment durch; daher auch der Name **Hertzscher Oszillator** für den ersten Sender für elektromagnet. Wellen.

Die elektr. Schwingung hat ihr mechan. Analogon in transversalen Stabschwingungen (s. S. 83).

Zum Nachweis der elektr. Schwingung kann man eine Glühbirne in die Mitte des linearen Oszillators plazieren. Wird dieser angeregt, so leuchtet sie auf.

U und I sind im Hertzschen Oszillator gegeneinander um $\pi/2$ verschoben.

Für die Grundschwingung des verlustfreien linearen Oszillators gilt

$$\nu' = c/(2l) \qquad \textit{Grundfrequenz}$$

mit
ν' = Frequenz; c: Lichtgeschwindigkeit; l: Länge.

Der lineare Oszillator kann auch Oberschwingungen (s. S. 83) ausführen.

Die Schwingungen sind gedämpft, weil nicht nur R Energie verzehrt, sondern auch Strahlungsverlust durch elektromagnet. Wellen auftritt (s. S. 299).

Erzwungene Schwingungen

Die im elektr. Schwingkreis auftretenden Verluste können z. B. durch eine in Reihe geschaltete Wechselstromquelle kompensiert werden.

Stimmen Eigenfrequenz und Quellenfrequenz überein, so liegt Resonanz vor. Es gilt

$$\hat{I} = \hat{U}/\sqrt{(R^2 + (\omega L - 1/(\omega C))^2}$$

mit ω: Kreisfrequenz der angelegten Wechselspannung.

Außerhalb des Resonanzbereiches gilt

$$\hat{I} = (\hat{U}\omega/L)/\sqrt{((\omega^2 - \omega'^2)^2 + 4\pi\delta^2\omega^2)}$$

mit
$\omega' = 2\pi\nu'$; ν': Eigenfrequenz des elektr. Schwingkreises; $\delta = R/(2L)$: Abklingkoeffizient.

Die Resonanzkurve ist um so enger, je kleiner δ ist, d.h. dann ist die *Abstimmschärfe* groß und die Kopplung Quelle – elektr. Schwingkr. schwach.

Gekoppelte Schwingkreise

Zwei oder mehr elektr. Schwingkreise können verbunden, d. h. *gekoppelt* sein. Man unterscheidet induktive, kapazitive, ohmsche und konduktive Kopplung. Der **Kopplungsfaktor** (Formelzeichen k) ist ein Maß für die Stärke der Kopplung.

$$k = X_k/\sqrt{X_1 X_2}$$

mit X_k: Impedanz des elektr. Kopplungselementes; X_1, X_2: Impedanz des Kreises 1 bzw. 2.

Lose Kopplung: Beide Eigenfrequenzen liegen dicht beieinander.

Feste Kopplung: Beide Eigenfrequenzen sind sehr verschieden, die Schwingungsenergie tritt rasch von einem Kreis in den anderen über.

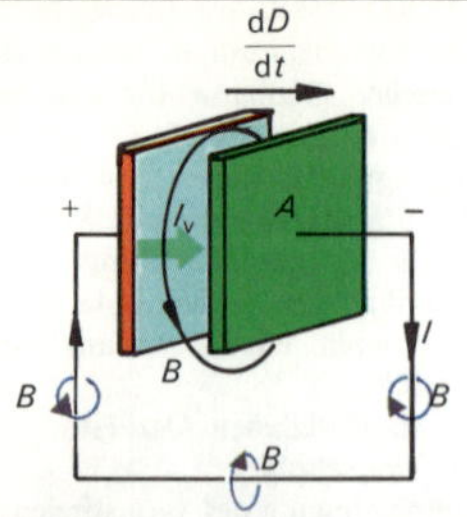

Verschiebungsstrom beim Aufladen eines Kondensators

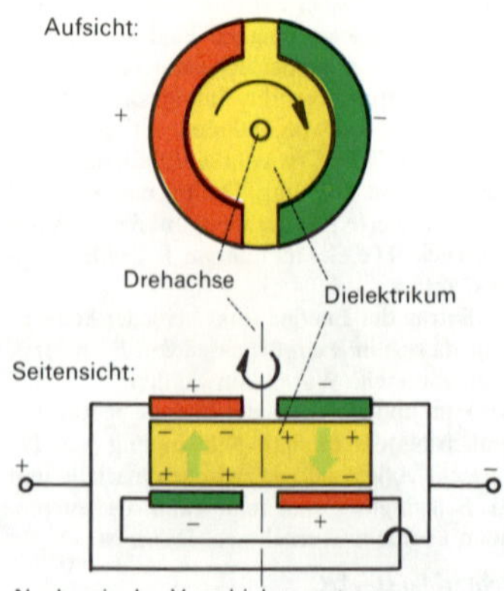

Nachweis des Verschiebungsstroms

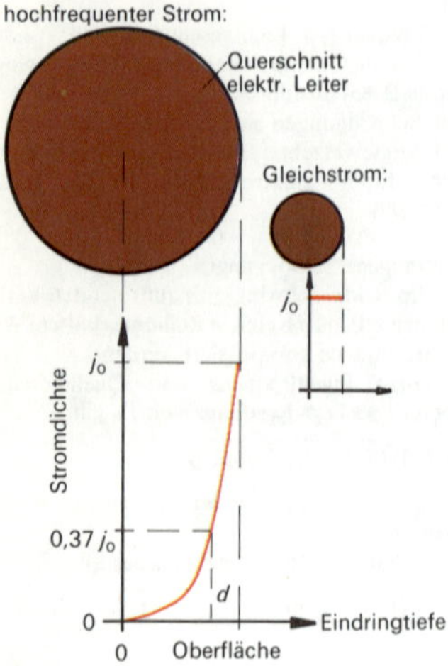

Skineffekt

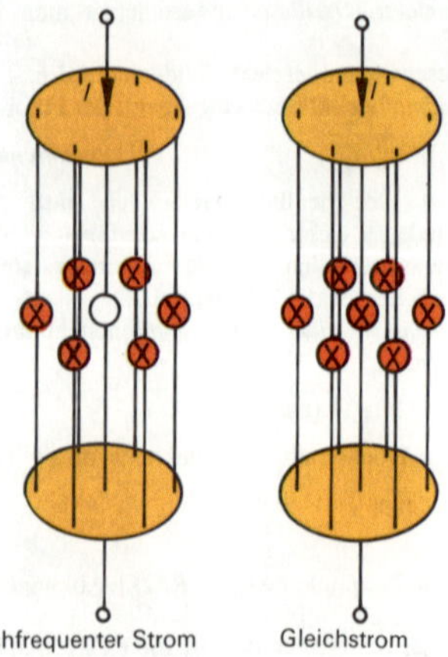

Experimenteller Nachweis des Skineffekts

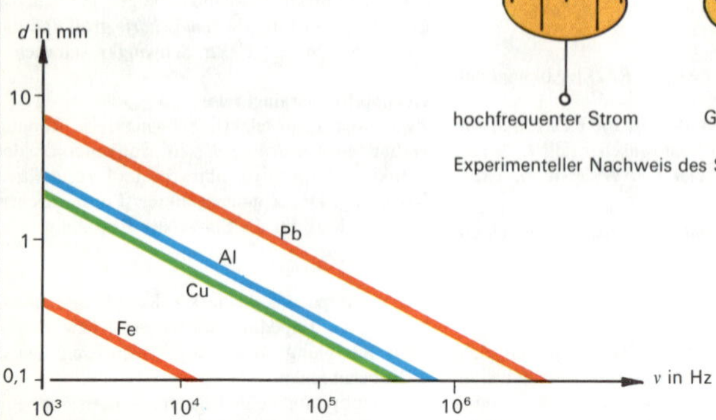

Eindringtiefe d von Wechselströmen

Wird ein Kondensator aufgeladen oder entlädt er sich, so fließt zwischen den Platten ein elektr. Strom, genannt **Verschiebungsstrom**. Dieser Strom geht zurück auf die Verschiebung der Moleküle des Dielektrikums unter der Wirkung des sich ändernden elektr. Feldes. Ein solcher Verschiebungsstrom fließt in allen Dielektrika, solange sich ein elektr. Feld in ihnen ändert.

Der Verschiebungsstrom ist so definiert, daß auch dann einer fließt, wenn der Raum zwischen den Kondensatorplatten ein *Vakuum* ist.

Nach der von JAMES MAXWELL (1831–79) entwickelten Theorie gilt

$$I_V = A(\mathrm{d}D/\mathrm{d}t)$$

$$= \varepsilon A(\mathrm{d}E/\mathrm{d}t) \qquad \textit{Verschiebungsstrom}$$

mit

I_V: Verschiebungsstrom; A: Querschnitt des Dielektrikums; D: Betrag der elektr. Verschiebung (oder elektr. Flußdichte, s. S. 215; t: Zeit; ε: Permittivität des Dielektrikums; E: Betrag der elektr. Feldstärke.

Jede zeitl. Änderung der elektr. Feldstärke stellt einen elektr. Strom dar.

In einem elektr. Stromkreis endet der elektr. Leiterstrom an den Kondensatorplatten. Von dort aus führt der Verschiebungsstrom weiter bis zur anderen Kondensatorplatte. Der Stromkreis ist damit geschlossen. I_V baut wie der normale Leiterstrom auch $\boldsymbol{B}$-Induktionslinien um sich herum auf. Ist der elektr. Leiterstrom stationär, so folgt D = konstant und $I_V = 0$.

In guten elektr. Leitern ist der Verschiebungsstrom vernachlässigbar klein gegen den Leiterstrom I.

I_V ist zwar nicht direkt meßbar, aber sonst I in jeder Hinsicht vergleichbar.

Nachweis des Verschiebungsstroms 1888 durch WILHELM CONRAD RÖNTGEN (1845–1923):
Elektr. Verschiebung $\boldsymbol{D}$ und elektr. Polarisation $\boldsymbol{P}$ sind verbunden über $\boldsymbol{D} = \varepsilon_0 \boldsymbol{E} + \boldsymbol{P}$ (s. S. 219). Eine zeitl. Änderung von $\boldsymbol{P}$ führt also auch zu einem Verschiebungsstrom. Das durch $\mathrm{d}\boldsymbol{P}/\mathrm{d}t$ aufgebaute Magnetfeld läßt sich nachweisen:
Ein runder, geladener Plattenkondensator ist mit einem Dielektrikum gefüllt. Jede Platte ist halbiert, diagonal gegenüber liegende Halbplatten sind miteinander verbunden. Rotiert das Dielektrikum zwischen den Platten, so dreht es ständig seine Polarisationsrichtung um, ein Polarisationsstrom fließt und lenkt eine Magnetnadel in der Nähe ab.

Skin- oder Hauteffekt

1873 leitete JAMES MAXWELL aus dem Induktionsgesetz ab, daß ein hochfrequenter Strom vorwiegend in den oberflächennahen Schichten eines elektr. Leiters fließt. DAVID HUGHES (1831–1900) wies 1885 diesen *Skineffekt* nach.

Beim Gleichstrom ist die Stromdichte, also Stromstärke/Leiterquerschnitt, für jeden Teilquerschnitt eines elektr. Leiters konstant. Ein Wechselstrom erzeugt um sich herum ein Magnetfeld, das auch ins Innere des Leiters greift und dort ein elektr. Gegenfeld hervorruft, das das von außen angelegte elektr. Feld schwächt. Diese *Selbstinduktion* (s. S. 261) führt dazu, daß das Feld im Inneren des Leiters in Achsenrichtung immer schwächer wird: Der elektr. Strom wird nach außen gedrängt. Bei hohen Frequenzen fließt der elektr. Strom praktisch nur noch an der Oberfläche, die Mitte des Leiters bleibt stromfrei.

Strom und Spannung sind gegeneinander phasenverschoben.

Die **Eindringtiefe** ist ein Maß für die Verdrängung des elektr. Stromes nach außen. Es gilt

$$d = \sqrt{\varrho/(2\pi^2 \mu \nu)} \qquad \textit{Eindringtiefe}$$

mit

d: Eindringtiefe des Stroms, d. h. jene Schichtdicke, innerhalb der der Strom auf $1/e$, also 37% seines Oberflächenwertes fällt; ϱ: spez. elektr. Widerstand; μ: Permeabilität des Leitermaterials; ν: Wechselstromfrequenz.

Beispiele: $d = 9{,}4$ mm in Cu für 50 Hz Wechselstrom. $d = 0{,}066$ mm in Cu bei 1 MHz. Der hochfrequente Strom fließt also praktisch nur in der Oberfläche, in der *Haut* des Kupfers.

Folgen des Skineffekts:
Der spezif. elektr. Widerstand ϱ eines Materials wächst proportional der Wurzel aus der Stromfrequenz.
Beispiel: Für geraden Kupferdraht steigt ϱ um den Faktor 7,6, wenn man 1 MHz Wechselstrom anstelle von Gleichstrom verwendet.
Wird $d \ll$ Leiterdurchmesser, so benutzt man Hohlleiter oder Litze (sehr viele dünne Drähte verdrillt zu einem dicken Leiter) und spart damit in der Hochfrequenztechnik Leitermaterial.

Direkter **Nachweis** des Skineffekts:
Ein Leiter wird in viele aufgespalten, die einzeln in konzentr. Kreisen angeordnet sind. Jeder Leiter speist eine Glühbirne. Verbindet man eine hochfrequente elektr. Spannung mit der Anordnung, so leuchten nur die peripheren Glühbirnen. Liegt dagegen eine Gleichspannung an, so glühen alle.

Maxwellsche Gleichungen:

	Differentielle Form	Integrale Form
1.	$\operatorname{div} \boldsymbol{D} = \varrho$	$\oint \boldsymbol{D}\, \mathrm{d}\boldsymbol{A} = Q$
2.	$\operatorname{div} \boldsymbol{B} = 0$	$\oint \boldsymbol{B}\, \mathrm{d}\boldsymbol{A} = 0$
3.	$\operatorname{rot} \boldsymbol{E} = -\frac{\mathrm{d}\boldsymbol{B}}{\mathrm{d}t}$	$\oint \boldsymbol{E}\, \mathrm{d}\boldsymbol{s} = -\int \frac{\mathrm{d}\boldsymbol{B}}{\mathrm{d}t}\, \mathrm{d}\boldsymbol{A}$
4.	$\operatorname{rot} \boldsymbol{H} = \frac{\mathrm{d}\boldsymbol{D}}{\mathrm{d}t} + j$	$\oint \boldsymbol{H}\, \mathrm{d}\boldsymbol{s} = \int \frac{\mathrm{d}\boldsymbol{D}}{\mathrm{d}t}\, \mathrm{d}\boldsymbol{A} + I$

Materialgleichungen:

$$\boldsymbol{D} = \varepsilon \boldsymbol{E}$$
$$\boldsymbol{B} = \mu \boldsymbol{H}$$
$$c = \frac{1}{\sqrt{\varepsilon_0 \mu_0}}$$

mit

$\boldsymbol{D}$: elektrische Flußdichte, elektrische Verschiebung
$\boldsymbol{B}$: magnetische Flußdichte, magnetische Induktion
$\boldsymbol{E}$: elektrische Feldstärke
$\boldsymbol{H}$: magnetische Feldstärke
Q: Elektrizitätsmenge, elektrische Ladung
$\mathrm{d}\boldsymbol{A}$: (vektorielles) Flächenelement
$\mathrm{d}\boldsymbol{s}$: (vektorielles) Linienelement
t: Zeit
ϱ: Raumladungsdichte, Ladungsdichte
j: elektrische Stromdichte
I: elektrische Stromstärke
ε: Permittivität
ε_0: elektrische Feldkonstante $= 8{,}85 \times 10^{-12}$ F/m
μ: Permeabilität
μ_0: magnetische Feldkonstante $= 1{,}26 \times 10^{-6}$ H/m
c: Vakuumlichtgeschwindigkeit $= 2{,}99 \times 10^{8}$ m/s

Die Maxwellschen Gleichungen in differentieller und integraler Form

JAMES MAXWELL (1831–79) formulierte 1864 die **Maxwellschen Gleichungen**. Es sind die Grundgleichungen der Elektrodynamik für ruhende Medien; sie gelten als eine der bedeutendsten Leistungen der theoretischen Physik. Sie fassen die experimentellen Erfahrungen zusammen, gehen aber gleichzeitig weit darüber hinaus.

Anhand dieser Gleichungen sagte MAXWELL u.a. die elektromagnetischen Wellen voraus und leitete ihre Eigenschaften ab. Er zeigte, daß sich diese Verknüpfung elektrischer und magnetischer Wellen mit einer endlichen Geschwindigkeit, nämlich mit Lichtgeschwindigkeit, ausbreitet. Das stand im Gegensatz zur damaligen Ansicht, daß derartige Erscheinungen unendlich schnell sind. MAXWELL deckte erstmalig den Zusammenhang zwischen elektr. und optischen Phänomenen auf.

HEINRICH HERTZ fand 1887 die vorhergesagten elektromagnetischen Wellen.

HERMANN MINKOWSKI (1864–1909) dehnte die Maxwellschen Gl. auf bewegte Körper aus und machte sie damit allgemeingültig.

Die Maxwellschen Gl. sind *nicht* anwendbar für sehr kleine Entfernungen, also im atomaren Bereich. Dort gelten die Gesetze der *Quantenelektrodynamik*.

Erst eine einheitliche Feldtheorie – die es noch nicht gibt – wird die Maxwellschen Gl. aus allgemeinen Prinzipien ableiten können. Inzwischen werden die Maxwellschen Gl. als Axiome angesehen.

Die wohl wichtigste Folgerung aus den Maxwellschen Gl. ist, daß sich elektr. und magnet. Felder gegenseitig induzieren können:

Ein sich mit der Zeit änderndes elektr. Feld erzeugt ein magnet. Wirbelfeld.

Ein sich mit der Zeit änderndes magnet. Feld erzeugt ein elektr. Wirbelfeld.

Die **1. Maxwellsche Gleichung** behandelt elektr. Ladungen und das elektr. Feld:

Ruhende elektr. Ladungen erzeugen um sich herum ein elektr. Feld. Die elektr. Feldlinien beginnen oder enden in den Ladungen.

Folgerungen: Coulombs Gesetz. Gleichnamige Ladungen stoßen sich ab, ungleichnamige Ladungen ziehen sich an. In einem isolierten elektr. Leiter sitzen die elektr. Ladungen an der Oberfläche.

Die **2. Maxwellsche Gleichung** geht auf magnet. Felder ein.

Folgerungen: Es gibt keine magnet. Ladungen und keine magnet. Ströme. Insbesondere gibt es keine magnet. Monopole.

Magnet. und elektr. Erscheinungen sind also nicht symmetrisch.

Die **3. Maxwellsche Gleichung** beschreibt elektr. Erscheinungen, hervorgerufen durch sich zeitlich ändernde magnet. Felder.

Folgerungen: Ändert sich ein Magnetfeld mit der Zeit, so induziert es in einem elektr. Leiter einen elektr. Strom (Faradays Gesetz), in einem Dielektrikum einen Verschiebungsstrom. Ein sich zeitlich änderndes magnet. Feld erzeugt um sich herum ein elektr. Feld.

Die **4. Maxwellsche Gleichung** beschreibt magnet. Erscheinungen, hervorgerufen durch sich zeitlich ändernde elektr. Felder.

Folgerungen: Ändert sich ein elektr. Feld mit der Zeit, so erzeugt es um sich herum ein magnet. Feld. Der elektr. Strom ist von einem magnet. Feld umgeben.

Zusammen mit der 3. Maxwellschen Gl. folgt, daß die Lichtgeschwindigkeit aus Materialkonstanten berechnet werden kann.

Zusammen mit der 1. Maxwellschen Gl. folgt die *Kontinuitätsgleichung der Elektrodynamik*, der Satz von der Erhaltung der elektr. Ladung:

$$\mathrm{d}\varrho/\mathrm{d}t + \mathrm{div}\boldsymbol{j} = 0$$

mit

ϱ: elektr. Ladungsdichte; $\boldsymbol{j}$: vektorielle elektr. Stromdichte, d. h. elektr. Strom dividiert durch den Leiterquerschnitt in Richtung des elektr. Stroms.

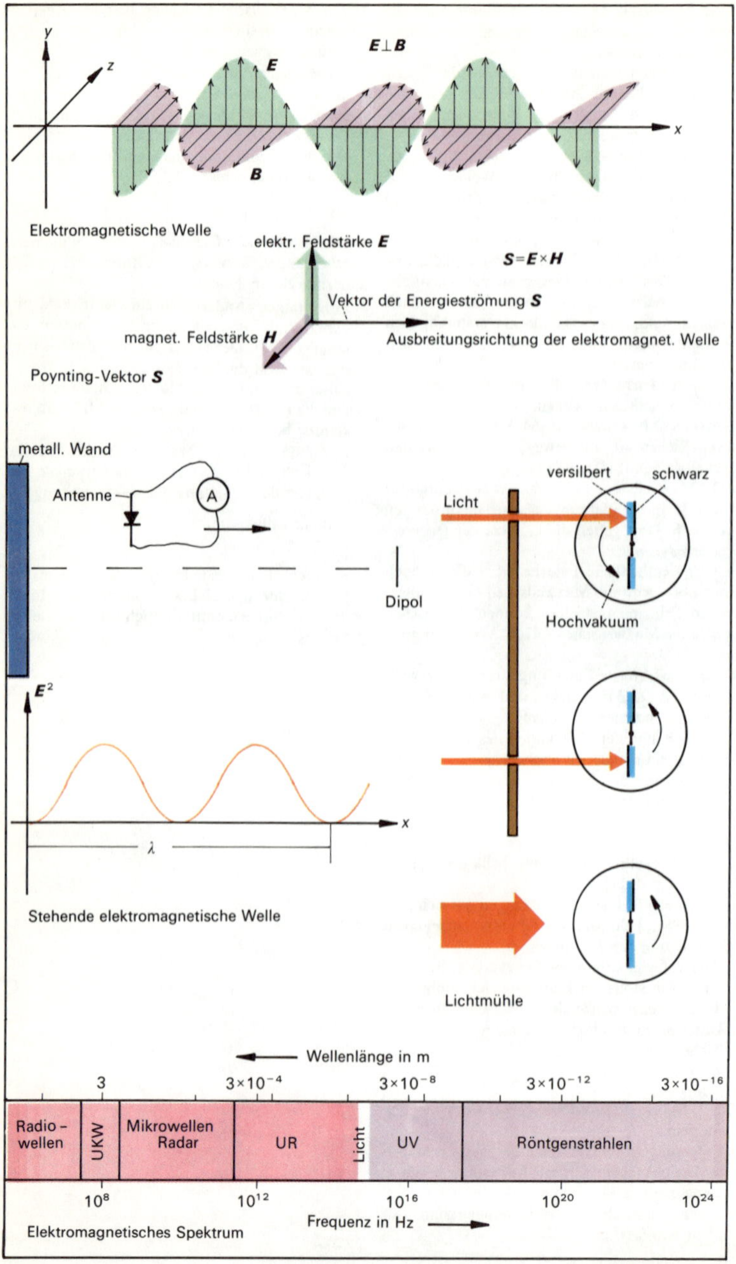

y
z
x
E⊥B
E
B
Elektromagnetische Welle
elektr. Feldstärke E
S=E×H
Vektor der Energieströmung S
magnet. Feldstärke H
Ausbreitungsrichtung der elektromagnet. Welle
Poynting-Vektor S
metall. Wand
Antenne
A
Dipol
E²
x
λ
Stehende elektromagnetische Welle
versilbert
schwarz
Licht
Hochvakuum
Lichtmühle
Wellenlänge in m
3
3×10⁻⁴
3×10⁻⁸
3×10⁻¹²
3×10⁻¹⁶
Radio-wellen
UKW
Mikrowellen Radar
UR
Licht
UV
Röntgenstrahlen
10⁸
10¹²
10¹⁶
10²⁰
10²⁴
Frequenz in Hz
Elektromagnetisches Spektrum

Breiten sich miteinander gekoppelte elektrische und magnetische Felder in Raum und Zeit aus, so sind das **elektromagnetische Wellen** (e. W.).
JAMES MAXWELL leitete 1865 ihre Existenz aus seinen Gleichungen (s. S. 297) ab, HEINRICH HERTZ (1857–94) entdeckte sie 1887 und bewies damit die Gültigkeit der von MAXWELL geschaffenen Theorie des Elektromagnetismus.
Die elektr. Komponente einer ebenen e. W. in x-Richtung wird beschrieben durch

$$\boldsymbol{E} = \hat{\boldsymbol{E}} \sin\omega(t - x/v)$$

Die magnet. Komponente ist

$$\boldsymbol{B} = \hat{\boldsymbol{B}} \sin\omega(t - x/v)$$

mit
$\boldsymbol{E}$: elektr. Feldstärke; $\hat{\boldsymbol{E}}$: Höchstwert von $\boldsymbol{E}$; $\omega = 2\pi\nu$: Kreisfrequenz der e. W.; x: x-Koordinate; v: Ausbreitungsgeschw. der e. W.; $\boldsymbol{B}$: magnet. Induktion; $\hat{\boldsymbol{B}}$: Höchstwert von $\boldsymbol{B}$.

Das Verhältnis E/B der Beträge von $\boldsymbol{E}$ und $\boldsymbol{B}$ heißt *Wellenwiderstand* (Formelzeichen Z) der e. W., gemessen in Ohm. Es gilt

$$Z = \sqrt{\mu/\varepsilon}$$

mit
μ, ε: Permeabilität bzw. Permittivität der Substanz, in der sich die e. W. ausbreitet.

Eigenschaften der elektromagn. Wellen

1) Es sind transversale Wellen, d. h. $\boldsymbol{E}$ und $\boldsymbol{B}$ stehen senkrecht auf der Ausbreitungsrichtung.

2) $\boldsymbol{E}$ und $\boldsymbol{B}$ stehen senkrecht aufeinander.
Den Zusammenhang zwischen $\boldsymbol{E}$ und $\boldsymbol{B}$ kann man wie folgt formulieren:

$$\boldsymbol{B}_z = \sqrt{\varepsilon/\mu}\,\boldsymbol{E}_y \quad \text{und} \quad \boldsymbol{E}_y = \hat{\boldsymbol{E}} \sin\omega(t - x/v)$$

Die Buchstabensubskripte bezeichnen die Komponenten der entsprechenden Richtungen.

3) $\boldsymbol{E}$ und $\boldsymbol{B}$ schwingen in Phase; d. h. beider Schwingungsknoten und -bäuche liegen jeweils an der gleichen Stelle.

4) Die Ausbreitungsgeschw. v der e.W. ist

$$v = 1/\sqrt{\varepsilon\mu}$$

In Vakuum ist dann

$$v = 1/\sqrt{\varepsilon_0\mu_0}$$

mit
ε_0, μ_0: elektr. Feldkonstante bzw. magnet. Feldkonstante.
Setzt man die Zahlenwerte ein, so folgt

$$v = 2{,}99 \times 10^8 \text{ m/s}$$

Das ist aber die Ausbreitungsgeschw. des Lichtes. MAXWELL schloß daraus, daß Licht eine e. W. ist. Damit ordnete er die Optik in die Elektrodynamik ein.
In Materie ist also

$$v = c/\sqrt{\varepsilon_r\mu_r}$$

mit
ε_r, μ_r: Permittivitäts- bzw. Permeabilitätszahl.
Da $\mu_r \approx 1$, folgt

$$v \approx c/\sqrt{\varepsilon_r}$$

In einer Substanz breitet sich also die e. W. langsamer aus als in Vakuum.

Beispiel: Ausbreitungsgeschw. einer e. W. in Wasser. Da $\varepsilon_r = 82$ für Wasser, folgt

$$v = 2{,}99 \times 10^8/\sqrt{82} \text{ m/s}$$
$$= 3{,}34 \times 10^7 \text{ m/s}$$

Beim Übergang von einer Substanz in die andere erfolgt Brechung mit einer Brechzahl $n = c/v$ (s. S. 143) und damit $n = \sqrt{\varepsilon_r}$.
Linsen für e. W. lassen sich leicht herstellen aus Substanzen mit einer Permittivitätszahl >1, z. B. Behälter gefüllt mit Benzol oder Wasser.

Eindringtiefe. Elektromagnet. Wellen dringen in Dielektrika ein, jedoch nicht in metall. Leiter. Sie werden beim Eindringen geschwächt, sind also im Inneren keine harmon. Wellen mehr; d. h. ihr Höchstwert sinkt exponentiell mit der Eindringtiefe. Es gilt

$$\hat{\boldsymbol{E}} = \hat{\boldsymbol{E}}_0 \exp(-\delta d)$$

mit
$\hat{\boldsymbol{E}}$: Höchstwert der elektr. Komponente der e. W.; $\hat{\boldsymbol{E}}_0$: $\hat{\boldsymbol{E}}$ an der Grenzfläche; δ: Abklingkoeffizient; d: Eindringtiefe.
δ hängt ab von der Frequenz der e. W. Es treten zwei Grenzfälle auf:

a) *Hohe Frequenzen*, d. h. $\nu \gg \mu_0\gamma c^2$, mit γ: elektr. Leitfähigkeit des Dielektrikums. Dann folgt aus der Maxwellschen Theorie:
δ ist frequenzunabhängig, die e. W. dringen wenige Wellenlängen tief ein. Das gilt für Wellen im Millimeterbereich und darunter.

b) *Niedrige Frequenzen*, d. h. $\nu \ll \mu_0\gamma c^2$. Dann folgt:
$\delta \sim \sqrt{\nu}$, die e. W. dringen nur Bruchteile einer Wellenlänge tief ein. Das gilt für Wellen im Meterbereich und länger.

Der **Poynting-Vektor** (Formelzeichen $\boldsymbol{S}$), benannt nach JOHN POYNTING (1852–1914), beschreibt die Flußdichte der Energie einer e. W. Er ist definiert als

$$\boldsymbol{S} = \boldsymbol{E} \times \boldsymbol{H}$$

mit
$\boldsymbol{H}$: magnetische Feldstärke.
$\boldsymbol{S}$ steht senkrecht auf $\boldsymbol{E}$ und $\boldsymbol{H}$ und weist von der Strahlungsquelle radial nach außen. Der Betrag S wird gemessen in $\text{J} \cdot \text{m}^{-2} \cdot \text{s}^{-1}$.
Der Betrag des Poynting-Vektors der Sonnenstrahlung an der Obergrenze der Erdlufthülle

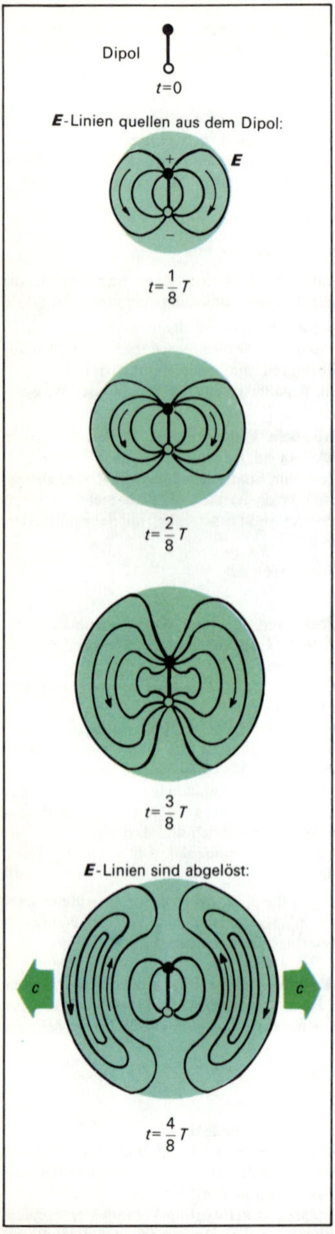

Entstehung einer elektromagnetischen Welle

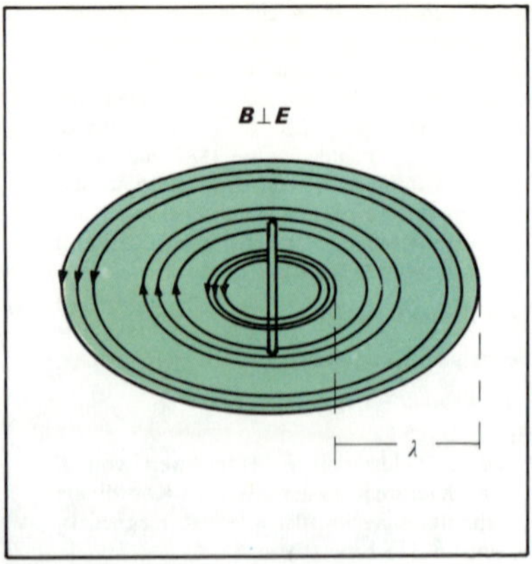

B-Induktionslinien um einen Dipol

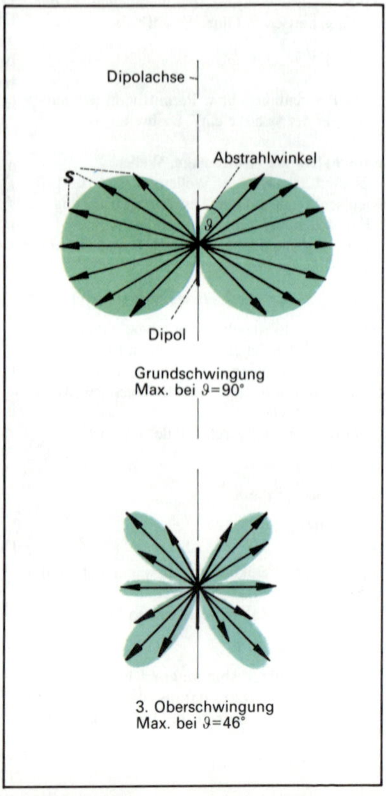

Strahlungsdiagramme eines Dipols

heißt *Solarkonstante* und hat den Wert 1,35 $\times 10^3\,\mathrm{J \cdot m^{-2} \cdot s^{-1}}$.

Für die von einem *linearen Oszillator* (s. S. 293) in der Grundschwingung abgestrahlte Strahlungsflußdichte, d. h. für S, gilt

$$S = \frac{p^2 \omega^4 \sin^2 \vartheta}{4\pi \varepsilon_0 c^3 r^2}$$

mit

p: Betrag des Dipolmomentes des linearen Oszillators; ϑ: Abstrahlrichtung bezogen auf die Dipolachse; r: Abstand vom Dipol.

S sinkt also mit dem Quadrat des Abstandes, das bedeutet

$$E \sim H \sim 1/r$$

Der lineare Oszillator strahlt maximal senkrecht zur Dipolachse, er emittiert *nicht* in Achsenrichtung.

Für Oberschwingungen sieht die Strahlungscharakteristik anders aus.

Integration über alle Richtungen liefert für die Gesamtstrahlungsleistung P des linearen Oszillators

$$P = (2p^2\omega^4)/(3\varepsilon_0 c^3)$$

Strahlungsdruck. Elektromagnet. Wellen üben auf eine Fläche senkrecht zu ihrer Ausbreitungsrichtung einen Druck aus. Beim Licht ist das der **Lichtdruck.** Erstmalig nachgewiesen 1900 durch Pjotr Lebedew (1866–1912).

Bei vollständiger und senkrechter Reflexion gilt

$$\text{Strahlungsdruck} = 2\,S/c$$

mit

S: zeitl. Mittelwert vom Betrag des Poynting-Vektors; c: Lichtgeschw.

Beispiel: Der Strahlungsdruck der Sonne an der Erdoberfläche beträgt 9,4 μPa.

Anwendungen:

Kometenschweif: In Sonnennähe erwärmt sich der Komet, Mikroteilchen treten aus dem Kern aus, der Strahlungsdruck der Sonne drückt die Partikel in Richtung der Strahlung. Daher weist der Kometenschweif stets von der Sonne weg.

Supernova: Beim Ausbruch treibt der Strahlungsdruck die ursprüngliche Oberfläche des Objekts mit hoher Geschwindigkeit nach außen, sichtbar als expandierende Gashülle.

Die **Lichtmühle** (s. S. 298) wird *nicht* durch den Lichtdruck angetrieben. Die von der (stärker erwärmten) schwarzen Seite zurückprallenden Gasmoleküle erhalten einen größeren Impuls als die von der versilberten. Die schwarze Seite erfährt damit einen stärkeren Rückstoß.

Nachweis elektromagnet. Wellen

Heinrich Hertz entdeckte 23 Jahre nach der theoretischen Ableitung durch James Maxwell die elektromagnet. Wellen.

Als Sender verwandte Hertz einen linearen Oszillator mit der Wellenlänge $\lambda = 60\,\mathrm{cm}$.

Treffen e. W. senkrecht auf eine Metallwand, so werden sie total reflektiert. An der Oberfläche weist $\boldsymbol{E}$ einen Knoten auf. Vor der Wand baut sich eine stehende e. W. auf.

$\boldsymbol{E}$ weist man mit einer *Antenne* nach. Das ist z. B. ein gerader Draht, unterbrochen durch eine Gleichrichter-Diode und angeschlossen an einen Strommesser. Liegt die Antenne parallel zur Wand und in der Ebene der e.W., so fließt ein Antennenstrom I. Da I proportional $\boldsymbol{E}^2$ ist, kann man durch Verschieben senkrecht zur Wand die e. W. ausmessen und ihre Wellenlänge bestimmen.

Gleichzeitig beweist man, daß die e. W. linear polarisiert (s. S. 85) ist, d. h. nur in einer Ebene schwingt. Dreht man nämlich die Antenne in einer zur Wand parallelen Ebene, so beobachtet man I nur bei einer Einstellung.

Entstehung elektromagnet. Wellen

Schwingt ein linearer Oszillator, so ändert sich sein elektr. Feld mit der Kreisfrequenz ω. $\boldsymbol{E}$ baut sich auf, erreicht ein Maximum, sinkt ab, geht dann durch Null und erscheint erneut mit entgegengesetztem Vorzeichen. Da die Feldlinien von $\boldsymbol{E}$ sich mit der *endlichen* Geschw. c ausbreiten, ist $\boldsymbol{E}$ nach einer Periode lediglich um eine Wellenlänge, d. h. um c/ν, in den umgebenden Raum vorgedrungen (ν: Frequenz der e. W.). Die zeitlich aufeinanderfolgenden Zustände des linearen Oszillators widerspiegeln sich in räumlich aufeinanderfolgenden elektr. Feldern. Der Abstand zweier benachbarter Feldlinienbündel ist also $\lambda/2$.

Entsprechendes gilt für die magnet. Feldlinien: Sie entstehen als zur Dipolachse konzentrische Ringe und entweichen ebenfalls als Feldlinienbündel mit der Geschw. c.

Die Feldlinien von $\boldsymbol{E}$ und $\boldsymbol{B}$ stehen überall im Raum senkrecht aufeinander und sind in großer Entfernung vom Dipol (d. h. Abstand $\gg$ Dipollänge) in gleicher Phase. Beide Felder sind miteinander gekoppelt und induzieren sich gegenseitig. Der Poynting-Vektor zeigt überall radial vom Oszillator weg.

Elektromagnetisches Spektrum

Die e. W. umfassen einen kontinuierl. Wellenlängenbereich, das elektromagnet. Spektrum: *Radiowellen* grenzen den Bereich nach oben, *Gammastrahlen* nach unten ab. Tatsächlich gibt es wahrscheinlich weder eine untere noch eine obere Grenze für die Wellenlängen bzw. Frequenzen. Die Unterteilung in versch. Bereiche, wie Radiowellen, Radar, Licht usw., ist ziemlich willkürlich. Der Mensch kann bewußt nur ein sehr enges Wellenlängenband zwischen 400 nm und 760 nm wahrnehmen: das *optische Spektrum.*

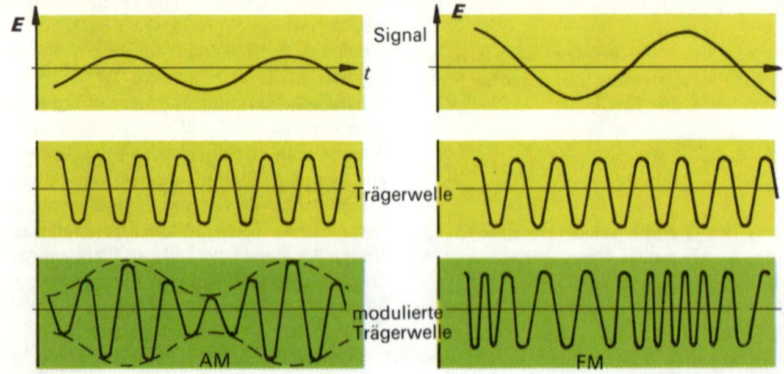

Modulation

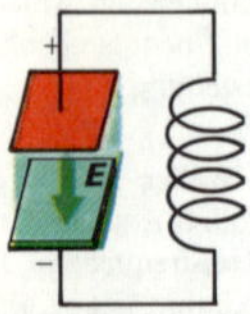

Geschl. Schwingkreis

Empfangscharakteristik:

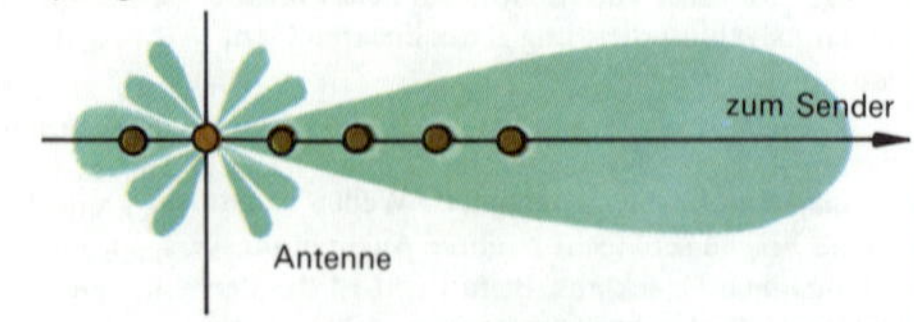

Offener Schwingkreis

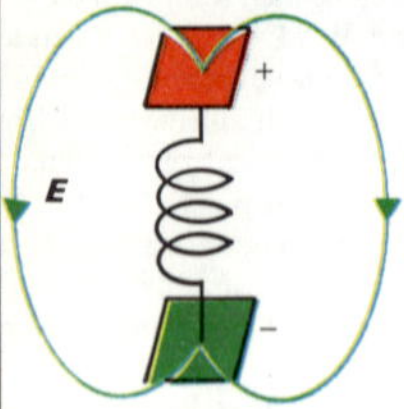

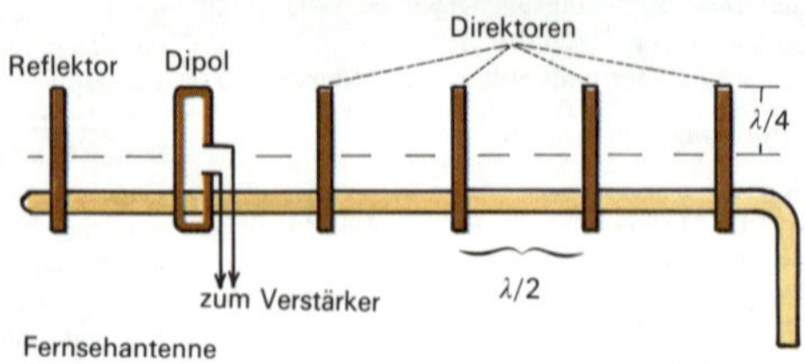

Fernsehantenne

Stabantenne

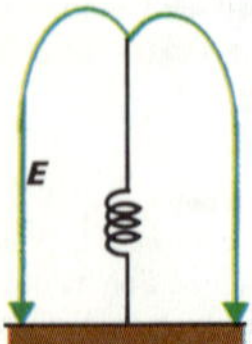

Entwicklung einer Stabantenne

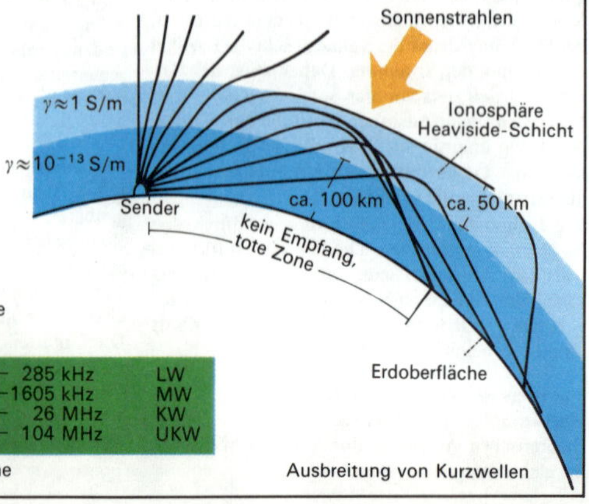

Ausbreitung von Kurzwellen

Langwelle	150 kHz – 285 kHz	LW
Mittelwelle	525 kHz –1605 kHz	MW
Kurzwelle	6,1 MHz– 26 MHz	KW
Ultrakurzwelle	87,5 MHz– 104 MHz	UKW

Rundfunk- und Fernsehbereiche

Elektromagnetische Wellen (e. W.) können Informationen über weite Entfernungen transportieren. Sieht man ab von Lichtsignalen, so gelang das erstmalig 1897 durch GUGLIELMO MARCONI (1874–1937; Nobelpreis 1909). Seine **drahtlose Telegraphie** übertrug anfangs Nachrichten in Morse-Code, später in Klartext mit Hilfe von Radiowellen. Die Erfindung der Elektronenröhre 1916 erlaubte rauscharme Verstärkung und Empfang e.W. und verhalf damit dem Radio zum Durchbruch.

Das Fernsehen begann mit sehr kleinen Schritten. Erst die Konstruktion der Braunschen Röhre 1897 durch KARL FERDINAND BRAUN (1850–1918; Nobelpreis 1909) ermöglichte die Umwandlung elektromagnet. Signale in optische. Praktische Fernsehsendungen begannen 1925 in Deutschland, USA und England.

E. W. werden mit Hilfe von **Antennen** ausgestrahlt und empfangen. Man unterscheidet:

Die **Stabantenne** ist ein aufgebogener und einseitig geerdeter Schwingkreis (s. S. 293). Sie steht senkrecht zur Erdoberfläche – oder einer anderen geerdeten Fläche –, nimmt die *elektr.* Komponente des elektromagn. Feldes auf und wandelt sie in einen Antennenstrom um. Sie besitzt keine Vorzugsrichtung.

Die **Rahmen-** oder **Peilantenne** ist eine flache Spule und wirkt als Schwingkreis, der die *magnet.* Komponente des elektromagn. Feldes aufnimmt. Sie ist senkrecht zur Erdoberfläche montiert und drehbar um eine vertikale Achse. Die Empfangscharakteristik zeigt zwei Vorzugsrichtungen; der Antennenstrom erreicht ein Maximum, wenn der Rahmen zum Sender weist.

Der *Wirkungsgrad* einer Antenne ist

$$\eta \approx 800\, h^3/\lambda^3 \qquad \textit{Antennenformel}$$

mit

η: Wirkungsgrad, gemessen in %; h: Höhe der Antenne über dem Boden; λ: Empfänger- bzw. Senderwellenlänge.

η wird also maximal für $h = \lambda/2$.

Modulation. Die akust. Frequenzen (16 Hz bis 15 kHz) werden nicht direkt in elektromagn. Frequenzen umgewandelt und ausgestrahlt, der praktisch erreichbare Wirkungsgrad wäre zu gering.

Für 1 kHz wäre nach der Antennenformel die optimale Antennenhöhe 3×10^5 m!

Das Audio- bzw. Videosignal wird einer Trägerwelle *aufmoduliert*. Die Frequenzen der Trägerwellen liegen beim Radio zwischen 30 kHz und 300 MHz, beim Fernsehen zwischen 50 MHz und 1 GHz.

Man unterscheidet:

Amplitudenmodulation. Die Höchstwerte von ***E*** und ***B*** der Trägerwelle ändern sich entsprechend dem übertragenen Signal. Der Antennenstrom I ist dann

$$I = (\hat{I}_0 + \hat{I}_s \sin\omega_s t)\sin\omega_0 t$$

mit

$\hat{I}$: Höchstwert von I; $\omega = 2\pi\nu$; ν: Frequenz; t: Zeit. Subskript 0 gilt für die Trägerwelle, Subskript s für das Signal.

Sendungen im Mittel- und Langwellenbereich sind amplitudenmoduliert.

Frequenzmodulation. Die Frequenzen von ***E*** und ***B*** der Trägerwelle ändern sich entsprechend dem übertragenen Signal. Es gilt

$$I = \hat{I}_0 \sin(\omega_0 t + (\omega_0/\omega_s)\sin\omega_s t)$$

Sendungen im Kurz- und Ultrakurzwellen- als auch im Fernsehbereich sind frequenzmoduliert. Das Signal wird praktisch störungsfrei übertragen.

Bei Stereosendungen sind der Trägerwelle zwei Signale aufmoduliert; beim Fernsehen enthält die Trägerwelle sowohl Audio- als auch Videosignale.

Der **Sender** umfaßt mehrere Stufen:

Umsetzen der Information in ein elektr. Signal. Umsetzer: Mikrophon, Videokamera.

Verstärken des Signals.

Modulieren des Signals auf die Trägerwelle.

Verstärken der e. W.

Aussenden über eine Antenne.

Der **Empfänger** umfaßt ebenfalls mehrere Stufen:

Empfangen des elektromagnet. Signals über eine Antenne und Auswahl des Senders mittels eines auf die Trägerwelle abgestimmten Schwingkreises.

Verstärken des Antennenstroms I.

Demodulieren von I durch Ausfiltern des Signals von der Trägerwelle.

Verstärken.

Umsetzen des elektr. Signals in ein akustisches (Lautsprecher) oder optisches (Bildröhre).

Fortpflanzung der e. W. erfolgt entlang der leitenden Erdoberfläche und durch die Lufthülle.

Von bodennahen Sendern emittierte e. W. mit $\lambda > 100$ m pflanzen sich vorwiegend als *Bodenwelle* fort. Bei gleicher Senderleistung ist ***E*** etwa umgekehrt proportional dem Abstand und proportional der Wellenlänge.

Bei Sendern mit $10^{-1}\,\text{m} < \lambda < 10^2\,\text{m}$ wird die Bodenwelle rasch absorbiert. Die *Raumwelle* dagegen breitet sich geradlinig nach allen Seiten aus und wird in ca. 100 km Höhe an den ionisierten Luftmolekülen der Ionosphäre (Kennelly-Heaviside-Schicht, E-Schicht) gebrochen und zur Oberfläche zurückgesandt.

Wellen mit $\lambda < 10^{-1}$ m passieren die Lufthülle geradlinig; ihr Empfang ist auf opt. Sichtweite (ca. 80 km) begrenzt.

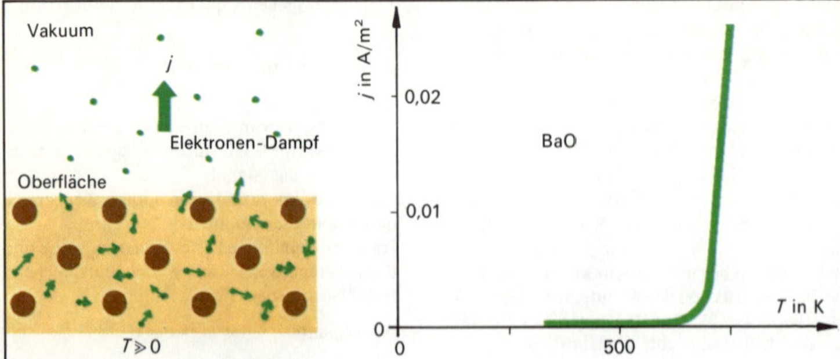

Glühemission von Elektronen

Material	ϕ in eV
Pt	6,27
W	4,54
Cu	4,39
Mo	4,16
Ag	4,05
Si	4,02
Rb	2,16
Cs	1,81
BaO	0,99

Ablösearbeit ϕ

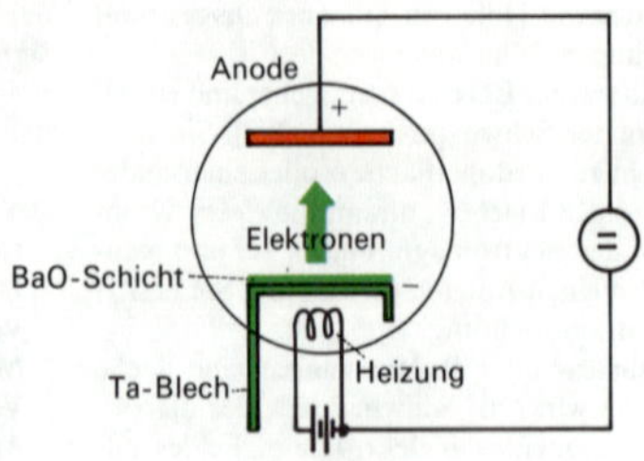

Glühemissions-Diode

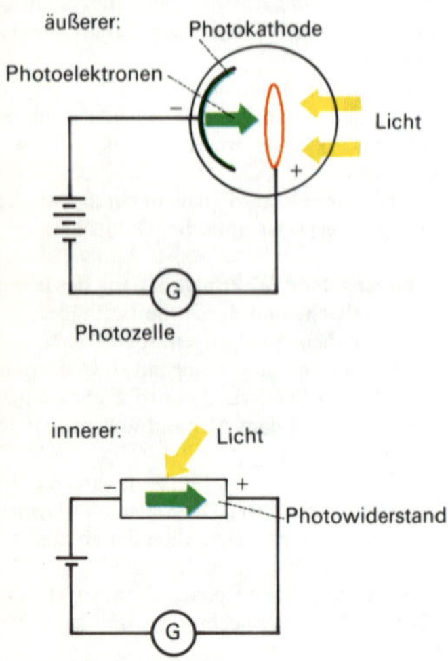

Elektrischer Photoeffekt

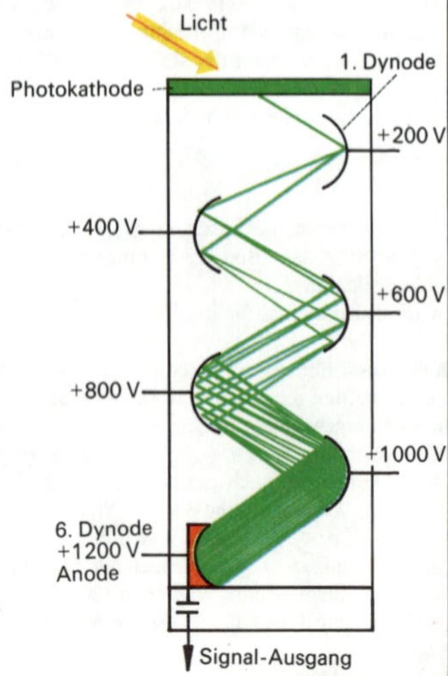

SEV mit 6 Stufen

Das **Elektron** – der Name ist abgeleitet aus dem griech. Wort für Bernstein – ist ein negativ geladenes und stabiles Elementarteilchen. JOSEPH THOMSON (1856–1940) gilt als Entdecker (1897). Das Symbol für Elektron ist e^-, die Ruhemasse ist $9{,}1095 \times 10^{-31}$ kg, die elektr. Ladung ist gleich der *Elementarladung* (s. S. 207), nämlich $-1{,}602 \times 10^{-19}$ C. Das Elektron ist der Träger des elektr. Stroms. Die Energie des Elektrons wird gemessen in Elektronenvolt (Einheitenzeichen eV; s. S. 43). Umrechnung: $1\,\text{eV} = 1{,}602 \times 10^{-19}$ J.

Elektronen heißen *freie Elektronen*, sobald sie den Einflußbereich des Atoms verlassen. Aus dem Verhalten des freien Elektrons in elektr. und magnet. Feldern werden seine Eigenschaften erschlossen.

Der Einfluß der Schwerkraft darf vernachlässigt werden, denn die elektr. Wechselwirkungen sind um viele Größenordnungen stärker als die der Gravitation.

Ausreichende Energiezufuhr löst Elektronen vom Atom ab.

Glühemission. OWEN RICHARDSON (1879–1959; Nobelpreis 1928) entdeckte 1908, daß ein hoch erhitztes Metall Elektronen abgibt. Für die emittierte elektr. Stromdichte gilt die Richardsonsche Gleichung

$$j = AT^2 \exp(-\phi/kT)$$

mit

j: elektr. Stromdichte, gemessen in A/m^2; A: Richardson-Konstante (ca. $0{,}006\,\text{A} \cdot \text{m}^{-2} \cdot \text{K}^{-2}$); ϕ: Austrittsarbeit; $k = 1{,}38 \times 10^{-23}\,\text{J} \cdot \text{K}^{-1}$: Boltzmann-Konstante; T: thermodynam. Temperatur.

Die **Austrittsarbeit** ϕ ist jene Energie, die aufgewandt werden muß, um ein im Inneren frei verschiebl. Leitungselektron durch die Oberfläche ins Vakuum zu bringen. ϕ hängt vom Element ab und ist bes. niedrig für Alkalimetalle. ϕ beträgt einige eV.

Schon bei Raumtemp. ist die therm. Energie ganz weniger Leitungselektronen $> \phi$ (s. Boltzmann-Verteilung, S. 115), doch ihre mittlere Energie ist ca. 1% von ϕ.

Die **Glühkathode** besteht aus einem indirekt beheizten Trägermetall mit einem Überzug aus BaO und Alkalibeimengungen. Die oft verwandte *Wehnelt-Kathode* emittiert bei 900 °C ca. $200\,\text{mA/cm}^2$. Das sind ca. $1{,}25 \times 10^{18}$ Elektronen/cm^2.

Anwendung: Im *Glühkathodenrohr* zieht die Anodenspannung die Elektronen durch den evakuierten Behälter, es fließt ein elektr. Strom. Da die Anode bei Umkehrung der elektr. Polarität keine Elektronen emittiert, wirkt das Glühkathodenrohr als Gleichrichter.

Feldemission. Elektr. Feldstärken $> 10^9$ V/m ziehen Elektronen aus einem Material ins Vakuum, ein in erster Linie quantentheoretisch erklärbarer Vorgang, genannt *Tunneleffekt*. Er bewirkt eine effektive Reduzierung von ϕ. Die für die Feldemission notwendigen elektr. Feldstärken liegen an feinen, elektr. geladenen Spitzen vor.

Anwendung: Feldelektronenmikroskop (s. S. 169).

Stoßionisation. Prallen schnelle geladene Teilchen auf eine Oberfläche oder auf andere Teilchen – z. B. in einem Gas –, so ionisieren sie ihre Stoßpartner und lösen damit freie Elektronen aus. Diese können durch elektr. und magnet. Felder von den Ionen getrennt werden. Die freien Elektronen können erneut Elektronen freisetzen und so eine Elektronenlawine auslösen.

Sekundärelektronen-Vervielfacher, Multiplier, verstärken sehr schwache Elektronen-Ströme. Ein Primärelektron prallt in Vakuum auf eine mit Alkalimetallen beschichtete Oberfläche und löst durch Stoßionisation mehrere Elektronen aus. Ein elektr. Feld beschleunigt und leitet diese Sekundärelektronen auf eine weitere Oberfläche (Dynode genannt), mehr Elektronen treten aus. SEV haben bis zu 12 Dynoden und erreichen Verstärkungsfaktoren $> 10^5$, d. h. trifft 1 Elektron auf die erste Dynode, so verlassen 10^5 Elektronen die zwölfte.

Verwendung: vor allem zur Messung kleinster Lichtintensitäten. Dabei löst ein einfallendes Lichtquant das erste Elektron aus einer den Dynoden vorgeschalteten Photokathode aus.

Photoeffekt (s. S. 187). Trifft ein Photon ausreichender Energie auf ein Atom, so kann es ein Elektron freisetzen. Es gilt

$$E_k = hv - W \qquad \textit{Einstein-Gleichung}$$

mit

E_k: kinet. Energie des freigesetzten Elektrons; $h = 6{,}63 \times 10^{-34}\,\text{J} \cdot \text{s}$: Planck-Konstante; v: Frequenz des Photons; W: Bindungsenergie des Elektrons an das Atom.

Man unterscheidet:

Äußerer Photoeffekt. Die Elektronen treten von der Oberfläche des bestrahlten Materials aus.

Anwendung: In der *Photozelle* stehen sich zwei Elektroden gegenüber. Auftreffendes Licht löst aus der Photoelektrode freie Elektronen aus. Zwischen beiden Elektroden fließt ein Photostrom proportional der Beleuchtungsstärke.

Innerer Photoeffekt. Das Licht dringt ins Innere des Materials (vor allem Halbleiter) ein und setzt dort zusätzl. Leitungselektronen frei. Die elektr. Leitfähigkeit ändert sich.

Anwendung: im *Photoelement.*

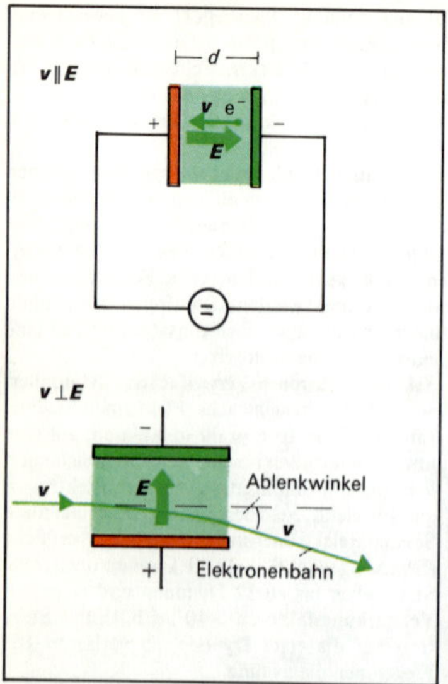

Elektronen im homogenen elektrischen Feld

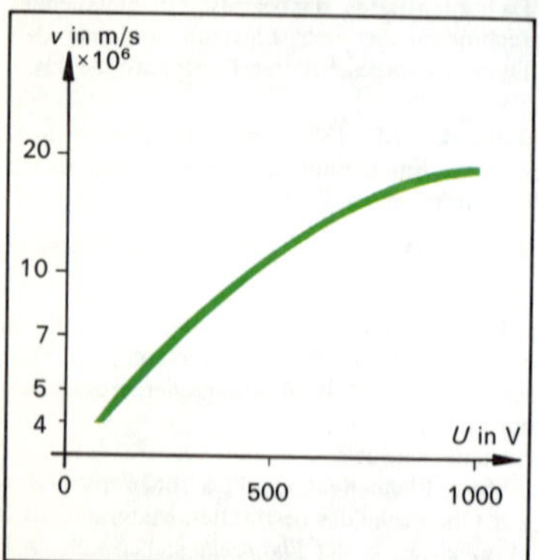

Elektronengeschwindigkeit v und Beschleunigungsspannung U

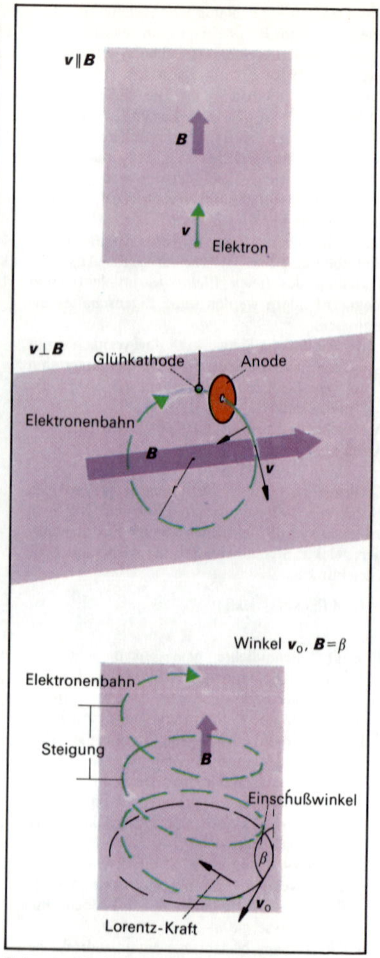

Elektronen im homogenen Magnetfeld

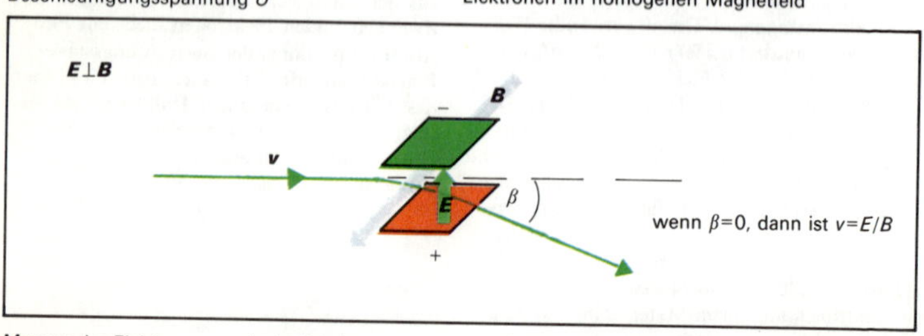

Messen der Elektronengeschwindigkeit v

Im folgenden wird die Bewegung elektr. Ladungsträger in elektr. und magnet. Feldern behandelt, beschränkt auf Elektronen (e^-), früher *Kathodenstrahlen* genannt.

Elektronen in elektr. Feldern

Zwischen zwei elektr. geladenen parallelen Platten existiert ein homogenes elektr. Feld der elektr. Feldstärke $\boldsymbol{E}$. Es gilt

$$E = U/d$$

mit

$E = |\boldsymbol{E}|$; U: Elektr. Spannung; d: Plattenabstand. An e^- in $\boldsymbol{E}$ greift die Coulomb-Kraft $\boldsymbol{F}_c$ an, es gilt

$$F_c = eE = ma = eU/d \qquad \textit{Coulomb-Kraft}$$

mit

$F_c = |\boldsymbol{F}_c|$; $e = 1{,}602 \times 10^{-19}$ C: Elementarladung; m: Masse von e^-; $a = |\boldsymbol{a}|$: Beschleunigung von e^- unter dem Einfluß von $\boldsymbol{F}_c$.

e^- »fällt« in Richtung Anode. Für den Betrag v der Geschw. $\boldsymbol{v}$ nach Durchlaufen von U gilt

$$v = \sqrt{2eU/m}$$

Solange $U < 1$ kV, ist die relativist. Masse praktisch gleich der Ruhemasse von e^- und es gilt

$$v = 5{,}93 \times 10^5 \sqrt{U} \text{ m/s}$$

Beispiel: Ein zuvor ruhendes e^- erreicht zwischen zwei Platten mit $U = 500$ V die Geschw. $v = 1{,}33 \times 10^7$ m/s.

Der Quotient e/m_e, mit m_e: Ruhemasse von e^-, ist eine *Fundamentalkonstante der Physik* und heißt **spezifische Elektronenladung.** Ihr Zahlenwert ist

$$e/m_e = 1{,}759 \times 10^{11} \text{ C/kg}$$

W. Kaufmann bestimmte 1901 e/m_e und stellte fest, daß der Zahlenwert mit U ansteigt. Er interpretierte das als einen Massenzuwachs von e^-, der erste Hinweis auf eine Geschwindigkeitsabhängigkeit der Masse.

Im *longitudinalen elektr. Feld*, d.h. die Anfangsgeschw. $\boldsymbol{v}_0$ von e^- ist parallel $\boldsymbol{E}$, addieren sich $\boldsymbol{v}_0$ und $\boldsymbol{v}$.

Im *transversalen elektr. Feld*, d.h. $\boldsymbol{v}_0 \perp \boldsymbol{E}$ beschreibt das Elektron eine Parabel in einer Ebene, die von $\boldsymbol{v}_0$ und $\boldsymbol{E}$ aufgespannt wird.

Die Bahngeschw. $\boldsymbol{v}$ kann zerlegt werden in eine Komponente $\boldsymbol{v}_\parallel$ parallel zu $\boldsymbol{v}_0$ und in eine Komponente $\boldsymbol{v}_\perp$ senkrecht zu $\boldsymbol{v}_0$. Es gilt

$$\boldsymbol{v}_\parallel = \boldsymbol{v}_0$$

und

$$\boldsymbol{v}_\perp = (e/m)El/v_0$$

mit

l: Länge der Flugbahn von e^- innerhalb $\boldsymbol{E}$.

Für den *Ablenkwinkel* β gilt

$$\tan\beta = (e/m)El/v_0^2$$

Elektronen in magnet. Feldern

An einem Elektron in einem magnet. Feld greift die Lorentz-Kraft $\boldsymbol{F}_L$ an (s. S. 247). Es gilt

$$\boldsymbol{F}_L = e\boldsymbol{v} \times \boldsymbol{B}$$

mit

$\boldsymbol{B}$: magnet. Induktion.

Das e^- wird senkrecht zu $\boldsymbol{v}$ und senkrecht zu $\boldsymbol{B}$ abgelenkt.

Man unterscheidet:

$\boldsymbol{v} \perp \boldsymbol{B}$. In diesem Falle erreicht $\boldsymbol{F}_L$ den Maximalwert. e^- folgt einer kreisförmigen Bahn, die Bahnebene liegt senkrecht zu den $\boldsymbol{B}$-Induktionslinien. Der Krümmungsradius r der Bahnkurve ist

$$r = mv_0/(eB)$$

mit

$B = |\boldsymbol{B}|$; v_0: Anfangsgeschw. von e^-.

Das Teilchen ändert nur seine Richtung, seine Geschw. ändert sich *nicht*.

Anwendung: Messung von e/m. Beschleunigt man einen engen Elektronenstrahl mit Hilfe einer Potentialdifferenz U und sendet ihn in ein homogenes Magnetfeld bekannter Feldstärke, so beschreibt er eine Kreisbahn (s. S. 247). Es gilt

$$e/m = 2U/(r^2B^2)$$

Bewegen sich die e^- in einem Gefäß mit dem Innendruck von ca. 0,1 Pa, so leuchten die Restgasmoleküle beim Zusammenstoß auf. Die Elektronenbahn wird sichtbar und die einzig unbekannte Größe – r – kann gemessen werden.

$\boldsymbol{v}$ nicht $\perp \boldsymbol{B}$. Die e^- beschreiben eine Schraubenlinie (Helix) um die $\boldsymbol{B}$-Induktionslinien (s. S. 247). Die Ganghöhe h der Schraube ist

$$h = (2\pi mv/(eB))\cos\beta$$

mit

β: Einschußwinkel, d.h. Winkel zwischen $\boldsymbol{v}$ und $\boldsymbol{B}$.

Die Zeitspanne τ für einen kompletten Umlauf der e^- innerhalb $\boldsymbol{B}$ beträgt

$$\tau = 2\pi m/(Be)$$

ist also unabhängig vom Bahnradius.

Polarlichter. e^- von der Sonne treten in das Magnetfeld der Erde ein. Dieses zwingt sie auf eine Schraubenbahn, deren Radius wegen der Zunahme von $\boldsymbol{B}$ in Richtung Magnetpol immer enger wird. In den dünnen Luftschichten leuchten die Gase beim Zusammenstoß auf.

Elektronen in elektr. und magnet. Feldern

Coulomb- und Lorentz-Kräfte wirken zusammen.

$$\boldsymbol{F} = e(\boldsymbol{E} + \boldsymbol{v} \times \boldsymbol{B})$$

Läßt man beide Kräfte in entgegengesetzte Richtungen wirken, so daß $\boldsymbol{F}_c = \boldsymbol{F}_L$, dann kann man die Elektronengeschw. v einfach messen (Experiment von Joseph Thomson 1897):

$$v = E/B$$

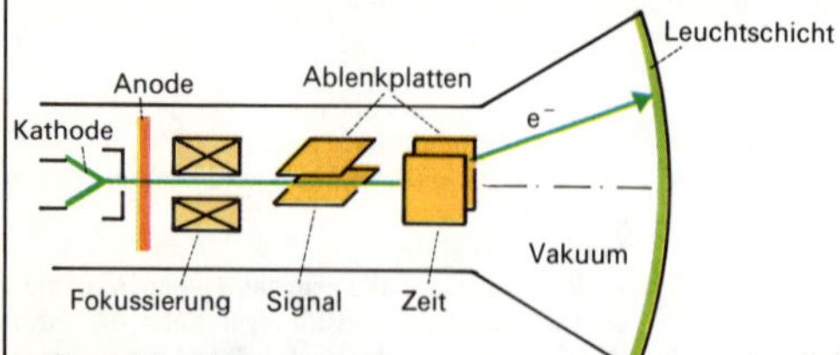

Braunsche Röhre

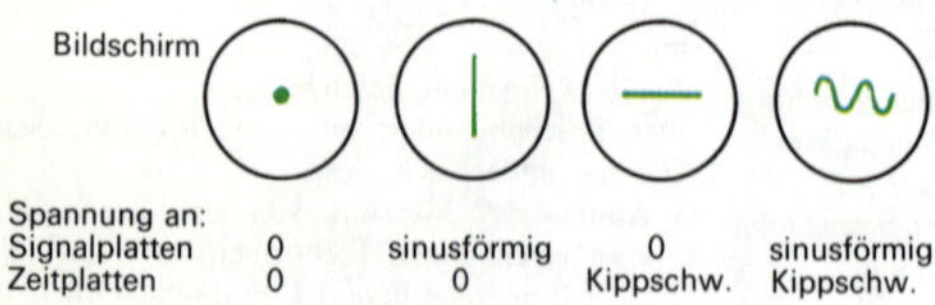

Sichtbarmachen eines sin-Signals

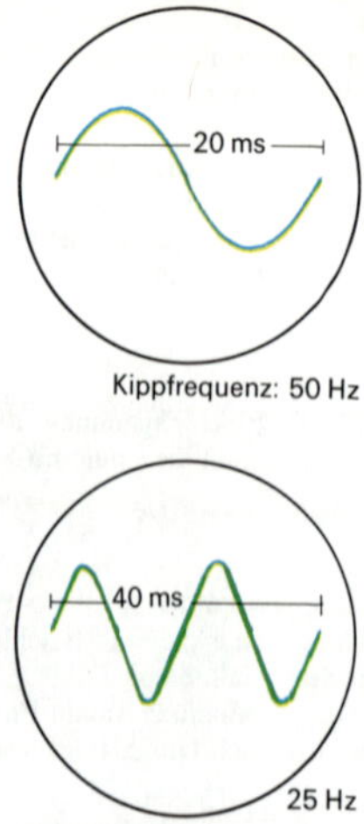

Netzspannung auf dem Oszilloskopschirm

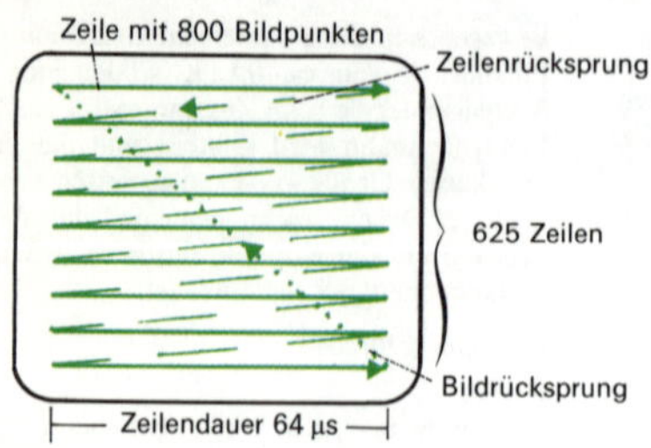

Punktweiser Aufbau des SW-Fernsehbildes

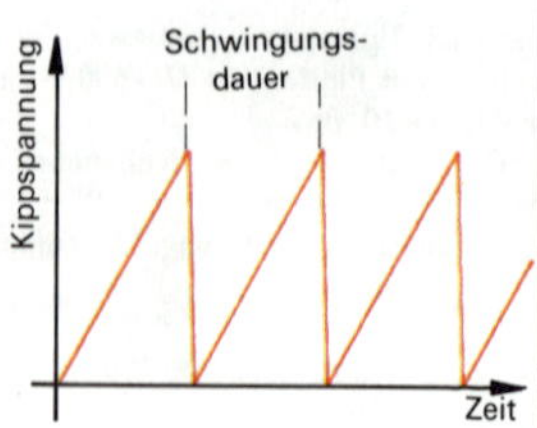

Kippschwingung

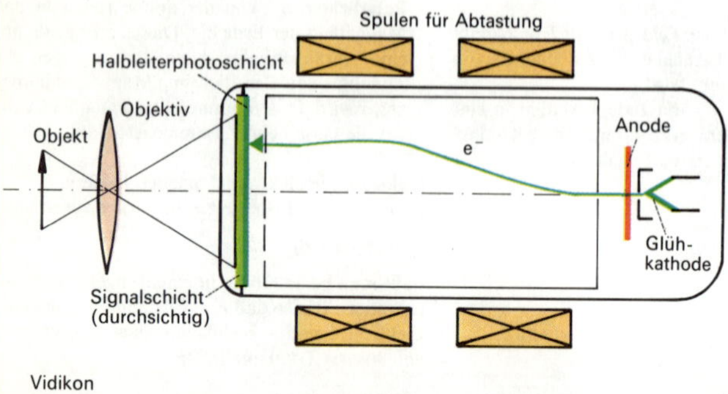

Vidikon

KARL FERDINAND BRAUN (1850–1918) erfand 1897 ein Instrument zur Sichtbarmachung schnell veränderl. Spannungen, das **Elektronenstrahloszilloskop**, auch *Kathodenstrahlrohr* oder *Braunsche Röhre* genannt.

Funktionsweise: Eine Glühkathode emittiert Elektronen in Richtung einer durchbohrten Anode. Eine Elektronenoptik (s. S. 167) bündelt die auf ca. 1 kV beschleunigten Elektronen zu einem feinen Strahl. Dieser passiert anschließend zwei senkrecht zueinander angeordnete Plattenpaare, die *Ablenkkondensatoren* C1 und C2, und trifft dann auf den *Leuchtschirm.* An der Auftreffstelle lumineszıert ein hellgrüner oder hellblauer Punkt.

Die dünne Schicht auf der Innenseite des **Leuchtschirms** besteht aus Zn- oder Cd-Sulfiden; Beimischungen bestimmen die Nachleuchtzeit. Am Auftreffpunkt wandelt sie einen Teil ($<10\%$) der kinet. Energie der e^- in Licht um. Die Lichtstärke ist $\sim IV^2$, mit I: auftreffender Elektronenstrom; V: Beschleunigungsspannung der e^-.

Die gesamte Anordnung befindet sich in einer evakuierten, birnenförmigen Glasröhre.

Besitzt C1 ein konstantes elektr. Feld, so lenkt die Coulomb-Kraft den Strahl horizontal aus, ein Wechselfeld zieht den Punkt zu einem Strich auseinander. Eine elektr. Wechselspannung an C2 führt zu einem senkrechten Strich.

Die zu analysierende veränderl. elektr. Spannung, das *Signal*, wird an C2 gelegt, während eine *Kippschwingung* gleichzeitig C1 speist.

Eine Kippschwingung steigt linear mit der Zeit an, fällt dann steil auf Null, wächst erneut an usw.

Sind Signal und Kippschwingung in Phase, so erscheint das Signal auf dem Bildschirm zeitlich auseinandergezogen. Die Darstellung gleicht einem kartes. Koordinatensystem mit Zeit auf der Abszisse und Signalstärke auf der Ordinate. Je kürzer das Signal ist, desto steiler muß die Kippschwingung ansteigen.

Beispiel: Ist das Signal die 50-Hz-Sinusspannung des öffentl. Netzes und wählt man als Anstiegsdauer der Kippschwingung 20 ms, so beobachtet man auf dem Bildschirm *eine* komplette Sinuskurve. Ist die Schwingungsdauer 100 ms, d.h. die Kippfrequenz 10 Hz, so erscheint eine Sinuswelle mit *fünf* Maxima.

Die eingebaute Elektronenoptik erlaubt eine manuelle Helligkeitssteuerung der Darstellung.

Moderne Geräte können Signale analysieren, die nur Nanosekunden andauern. Die Frequenz der Kippspannung liegt dann im Gigahertz-Bereich.

Die **Fernsehbildröhre** ist ebenfalls eine Braunsche Röhre, doch erfolgt die Elektronenstrahlablenkung durch die Lorentz-Kraft magnet. Felder. Die entsprechenden Spulen können außen an der Bildröhre angebracht sein, da Glas das magnet. Feld nicht beeinflußt. Außerdem ist die Strahlablenkung bei gleicher Signalstärke größer, die Bildröhre ist flacher. Die Anodenspannung beträgt 10 kV bis 30 kV. Die Helligkeitssteuerung erfolgt automatisch. Eine sehr dünne, spiegelnde Schicht liegt innen der lumineszierenden Schicht auf. Die Elektronen von der Anode passieren sie, doch das von der Leuchtschicht nach rückwärts emittierte Licht wird reflektiert und verstärkt so die Leuchtdichte des Bildes auf der Beschauerseite.

Die Kippfrequenz ist gleich der Zeilenfrequenz des Fernsehsenders, also z.B. 625 Hz. Die Elektronenoptik pulst den Strahl mit ca. 0,5 MHz, jede Bildzeile ist aus Punkten zusammengesetzt.

Die **Farbfernsehbildröhre** verwendet eine Leuchtschicht aus drei gerasterten Lagen, jeweils eine für blau, rot und grün. Jeder einzelne Punkt (insgesamt ca. 1,5 Millionen) wird vom Elektronenstrahl individuell getroffen, die Überlagerung aller Lichtsignale innerhalb von 1/25 s ergibt das Farbfernsehbild. Eine Lochmaske mit ebensovielen Öffnungen wie Farbpunkten auf dem Schirm sorgt dafür, daß der Strahl unter versch. Winkeln auf den Bildschirm fällt, je nach angesteuerter Farbschicht.

Radarbildröhren verwenden eine lumineszierende Doppelschicht. Die vom Elektronenstrahl zuerst getroffene hat eine große Lichtausbeute und kurze Abklingzeit. Die zweite Schicht verstärkt das Licht der ersten, klingt aber langsamer ab, so daß das Bild nachleuchtet.

Fernsehaufnahmeröhren erzeugen von einem opt. Bild eine Folge elektr. Signale, das *Videosignal.* Dieses Videosignal steuert die Fernsehbildröhre an. Es gibt mehrere Kameratypen, u.a. Ionoskop, Superorthikon und Vidikon.

Das **Vidikon** beruht auf dem inneren Photoeffekt (s. S. 305). Das Kameraobjektiv entwirft ein Bild vom Objekt auf eine dünne Halbleiterphotoschicht H, die sich auf der ebenfalls sehr dünnen Signalplatte S befindet. Jede Position auf H bildet mit der gegenüberliegenden Stelle von S einen Kondensator. Ein feiner Elektronenstrahl tastet punktweise die Rückseite von H ab, ein Stromstoß fließt zwischen H und S entsprechend der Beleuchtungsstärke dieser Stelle, das Bildsignal entsteht.

Das **Superorthikon** funktioniert ähnlich. Es nutzt den äußeren Photoeffekt (s. S. 305). Das Bildsignal entsteht durch den Rückstrom der Glühelektronen von der Signalschicht.

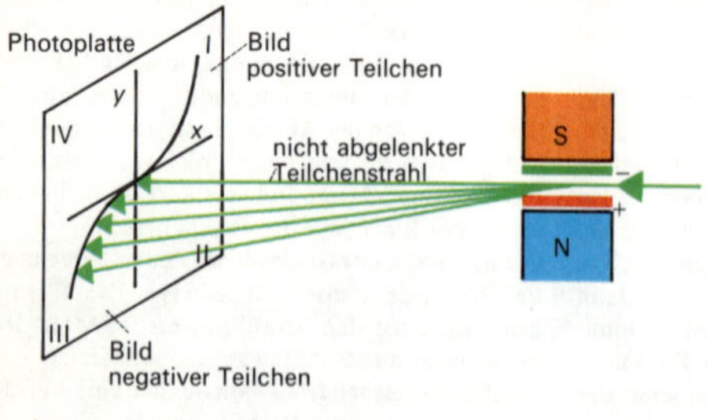

Thomsonsche Parabelmethode

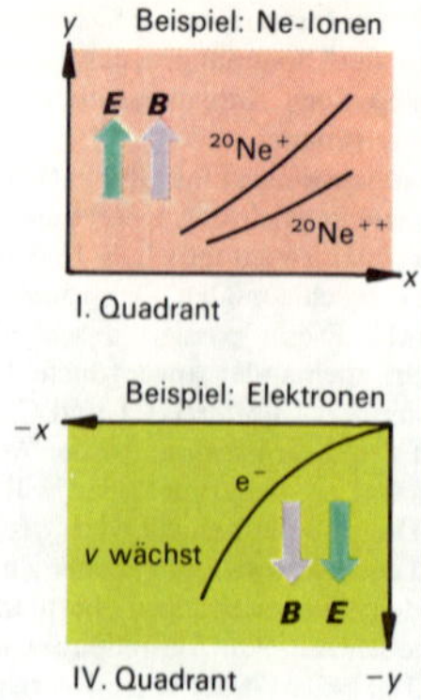

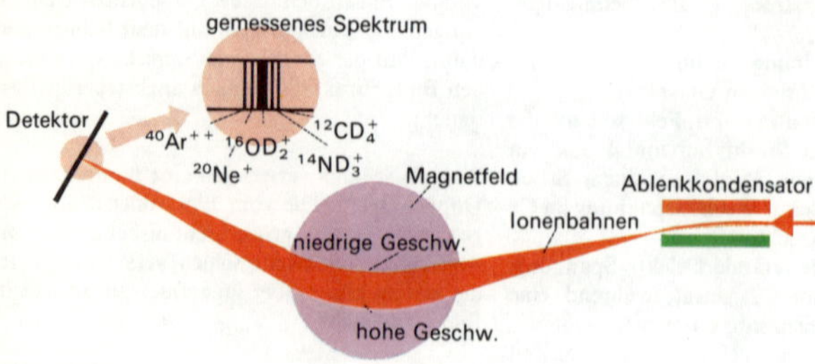

Astonscher Massenspektrograph

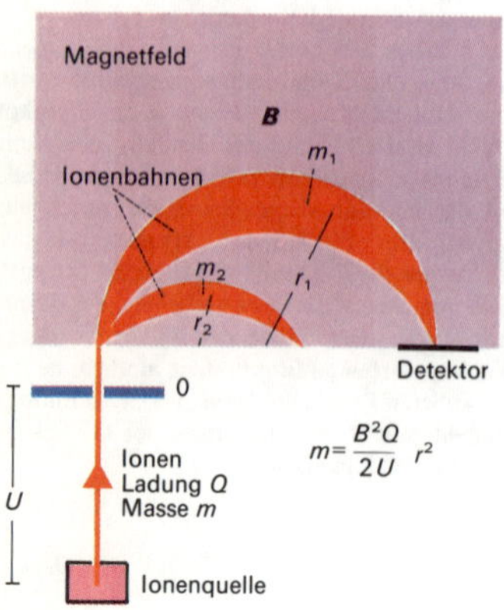

Massenspektrometer nach Dempster

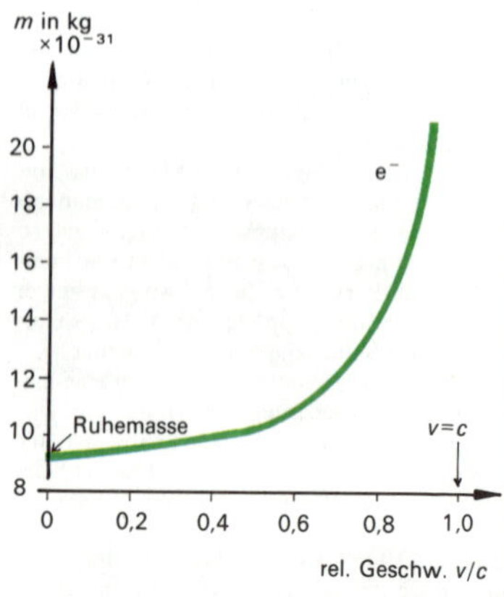

Relativistischer Massenzuwachs des Elektrons

Die Ablenkung elektr. geladener Teilchen in magnet. und in elektr. Feldern hängt unterschiedlich von der Teilchengeschw. ab.
In einem magnet. Feld ist der Krümmungsradius der Teilchenbahn proportional dem Teilchenimpuls, in einem elektr. Feld ist der Krümmungsradius der Teilchenbahn proportional der kinet. Energie des Teilchens. Anders formuliert:

Ablenkbarkeit in $\boldsymbol{E}$ ist $\sim 1/\boldsymbol{v}^2$
Ablenkbarkeit in $\boldsymbol{B}$ ist $\sim 1/\boldsymbol{v}$

Das gestattet die Messung der *spezifischen Ladung* Q/m eines Teilchens durch Ablenkung in kombinierten magnet. und elektr. Feldern. Q ist die elektr. Ladung des Teilchens und m seine Masse.

Historisch betrachtet war die Messung von Q/m sehr wichtig. 1899 bestimmte EMIL JOHANN WIECHERT (1861–1928) die spez. Ladung des Elektrons und daraus die – im Vergleich mit Wasserstoff – sehr geringe Masse des Elektrons (1/1836).

Zwei Jahre später fand W. KAUFMANN die v-Abhängigkeit von e/m (s. S. 307) und schloß daraus auf die Geschwindigkeitsabhängigkeit der Masse.

Parabelmethode, entwickelt 1913 von JOSEPH THOMSON (1856–1940). Zwischen den Polschuhen eines Elektromagneten befindet sich ein Ablenkkondensator. Die Anordnung ist so, daß elektr. Feldlinien und $\boldsymbol{B}$-Induktionslinien parallel sind. Sendet man bei abgeschalteten Feldern einen eng ausgeblendeten Elektronen- oder Ionenstrahl, also elektr. geladene Teilchen, durch die Ablenkvorrichtung, so passiert dieser geradlinig. Er trifft den Detektor, eine Photoplatte, in der Mitte.
Diesen Auftreffpunkt betrachten wir als Ursprung eines x, y-Koordinatensystems.
Lenkt das elektr. Feld den Strahl vertikal (y-Richtung) ab, so gilt

$$y \sim EQ/(mv^2)$$

mit
E: Betrag der elektr. Feldstärke; Q: elektr. Ladung des Teilchens; m, v: Masse bzw. Geschwindigkeitsbetrag des Teilchens.
Das magnet. Feld lenkt dann den Strahl horizontal (x-Richtung) ab, es gilt

$$x \sim BQ/(mv)$$

Für Teilchen mit gleicher spez. Ladung, also $Q/m =$ konstant, gilt bei gleichzeitig eingeschaltetem elektr. und magnet. Feld

$$y \sim (mE/(QB^2))\,x^2$$

Diese Proportionalität beschreibt eine nach oben oder unten offene Parabel mit dem Scheitel im Koordinatenursprung; d.h. alle aufprallenden Teilchen mit gleicher spez. Ladung formen auf dem Detektor einen Ast einer Parabel, wenn *gleichzeitig* elektr. und magnet. Ablenkfelder wirken. In welchem Quadranten dieser Parabelast liegt, hängt vom Vorzeichen des Teilchens und von der $\boldsymbol{B}$-Richtung ab. Je größer v, desto näher liegt der Auftreffpunkt am Ursprung.
Teilchen mit unterschiedlichem Q/m formen weitere oder engere Parabeln auf der Photoplatte.
Anwendung: neben der Messung von e/m vor allem zur Isotopentrennung und chem. Analyse.

Massenspektrometer
FRANCIS ASTON (1877–1945) entwickelte ab 1919 aus der Parabelmethode hochempfindl. Massenspektrometer. Mit deren Hilfe entdeckte er Isotope, die nicht aus dem radioaktiven Zerfall stammten; dafür erhielt er 1922 den Nobelpreis für Chemie.
Im *Astonschen Massenspektrometer* sind die elektr. und magnet. Ablenkfelder räumlich getrennt. Die Ablenkung in $\boldsymbol{E}$ ist halb so groß wie in $\boldsymbol{B}$ und von entgegengesetzter Richtung. Die zu untersuchenden Teilchen werden ionisiert und als enger Strahl in das Spektrometer geleitet. Dieses fokussiert alle Ionen mit gleichem Q/m auf die gleiche Stelle. Alle Brennpunkte für unterschiedl. Q/m liegen auf einer Geraden. Auf diese Weise ist die »Lichtstärke« und damit die Empfindlichkeit wesentlich größer als bei der Parabelmethode. Es gelingt, Massenunterschiede < Elektronenmasse zu bestimmen.
Anwendung: Isotopentrennung, chem. Analyse.

Masse und Geschwindigkeit
Untersucht man sehr schnelle Teilchen mit der Parabelmethode, so zeigen sich Abweichungen. In Scheitelnähe wird die Auftreffkurve enger als erwartet. Alle Meßmethoden zeigen übereinstimmend, daß auch die spez. Ladung von v abhängt (s. auch S. 307). Erklärung: Die Masse eines Teilchens wächst mit seiner Geschwindigkeit. HENDRIK ANTOON LORENTZ (1853–1928) berechnete 1904, daß

$$m = m_0/\sqrt{1-(v/c)^2}$$

mit
m_0: Masse eines Teilchens mit $v=0$, seine Ruhemasse; m: Teilchenmasse für $v \neq 0$; $c = 2{,}9979 \times 10^8$ m/s: Vakuumlichtgeschw.
Diese Formel ist eine der Grundgleichungen der Speziellen Relativitätstheorie; sie gilt für alle v mit großer Genauigkeit.

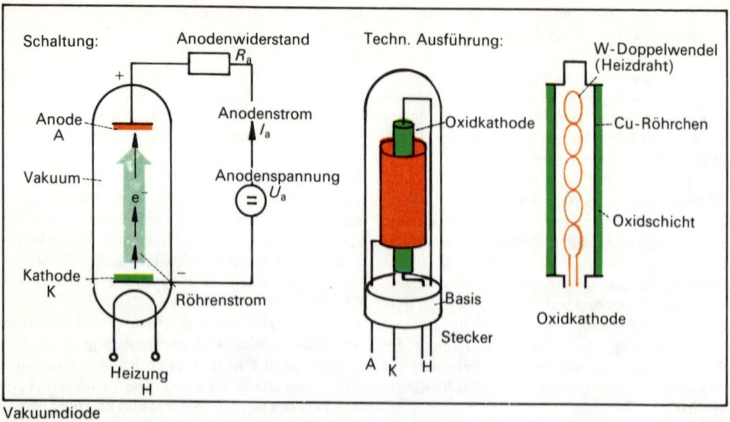

Vakuumdiode

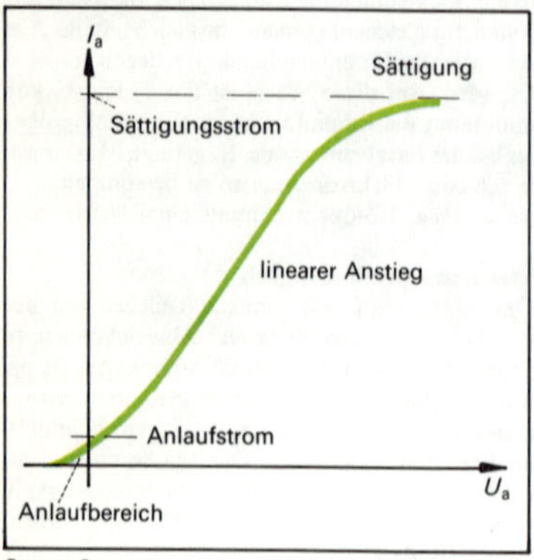

Strom-Spannungs-Kennlinie einer Diode

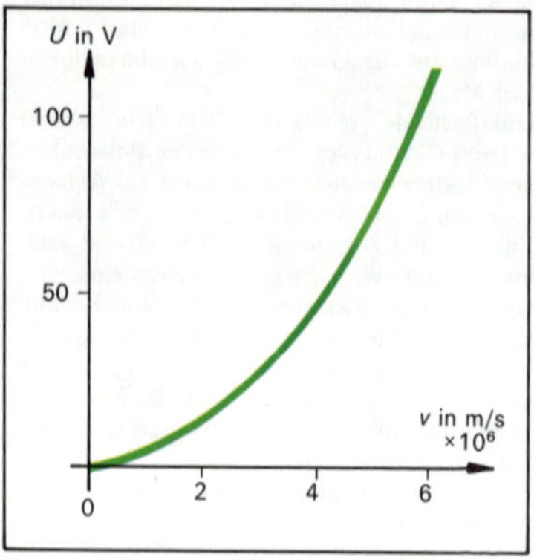

Elektronengeschw. und Beschleunigungsspannung

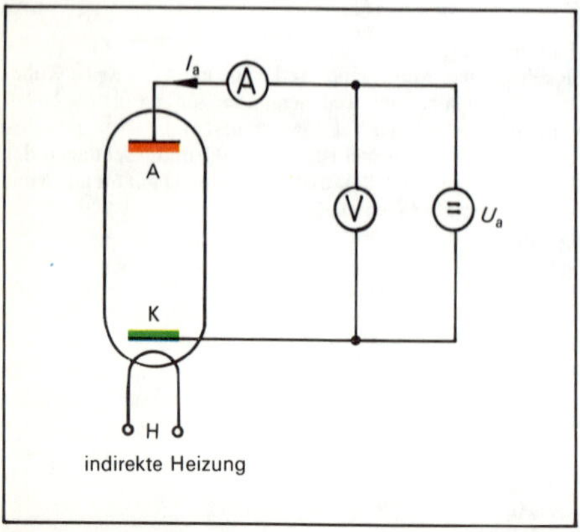

Schaltung einer Röhrendiode

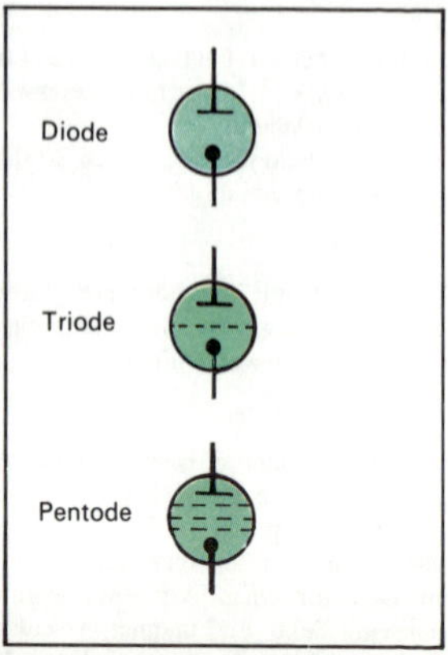

Röhren-Schaltzeichen

Die **Elektronenröhre** besteht aus einem evakuierten Glaskolben mit eingeschmolzenen Elektroden, zwischen denen Potentialdifferenzen angelegt werden können.

Die **Kathode**, meist eine *Glühkathode*, emittiert Elektronen, die von einem elektr. Feld zwischen Kathode und einer weiteren Elektrode, der **Anode**, beschleunigt werden.
Die negative Kathode besteht aus einem Schwermetalldraht und emittiert entweder *direkt* durch Aufheizen die elektr. Ladungsträger oder sie beheizt *indirekt* ein vor ihr angebrachtes, aber elektrisch von ihr isoliertes Blech. Durch Glühemission (s. S. 305) verlassen Elektronen die heiße Oberfläche. Es handelt sich meist um eine **Oxidkathode**, d. h. die Kathode ist mit einer Schicht aus Erdalkalioxiden überzogen, um die Elektronenausbeute zu erhöhen.

Im Inneren der Elektronenröhre herrscht Vakuum, damit
a) die emittierten Elektronen möglichst selten mit Gasmolekülen zusammenstoßen,
b) die heiße Kathodenoberfläche nicht oxidiert.

Die **Anode** ist elektrisch positiv und steht der Kathode gegenüber. Die Potentialdifferenz zwischen Kathode und Anode heißt **Anodenspannung** U_a. Sie liegt meist unter 100 V, kann aber – z. B. in Röntgenröhren – bis zu einige hundert kV erreichen. Die im elektr. Feld zwischen den Elektroden beschleunigten Elektronen bilden den *Röhrenstrom* I_R. Im Anodenkreis fließt der **Anodenstrom** I_a. Die kinet. Energie der aufprallenden Elektronen erwärmt die Anode und führt zur *Anodenverlustleistung* $I_a U_a$. Für die Elektronen in der Elektronenröhre gilt

$$E_k = eU$$

mit
E_k: kinet. Energie eines Elektrons zwischen Kathode und Anode; e: elektr. Ladung des Elektrons; U: vom Elektron »durchfallene« Potentialdifferenz; erreicht das Elektron die Anode, so ist $U_k = U_a$.

Die Anfangsgeschw. der Elektronen kann vernachlässigt werden.
Daraus folgt

$$v = \sqrt{2eU/m} \qquad \textit{Elektronengeschwindigkeit}$$

mit
v: Geschw. eines Elektrons in der Elektronenröhre nach Durchfallen von U; m: Elektronenmasse.

Diese Formel ist analog jener für die Fallgeschw. v eines Körpers im Schwerefeld der Erde in Abhängigkeit von der durchfallenen Strecke h (s. S. 35)

$$v = \sqrt{2gh}$$

Ist das elektr. Feld im Inneren der Elektronenröhre homogen, so gilt für die elektr. Stromdichte j zwischen Kathode und Anode

$$j = env$$

mit
n: Elektronenanzahldichte, gemessen in Elektronen/m^3, zwischen den beiden Elektroden.
Damit wird der Röhrenstrom I_R

$$I_R = jS \qquad \textit{Röhrenstrom}$$

mit
S: Querschnitt des elektr. Feldes zwischen Kathode und Anode.
Gilt das Ohmsche Gesetz (s. S. 227), so gilt für den inneren elektr. Widerstand der Elektronenröhre, den **Röhrenwiderstand** R_i,

$$R_i = U_a / I_a$$

Man beachte, daß in Wirklichkeit n ortsabhängig ist und S sich zwischen Kathode und Anode ändert; weiterhin ist das elektr. Feld inhomogen und R_i hängt von den Betriebsbedingungen ab. Die oben entwickelten Formeln sind also lediglich Näherungen.

Kennlinien beschreiben die Betriebseigenschaften einer Elektronenröhre.

Beispiel: **Strom-Spannungs-Kennlinie** der einfachsten Elektronenröhre, der Diode (s. u.). I_a steigt mit wachsendem U_a, weil die Elektronen in der Umgebung der Kathode eine negative Raumladung bilden, die dort das beschleunigende elektr. Feld reduziert. Für kleine I_a gilt theoretisch $I_a \sim \sqrt{U}$. Erhöht man die Anodenspannung immer weiter, so tritt Sättigung ein; d. h. der Anodenstrom bleibt konstant, da praktisch alle von der Glühkathode emittierten Elektronen jetzt die Anode erreichen. Für $U_a = 0$ ist $I_a \neq 0$ – allerdings sehr klein –, weil einige der Glühelektronen genügend kinet. Energie besitzen, um die Anode zu erreichen. Sie können sogar ein geringes Gegenfeld überwinden, daher zeigt die Kennlinie auch für sehr kleine negative U_a einen (sehr geringen) Anodenstrom.

Aufgrund des inhomogenen elektr. Feldes im Röhreninneren steigt $I_a \sim \sqrt{U^3}$ über einen großen Bereich der Kennlinie.

Röhrenrauschen. Der Anodenstrom unterliegt sehr geringen, spontanen Schwankungen, bemerkbar z. B. im Radio als **Rauschen** bei sehr hoher Verstärkung. Das Rauschen begrenzt unvermeidbar den Verstärkungsgrad (s. u.); es hat zwei Ursachen:

Schrot-Effekt, entdeckt 1918 von WALTER SCHOTTKY (1886–1976). Die Anzahl der pro Zeiteinheit von der Glühkathode emittierten Elektronen unterliegt einer statist. Schwankung, I_a variiert entsprechend. Der Verstärker vergrößert diese Änderungen, die dann z. B. im Lautsprecher ein prasselndes Geräusch erzeugen.

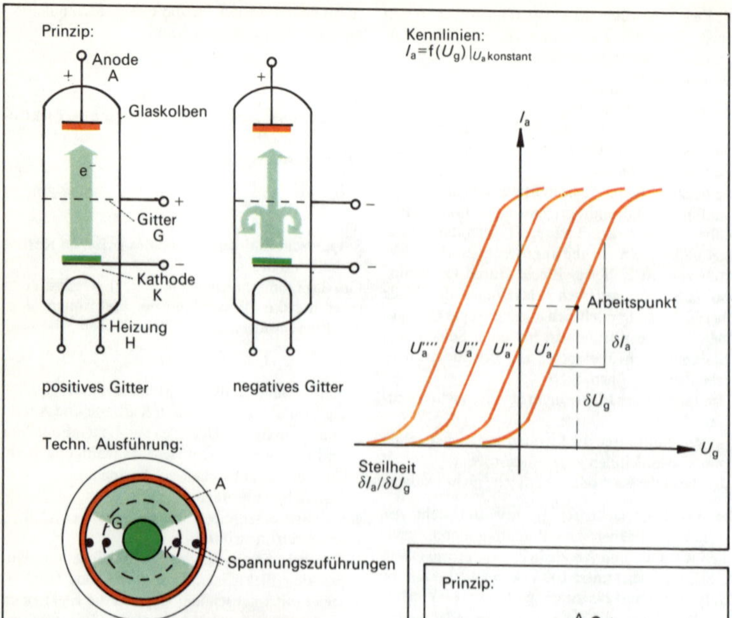

Vakuumtriode

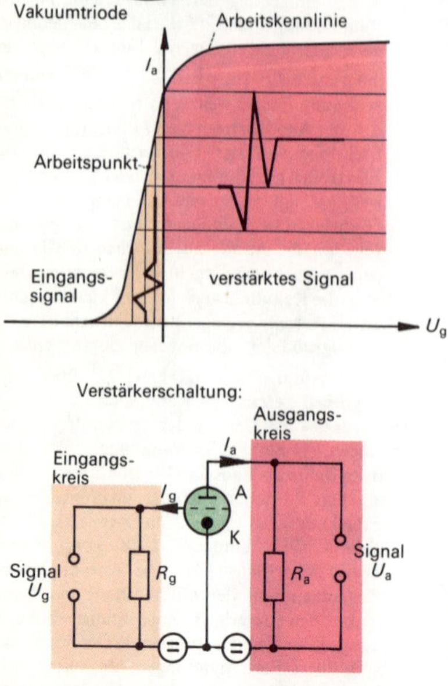

Signalverstärkung

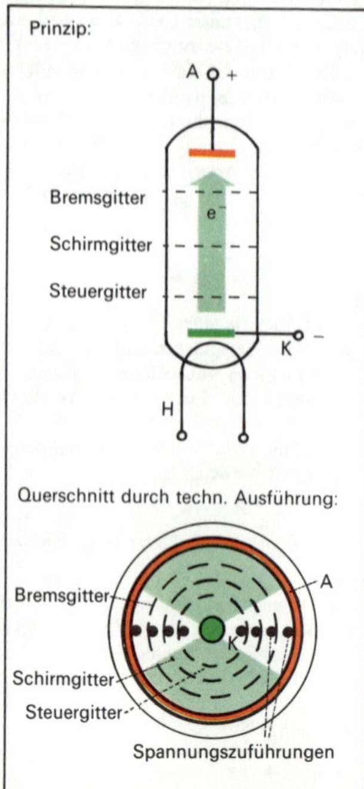

Pentode

Der *Funkel-Effekt* beruht auf einer ortsabhängigen, unregelmäßigen Elektronenemission der Oxidkathode. Die Frequenz dieses Rauschens liegt im Bereich von <100 Hz.

Die Bedeutung der Elektronenröhre ist seit den fünfziger Jahren außerordentlich gesunken. Halbleiterbauelemente sind an ihre Stelle getreten. Als Spezialröhren (z. B. Röntgen- und Fernsehröhren), für sehr große elektr. Ströme und bei starker mechan. Belastung spielen sie noch eine Rolle.

Vakuumdiode oder **Röhrendiode**, die einfachste Elektronenröhre, entwickelt ca. 1904 von JOHN FLEMING (1849–1945). Sie besteht nur aus Kathode und Anode. Beide Elektroden stehen sich gegenüber oder die Anode umgibt zylinderförmig die entlang der Zylinderachse ausgespannte Kathode (Kennlinie, s. o.).

Verwendung: praktisch ausschließlich als **Gleichrichterröhre,** auch *Glühventil* genannt (s. S. 291). Da lediglich die heiße Elektrode Ladungsträger emittiert, fließt nur dann ein Röhrenstrom, wenn der glühenden Elektrode eine *positive* Elektrode gegenübersteht. Legt man also an die Röhrendiode eine Wechselspannung, so ist I_a nur dann $\neq 0$, wenn die Gegenelektrode positiv ist. Diese *Einweggleichrichtung* schneidet die untere (negative) Hälfte der Wechselspannung ab.

Der *Doppelweggleichrichter* enthält zwei parallel geschaltete Dioden. Deren Anoden werden z. B. von den beiden Enden der Sekundärwicklung eines in der Mitte angezapften Transformators gespeist. In der einen Halbperiode passiert ein Strom durch die eine Diode, in der nächsten durch die andere usw. Der gleichgerichtete Strom fließt immer in die gleiche Richtung, doch schwankt sein Augenblickswert periodisch. Dieser *pulsierende Gleichstrom* wird anschließend geglättet.

Vakuumtriode oder **Röhrentriode**, erfunden 1906 von LEE DE FOREST (1873–1961). Im Raum zwischen Kathode und Anode befindet sich eine dritte, netzförmige Elektrode, das *Gitter*. Eine elektr. Spannung am Gitter steuert den Anodenstrom I_a; z. B. bremst eine negative Potentialdifferenz zwischen Kathode und Gitter die Elektronen, j und damit I_a sinken ab. Die *Gitterspannungskennlinie* stellt I_a in Abhängigkeit von der Gitterspannung U_g dar, für eine konstante Anodenspannung U_a. Bei verschiedenen U_g ergibt das eine Kurvenschar mit parallelem Anstieg. Der normale **Arbeitspunkt** der Elektronenröhre befindet sich in der Mitte des linearen Teils des Anstieges.

Folgende Größen beschreiben u. a. das Verhalten der Triode (und anderer Röhren mit mehr als einem Gitter, s. u.):

Steilheit der Kennlinie (Formelzeichen S) für U_a = konstant:

$$S = \partial I_a / \partial U_g$$

Durchgriff der Röhre (Formelzeichen D) für I_a = konstant, beschreibt die Rückwirkung von U_a auf U_g:

$$D = -\partial U_g / \partial U_a$$

Innerer Widerstand der Röhre (Formelzeichen R_i) für U_g = konstant:

$$R_i = \partial U_a / \partial I_a$$

mit

I_a: Anodenstrom; I_g: Gitterstrom; U_g: Gitterspannung; U_a: Anodenspannung.

Steuerspannung des Gitters (Formelzeichen U_s):

$$U_s = U_g + DU_a$$

Die **Barkhausen-Relation** (nach HEINRICH BARKHAUSEN, 1881–1956) verbindet drei der Größen:

$$SDR_i = 1$$

Weiterhin gilt

$$I_a = S(U_g + DU_a)$$

Verwendung der Triode in erster Linie als **Verstärker**. Legt man eine Wechselspannung (Signal) an das Gitter, so ändert sich der Anodenstrom im gleichen Rhythmus, aber mit umgekehrter Phase. Ist die Arbeitskennlinie steil genug, so fällt am Anodenwiderstand eine verstärkte Wechselspannung (verstärktes Signal) ab. Der **Verstärkungsgrad** (Formelzeichen V) ist

$$V = |U_a / U_g|$$

Es gilt

$$V = -S(R_a R_i)/(R_a + R_i)$$

mit

R_a: elektr. Widerstand im Anodenkreis.

Das negative Vorzeichen weist auf die Umkehrung der Phase der Gitterspannung hin.

Für hohe Verstärkung muß die Kennlinie möglichst steil sein. Die maximale Verstärkung V_{max} ist

$$V_{max} = 1/D \qquad \textit{max. Verstärkung}$$

Sie wird selten erreicht.

V ist *verzerrungsfrei*, solange die Änderungen der Gitterspannung im linearen Teil der Kennlinie bleiben. V erfolgt *leistungslos*, solange kein Gitterstrom fließt. Die Anodenspannungsquelle liefert die vom Anodenkreis abgegebene Leistung.

Reicht die Verstärkung einer Röhre nicht aus, so kann deren Anodenspannung das Gitter einer zweiten Triode ansteuern. Das Röhrenrauschen (s. o.) setzt der Verstärkung eine Grenze.

Tetroden. *Schirmgitterröhren* besitzen ein weiteres Gitter zwischen Anode und Steuergitter; es verringert den Durchgriff. Bei *Raumladungsgitterröhren* ist das zweite Gitter zwischen Kathode und Steuergitter; es vergrößert die Steilheit.

Pentoden, Hexoden usw. weisen entsprechend mehr Gitter auf.

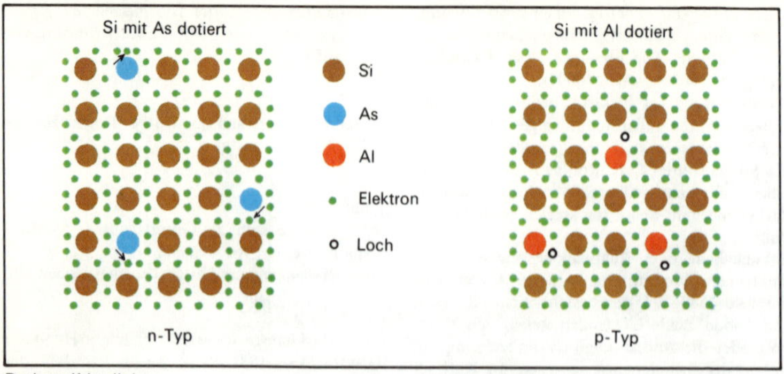

Dotierte Kristallgitter

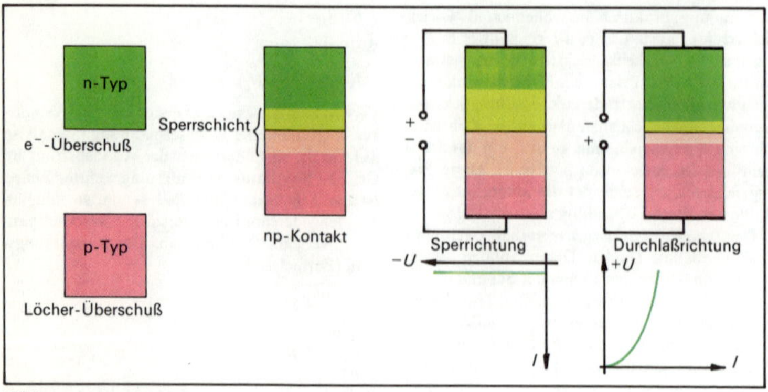

Wirkungsweise einer Halbleiterdiode

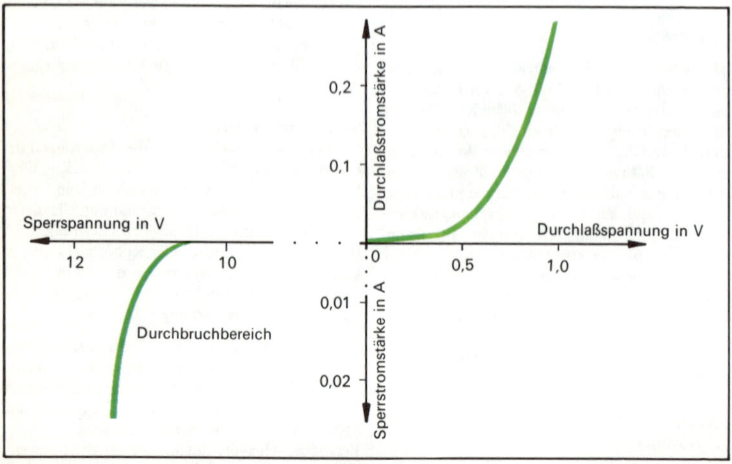

Kennlinie einer Si-Zener-Diode

Halbleiter für elektron. Bauelemente sind vorwiegend hochreine Ge- oder Si-Kristalle, *dotiert*, d. h. gezielt verunreinigt, mit Elementen der III. und V. Gruppe des Periodensystems. Hauptsächlich werden benutzt: Al, Ga, In, As und Sb (s. S. 339).

n-Typ-Halbleiter. As- und Sb-Atome enthalten 5 e^- auf der Außenschale. Werden sie in ein Si- oder Ge-Gitter eingebaut, so binden jeweils nur 4 e^- pro Atom, eines bleibt übrig. Das führt zu einem Überschuß von e^- im Kristall, die sich quasi wie freie e^- verhalten (s. u.), also einen elektr. Strom bilden können.

p-Typ-Halbleiter. Al-, Ga- oder In-Atome enthalten nur 3 e^- auf der Außenschale. Werden sie in ein Si- oder Ge-Gitter eingebaut, so verbleibt jeweils ein ungepaartes, aber gebundenes e^- pro Atom (Elektronendefizit). Das ungepaarte e^- verbindet sich leicht mit einem freien e^-, stellt also ein *Loch* für Leitungsbandelektronen dar. »Fällt« ein freies e^- in ein Loch, so verbleibt anstelle des e^- erneut ein Loch. Das Loch, auch *Defektelektron* genannt, wandert also in entgegengesetzte Richtung wie das e^-; das entspricht einem Strom positiver Ladungsträger.

Liegt eine elektr. Potentialdifferenz an, so wandern die e^- zum positiven Pol, die Löcher zum negativen.

Die **Vorteile der Halbleiterbauelemente** gegenüber den Elektronenröhren (s. S. 313f.) sind außerordentlich. Seit den sechziger Jahren beherrschen sie die Elektronik.

Sie sind *klein*. Das bedeutet nicht nur Platzersparnis, sondern auch wesentlich geringeren Energieverbrauch. Aber auch ultraschnelle Schaltungen (GHz und THz) werden dadurch erst möglich, denn

minimale Schaltzeit = aktive Länge des Bauelements/Lichtgeschw.

Sie sind *billig*, *zuverlässig* und *langlebig*, führen zu Batteriebetrieb und tragbaren Geräten.

Sie benötigen *keine Heizleistung*, da die Ladungsträger nicht erst erzeugt werden müssen, sondern stets vorhanden sind.

Legt man eine elektr. Spannung an, so bewegen sich die elektr. Ladungsträger – e^- und Löcher – im elektr. Feld zwischen den Elektroden. Da diese Bewegung durch ein Kristallgitter erfolgt, tritt Reibung auf, entsprechend der Bewegung eines kleinen Körpers in einer zähen Flüssigkeit (s. viskose Reibung, S. 47).

Die Geschw. der Ladungsträger, genannt **Driftgeschwindigkeit** $v_{dr.}$, im Halbleiter ist

$$v_{dr.} = \mu E \qquad \textit{Driftgeschwindigkeit}$$

mit

$v_{dr.}$: Betrag der Driftgeschw.; μ: Beweglichkeit (s. S. 227) der Ladungsträger, gemessen in $m^2/(V \cdot s)$; E: Betrag der elektr. Feldstärke.

Im Gegensatz zur Elektronenröhre ist die Geschw. der Ladungsträger in einem Halbleiterkristall konstant und sehr gering, < 1 mm/s.

Ist das elektr. Feld im Inneren des Halbleiters homogen, so gilt bei konstanter Temperatur des Halbleiters für die elektr. Stromdichte j zwischen den Elektroden

$$j = en\mu U/d$$

mit

e: elektr. Ladung der Ladungsträger; n: Anzahldichte der elektr. Ladungsträger zwischen den Elektroden, gemessen in Ladungsträger/m^3; U: Potentialdifferenz; d: Elektrodenabstand.

Damit wird der elektr. Strom I durch den Halbleiter

$$I = jS \qquad \textit{Halbleiterstrom}$$

mit

S: Querschnitt des Halbleiters.

Das ist das Ohmsche Gesetz (s. S. 227).

Dieser Zusammenhang gilt nur für kleine Stromdichten. Allgemein gilt

$$j \approx \varepsilon_0 \varepsilon_r \mu U^2/d^3$$

mit

$\varepsilon_0 = 8{,}854 \times 10^{-12}$ F/m: elektr. Feldkonstante; ε_r: Permittivität des Halbleitermaterials.

Kennlinien beschreiben die Betriebseigenschaften eines Halbleiters. Diese gegenseitige Abhängigkeit der elektr. Größen ist meist in einem kartes. Koordinatensystem dargestellt.

Beispiel: **Strom-Spannungs-Kennlinie** des einfachsten Halbleiters, der Kristalldiode (s. S. 319). Sie besteht aus zwei aneinander sitzenden n- und p-Halbleitern mit elektr. Kontakten an den Enden. Legt man eine elektr. Gleichspannung so an, daß Minus am n-Ende liegt und Plus am p-Ende (*Flußrichtung*), so driften e^- in den p-Bereich und Löcher in den n-Bereich, es fließt ein elektr. Strom:

$$I = I_0(\exp(e|U|/kT) - 1)$$

mit

I_0: *Sperrstrom*, *Leckstrom*, eine temperaturabhängige Größe der Größenordnung 1 mA pro cm^2 Querschnitt für Ge-Dioden, für Si-Dioden etwa 1 $\mu A/cm^2$; $k = 1{,}381 \times 10^{-23}$ J/K: Boltzmann-Konstante; T: thermodyn. Temperatur.

Die Kennlinie beginnt im Ursprung und steigt steil an. (Es gibt jedoch sehr versch. Halbleiterdioden mit entsprechend unterschiedl. Kennlinien).

Polt man die elektr. Kontakte um (*Sperrichtung*), so fließt ein sehr geringer Strom, nämlich $\approx I_0$.

Im Gegensatz zur Vakuumdiode (s. S. 315) fließt also in Sperrichtung immer ein – allerdings sehr geringer – Strom.

Bei sehr hohen Spannungen in Sperrichtung kommt es zum *Durchbruch*, der Sperrstrom steigt exponentiell, und die Kennlinie fällt steil ab.

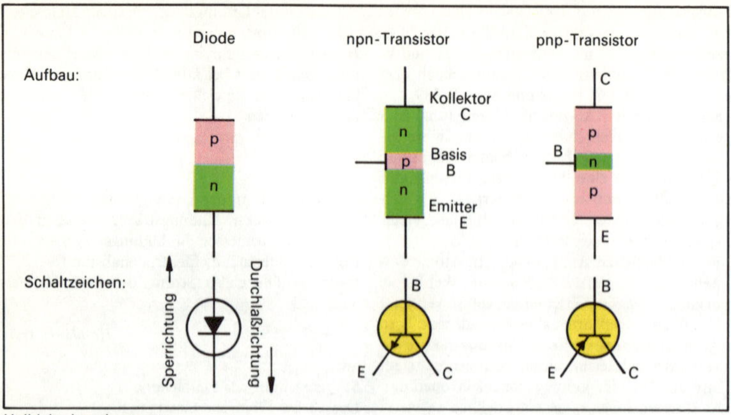

Halbleiterbauelemente

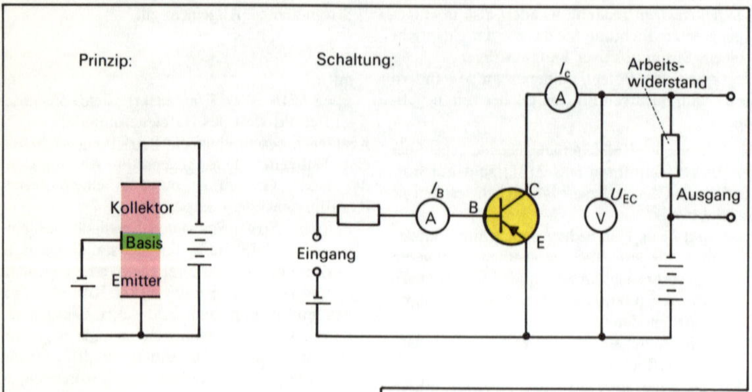

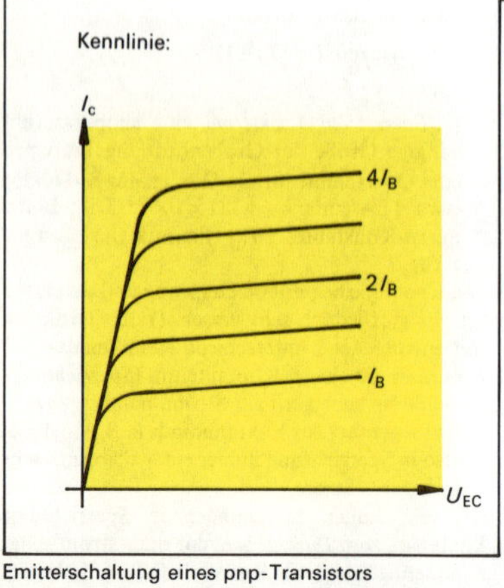

Emitterschaltung eines pnp-Transistors

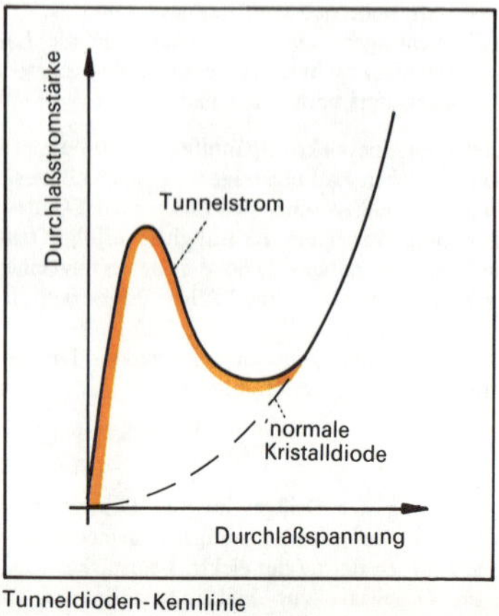

Tunneldioden-Kennlinie

Halbleiterrauschen (s. a. Röhrenrauschen, S. 313) erscheint vor allem bei hohen Kollektorspannungen. Wesentliche Ursachen: Die Anzahl der durch die Basis tretenden Ladungsträger schwankt statistisch, und bei hohen Feldstärken entstehen durch Stöße zusätzliche e^--Loch-Paare.

Kristalldiode, Halbleiterdiode, das einfachste Halbleiterbauelement: ein n- und p-Typ stoßen aneinander.

Es ist die Weiterentwicklung des bereits 1875 von KARL FERDINAND BRAUN (1850–1918) entdeckten *Kristalldetektors*, einer Metallspitze, die einen Halbleiterkristall berührt.

Am np-Übergang der Halbleiterdiode existiert ein Konzentrationsgefälle zwischen Elektronen und Löchern. Folglich diffundieren e^- von n nach p und Löcher in entgegengesetzter Richtung über die Grenze hinweg und rekombinieren teilweise. In einem schmalen Gebiet verschwindet die elektr. Neutralität, es entsteht ein Übergangsbereich mit einer elektr. Doppelschicht, der **Randschicht** oder **Sperrschicht.** Wegen Rekombination von e^- und Löchern verarmt sie an bewegl. Ladungsträgern. Die in der Sperrschicht entstehende Potentialdifferenz, genannt **Diffusionsspannung** U_D, bringt den Diffusionsstrom der Ladungsträger zum Erliegen und die Sperrschicht wird stabil. Sie ist dann meist ca. 10^{-5} cm dick. Da sie relativ wenige bewegl. Ladungsträger enthält, ist ihr elektr. Widerstand bedeutend größer als im Rest der Diode. Eine von außen angelegte Spannung fällt praktisch nur über die Sperrschicht ab.

Man unterscheidet zwei Fälle:

1) Legt man eine Spannung in Sperrichtung an die Diode, so wandern e^- und Löcher weiter auseinander, die Sperrschicht wird dicker. Also steigt der elektr. Widerstand der Diode erheblich (bis auf MΩ). Die Diode läßt nur den sehr kleinen Leckstrom durch.

2) Legt man eine Spannung in Durchlaßrichtung an die Diode, so wird die Randschicht dünner und der elektr. Widerstand der Diode fällt (bis auf wenige Ω). Die Stromstärke steigt mit wachsender Spannung.

Verwendung der Kristalldiode: in erster Linie als Gleichrichter, analog der Röhrendiode (s. S. 315). Halbleiterdioden weisen Sperrspannungen >1 kV bei $j>10$ A/cm² auf. In Serie geschaltet können Kristalldioden Spannungen bis im 100 kV-Bereich gleichrichten.

Tunneldioden besitzen eine außerordentlich dünne Sperrschicht (wenige Atomlagen). Sehr geringe Spannungen U in Durchlaßrichtung führen zu einem sehr hohen Durchlaßstrom (*Tunnelstrom*), die Kennlinie steigt steil an. Bei weiterer Erhöhung von U fällt die Kennlinie steil ab und steigt dann erneut an, wie die einer »normalen« Kristalldiode.

Verwendung: Verstärker, Erzeugung extrem hoher Schwingungen ($>10^{11}$ Hz).

Zener-Dioden besitzen dünne Sperrschichten. Bei rel. niedrigen Sperrspannungen treten hohe Durchbruchströme auf.

Verwendung: Stabilisierung von Gleichspannungen.

Photodioden verwenden eine oberflächennahe Sperrschicht und werden in Sperrichtung betrieben. Durch den inneren Photoeffekt (s. S. 187) entstehen bei Belichtung in der Sperrschicht zusätzl. Ladungsträger; es fließt ein der Beleuchtungsstärke proportionaler *Photostrom.*

Verwendung: Photozellen.

Kristalltriode, Transistor. Entwickelt 1948 von JOHN BARDEEN, WALTER BRATTAIN und WILLIAM SHOCKLEY (gemeinsamer Nobelpreis 1956).

Der Transistor besteht entweder aus einer dünnen (< 0,1 mm) p-Schicht im Inneren eines n-Typ-Halbleiterkristalls **(npn-Transistor)** oder einer dünnen n-Schicht in einem p-Kristall **(pnp-Transistor)**. Alle drei Schichten besitzen einen elektr. Kontakt. Die beiden Außenbereiche des Transistors heißen **Emitter** (Symbol: E) bzw. **Kollektor** (Symbol: C), die mittlere Schicht ist die **Basis** (Symbol: B). Der Transistor enthält also in seinem Inneren zwei Sperrschichten.

Verwendung in erster Linie als **Verstärker:** Zwischen E und B wird eine geringe elektr. Spannung U_{EB} in Durchlaßrichtung angelegt, zwischen E und C eine höhere U_{EC}. Dadurch ist B schwach positiv gegenüber E, und C ist stark positiv gegenüber E. Erhöht man U_{EB} geringfügig, so steigt der Emitterstrom steil an und damit auch der Kollektorstrom.

Die Arbeitsweise des Transistors ist der der Röhrentriode vergleichbar. Bei letzterer steuert die Spannungsänderung zwischen Gitter und Kathode den Anodenstrom, beim Transistor steuert der Basisstrom den Kollektorstrom.

Wichtige Unterschiede: Die Röhrensteuerung erfolgt leistungslos, die des Transistors *nicht.* Dafür benötigt der Transistor keine Heizleistung, denn die Ladungsträger sind immer vorhanden.

Der *Verstärkungsgrad* (Formelzeichen V) ist

V = Kollektorstrom/Basisstrom

Auch hier muß für einen hohen Verstärkungsgrad die Kennlinie möglichst steil sein. $V>100$ ist möglich. Um höhere Werte zu erreichen, werden mehrere Transistoren hintereinander geschaltet. Das Halbleiterrauschen setzt V eine obere Grenze; sie liegt höher als beim Röhrenverstärker.

Je nach Verwendung gibt es eine Anzahl von Transistorentypen: z. B. Flächen-, Spitzen-, Mesa-, Drift-, Fadentransistor.

Vierschichten-Transistoren (z. B. pnpn-Transistoren) werden als schnelle Schalter eingesetzt.

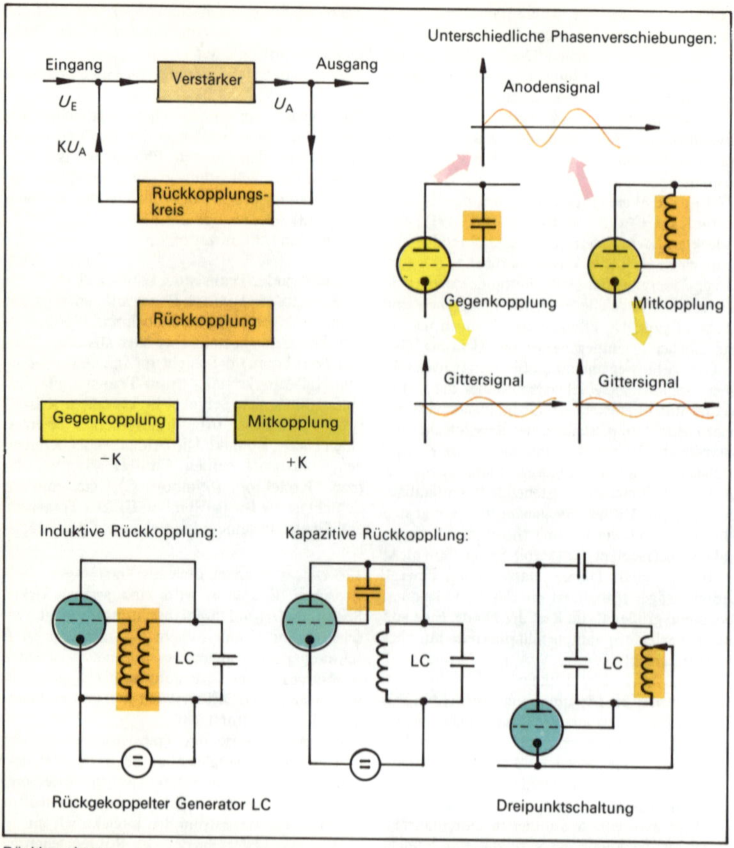

Rückkopplung

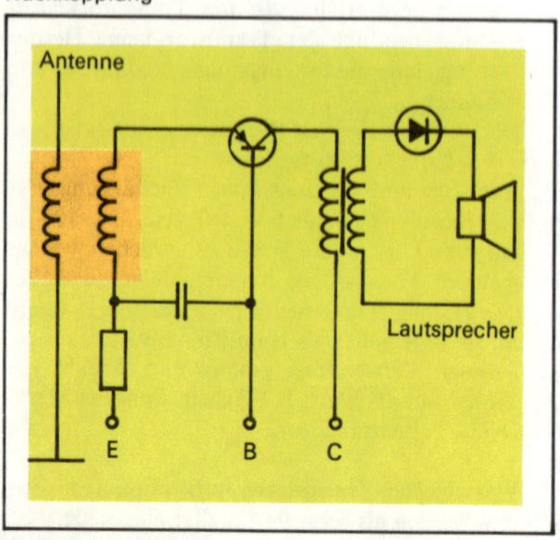

Transistorempfänger

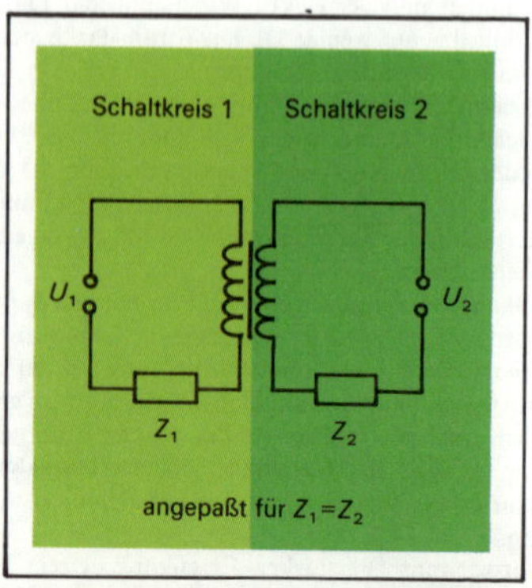

Impedanzanpassung über einen Transformator

Führt man einen Teil der Energie vom Ausgang einer Anlage zum Eingang zurück, so heißt dieser Vorgang **Rückkopplung**; beispielsweise in der Elektrotechnik die Zuführung von Wechselstromenergie aus dem Ausgang eines Stromkreises in dessen Eingang. 1913 führte ALEXANDER MEISSNER (1883–1958) die elektr. Rückkopplung ein.

Vorgänge in der Natur zeigen oft Rückkopplungs-Erscheinungen.

Beispiel: Beim Auge steuert die einfallende Lichtmenge den Durchmesser der Pupille. Rückkopplung erfolgt über die in der Netzhaut durch die Beleuchtungsstärke ausgelösten Nervenimpulse.

In der Mechanik spielt Rückkopplung eine wichtige Rolle.

Beispiel: In der Pendeluhr ist der Anker mit dem Pendel verbunden. Bei jedem Hin- und Hergang läßt er das Hemmrad um einen Zahn weitergehen. So erhält das Pendel jedesmal eine kleine Energiezufuhr durch das Uhrwerk, die die Reibungsverluste kompensiert.

Für eine elektr. Anlage mit Aus- und Eingang gilt

$$U_A = V U_E$$

mit

U_A: Spannung am Ausgang; V: Verstärkungsgrad der Anlage; U_E: Spannung am Eingang.

Liegt Rückkopplung vor, so wird ein Bruchteil K von U_A zum Eingang zurückgeleitet und es gilt

$$U'_E = U_E + K U_A$$

mit

U'_E: U_E mit Rückkopplung; K: **Rückkopplungsfaktor**.

Jetzt ist die Ausgangsspannung

$$U_A = V U_E/(1 - KV)$$

und der Verstärkungsgrad der Anlage *mit* Rückkopplung

$$V' = V/(1 - KV) \qquad \textit{Netto-Verstärkung}$$

K ist eine reine Zahl, meist von der Größenordnung 10^{-3} bis 10^{-4}.

Man unterscheidet:

Positive Rückkopplung, Mitkopplung, wenn $K > 0$ und damit $V' > V$.

Negative Rückkopplung, Gegenkopplung, wenn $K < 0$ und damit $V' < V$.

Blindkopplung, für $K = 0$ und damit $V' = V$.

Rückkopplungsglieder vermitteln die Rückkopplung:

Induktive Rückkopplung erfolgt über eine Rückkopplungsspule zwischen Kathode und Röhrengitter bzw. Kollektor und Basis. Die *kapazitive Rückkopplung* verwendet einen Kondensator, die *Meißnersche Rückkopplung* eine Dreipunktschaltung.

Rückkopplung kann auch über nicht-elektr. Glieder erfolgen.

Beispiel: Unerwünschtes akust. Koppeln zwischen Lautsprecher und Mikrofon einer Gegensprechanlage führt zu Pfeifgeräuschen.

Negative Rückkopplung, Gegenkopplung, d.h. $K < 0$, ist die meistbenutzte Art der Rückkopplung. Das Rückkopplungssignal wird dem Verstärkerausgang entnommen, um 180° phasenverschoben und zum Eingang geleitet, z.B. durch kapazitive Rückkopplung auf das Gitter einer Verstärkerröhre. Das Ausgangssignal ist stabilisiert.

Beispiel: V eines Verstärkers sei $V = 3 \times 10^4$ und $K = -1 \times 10^{-3}$. Dann gilt für die Verstärkung *mit* Rückkopplung

$$V' = 3 \times 10^4/(1 + 30) = 968$$

V ändere sich um $+10\%$ auf $V = 3{,}3 \times 10^4$ (z.B. durch Temperaturverschiebung oder Drift in der Stromversorgung). Dann ist

$$V' = 3{,}3 \times 10^4/(1 + 33) = 971$$

d.h. obwohl sich V um 10% verändert hat, verändert sich die Nettoverstärkung der Anlage nur um 0,3%.

Negative Rückkopplung minimalisiert den Einfluß von Änderungen, sie stabilisiert. Dafür nimmt man die Verkleinerung des Verstärkungsfaktors (hier von 30000 auf 968) in Kauf.

Anwendungen: Erzeugung ungedämpfter elektromagnet. Schwingungen; Stabilisierung elektr. Anlagen.

Positive Rückkopplung, Mitkopplung, d.h. $K > 0$, ist relativ selten. Das rückgekoppelte Signal wird phasengleich zum Eingang geleitet. Das führt zur Destabilisierung des Ausgangssignals: Ändert sich V, so vergrößert positive Rückkopplung diese Änderung weiter.

Ist $K \geqq +1$, so ist die Rückkopplung instabil, die obigen Gleichungen gelten nicht mehr. Mathemat. Beschreibung der Vorgänge erfordert komplexe Analysis.

Anwendungen: Erzeugung lawinenartig anschwellender Schwingungen; Steigerung der Trennschärfe bei Empfängern ($K \ll 1$).

Impedanzanpassung

Werden Schaltkreise zusammengekoppelt, z.B. Antenne an Radioeingang, Verstärkerausgang an Lautsprecher, so wird oft maximale Leistungsübertragung von einem Kreis zum anderen gefordert. Das gelingt durch Impedanzanpassung, d.h. die Ausgangsimpedanz von Kreis 1 ist möglichst gleich der Eingangsimpedanz von Kreis 2.

Beispiel: Impedanzanpassung mit Hilfe eines Transformators. Wicklung p liegt in Kreis 1, Wicklung s in Kreis 2. Dann gilt für Spannungen U, Ströme I und Impedanzen Z (s. S. 285)

$$Z_1/Z_2 = (U_1 I_2)/(U_2 I_1) = (N_p/N_s)^2$$

Durch Wahl des Übersetzungsverhältnisses N_p/N_s erreicht man die Impedanzanpassung.

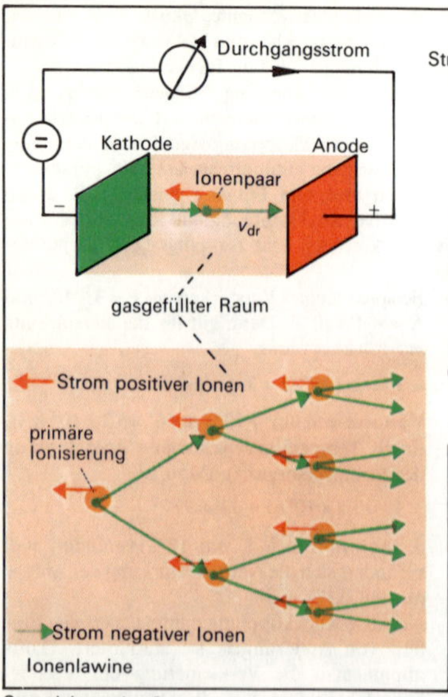

Stromleitung im Gas

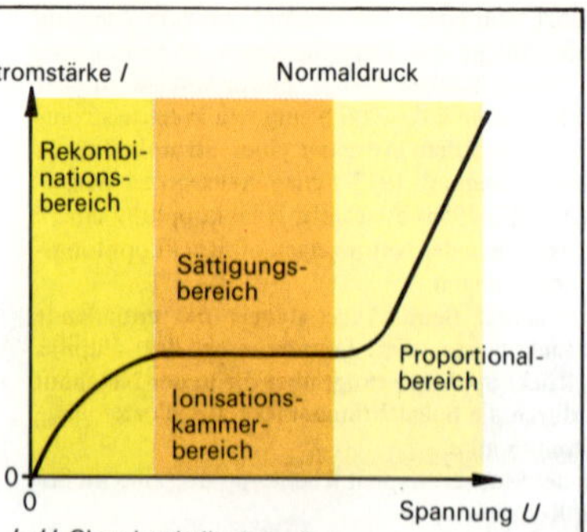

I–U-Charakteristik eines Gases

Gas	μ in $m^2 \cdot V^{-1} \cdot s^{-1} \times 10^{-2}$ +Ion	–Ion
Benzol	0,18	0,21
Methyliodid	0,23	0,23
Acetylen	0,71	0,86
Carbondioxid	0,79	0,95
Stickstoff	1,29	1,82
Sauerstoff	1,33	1,8
Argon	1,37	1,7
Helium	5,1	6,3
Wasserstoff	5,7	8,6

Ionenbeweglichkeit μ in Luft (Normaldruck, 18 °C)

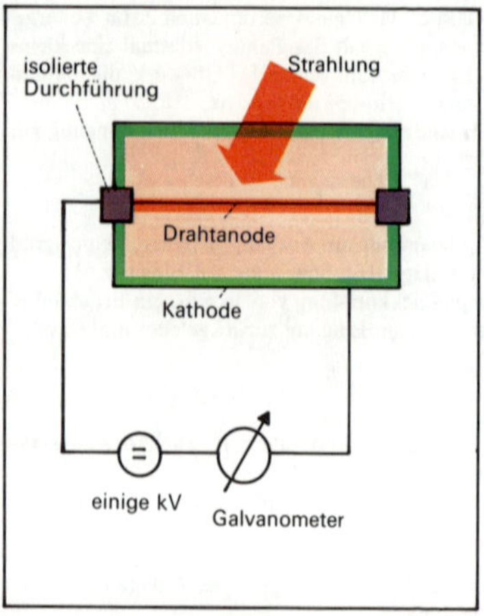

Zylinder-Ionisationskammer

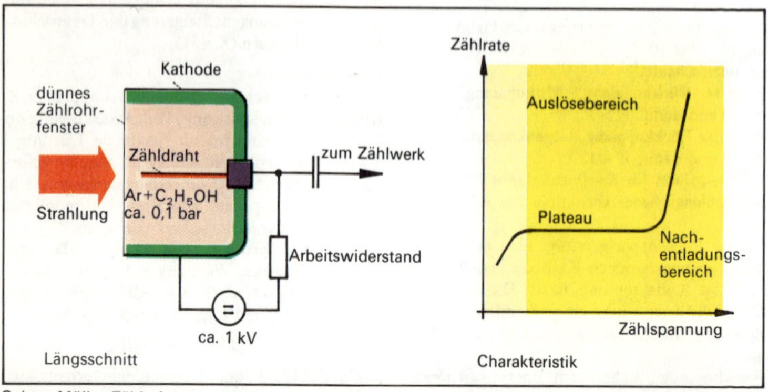

Geiger-Müller-Zählrohr

Gase im Normalzustand sind Isolatoren. Enthalten sie bewegl. Ladungsträger (Ionen, e^-), so leiten sie den elektr. Strom.

Kosm. Höhenstrahlung und natürl. Radioaktivität sorgen dafür, daß stets einige Ionen im Gas vorhanden sind. In Bodennähe ist die natürl. Anzahldichte der Ionen in Luft ca. $10^9\,m^{-3}$.

Die *Dosimetrie ionisierender Strahlung* beruht auf der Messung der Ionenanzahl in einem abgeschlossenen Gasvolumen (s. S. 189).

Rekombination der Ionen zu neutralen Atomen oder Molekülen spielt in Gasen eine wichtige Rolle, im Gegensatz zu Ionen in Elektrolyten (s. S. 231). Rekombination erfolgt aufgrund der therm. Stöße, die elektrostat. Anziehung spielt eine vernachlässigbare Rolle. Es gilt

$$\tau = 1/(\alpha_i n_0) \qquad \textit{Ionen-Lebensdauer}$$

mit

τ: mittlere Lebensdauer eines Ions, d. h. 50% der Ionen rekombinieren innerhalb τ; α_i: Rekombinationskoeff., gemessen in m^3/s; n_0: Anzahldichte der Ionen zur Zeit $t=0$, gemessen in m^{-3}.

α_i hängt ab in erster Linie von Druck, Temperatur und Ionenart.

Beispiel: Für Luft unter Standardbedingungen ist $\alpha_i \approx 1{,}6 \times 10^{-12}\,m^3/s$, also $\tau \approx 630\,s$. Das ist die mittlere Lebensdauer eines ionisierten Luftmoleküls.

Elektrische Leitfähigkeit von Gasen

Im elektr. Feld $\boldsymbol{E}$ bewegen sich die Ionen mit gleichförmiger Geschwindigkeit. Ihre Energiezunahme zwischen den einzelnen Stößen ist kompensiert durch die Energieverluste beim Stoß mit den Gasmolekülen. Es gilt

$$v_{dr} = \mu E \qquad \textit{Driftgeschwindigkeit}$$

mit

v_{dr}: Driftgeschw. der Ionen; μ: *Beweglichkeit* der Ionen (s. S. 227), gemessen in $m^2 \cdot V^{-1} \cdot s^{-1}$; E: Betrag der elektr. Feldstärke.

μ hängt ab von Ionenart und Umgebung. In Gasen bei Normaldruck übersteigt μ die Beweglichkeit in Elektrolyten um etwa 4 Größenordnungen.

Beispiel: In einem elektr. Feld mit $E = 1000\,V/m$ driftet O_2^+ mit 13 m/s in Richtung Kathode. Das ist $\ll$ gegen die therm. Geschw. der O_2^+-Ionen.

Beide Ionenarten tragen zum elektr. Strom durch das Gas bei, ihre Beweglichkeit ist etwas verschieden.

Die **elektr. Leitfähigkeit** eines Gases (Formelzeichen γ oder σ, gemessen in S/m) ist (s. auch S. 225)

$$\gamma = ze(\mu_+ + \mu_-)(n_+ + n_-)$$

mit

z: Ionenladungszahl (z. B. $z=2$ für O^{2+}); e: Elementarladung; $(\mu_+ + \mu_-)$: Summe der Beweglichkeiten beider Ionenarten; $(n_+ + n_-)$: Summe der Anzahldichten beider Ionenarten.

Beispiel: Für Luft in Bodennähe ist $\gamma \approx 1 \times 10^{-14}\,S/m$, in 5 km Höhe ca. $1{,}5 \times 10^{-13}\,S/m$.

Legt man eine Spannung U an die Elektroden in einem Gas, so beobachtet man einen elektr. Strom I. In der I–U-Charakteristik unterscheidet man drei Bereiche:

Rekombinationsbereich. Die Anzahl der an den Elektroden entladenen Ionen $\ll$ Rekombinationsverluste.

Es gilt das Ohmsche Gesetz:

$$I = (\gamma F/l)U$$

mit

F, l: Querschnitt bzw. Abstand der Elektroden.

Sättigungsbereich. Sehr geringe Rekombinationsverluste, praktisch alle Ionen erreichen die Elektroden. I ist unabhängig von U.

Proportionalbereich. Die Energie der Ladungsträger reicht aus, um beim Stoß neutrale Atome zu ionisieren und damit Ionenlawinen auszulösen. Bei wachsendem U steigt I steil an.

Anwendungen:

Ionisationskammer, Ionenkammer, dient zur Messung der Intensität ionisierender Strahlung, z. B. Röntgenstrahlung (s. S. 183). Es ist ein (meist) mit Luft gefülltes, zylindr. Gefäß mit zwei isolierten Elektroden im Inneren. Häufig ist die Außenwand eine Elektrode, ein axialer Leiter die andere. Sie arbeitet bei Normaldruck und im Sättigungsbereich (s. o.). Sättigungsstrom × Meßdauer ist gleich der Anzahl der durch die Strahlung im Kammervolumen erzeugten Ionen, also ein Maß für die Ionendosis (s. S. 189).

Zählrohr, entwickelt 1928 von Hans Geiger und Walther Müller, ein Detektor für einzelne Teilchen. Es besteht aus einem geerdeten Zylinder und einem axialen Draht als Anode. Im Zählrohrvolumen herrscht Unterdruck. Dringen elektr. geladene Teilchen in das Zählrohrvolumen ein, so lösen sie bei ausreichender Anodenspannung (ca. 1 kV) im Zählgas (z. B. Ar mit Alkoholdampf) Ionenlawinen aus, ein Entladungsstoß tritt auf und wird gezählt.

Arbeitet das Zählrohr im *Proportionalbereich*, so ist die Größe des Entladungsstoßes proportional dem Energieverlust der Teilchen im Zählrohr.

Ist die Feldstärke im Zählrohr sehr hoch, so arbeitet das Zählrohr im *Auslöse-* oder *Geiger-Müller-Bereich.* Bereits ein einzelnes ionisierendes Teilchen kann eine Ionenlawine auslösen und auf diese Weise gezählt werden.

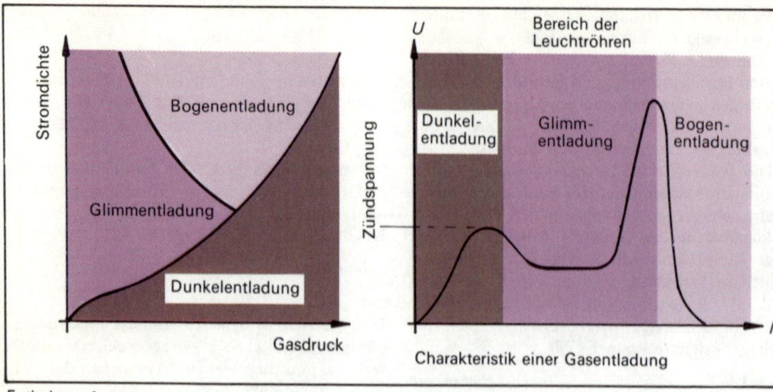

Entladungsformen

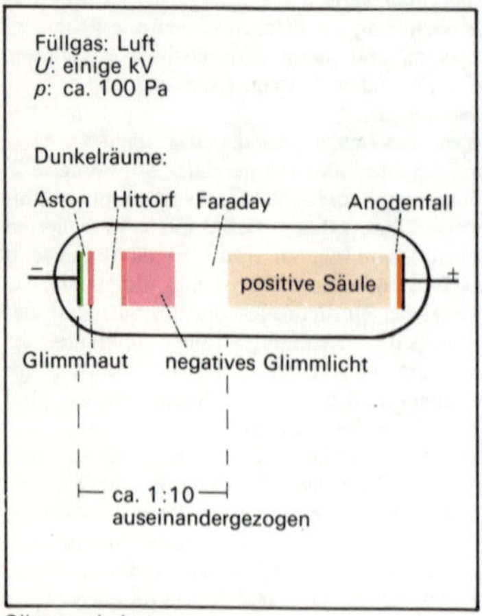

Glimmentladung

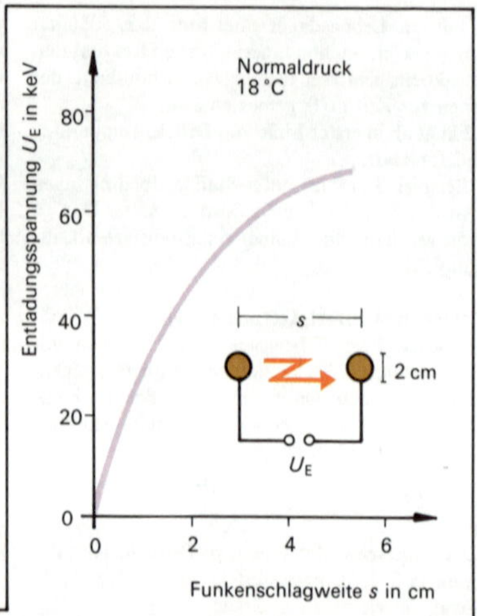

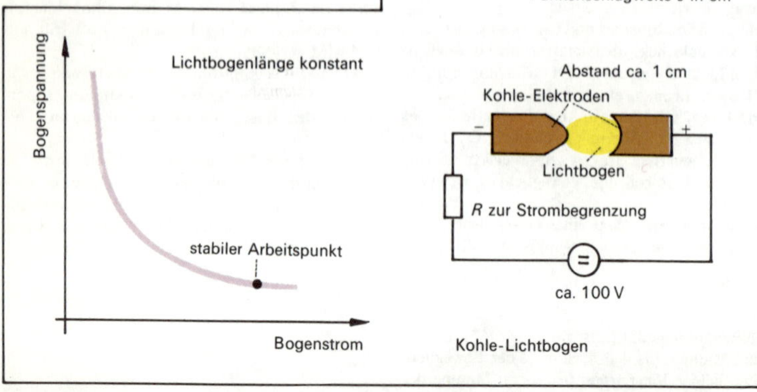

Bogenentladung

Der Durchgang von elektr. Strom durch Gase mit niedrigem Druck heißt **Gasentladung**. Sie erregte bereits früh das Interesse der Naturwissenschaftler, aber erst 1901 konnte JOHN TOWNSEND (1868–1957) einige der Phänomene quantitativ erklären.

Unselbständige Gasentladung liegt vor, wenn die Ladungsträger durch Einwirkung von außen freigesetzt werden: z. B. durch die stets vorhandene *kosmische Höhenstrahlung* (erzeugt ca. 10^3 Ionenpaare pro cm^3 Luft) oder durch ionisierende Strahlung (s. S. 189).

Selbständige Gasentladung liegt vor, wenn die Ladungsträger eine Folge der zwischen den Elektroden angelegten Spannung sind.

Strom-Spannungs-Charakteristik einer Gasentladung: Füllt man ein geschlossenes Glasrohr mit einem verdünnten Gas, schmilzt zwei Elektroden in die Enden ein und verbindet diese mit einer Spannungsquelle, so beobachtet man Folgendes: Bei niedrigem U ist I sehr klein. Erhöht man U, so steigt I anfangs langsam, dann immer schneller an. Bald fängt das Gas an, sehr schwach zu leuchten (*Dunkelentladung*). Erreicht U die *Zündspannung*, so erscheint die helle *Glimmentladung*. Bei noch höheren Spannungen tritt *Bogenentladung* auf. Die Lichterscheinungen beruhen auf Stoßanregung der Gasatome durch e^-.

Dunkelentladung tritt bei sehr kleinen Stromdichten ($<10^{-10}\,A/m^2$) auf.

Glimmentladungen beobachtete 1706 erstmalig F. HANKSBEE. Sie beginnen oberhalb $10^{-9}\,A/m^2$. Die auf die Kathode prallenden Ionen lösen e^- aus, die den Stromtransport zur Anode übernehmen. Die Beweglichkeit der positiven und negativen Ladungsträger im Gas ist unterschiedlich. Das führt zu Gebieten mit versch. Raumladungsdichten innerhalb der Entladungsröhre, es entstehen helle und dunkle Zonen. Zwischen Kathode und Anode unterscheidet man mehrere Räume:

Astonscher Dunkelraum. Eine sehr dünne Zone direkt vor der Kathode. Die Energie der die Kathode verlassenden e^- reicht nicht aus, um die Gasatome zum Leuchten anzuregen.

Glimmhaut, Kathodenschicht. Eine dünne, leuchtende Zone mit sehr hohem Spannungsabfall. e^- regen die Gasatome zum Leuchten an.

Hittorfscher Dunkelraum. Die e^- haben genügend Energie, um beim Zusammenstoß die Gasatome vorwiegend zu ionisieren. Es entstehen viele positive Ionen und damit eine starke lokale, positive Raumladung.

Negatives Glimmlicht. Erneut eine Zone der Stoßanregung.

Faradayscher Dunkelraum. Die elektr. Feldstärke ist klein, die e^- haben eine zu geringe Energie, um die Gasatome anzuregen.

Positive Säule. Größter Raum, konstante elektr. Feldstärke, Stoßanregung des Gases, gleiche Anzahl e^- und Ionen (*kaltes Plasma*). Arbeitsbereich der Leuchtstoffröhren (s. u.).

Anodenfall. Dunkelraum unmittelbar vor der Anode.

Bogenentladung tritt auf bei Stromdichten $>10^{-4}\,A/m^2$; sie ist außerordentlich lichtstark. Die Kathode wird durch den aufprallenden e^--Strom erhitzt, das führt zur Glüh- und Feldemission (s. S. 305) weiterer e^-. Zuerst untersucht 1812 durch HUMPHRY DAVY (1778–1829).

Anwendungen:

Hg-Dampflampe. Der Lichtbogen brennt zwischen zwei Hg-Elektroden in Hg-Dampf.

Kohle-Lichtbogen in Luft. Zwei Kohlestäbe sind die Elektroden. Anfangs berühren sie sich, nach Stromschluß werden sie auseinandergezogen. Ein Lichtbogen mit Temperaturen bis zu 6000 °C brennt zwischen den Kohlen. Die positive Elektrode bildet wegen des e^--Aufpralls einen Krater, sie ist wesentlich heißer als die Kathode. Der Krater ist eine extrem helle Lichtquelle, sein Lichtstrom kann 10^5 Lumen überschreiten.

Verwendung: Scheinwerfer, Carbid-Lichtbogenofen, Gaszündung, Schweißtechnik und bei der Funkenerosionsabtragung für die Bearbeitung extrem harter Werkstoffe.

Funkenentladung ist eine schnell und selbständig abbrechende Bogenentladung. Die Zündspannung hängt ab von Gasdruck und Elektrodenform.

Funkenstrecke. U liegt zwischen zwei separierten Metallkugeln an. Der Abstand wird dann verringert, bis ein Funken überspringt. Auf diese Weise werden Hochspannungen gemessen, da die Zündspannung bei konstantem Gasdruck nur vom Elektrodenabstand abhängt.

Gasentladungslampen

Niederdrucklampen emittieren einzelne Spektrallinien, es sind also monochromat. Lichtquellen.

Hochdrucklampen strahlen neben Spektrallinien ein kontinuierl. Spektrum ab.

Leuchtstoffröhren arbeiten im Bereich der positiven Säule (s. o.) der Gasentladung. Die Farbe hängt vom Füllgas ab. Tageslichtähnl. Strahlung wird durch lumineszierende Schichten auf der Innenseite der Röhre und Gaszusätze erreicht. Die Lichtausbeute ist wesentlich höher als die der Glühlampen.

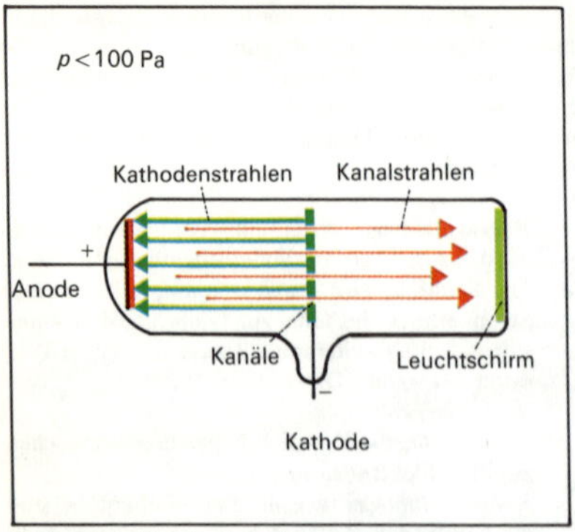

Teilchenstrahlen im Entladungsrohr

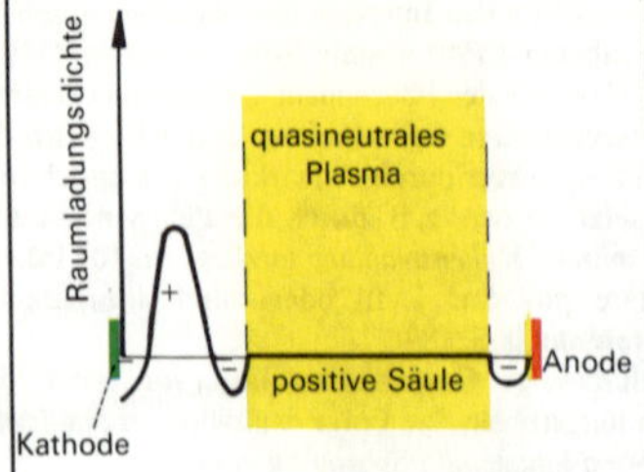

Plasma in der Gasentladungsröhre

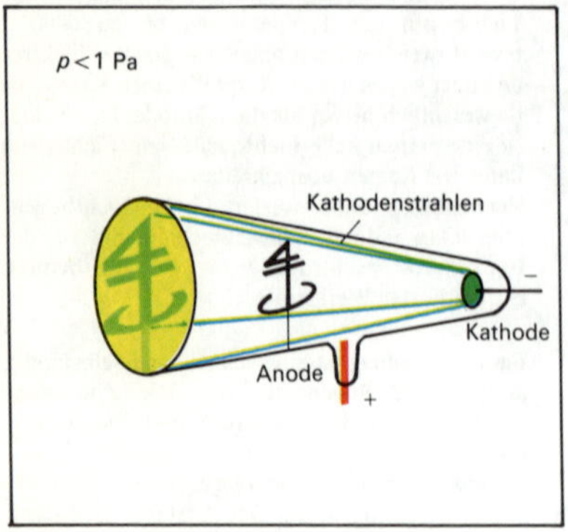

Kathodenstrahlen breiten sich geradlinig aus

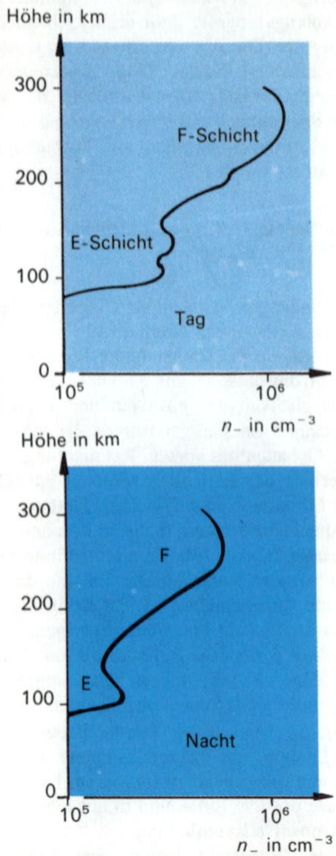

Plasma in der Ionosphäre

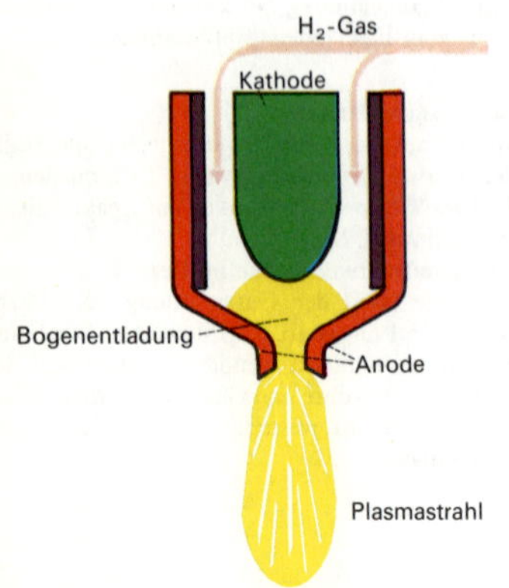

Plasmabrenner

Plasma

Die Erscheinungen der Gasentladung (s. S. 325) hängen ab vom Gasdruck p. Sinkt p unter ca. 100 Pa, so dehnen sich die Dunkelräume im Gasentladungsrohr mehr und mehr aus.
Für $p > 100$ Pa dominiert die positive Säule, ein *Plasma* (s. u.) füllt das Entladungsrohr.

Kathodenstrahlen beobachtete 1858 zuerst JULIUS PLÜCKER (1801–68); GEORGE STONEY (1826–1911) bezeichnete sie als *Elektronen*. Sie werden sichtbar als pinselförmige Lichterscheinung aus Kathodenrichtung (daher der Name), sobald p unter ca. 100 Pa sinkt. Es handelt sich um e^- aus der Kathode.

Beweis: Richtungsablenkung durch Magnete (s. S. 305).

Die von der Kathode emittierten e^- erreichen mittlere freie Weglängen (s. S. 113) der Größenordnung cm, sie bringen die Restgasatome durch Stoßanregung zum Leuchten. Sinkt der Gasdruck weiter, so verschwindet das Leuchten allmählich; nur gegenüber der Kathode fluoresziert die Glaswand grünlich unter der Wirkung der auftreffenden e^-. Die e^- fliegen geradlinig in Richtung Anode, ein Hindernis im Kathodenstrahlenbündel wirft einen Schatten.
Die **Geschwindigkeit** v der Kathodenstrahlen ist

$$v = \sqrt{2eU/m}$$

mit
e: Elementarladung; U: elektr. Spannung zwischen Kathode und Anode; m: Elektronenmasse.

Beispiel: Für $U = 100$ V folgt $v = 5{,}92 \times 10^6$ m/s. Das sind fast 2% der Lichtgeschwindigkeit.

Kanalstrahlen beobachtet man als gelbl. Leuchten (bei Luftfüllung) im Raum hinter einer von Kanälen durchbohrten (daher der Name) Kathode. Kanalstrahlen sind positive Gas-Ionen, die das elektr. Feld in Richtung Kathode beschleunigt hat und die aufgrund ihrer Trägheit die durchlöcherte Kathode passieren. Entdeckt 1886 von EUGEN GOLDSTEIN (1850–1930), 1898 als Ionen erkannt und untersucht durch WILHELM WIEN (1864–1928).
Die **Geschwindigkeit** v der Kanalstrahlen ist

$$v = \sqrt{2zeU/m}$$

mit
z: Ionenladungszahl, gemessen in Einheiten von e; m: Ionenmasse.

Beispiel: Für $U = 100$ V und N_2^+-Ionen folgt $v = 2{,}61 \times 10^4$ m/s. Wegen der vergleichsweise großen Masse der Ionen ist v erheblich kleiner als der korrespondierende Wert für Kathodenstrahlen.

Plasma liegt vor, wenn das Restgas sehr viele Ionen und frei bewegliche e^- enthält, z. B. in der positiven Säule bei der Gasentladung. Plasma gilt auch als 4. Aggregatzustand der Materie (s. S. 53).
Terminologie:

Ionisationsgrad $\chi = n_+/(n_- + n)$
mit
n_+: Anzahldichte der +-Ionen; n: Anzahldichte der Atome bzw. Moleküle des Gases; n_-: Anzahldichte der freien e^-.
Dünnes Plasma: $n_- < 10^5\,\mathrm{cm}^{-3}$.
Dichtes Plasma: $n_- > 10^{14}\,\mathrm{cm}^{-3}$.
Quasineutrales Plasma: $n_+ \approx n_-$.
Vollständig ionisiertes Plasma: $\chi \approx 1$.
Kaltes Plasma: $T < 10^5$ K.
Heißes Plasma: $T > 10^6$ K.

Da Plasma oft eine geringe Dichte hat, verliert hier der Temperaturbegriff seine Anschaulichkeit.

Hochdruck-Plasma: Gasdruck > Atmosphärendruck.
Niederdruck-Plasma: Gasdruck < Atmosphärendruck.

Vorkommen: Plasma ist der Hauptzustand der Materie im Kosmos; Sterne, interstellare Materie, Strahlungsgürtel der Erde, Polarlichter, Ionosphäre, Blitzkanal, Flamme, Lichtbogen, positive Säule in der Gasentladung, Gase mit $T >$ einige tausend Grad.
Da die Beweglichkeit der $e^- \gg$ gegen die der Ionen ist, kann das Plasma *longitudinale* Schwingungen ausführen. IRVING LANGMUIR (1881–1957) berechnete 1925 die Schwingungsfrequenz des Plasmas:

$$\nu_{Pl} = 8{,}98 \times 10^3 \sqrt{n_-} \qquad \textit{Plasmaschwingung}$$

mit
ν_{Pl}: Frequenz des Plasmas, gemessen in Hz, für n_-, angegeben in cm^{-3}.

Ist ein äußeres Magnetfeld vorhanden, so erscheinen auch *transversale* Plasmaschwingungen (magnetohydrodynam. Wellen, *Alfven-Wellen*).

Die **Ionosphäre** der Erde stellt ein kaltes Plasma dar, da der kurzwellige Teil der Sonnenstrahlung die Luftmoleküle in großer Höhe ionisiert. Die elektr. Leitfähigkeit ist von der Größenordnung einiger S/m. Je nach vorherrschender Ionisierung von O_2, N_2, O, NO usw. bilden sich tageszeitabhängige Schichtungen mit unterschiedl. ν_{Pl} aus.

Beispiel: In 200 km Höhe ist $n_- \approx 10^6\,\mathrm{cm}^{-3}$ am Tage und $n_- \approx 5 \times 10^5\,\mathrm{cm}^{-3}$ bei Nacht.

In der Ionosphäre beträgt $\nu_{Pl} <$ einige MHz.
Radiowellen regen das Plasma der Ionosphäre zu Resonanzschwingungen an, werden also reflektiert und zur Erdoberfläche zurückgebrochen.
Die Frequenzen der UKW- und Fernsehwellen sind größer als die Plasmafrequenzen, Resonanz findet nicht statt. Daher durchdringen diese Wellen ungebrochen die Erdatmosphäre, und ihre Reichweite ist auf opt. Sichtweite begrenzt.

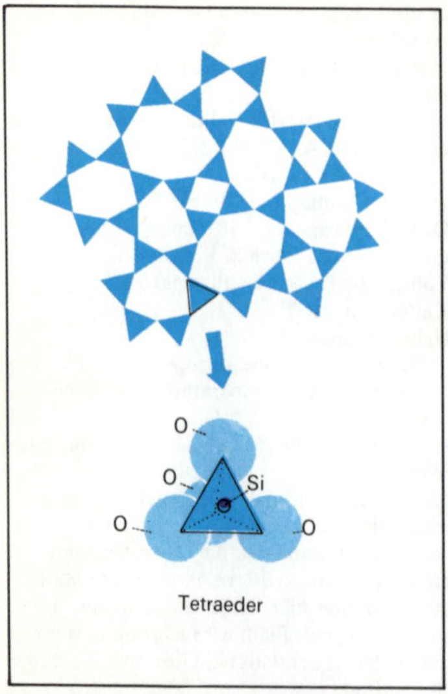

Unregelmäßige Struktur eines Silikatglases

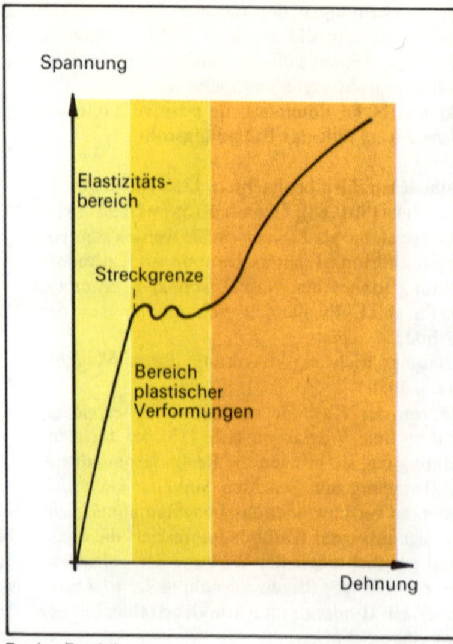

Realer Festkörper

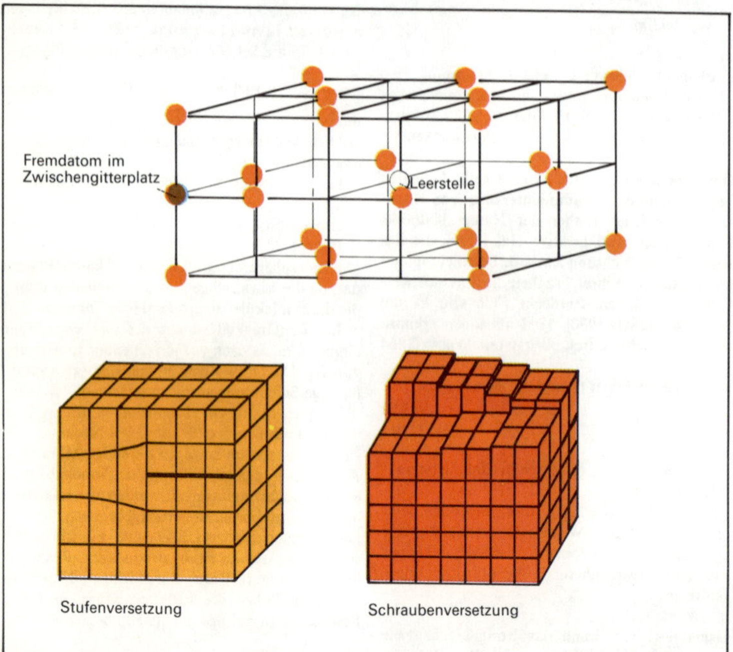

Festkörper und Gitterfehler

Erst die Erfindung des Transistors 1948 erweckte das Interesse der Physiker an der Untersuchung der Eigenschaften fester Körper. Die **Festkörperphysik** führt das elektron. Zeitalter an. Man kann die festen Körper phänomenologisch untersuchen, doch wirklich verstehen lassen sie sich nur mittels quantentheoret. Methoden. Die Quantentheorie sagte dann auch gänzlich unerwartete Effekte voraus.

Ein instruktives Beispiel dafür zeigte 1980 KLAUS VON KLITZING mit dem Quanten-Hall-Effekt (Nobelpreis 1985).

Nicht jeder **feste Körper** ist ein Festkörper. Festkörper bestehen aus räumlich periodisch angeordneten Grundbausteinen. Sie dürfen durchaus punkt- oder linienförmige Fehlstellen (s. u.) aufweisen. In den meisten Anwendungen spielen gerade diese Fehlanordnungen die entscheidende Rolle. Festkörper besitzen eine Kristallstruktur.

Gläser sind hochviskose Schmelzen (dynam. Viskosität bis zu 10^{13} Poise), die sehr langsam in den festen Zustand übergehen (*entglasen*). Sie entstehen aus dem flüssigen Zustand durch rasches Abkühlen. Ihre phys. Eigenschaften sind richtungsunabhängig, sie schmelzen innerhalb eines Temperaturintervalls, besitzen also keinen Schmelz*punkt*. Die ältesten Gläser sind Silikatgläser, aufgebaut aus an den Ecken unregelmäßig verbundenen SiO_4-Tetraedern.

Amorphe Körper bestehen aus mikrokristallinen Bruchstückstrukturen; sie sind instabil gegen Übergang in den kristallinen Zustand. Sie entstehen aus Festkörpern (zermahlen) oder Dampf (z. B. abscheiden auf kalten Flächen). Sie besitzen eine sehr große Oberfläche und daher ein hohes Adsorptionsvermögen.

Beispiele: Ruß, Aktivkohle, Tonerde Al_2O_3, viele Katalysatoren.

Ideale Festkörper besitzen eine streng regelmäßige Anordnung der Bausteine (Atome, Moleküle, Ionen).

Einkristalle zeigen parallel ausgerichtete Basisstrukturen, aber auch Fehlstellen im Gitter. Die äußere Form spielt keine Rolle, z. B. werden sie oft als Stäbe gezüchtet. Einkristalle bestehen aus reinen Substanzen, Legierungen oder (gezielt) verunreinigten Stoffen. Die phys. Eigenschaften sind meist abhängig von der Orientierungsrichtung des Einkristalls.

Verwendung: in der Halbleitertechnik.

Whisker, Haarkristalle, sind sehr dünne Einkristallfäden großer Reinheit; mechanisch außerordentlich stabil.

Reale Festkörper weichen aufgrund ihrer Entstehungsprozesse vom idealen ab. Sie weisen Fehler im Kristallgitter auf, z. B. Leerstellen, Teilchen zwischen den Gitterplätzen, Versetzungen (Kristallbaufehler).

Fehlstellen. *Leerstellen* sind unbesetzte Plätze im Kristallgitter. *Zwischengitterplätze* können durch zusätzl. Teilchen besetzt werden. Beide Arten von Fehlstellen können durch den Kristall wandern, außerdem innerhalb einer Relaxationszeit verschwinden (Beispiel: Rekombinieren von Leerstellen). Bei rascher Abkühlung bleiben Fehlstellen häufig erhalten (*einfrieren*).

Beispiel: In NaCl-Kristallen treten oft Cl-Lücken (*F-Zentren*) auf. Der Kristall ist dann bläulich im Auflicht, gelblich im Durchlicht.

Fremdteilchen können normale Gitterplätze einnehmen oder sich zwischen Gitterpositionen schieben.

Beispiel: Im *Stahl* ersetzen C-Atome manche Fe-Gitterplätze. Die Umgebung verformt sich; das führt zu erhöhter Elastizität.

Stufen- oder **Schraubenversetzungen** im Kristallgefüge ändern das elast. Verhalten. Die einzelnen Schichten gleiten nicht mehr ungehindert aufeinander. Jenseits der Streckgrenze zeigt dann das Spannungs-Dehnungs-Diagramm (s. S. 76) plötzlich plast. Verformungen an. In den Versetzungen lagern sich leicht Fremdatome ein.

Anwendung: Härten von Stahl.

Makromolekulare Festkörper bestehen aus Riesenmolekülen (rel. Molekülmasse einige Hundert bis einige Millionen atomare Masseneinheiten), die ihrerseits zahlreiche gleiche Bausteine (*Monomeren*) aufweisen. Die Anordnung der Moleküle ist zwischen amorph und kristallin.

Beispiele:
kristallin: Graphit, Diamant, Blei.
teilkristallin: organ. Gläser, Polyethylen.
amorph: Plexiglas.

Diese Makromoleküle setzen einer Volumenänderung eine temperaturabhängige, rücktreibende Kraft $\boldsymbol{F}$ entgegen:

$$F \sim T\Delta V/V$$

mit
F: Betrag der rücktreibenden Kraft; T: thermodyn. Temperatur; $\Delta V/V$: rel. Volumenänderung.

Beispiel: *Kautschuk-Gummi* (*Squash-Ball*), d. h. durch S-Atome vernetzte Gummi-Kettenmoleküle. Hier gilt

$$F = 3NkTl^2\Delta l/l$$

mit
N: Vernetzungsgrad; k: Boltzmann-Konstante; l, $\Delta l/l$: Länge bzw. rel. Längenänderung.

Unterhalb einer Grenztemp. gilt die Beziehung nicht mehr. Der Gummi wird spröde, denn die Monomere können sich nicht mehr frei drehen.

Elementsymbol	**Fe**	26	Ordnungszahl
Dichte in $10^3\ kg/m^3$	7,86		
		1808	Schmelzpunkt in K
Längenausdehnungskoeff. in $10^{-6}\ K^{-1}$	12		
		16,83	Elastizitätsmodul in $10^{10}\ N/m^2$
äußere Elektronenkonfiguration (hier $4\,s^2$)	2		
relative Atommasse	55,847		

Hauptgruppen: K, Ca (and elements above: H, Li, Be, Na, Mg, Rb, Sr, Cs, Ba)

Nebengruppen: Sc to Co, Y to Rh, La to Ir

Schale	Element	Ordnungszahl	Dichte	Schmelzpunkt	Längenausdehnungskoeff.	Elastizitätsmodul	äußere Elektronenkonfiguration	relative Atommasse
1 s	**H**	1	0,088	14,01		0,02	1	1,0079
2 s 2 p	**Li**	3	0,534	453,7	58	1,16	1	6,941
2 s 2 p	**Be**	4	1,85	1551	12,3	10,03	2	9,01218
3 s 3 p	**Na**	11	0,97	370,96	71	0,68	1	22,98977
3 s 3 p	**Mg**	12	1,74	922,0	26	3,54	2	24,305
4 s 4 p	**K**	19	0,86	336,4	84	0,32	1	39,098
4 s 4 p	**Ca**	20	1,54	1112	22,5	1,52	2	40,08
4 s 4 p	**Sc**	21	2,989	1814		4,35	2	44,9559
4 s 4 p	**Ti**	22	4,5	1933	9	10,51	2	47,90
4 s 4 p	**V**	23	5,96	2163	8	16,19	2	50,9414
4 s 4 p	**Cr**	24	7,20	2130	7,5	19,01	1	51,996
4 s 4 p	**Mn**	25	7,20	1517	23	5,96	2	54,9380
4 s 4 p	**Fe**	26	7,86	1808	12	16,83	2	55,847
4 s 4 p	**Co**	27	8,90	1768	13	19,14	2	58,9332
5 s 5 p	**Rb**	37	1,63	312,04	90	0,31	1	85,4678
5 s 5 p	**Sr**	38	2,6	1042		1,16	2	87,62
5 s 5 p	**Y**	39	4,469	1795		3,66	2	88,9059
5 s 5 p	**Zr**	40	6,49	2125	4,8	8,33	2	91,22
5 s 5 p	**Nb**	41	8,57	2741	7,1	17,02	1	92,9064
5 s 5 p	**Mo**	42	10,22	2883	5	33,6	1	95,94
5 s 5 p	**Tc**	43	11,5	2445		29,7	1	
5 s 5 p	**Ru**	44	12,30	2583	9,6	32,08	1	101,07
5 s 5 p	**Rh**	45	12,4	2239	8,5	27,04	1	102,9055
6 s 6 p	**Cs**	55	1,879	301,6	97	0,2	1	132,9054
6 s 6 p	**Ba**	56	3,51	998		1,03	2	137,34
6 s 6 p	**La**	57	6,14	1193		2,43	2	138,9055
6 s 6 p	**Hf**	72	13,20	2500		10,9	2	178,49
6 s 6 p	**Ta**	73	16,6	3269	6,5	20,0	2	180,9479
6 s 6 p	**W**	74	19,35	3683	4,3	32,32	2	183,85
6 s 6 p	**Re**	75	20,53	3453		37,2	2	186,207
6 s 6 p	**Os**	76	22,48	2973	6,6	41,8	2	190,2
6 s 6 p	**Ir**	77	22,42	2683	6,6	35,5	2	192,22

								He 2 0,147 0,95 2 4,00260	1 s
			B 5 2,35 2570 17,8 2 1 10,81	**C** 6 3,51 3820 1,2 54,5 2 2 12,011	**N** 7 1,026 63,29 0,12 2 3 14,0067	**O** 8 1,426 54,8 2 4 15,9994	**F** 9 1,51 53,53 2 5 18,99840	**Ne** 10 1,51 24,48 0,10 2 6 20,179	2 s 2 p
			Al 13 2,70 933,5 23,8 7,22 2 1 26,98154	**Si** 14 2,33 1683 7,6 9,88 2 2 28,086	**P** 15 1,82(gelb) 317,25 124 3,04 2 3 30,97376	**S** 16 2,07 (α) 385,9 64,1 1,78 2 4 32,06	**Cl** 17 2,03 172,2 2 5 35,453	**Ar** 18 1,77 83,95 0,16 2 6 39,948	3 s 3 p
Ni 28 8,90 1728 12,8 18,6 2 58,70	**Cu** 29 8,92 1537 16,8 13,7 1 63,546	**Zn** 30 7,14 692,73 26,3 5,98 2 65,38	**Ga** 31 5,90 302,9 18 5,69 2 1 69,72	**Ge** 32 5,35 1210,6 6 7,72 2 2 72,59	**As** 33 5,73 1090 3,94 2 3 74,9216	**Se** 34 4,81 (grau) 490 37 0,91 2 4 78,96	**Br** 35 4,05 266,0 2 5 79,904	**Kr** 36 3,09 116,6 0,18 2 6 83,80	4 s 4 p
Pd 46 12,02 1827 11 18,08 106,4	**Ag** 47 10,5 1235,08 19,7 10,07 1 107,868	**Cd** 48 8,64 594 29,4 4,67 2 112,40	**In** 49 7,30 429,8 56 4,11 2 1 114,82	**Sn** 50 5,76(grau) 505,12 27 5,5 2 2 118,69	**Sb** 51 6,68 903,6 10,9 3,83 2 3 121,75	**Te** 52 6,00 722,7 17,2 2,30 2 4 127,60	**I** 53 4,93 386,7 83 2 5 126,9045	**Xe** 54 2,7 161,3 2 6 131,30	5 s 5 p
Pt 78 21,45 2045 9,0 27,83 1 195,09	**Au** 79 19,31 1337,58 14,3 17,32 1 196,9665	**Hg** 80 13,59 234,28 3,82 2 200,59	**Tl** 81 11,85 576,7 29 3,59 2 1 204,37	**Pb** 82 11,34 600,65 29,4 4,30 2 2 207,2	**Bi** 83 9,80 544,5 13,5 3,15 2 3 208,9804	**Po** 84 9,31 527 2,6 2 4	**At** 85 575 2 5	**Rn** 86 4,0 202,1 2 6	6 s 6 p

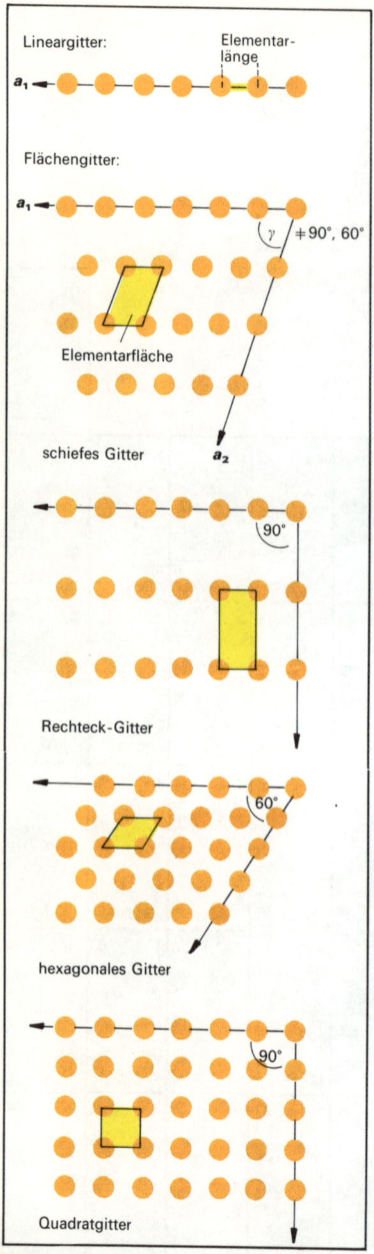

Gitter

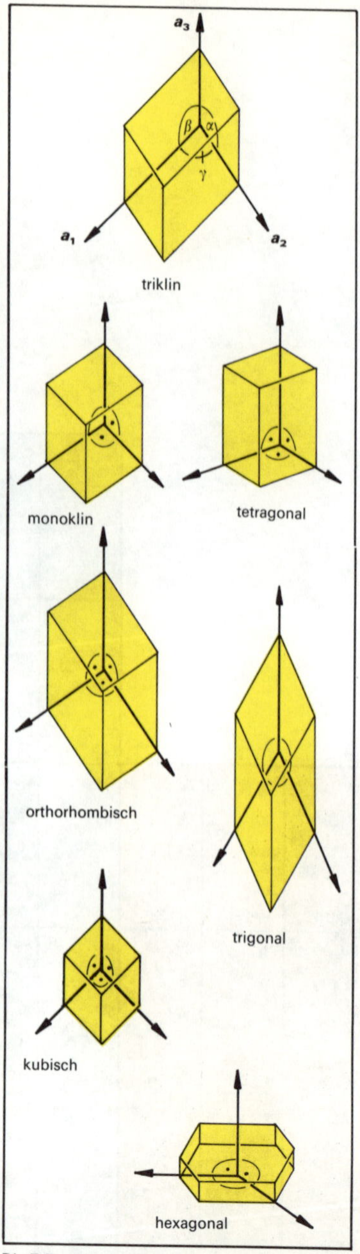

Die 7 Raumgittersysteme

Kristalle sind Festkörper, deren Bestandteile – Atome, Ionen, Moleküle – die Punkte eines *Gitters* besetzen (s. u.). Viele ihrer Eigenschaften sind **anisotrop,** d. h. sie haben für die versch. Richtungen versch. Werte.

Beispiele: therm. Ausdehnungsvermögen, Härte, Spaltbarkeit, Elastizität, elektr. Leitfähigkeit, Lichtbrechung.

Diese Anisotropie beruht auf der Fernordnung der Bestandteile, auf ihrer regelmäßigen Anordnung. Gase und Flüssigkeiten sind fast immer isotrop.

Gitter beschreiben den geometr. Aufbau der Kristalle. Ein idealer Punkt gibt die Position eines jeden Kristallbestandteils an.

Manche Kristalle (in erster Linie Salze) werden dargestellt als zwei ineinanderstehende Teilgitter.

Beispiel: NaCl baut sich auf aus einem Na^+- und einem Cl^--Teilgitter.

Punktgitter sind symmetr. und period. Anordnungen von *Gitterpunkten.* Man unterscheidet Linear-, Flächen- und Raumgitter. Ausgehend von einem Gitterpunkt bestimmt der **Gittervektor** (Symbol: $\boldsymbol{R}$) die Lage des nächsten. Es ist

$$\boldsymbol{R} = n_1 \boldsymbol{a}_1 + n_2 \boldsymbol{a}_2 + n_3 \boldsymbol{a}_3$$

mit

$\boldsymbol{a}_1$, $\boldsymbol{a}_2$, $\boldsymbol{a}_3$: linear unabhängige – nicht in einer Ebene liegende – *Translationsvektoren* des Gitters;
n_1, n_2, n_3: ganze Zahlen.

Die kleinsten Abstände benachbarter Gitterpunkte sind die **Gitterkonstanten.** Für $n_1 = n_2 = n_3 = 1$ bilden die Translationsvektoren eine **Elementarzelle** des Raumgitters. Durch Translation gehen die Elementarzellen versch. Gitterpunkte ineinander über und füllen lückenlos den Raum. Das Raumgitter ist bestimmt durch Gitterkonstanten und von den Winkeln α, β, γ zwischen den Translationsvektoren.

Gesetz der Winkelkonstanz, formuliert 1669 durch NICOLAUS STENO (1638–86): In den Kristallen der gleichen chem. Verbindung sind die Neigungswinkel zwischen gleichartigen Flächen gleich.

Folgerung: Auch wenn die äußere Erscheinungsform (Habitus) verschieden ist, kann der gleiche Kristall vorliegen.

Gitternomenklatur:

Symmetrieachse: Durch Drehung um die Symmetrieachse geht das Gitter in ein gleichwertiges über. Die Anzahl der Symmetrieachsen, bei denen eine Volldrehung das Gitter mit sich selbst zur Dekkung bringt, heißt **Zähligkeit.** Es gibt nur ein-, zwei-, drei-, vier- und sechszählige Gitter; dem entsprechen Winkeldrehungen um 360°, 180°, 120°, 90° und 60°.

Beispiel: Das Oktaeder hat ein-, zwei-, drei- und vierzählige Symmetrieachsen.

Symmetrieebene: Die Symmetrieebene teilt das Gitter in Hälften, die sich wie Bild und Spiegelbild verhalten. Kombiniert man alle möglichen Symmetrieebenen, -achsen und -punkte, so lassen sich 32 **Gitterklassen** unterscheiden.

Beispiele: nur eine einzählige Drehachse (Kristall: $CaS_2O_3 \cdot 6\,H_2O$) bis zu vielzähligen kubischen Gittern (Kristall: NaCl).

Alle Gitterklassen lassen sich aus 7 **Gittersystemen** zusammensetzen:

triklin: Die Translationsvektoren $\boldsymbol{a}_1$, $\boldsymbol{a}_2$ und $\boldsymbol{a}_3$ sowie die Neigungswinkel α, β und γ sind alle verschieden, d. h. alle Kristallachsen sind verschieden lang und stehen schiefwinklig aufeinander. Also $\boldsymbol{a}_1 \neq \boldsymbol{a}_2 \neq \boldsymbol{a}_3$ und $\alpha \neq \beta \neq 90°$.
monoklin: $\boldsymbol{a}_1 \neq \boldsymbol{a}_2 \neq \boldsymbol{a}_3$ und $\alpha = \gamma = 90° \neq \beta$.
orthorhombisch: $\boldsymbol{a}_1 \neq \boldsymbol{a}_2 \neq \boldsymbol{a}_3$ und $\alpha = \beta = \gamma = 90°$.
tetragonal: $\boldsymbol{a}_1 = \boldsymbol{a}_2 \neq \boldsymbol{a}_3$ und $\alpha = \beta = \gamma = 90°$.
kubisch: $\boldsymbol{a}_1 = \boldsymbol{a}_2 = \boldsymbol{a}_3$ und $\alpha = \beta = \gamma = 90°$.
hexagonal: $\boldsymbol{a}_1 = \boldsymbol{a}_2 \neq \boldsymbol{a}_3$ und $\alpha = \beta = 90°, \gamma = 120°$.
trigonal: $\boldsymbol{a}_1 = \boldsymbol{a}_2 = \boldsymbol{a}_3$ und $\alpha = \beta = \gamma \neq 90°$.

Bravais-Gitter (zusammengestellt 1850 von AUGUSTE BRAVAIS, 1811–63) entstehen aus den Gittersystemen, wenn nicht nur die Eckpunkte, sondern noch weitere Gitterpunkte besetzt sind. Für die Lage dieser Gitterpunkte gibt es vier Möglichkeiten: raumzentriert, flächenzentriert und – bei nichtkubischen Gittern – zentriert in Basisfläche oder anderen Flächen. Es gibt 14 Bravais-Gitter.

Noch mehr Unterteilungen sind möglich, z. B. wenn man magnet. Strukturen erfassen will.

230 **Raumsymmetrieklassen,** oder **Raumgruppen,** entstehen, kombiniert man die 32 Gitterklassen mit den möglichen Translationen.

Kristallstrukturanalyse

Die Kristallstrukturanalyse ist eine experimentelle Methode, um den Aufbau eines Kristalls zu messen, d. h. Gitterkonstante und Raumsymmetrieklasse. Grundlage ist die Beugung kurzwelliger ($\lambda \approx 10^{-10}$ m) **elektromagnet. Strahlung** am Raumgitter (s. S. 185). Die Beugung erfolgt an den Elektronen der die Gitterpunkte besetzenden Bestandteile. Obwohl diese das Gitter oft weitgehend räumlich ausfüllen, können sie als punktförmige Beugungszentren betrachtet werden.

Die Auswertung der Beugungsmuster ergibt neben Raumgruppe und Gitterkonstanten auch die Elektronendichte im Kristall. Ist diese Dichte sehr gering zwischen den Atomen, so liegt ein *Ionenkristall* vor.

Um die Atomlagen innerhalb der Elementarzelle des Kristalls festzustellen, werden Einkristalle untersucht.

Kristallstrukturanalyse erfolgt auch mit Hilfe therm. Neutronen (mittlere Energie: 0,039 eV). In diesem Fall sind die Atomkerne Beugungszentren. Vorteile: Kristalle mit schweren und leichten Atomen können analysiert werden; Unterscheidung von Isotopen; Möglichkeit, nur die Oberflächenlage des Kristalls zu untersuchen.

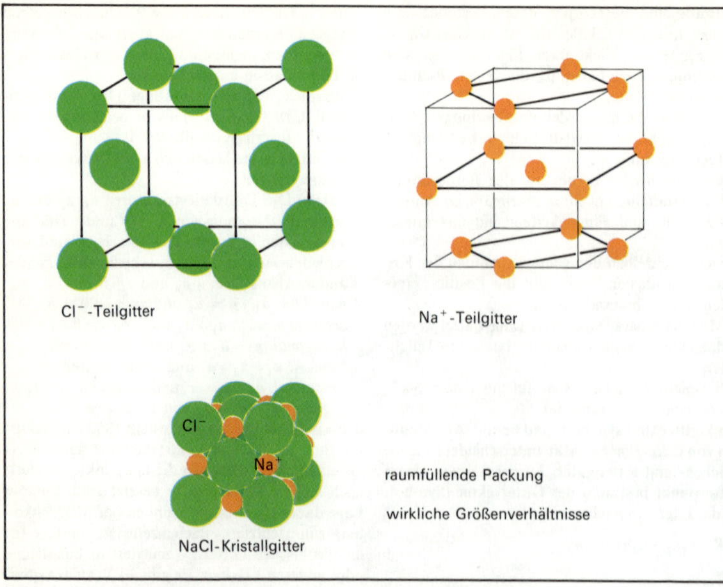

Kubisch-flächenzentrierte Packung

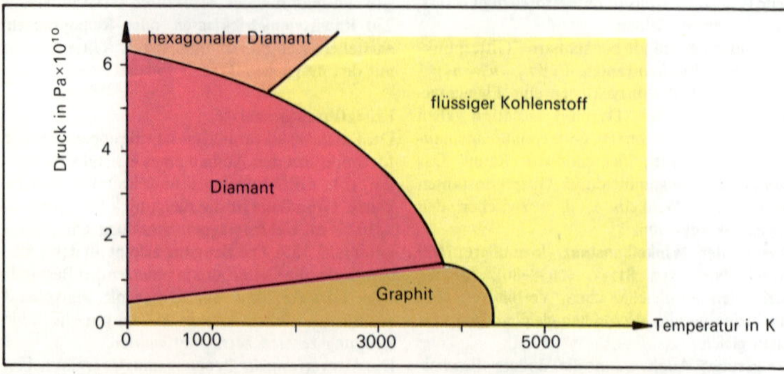

C-Modifikationen im Zustandsdiagramm

Ion	Radius in 10^{-10} m	Ion	Radius in 10^{-10} m
F^-	1,36	Be^{++}	0,31
O^{--}	1,40	Mn^{7+}	0,46
Cl^-	1,81	Mn^{4+}	0,50
S^{--}	1,84	Fe^{3+}	0,67
Br^-	1,95	Mn^{--}	0,80
Se^{--}	1,98	Fe^{++}	0,82
I^-	2,16	Ca^{++}	0,99
Te^{--}	2,21	Sr^{++}	1,13
		B^{++}	1,35
		Cs^+	1,69

Ionenradien im Ionenkristall

Besetzen Atome, Ionen oder Moleküle die Punkte eines Gitters, so entsteht ein Kristall. Die Anzahl der unmittelbaren, gleichwertigen Nachbarn im Kristall heißt *Koordinationszahl.*

Die Koordinationszahlen 4, 6, 8 und 12 sind häufig.

Wichtige Begriffe:

Isomorphie. Ionenkristalle (s. u.) vom gleichen Formel- und Strukturtyp, mit wenig versch. Ionenradien (s. u.) heißen isomorph (von gleicher Gestalt). Es sind Mischkristalle mit statistisch aufgeteilten Kationen- und Anionengitterplätzen.

Beispiele: $NaCl + AgCl$, $MgSO_4 + FeSO_4$.

Isotypie. Kristalle, vom gleichen Formel- und Strukturtyp, jedoch sehr unterschiedl. Ionenradien, heißen isotyp (vom gleichen Typ).

Isotype Kristalle sind z. B.: NaCl, PbS, TiCl und MgO.

Allotropie. Modifikationen des gleichen Elements. Ab einer best. Temperatur geht die eine Modifikation in die andere über, gleichzeitig ändern sich viele Eigenschaften (Farbe, Dichte, Kristalltyp usw.).

Beispiel: C-Allotropien sind Diamant und Graphit.

Polymorphie. Modifikationen der gleichen Verbindung.

Beispiel: Zinnober (rot) und Metacinnabarit (schwarz) sind Polymorphe des ZnS.

Bedingt durch die Großzahl der Gitter-Raumgruppen gibt es sehr viele versch. Kristallstrukturen. Die beiden wichtigsten sind:

Kubisch-flächenzentrierte Packung, auch *Steinsalz-Typ* genannt. Sie zeigen keine Vorzugsrichtung in der Packungsdichte ihrer Bestandteile. Die Lücken innerhalb der Packung sind relativ klein, die Elementarzelle ist ein Würfel. Allein von den Elementen weisen 24 diese Struktur auf, u. a. Cu.

Beispiel: NaCl. Zwei jeweils kubisch-flächenzentrierte Teilgitter sitzen ineinander. Beide Bestandteile kombiniert formen ein einfaches kubisches Gitter.

Hexagonal-dichte Packung, auch *Wurtzit-Typ* genannt. Sie weist eine Vorzugsrichtung auf, da die Lücken in einer Richtung ($\boldsymbol{a}_3$) übereinander liegen. Die Packungslücken sind relativ groß.

Beispiel: ZnS. Jedes der beiden Ionen bildet ein Teilgitter mit hexagonal-dichter Packung. Sind S- und Zn-Gitterpunkte mit den gleichen Teilchen besetzt, so entsteht das *Eisgitter.*

Kristallbindungen

Elektrostatische Kräfte herrschen zwischen den Bestandteilen eines Kristalls, magnetostatische treten nicht auf. Man unterscheidet (es gibt allerdings zahlreiche Übergänge):

Ionenkristalle. Die Bestandteile sind abwechselnd positiv und negativ; sie werden durch *Ionenbindung* zusammengehalten. Je weiter die Ionen innerhalb einer Periode (des Periodensystems der Elemente) auseinander liegen, desto stabiler ist die Bindung. Ionenkristalle sind kaum plastisch verformbar, da bei einer Verschiebung der Ebenen im Raumgitter (Netzebenen) Ionen mit gleichem Vorzeichen sich nähern. Aus der raumfüllenden Packung der Ionen lassen sich die *Ionenradien* berechnen.

Beispiele: NaCl, CsCl, ZnS.

Valenzkristalle. Die Bestandteile formen ein Atomgitter mit *kovalenter Bindung,* d. h. benachbarte Atome besitzen ein oder zwei Elektronen gemeinsam. Gleiche Atome oder im Periodensystem eng benachbarte Atome bilden Valenzkristalle. Sie sind sehr hart.

Beispiele: C (Diamant), Si, Ge, SiC.

Molekülkristalle. Bindung erfolgt über die sehr schwachen Van-der-Waals-Kräfte, manchmal ergänzt durch H-Brücken. Sie besitzen geringe Härte und niedrige Schmelzpunkte.

Beispiele: H_2, S_2, organ. Moleküle (z. B. DNS-Doppelhelix).

Metallkristalle. Die Atome sind sehr dicht gepackt. Die Valenzelektronen gehören allen gemeinsam und bilden ein bewegliches *Elektronengas.* Die Koordinationszahlen sind hoch, bis zu 12. Die Netzebenen lassen sich leicht gegeneinander verschieben, daher leichte Verformbarkeit.

Beispiele: Metalle und Übergangsmetalle.

Einlagerung von Fremdatomen in die Netzebenen erschwert das Gleiten; derartige verunreinigte Metallkristalle sind sehr hart.

Kristallwachstum beginnt in einer Netzebene entlang einer Atomkette an der energetisch günstigsten Stelle (*Halbkristallage*). Eine neue Netzebene wird dort angelegt, wo sich ein Netzebenenkeim befindet. Kristallzüchtung erfolgt vor allem aus Schmelze, Dampf und Lösung.

Die techn. Verfahren sind sehr unterschiedlich: z. B. Eintauchen eines kalten Impfkristalls in eine Schmelze und langsames Herausziehen; oder im Zonenschmelzverfahren aus polykristallinem Material.

Kristallwasser besteht aus in das Kristallgitter eingebauten H_2O-Molekülen. Bei Erwärmung um einige hundert Grad entweicht das H_2O, der Kristall zerfällt.

Beispiel: Gips $CaSO_4 \cdot 2\,H_2O$ zerfällt oberhalb 190 °C zu Anhydrit $CaSO_4$.

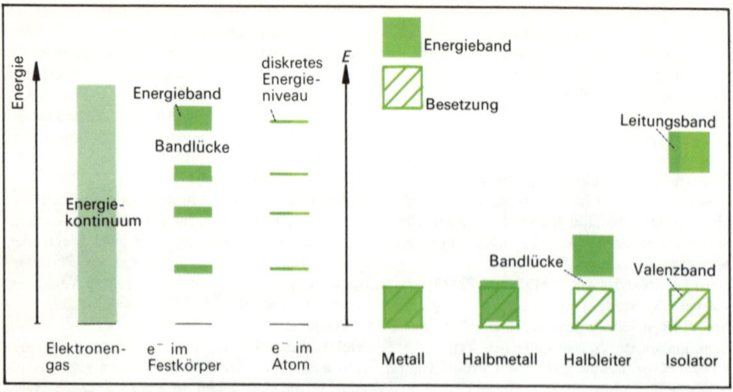

Energiebänder und ihre Besetzung

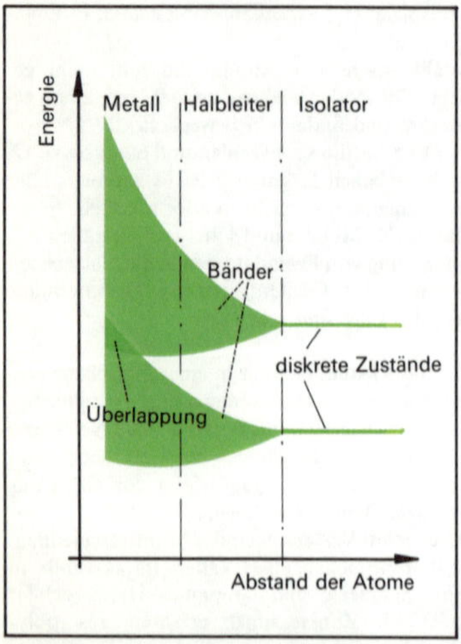

Verbreiterung der Energiebänder

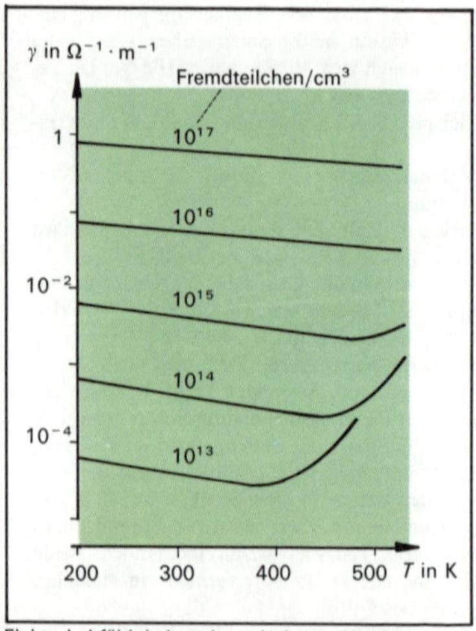

Elektr. Leitfähigkeit γ eines dotierten Halbleiters (n-Si)

Material	ΔW in eV
Diamant	5,4
ZnO	3,44
AgCl	3,2
SiC	3,0
CdS	2,58
GaAs	1,52
Si	1,17
ZnS	0,91
GaSb	0,81
Ge	0,74
InAs	0,36
PbS	0,29
InSb	0,23

Bandabstände ΔW einiger Halbleiter

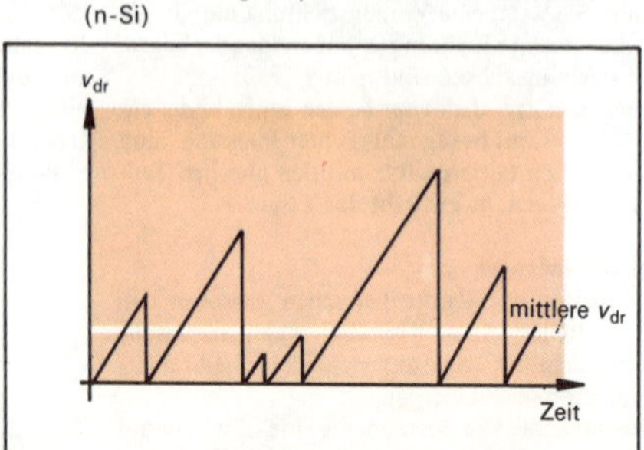

Driftgeschwindigkeit v_{dr} eines Festkörperelektrons

Die Leitung eines elektr. Stroms im Festkörper erfolgt durch jene Elektronen e^-, die sich mehr oder weniger frei im Inneren bewegen können. In erster Linie bestimmt die Gitterstruktur des Festkörpers die elektr. Leitfähigkeit.

Elektronengas. Manche e^- sind so schwach an ihr Rumpfatom gebunden, daß bereits eine sehr geringe Energiezufuhr (z. B. therm. Energie) sie vom Atom ablöst. Die Summe aller dieser e^- bildet ein *Elektronengas*, das sich relativ zu den unbewegl. Gitterbestandteilchen bewegen kann.

Ideale Elektronengase existieren in Materie mit $T > 10^5$ K und/oder $p > 10^{13}$ Pa, z. B. in Fixsternen.

e^- bewegen sich mit therm. Geschw. regellos durch das Gitter. Zwischen zwei Stößen haben sie eine mittlere freie Weglänge l (s. S. 113).

Beispiel: In Cu bei Raumtemp. ist $l \approx 10^{-8}$ m. Bei 10 K steigt l auf einige cm.

Ein elektr. Feld verleiht den e^- eine Zusatzgeschw. entgegen der Feldrichtung; diese ist sehr klein verglichen mit der therm. Geschw.; beide Geschw. überlagern sich zur Driftgeschw. v_{dr}. Es gilt

$$v_{dr} = eEl/(2\bar{v}m_e) \qquad \textit{Driftgeschwindigkeit}$$

mit

e: Elementarladung; E: Betrag der elektr. Feldstärke; $\bar{v}$: mittlere therm. Geschw.; m_e: Ruhemasse von e^-.

v_{dr} ist von der Größenordnung mm/s.

Für die elektr. Leitfähigkeit γ (s. S. 225) des Festkörpers gilt

$$\gamma = en\mu \qquad \textit{elektr. Leitfähigkeit}$$

mit

μ: Beweglichkeit der e^- (s. S. 227); n: Anzahl der e^- pro m^3.

Quantenmechanisch betrachtet ist das Elektronengas ein Fermi-Gas und unterliegt der Fermistatistik (vgl. z. B. ›dtv-Atlas zur Atomphysik‹). Die e^- wechselwirken inelastisch nur mit: Fremdatomen im Festkörper, Gittergrenzen, therm. Schwingungen der Kristallbestandteile.

Energiebänder und Bandlücken

Im Atom existieren e^- nur in diskreten Energiezuständen. Die Heisenbergsche Unschärferelation (s. S. 205) bestimmt deren Breite. Zwischen Atomen, z. B. in einem Festkörper, treten Wechselwirkungen auf, die die Energiezustände verbreitern.

Liegen die Energiezustände eines Atoms eng genug, so überlappen die verbreiterten Zustände und bilden **Energiebänder. Bandlücken** trennen die Energiebänder; es sind verbotene Zonen für e^-. Bänder können ihrerseits zu einem Kontinuum zusammenwachsen.

Energiebänder bilden vor allem die Valenzniveaus der Atome, die e^- des Rumpfatoms besetzen weiterhin diskrete Energieniveaus.

Betrachtet man die schwach gebundenen Valenzelektronen als Elektronengas, so erfaßt die Schrödinger-Gleichung dessen Wechselwirkung mit den Gitteratomen. Die einzelnen e^- sind dann ebene Wellen in einem periodisch wechselnden Potential. Auch in diesem Modell verbreitern sich die diskreten Energieniveaus des Atoms zu Energiebändern, getrennt durch verbotene Zonen.

Bandbreiten

Die Breite W – angegeben in eV – eines Energiebandes in einem Festkörper ist

$$W = \pi^2\hbar^2/(2m_e d^2)$$

mit

$\hbar = h/2\pi$; h: Planck-Konstante; d: Netzebenenabstand.

Beispiel: Für $d \approx 3 \times 10^{-10}$ m erhält man $W \approx 4$ eV.

Die Breite E_g – angegeben in eV – einer verbotenen Zone in einem Festkörper ist

$$E_g \approx e^2/(4\pi\varepsilon_0 d)$$

mit

ε_0: elektr. Feldkonstante.

Beispiel: Für einen typ. Festkörper ist E_g einige eV.

Besetzung der Energiebänder

Die Quantentheorie lehrt, daß jedes Energieband nur eine best. Anzahl e^- aufnehmen kann. Das Fermische Verteilungsgesetz bestimmt, wie die einzelnen Bänder besetzt sind. Bei $T = 0$ sind alle Energiezustände < Fermi-Energie E_F besetzt. Ein vollständig besetztes Band leitet den elektr. Strom nicht. Man unterscheidet:

Valenzband: Oberstes, mit e^- vollständig gefülltes Band des Festkörpers.

Leitungsband: Energetisch oberhalb des Valenzbandes gelegen, kann es e^- aufnehmen und damit einen elektr. Strom unterhalten.

Eine *Bandlücke* trennt Valenz- und Leitungsband.

Metallische Leiter. E_F liegt innerhalb eines Bandes. Bereits geringe Energiezufuhr (z. B. durch Wärme oder ein elektr. Feld) hebt e^- in das Leitungsband.

Halbleiter. E_F liegt in einer Bandlücke, also in einem verbotenen Bereich. Bei $T = 0$ gibt es keine e^--Leitung. Bei höheren Temp. können einige e^- die enge Bandlücke passieren und das Leitungsband besetzen.

Lokale Gitterstörungen können Energiebänder innerhalb der verbotenen Zone erzeugen und daher bereits bei rel. niedrigen Temp. eine erhebliche elektr. Leitfähigkeit (*Störleitfähigkeit*) hervorrufen. Ein rel. Fremdatomanteil $> 10^{-10}$ reicht aus.

Isolatoren. Hier ist die Bandlücke so breit, daß die therm. Energie der e^- bei Raumtemp. nicht für einen Übergang ins Leitungsband ausreicht.

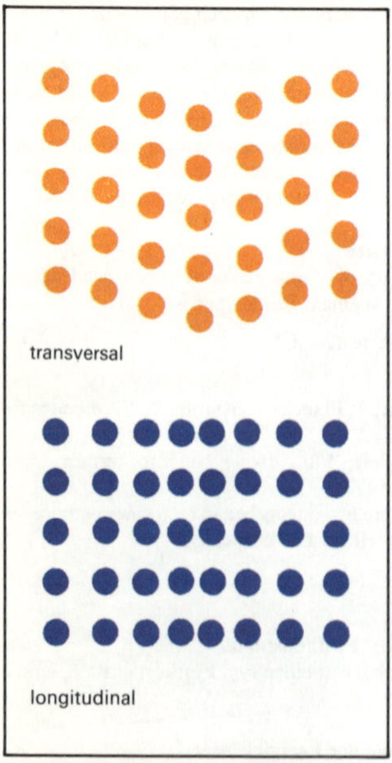

Schwingungen eines Kristallgitters

Festkörper	θ_D in K
Pb	88
Cu	309
Al	396
Fe	420
Si	625
FeS_2	645
Be	1000
B	1250
Diamant	1860

Debye-Temperaturen θ_D

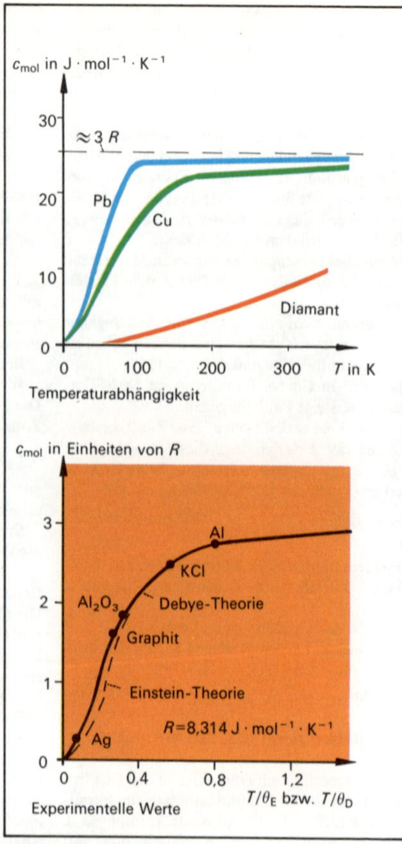

Molare Wärmekapazität c_{mol}

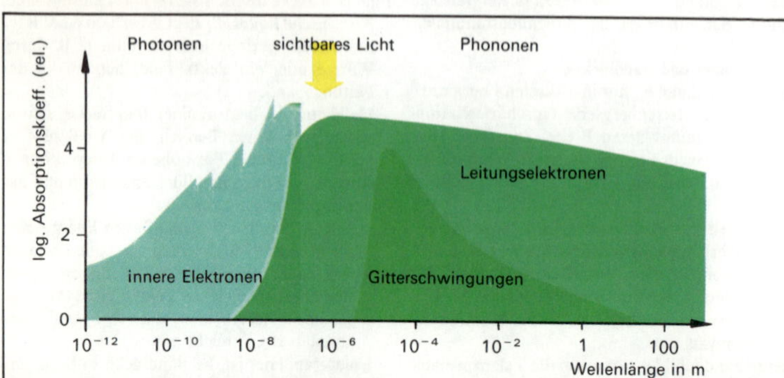

Beiträge zur optischen Absorption im Festkörper

Phononen, auch **Schallquanten** genannt, sind die Energiequanten der Gitterschwingungen. Die gesamte Schwingungsenergie W eines Gitters ist gequantelt und es gilt

$W = nh\nu_s$ *Gitterenergie*

mit
n: ganze Zahl; h: Planck-Konstante; ν_s: Frequenz der Gitterschwingungen.
Der Energietransfer im Gitter erfolgt über Phononen. Jedes Phonon besitzt Energie und Impuls. Die Energie W_s eines einzelnen Phonons ist

$W_s = h\nu_s$ *Phononenenergie*

Der Betrag p_s vom Impuls $\boldsymbol{p}_s$ eines Phonons ist

$p_s = h/\lambda_s$ *Phononenimpuls*

mit
λ_s: Wellenlänge der Gitterschwingung.
Die Richtung von $\boldsymbol{p}_s$ stimmt überein mit der Ausbreitungsrichtung der Welle im Gitter.
W_s und p_s sind nach oben begrenzt:

$W_s \leqq hc_s/\pi d$ und $p_s \leqq h/2d$

mit
c: Phasengeschw. der Phononen = Schallgeschw. im Gitter; d: Netzebenenabstand.
Zusammenhang:

$W_s = p_s c_s$

Beim Stoß mit Phononen gelten Energie- und Impulserhaltungssatz.
Phononen und Photonen gehorchen einem analogen Formalismus. Genauso wie man die Emission des Hohlraumstrahlers mit Hilfe der Photonen korrekt beschreiben kann, kann man den Kristall erfolgreich als einen mit Phononen gefüllten Hohlraum analysieren.
Werden Gitterschwingungen durch Licht angeregt, so geschieht das über Phonon-Photon-Stöße. Da p_s ca. 5 Größenordnungen kleiner ist als der Impuls der Photonen, wird dabei außerordentlich wenig Energie übertragen. Nur bei Verwendung eines Lasers als Lichtquelle kann die entsprechende Frequenzverschiebung gemessen werden (*Brillouin-Streuung*).

Molare Wärmekapazität eines Festkörpers
Für $T > 0$ schwingen die Bestandteile des Festkörpers um eine mittlere Position im Kristallgitter. Schwingen alle unabhängig voneinander, so gilt klassisch für die Schwingungsenergie E_s eines jeden Gitterbestandteils (s. S. 103)

$E_s = fkT/2$

mit
f: Anzahl der Freiheitsgrade; k = Boltzmann-Konstante; T = Temperatur.
Also gilt für die *molare Wärmekapazität* c_{mol} (s. S. 105)

$c_{mol} = N_A fkT/2$

mit
$N_A = 6{,}022 \times 10^{23}\,\mathrm{mol}^{-1}$: Avogadro-Konstante.
Für $f = 6$ folgt $c_{mol} = 24{,}9\,\mathrm{J \cdot mol^{-1} \cdot K^{-1}}$.
Dieser Wert ($\approx 3R$ (s.u.)) ist näherungsweise richtig für viele feste Körper, doch für Kristalle und bei tiefen Temp. treten erhebliche Abweichungen auf.
Beispiele: Für Diamant ist $c_{mol} = 5{,}9\,\mathrm{J \cdot mol^{-1} \cdot K^{-1}}$, d. h. weniger als 25% des theoret. Werts.
Für $T \to 0\,\mathrm{K}$ zeigt das Experiment $c_{mol} \to 0$.
Albert Einstein (1879–1955) löste 1907 die Diskrepanz, indem er die Quantentheorie auf Gitterschwingungen anwandte. Danach sind die Gitterschwingungen stets ganzzahlige Vielfache von $h\nu_s$ (*Phononen*), sie bilden ein diskretes Spektrum. Es gilt

$c_{mol} = 3R(\theta_E/T)^2 \exp(\theta_E/T)/(\exp(\theta_E/T) - 1)^2$

mit
$\theta_E = h\nu_s/k$: **Einstein-Temperatur**; $R = 8{,}314\,\mathrm{J \cdot mol^{-1} \cdot K^{-1}}$: universelle Gaskonstante.
Für $T \gg \theta_E$ folgt $c_{mol} \approx 3R = 24{,}9\,\mathrm{J \cdot mol^{-1} \cdot K^{-1}}$ (*Regel von Dulong-Petit*, s. S. 105).
Für $T \ll \theta_E$ folgt $c_{mol} \to 0$ mit einem Abfall $\sim T^3$.
Erst diese Rechnungen zeigten den fundamentalen Charakter der Planckschen Quantentheorie. Zuvor galt sie mehr als ein genialer Rechentrick, um das Problem des schwarzen Strahlers zu lösen.
Die **Debye-Temperatur** (Formelzeichen: θ_D), gemessen in K, ersetzt θ_E.

Die **Wärmeleitung in Festkörpern** (s. auch S. 121) erfolgt über zwei Mechanismen: Transport von Elektronen und/oder Phononen.
In **Metallen** erfolgt der Wärmetransport über das Elektronengas. Daher besteht ein enger Zusammenhang zwischen elektr. Leitfähigkeit und Temperaturleitfähigkeit (s. Gesetz von Wiedemann-Franz, S. 123). Der Wärmetransport über Phononen im Metallgitter ist vernachlässigbar.
In **Isolatoren** stehen keine freien Elektronen zur Verfügung, der Wärmetransport erfolgt als Phononenstrom durch das Gitter. Die Phononen werden im Gitter gestreut und breiten sich als *thermische Gitterwellen* in alle Raumrichtungen aus. Die Wärmeleitfähigkeit λ hängt ab von Gitteranordnung, Art der Bestandteile und Kopplungsstärke untereinander.
Daraus folgt
$\lambda \sim 1/T$ und $\lambda \sim 1/$(Grad der Gitterbaufehler)
Beispiel: Polykristalline Kristalle leiten die Wärme um Größenordnungen schlechter als der entsprechende Einkristall.

Halbleiter verwenden beide Transportmechanismen.

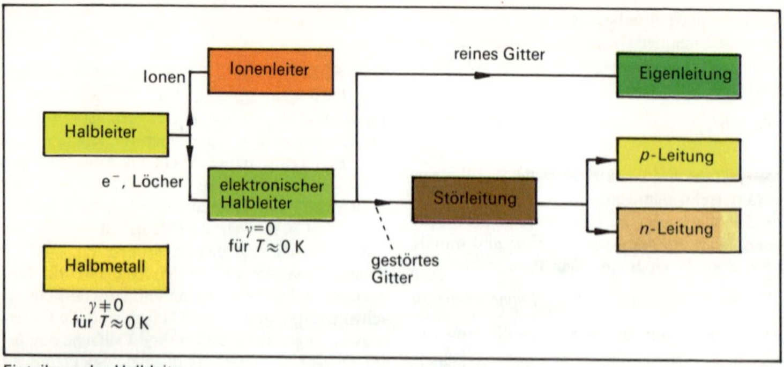

Einteilung der Halbleiter

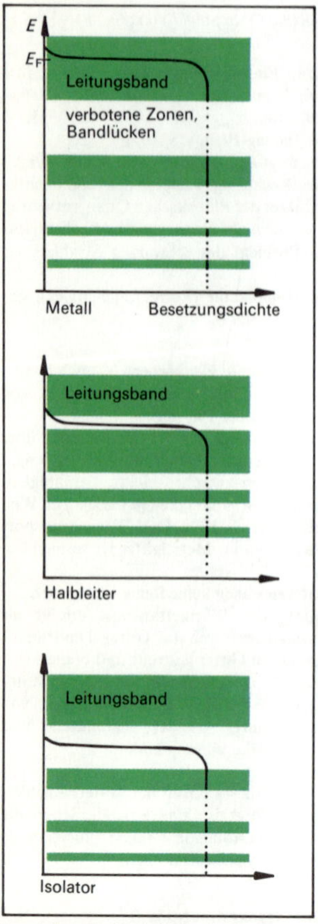

Fermi-Energie E_F und Energiebänder

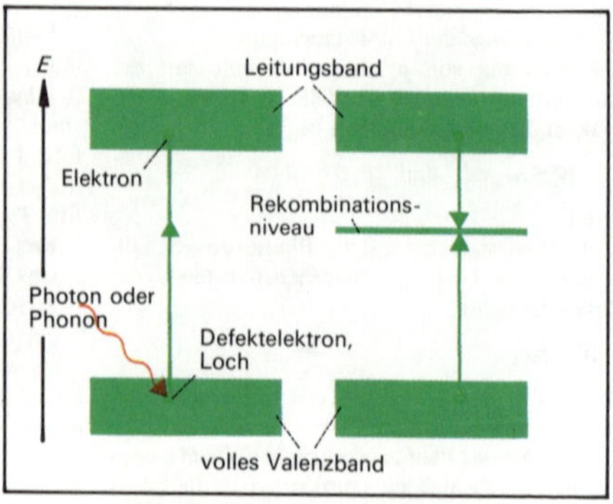

Erzeugung, Rekombination eines Elektron-Loch-Paares

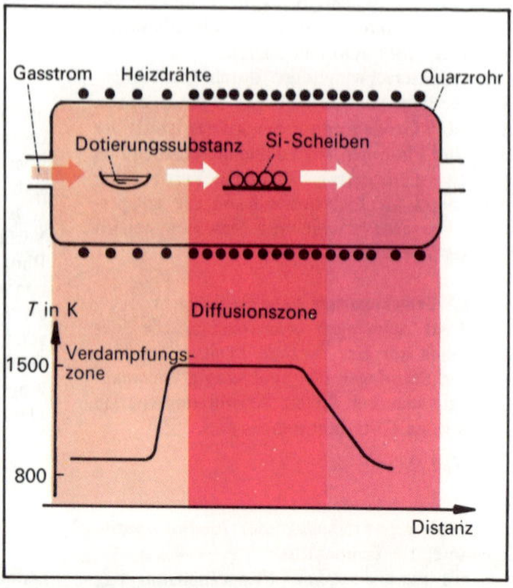

Dotierung großflächiger Si-Scheiben durch Diffusion

Elemente und Verbindungen, deren elektr. Leitfähigkeit γ im Bereich zwischen dem der Leiter und Isolatoren liegt, heißen *Halbleiter*. Der Übergang Leiter-Halbleiter und Halbleiter-Isolator ist fließend.

Die Klassifizierung der binären Halbleiter (es sind die häufigsten) erfolgt anhand der Wertigkeiten der Komponenten.

Beispiel: Zn ist zweiwertig, S sechswertig, also ist ZnS ein 2–6-Halbleiter.

SiC ist ein 4–4-Halbleiter.

Der Begriff **elektronischer Halbleiter** – im folgenden e.H. genannt – ist enger:

1) e.H. zeigen ausschließlich Elektronen- oder Löcherleitung (s. u.).

2) Die elektr. Leitfähigkeit der e.H. verschwindet bei $T=0\,\mathrm{K}$.

Ionenleiter sind danach zwar Halbleiter, aber keine e.H.

Gegen die *Halbmetalle* – z. B. Sb, Ga, Bi – erfolgt die Abgrenzung durch das Temperaturkriterium, denn für Halbmetalle ist $\gamma \gg 0$ bei $T \approx 0\,\mathrm{K}$. Sie leiten bei extrem niedrigen Temp. sogar besonders gut (s. Supraleitung, S. 225). Gegen die *Isolatoren* ist der Übergang fließend, doch gilt im allg. $\gamma = 10^{12}\,\Omega \cdot \mathrm{m}$ als (willkürliche) Grenze.

E.H. sind reine Elemente, Verbindungen oder gezielt verunreinigte (dotierte) Elemente oder Verbindungen. Beteiligt sind vorwiegend Elemente der III., IV. und V. Hauptgruppe des Periodensystems.

Die verbotene Zone zwischen Valenz- und Leitungsband ist beim e.H. besonders schmal, so daß bereits relativ geringe Anregungsenergien (z. B. Wärme, Licht) ausreichen, um Elektronen in das Leitungsband zu heben (s. S. 317).

Man unterscheidet:

entartete e.H.: Die *Fermi-Energie* E_F liegt im Leitungsband, die Bänderbesetzung folgt der Fermi-Verteilung. Es handelt sich vor allem um hochdotierte Festkörper mit metallähnl. Eigenschaften.

nicht-entartete e.H.: E_F liegt in der verbotenen Zone, die Bänderbesetzung folgt der Boltzmann-Verteilung. Es sind meist reine Kristalle oder niedrig dotierte Festkörper.

Dotieren heißt der Einbau von Fremdatomen in das Gitter eines Festkörpers. Das verändert drastisch die elektr. Leitfähigkeit. Dotierungen bis hinab zu 10^{-12} werden verwandt; das setzt natürlich höchstreine Substanzen voraus. Gleichmäßig dotierte e.H. erhält man im Zonenschmelzverfahren. Umschriebene Dotierungsbereiche innerhalb des e.H. entstehen durch örtl. Eindiffundieren oder Einlegieren der Fremdatome.

Löcher oder **Defektelektronen** bleiben zurück, wenn e^- in ein höheres Energieniveau aufsteigen. Auch unbesetzte Zustände in einem weitgehend gefüllten Band können als Defektelektronen behandelt werden. Das Loch verhält sich wie ein positiver Ladungsträger. e^- und Loch unterliegen dem gleichen Bewegungszustand im elektr. Feld. *Lochzahldichte* (Formelzeichen n_+ oder p) und *Elektronenzahldichte* (Formelzeichen n_- oder n) hängen ab von Dotierung und Temperatur; sie können sich um viele Größenordnungen unterscheiden.

p-Halbleiter: $n_+ > n_-$

n-Halbleiter: $n_- > n_+$

Für nicht-entartete e.H. hängt das Produkt $n_+ n_-$ nur ab vom Festkörper und seiner Temperatur.

Beispiel: Für einen Ge-Kristall bei Raumtemp. ist $n_+ n_- = 3 \times 10^{26}\,\mathrm{cm}^{-6}$.

Rekombination

Elektronen können durch Stoß so viel Energie verlieren, daß sie in das Valenzband zurückfallen und mit den Löchern *rekombinieren*, d. h. als freie Ladungsträger verschwinden.

Die **Lebensdauer** (Formelzeichen τ) eines e^- bzw. Lochs ist jene Zeitspanne, die der Ladungsträger frei beweglich in einem Energieband existiert (und damit für Stromleitung zur Verfügung steht). Für energetisch eng benachbarte Zustände (also innerhalb eines Bandes) ist τ von der Größenordnung $10^{-13}\,\mathrm{s}$, d. h. Rekombination erfolgt außerordentlich rasch. Die Lebensdauer für Übergänge zwischen Leitungs- und Valenzband beträgt 10^{-9} bis $10^{-2}\,\mathrm{s}$, je nach Art und Dichte der Störstellen des e.H.

Reine elektronische Halbleiter

In einem reinen und ungestörten Kristall sind bei 0 K alle Energiebänder unterhalb E_F vollständig besetzt. Alle Bänder oberhalb E_F sind leer. E_F liegt innerhalb einer Bandlücke, in einer verbotenen Zone. Ein elektr. Feld kann kein e^- in ein Leitungsband heben, das geschieht erst durch steigende Temperatur, d. h. durch Phonon-Elektron-Stoß: Der Kristall wird zum e.H. oder genauer gesagt zum **Eigenleiter**.

Eigenleitung tritt meist erst bei Temperaturen $\gg$ Raumtemp. auf.

Beispiel: Für reines Ge ist die Breite der verbotenen Zone 0,79 eV; Raumtemp. entspricht jedoch nur einer Energie von 0,02 eV. Erst oberhalb 1000 K tritt merkbare Eigenleitung auf.

Photoleiter sind reine e.H., z. B. CdS, für die die Energie des sichtbaren Lichtes ausreicht, um e^- vom Valenzband ins Leitungsband zu heben (Photon-Elektron-Stoß). Die Eigenleitung des Photoleiters erfolgt über diese Leitungselektronen und die im Valenzband zurückbleibenden Löcher. Die Phononen des Kristallgitters stoßen mit den Ladungsträgern zusammen, die bei ausreichendem Energieverlust rekombinieren und dann zur Stromleitung nicht mehr zur Verfügung stehen. Bei konstantem Lichtstrom ist Ladungsträgererzeugung = Rekombinationsrate.

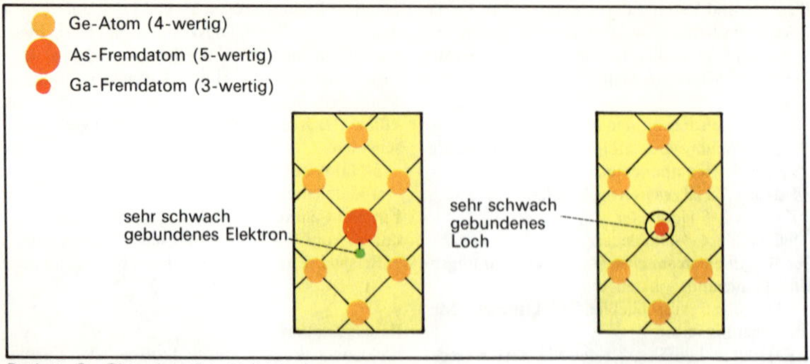

Dotierte Ge-Gitter (gestörte Halbleiter)

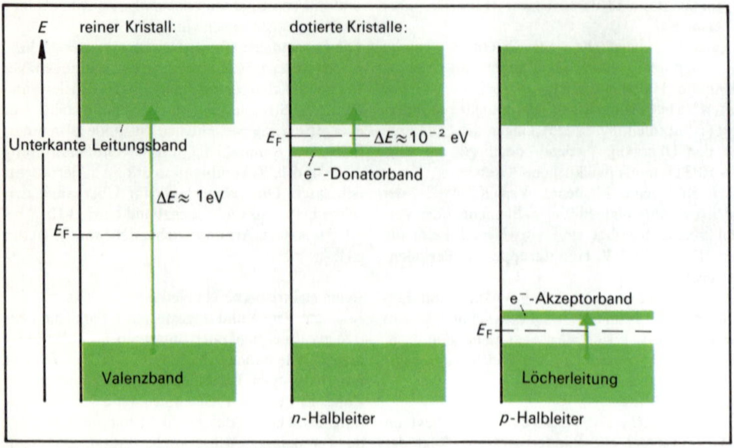

Reine und gestörte elektronische Halbleiter

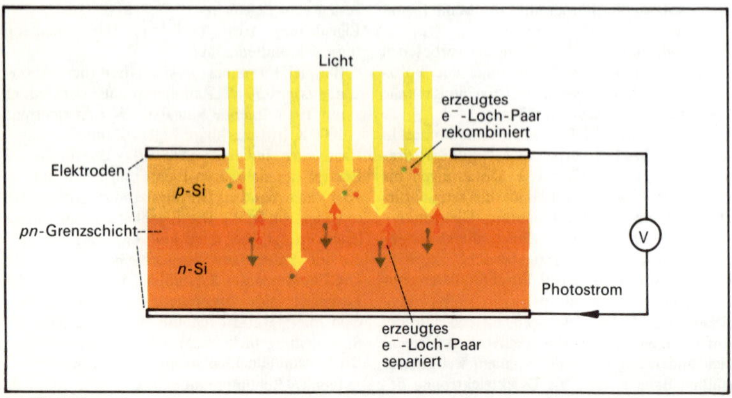

pn-Photoelement

Gestörte elektronische Halbleiter
Weist das Gitter eines Halbleiter-Kristalls Störstellen auf, so entstehen zusätzl. Niveaus in den Energiebändern, die vor allem innerhalb der verbotenen Zone liegen. Zur Eigenleitung des e.H. tritt daher eine typische, strukturabhängige **Störleitung** auf.

Störungen im Kristallgitter sind u. a.: Dotierungen mit Fremdatomen, leere Gitterplätze, Zwischengitteratome, Versetzungen, Kristallgrenzen.

Donatoren, Akzeptoren
Liegen Fremdatome im Gitter vor, so erklärt sich die zusätzl. Störleitung durch *Donatoren* und *Akzeptoren.*
Elektronen-Donatoren und **Löcher-Akzeptoren** entstehen, wenn das Gitter eines vierwertigen Elementhalbleiters (z. B. Ge, Si) fünfwertige Fremdatome (z. B. P, As, Sb) aufweist (Dotierung, s. o.). An der Störstelle existiert dann ein sehr schwach gebundenes Elektron, das bereits durch therm. Energie freigesetzt werden kann.

Die Bindungsenergie dieses e^- ist von der Größenordnung 10^{-2} eV. Zum Vergleich: Die geringsten Bindungsenergien regulärer Kristallelektronen betragen einige eV. Die therm. Energie eines e^- beträgt bei Raumtemp. ca. 2×10^{-2} eV.

Es liegt ein n-Halbleiter vor. Ist das e^- des Donators ins Leitungsband angehoben, so bleibt eine praktisch ortsfeste positive Punktladung im Gitter des e.H. zurück.
Elektronen-Akzeptoren und **Löcher-Donatoren** entstehen, wenn das Gitter eines vierwertigen Elementhalbleiters (z.B. Ge, Si) dreiwertige Fremdatome (z.B. B, Al, Ga, In) aufweist (Dotierung, s.o.). Das Elektronendefizit an der Störstelle wirkt als e^--Fänger. Defektelektronen entstehen bei sehr geringer Energiezufuhr, die Leitung des elektr. Stroms erfolgt durch Löcher.
Es liegt ein p-Halbleiter vor. Hat der Akzeptor ein e^- eingefangen, so existiert an dieser Stelle eine praktisch ortsfeste negative Punktladung im Gitter des e.H.

Traps, Haftstellen entstehen in bereits dotierten Halbleitern durch Einbau andersartiger Störstellen. Sie fangen e^- oder Löcher weg und verändern damit die elektr. Leitfähigkeit des e.H.

pn-Grenzschichten treten auf, wenn p- und n-Halbleiter aneinandergrenzen. Wegen der unterschiedl. Ladungsträgerkonzentrationen erscheint eine *Spannungsdifferenz* und es fließt ein elektr. **Diffusionsstrom** durch die Grenzschicht. Auf beiden Seiten bleiben ortsfeste negative bzw. positive Punktladungen im Gitter zurück. Daher baut sich eine elektr. Potentialdifferenz auf, die schließlich den Diffusionsstrom stoppt. Das Resultat ist eine Zone ohne frei bewegliche Ladungsträger, eine **Sperrschicht** zwischen n- und p-Gebiet.
Bringt man die Grenzschicht in ein elektr. Feld, z. B. durch eine außen angelegte elektr. Spannung, so verändert das die Dicke der Sperrschicht.

Beispiel: Liegt der negative Pol im n-Gebiet, so treibt das elektr. Feld e^- durch die Grenzschicht in das p-Gebiet und die Sperrschicht wird dünner.

Die pn-Grenzschicht wirkt als Gleichrichter, es ist eine Kristalldiode (s. Halbleiterbauelemente, S. 317): Ein elektr. Strom fließt durch die Kristalldiode nur dann, wenn der negative Pol an der n-Seite liegt und der positive an der p-Seite (Durchlaßrichtung). Bei umgekehrter Polung wird die Sperrschicht dicker, es fließt kein elektr. Strom (Sperrichtung).

Das ist natürlich nur die ideale Funktionsweise der Grenzschicht. Tatsächlich fließt in Sperrichtung immer ein geringer Sperrstrom; auch bricht bei zu großer elektr. Feldstärke die Grenzschicht zusammen (Durchbruch).

Farbe von Halbleiterkristallen
Die Breite E_g der verbotenen Zone bestimmt die Möglichkeit des e.H., Photonen zu absorbieren (Photoleitung, s. o.). Die Photonenenergie $h\nu$ im sichtbaren optischen Spektrum ist

$$3{,}1\,\text{eV} > h\nu > 1{,}5\,\text{eV}$$

Für $E_g > 3{,}1$ eV tritt keine Lichtabsorption auf, der Kristall ist durchsichtig und farblos.
Für $3{,}1\,\text{eV} > E_g > 1{,}5\,\text{eV}$ absorbiert der Kristall Quanten einer charakterist. Energie, e^- steigen ins Leitungsband auf. Im reflektierten Licht glänzt er in der Farbe der absorbierten Wellenlänge, im Durchlicht in der der Komplementärfarbe.
Für $E_g < 1{,}5$ eV absorbiert der Kristall das gesamte Lichtspektrum, er wird undurchsichtig.

Da viele Kristalle nicht rein sind, bestimmen in erster Linie die Verunreinigungen ihre Farbe.

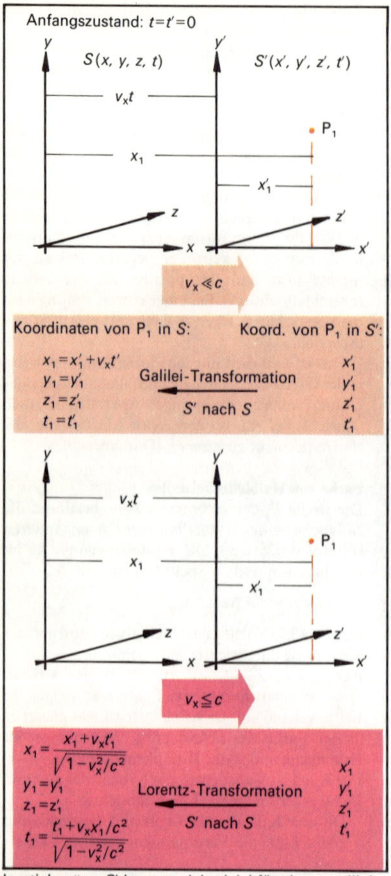

Inertialsystem S' bewegt sich gleichförmig geradlinig gegen S

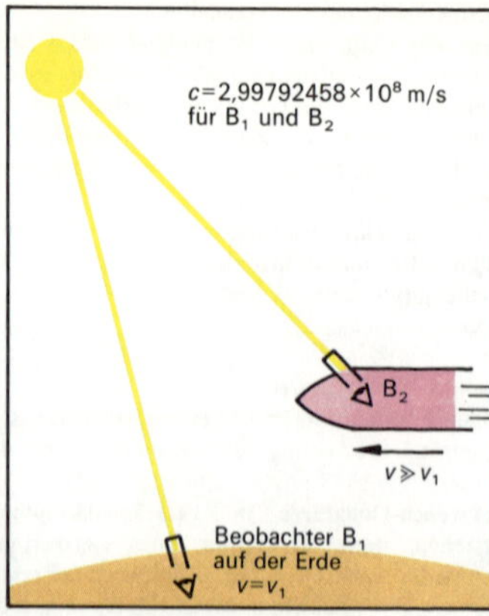

Jeder mißt den gleichen Wert für c

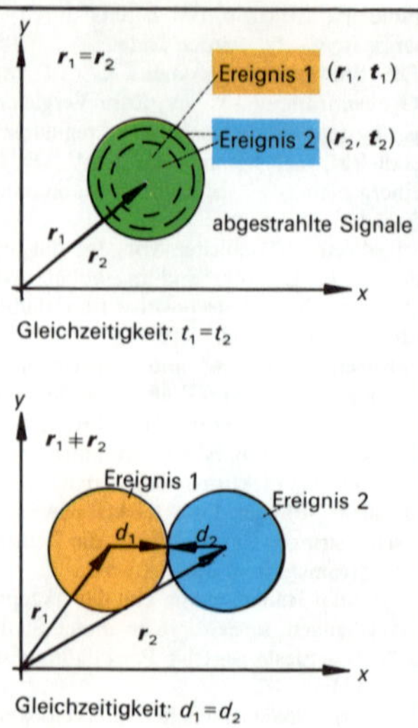

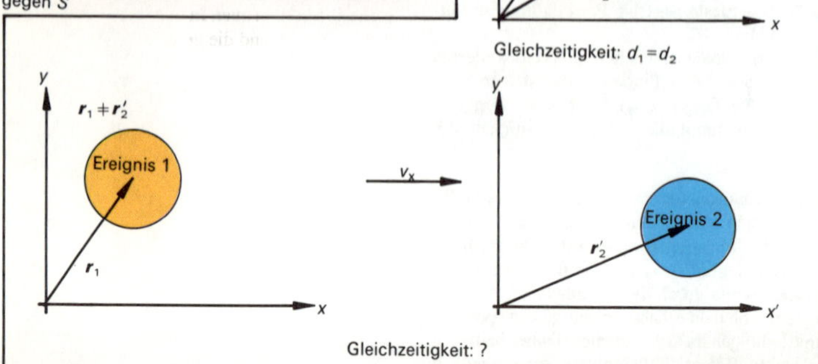

Gleichzeitigkeit zweier Ereignisse

Die Erfahrung des Augenscheins lehrt: 1) Alle Körper haben eine Ausdehnung und einen gegenseitigen Abstand. Maßstäbe dienen der Messung dieser Größen. 2) Ereignisse haben eine Dauer, meßbar durch Uhren.

Physikalische Ereignisse (und Körper) lassen sich damit vollständig durch drei Raumkoordinaten und eine Zeitkoordinate beschreiben. Es entspricht der tägl. Erfahrung, daß diese vier phys. Größen unabhängig voneinander existieren.

In der zweiten Hälfte des 19. Jahrhunderts entdeckten die Physiker mehr und mehr Anzeichen dafür, daß diese naive Betrachtung nicht allgemein gilt. ALBERT EINSTEIN (1879–1955) schuf zu Beginn des 20. Jahrhunderts mit der **Relativitätstheorie** eine weitgehend widerspruchsfreie Physik. Sie kollidiert in manchen Punkten mit der naiven Erfahrung, wird jedoch durch das Experiment bestätigt.

Die 1905 publizierte **Spezielle Relativitätstheorie** zeigt, daß Raum und Zeit nicht unabhängig voneinander existieren. Sie bilden ein *Raumzeit-Kontinuum.*

1915 stellte EINSTEIN die **Allgemeine Relativitätstheorie** vor. Er bewies, daß das Raumzeit-Kontinuum von der Verteilung der Massen darin abhängt.

Inertialsysteme

Jedes Ereignis findet statt in Raum und Zeit. Der Ortsvektor $\boldsymbol{r}$ und die Zeit t bilden ein *Bezugssystem* $S(\boldsymbol{r}, t)$, das die Lage des Ereignisses beschreibt.

Im allg. dienen die drei *kartes. Koordinaten* x, y und z der Beschreibung der Lage eines Raumpunktes. Zwei Raumwinkel ω und φ sowie ein Radius r erfüllen als *Polarkoordinaten* den gleichen Zweck. Die Wahl des benutzten Koordinatensystems hängt davon ab, welches die mathematisch durchsichtigste Formulierung der Gesetze ergibt.

Ein Bezugssystem heißt **Inertialsystem**, wenn in ihm das Galileische Trägheitsgesetz gilt: »Ein sich selbst überlassener Körper, auf den keine äußeren Einflüsse wirken, bewegt sich geradlinig und gleichförmig.«

Das ist keineswegs selbstverständlich. Beispielsweise ist die Bahn eines sich selbst überlassenen Körpers in einem rotierenden Bezugssystem keine Gerade.

Der Übergang von einem Inertialsystem in ein anderes erfolgt mit Hilfe der **Galilei-Transformation.** Für den Übergang von $S'(\boldsymbol{r}', t')$ nach $S(\boldsymbol{r}, t)$ gilt

$$\boldsymbol{r} = \boldsymbol{r}' - \boldsymbol{v}t' \quad \text{und} \quad t = t'$$

mit

$\boldsymbol{v}$: konstante Relativgeschwindigkeit zwischen S und S'. $\boldsymbol{v}$ hat keine obere Grenze.

In kartes. Koordinaten lautet somit die Galilei-Transformation für v entlang der x-Achse:

$$x = x' - vt'$$

$$y = y'$$

$$z = z'$$

$$t = t'$$

Beispielsweise haben die Newtonschen Gesetze in S und in S' die gleiche Form.

Es gibt unendlich viele Inertialsysteme. Sie sind einander gleichwertig und lassen sich mit Hilfe mechan. Experimente nicht voneinander unterscheiden. Sie nehmen eine absolute Zeit an, ebenso einen absoluten Raum; d. h. ein absolut ruhendes Bezugssystem.

Im 19. Jahrhundert setzten die Naturwissenschaftler ihre Hoffnungen auf den **Weltäther** als Bezugssystem. Er ruht und füllt das Universum gleichmäßig aus. In ihm schwingt die elektromagnet. Welle des Lichts. Da sich die Erde relativ zu ihm bewegt, muß die Messung der Lichtgeschw. c unterschiedliche Werte ergeben, je nachdem, ob man sie längs oder quer zur Bewegungsrichtung der Erde bestimmt. ALBERT MICHELSON (1852–1931) und EDWARD MORLEY (1838–1923) führten 1887 dazu das bekannteste Experiment durch (s. S. 197). Wie auch in allen folgenden, noch genaueren Messungen erwies sich c in allen Richtungen als konstant. Auch Hilfsannahmen (z. B. »Mitführen« des Äthers durch die Erde) konnten die Weltäther-Hypothese nicht retten.

Relativitätsprinzip

Da alle Experimente, ein absolut ruhendes Bezugssystem nachzuweisen, scheiterten, formulierte EINSTEIN das *Relativitätsprinzip*:

»Es ist unmöglich, auf Grund irgendwelcher physikalischer Erscheinungen ein absolutes Bezugssystem zu bestimmen.«

Folgerungen:

1) Es gibt keine Möglichkeit, die absolute Geschw. zu messen.

2) c ist unabhängig von der Bewegung der Lichtquelle, d. h. c ist in allen Inertialsystemen konstant.

3) c ist endlich und die größtmögliche Geschwindigkeit.

Das war eine revolutionäre Feststellung! Sie wurde erst im Laufe der Zeit von den Naturwissenschaftlern akzeptiert. Bis heute gibt es kein Experiment, dessen Ergebnisse dem Relativitätsprinzip widersprechen.

Seit 1983 ist die Lichtgeschw. sogar Bezugsgröße der Meterkonvention. Ihr Zahlenwert ist festgelegt auf $c = 2{,}99792458 \times 10^8$ m/s.

Da c konstant und endlich ist, muß man die **Lorentz-Transformation** für den Übergang von einem Inertialsystem (S) in ein anderes (S') verwenden:

$$\boldsymbol{r}^2 - c^2t^2 = \boldsymbol{r}'^2 - c^2t'^2$$

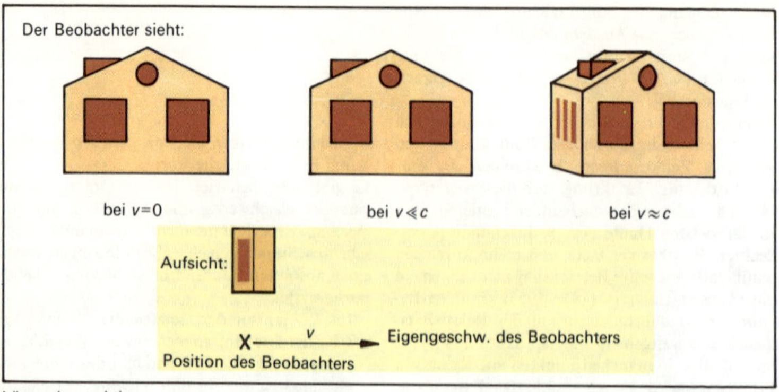

Längenkontraktion

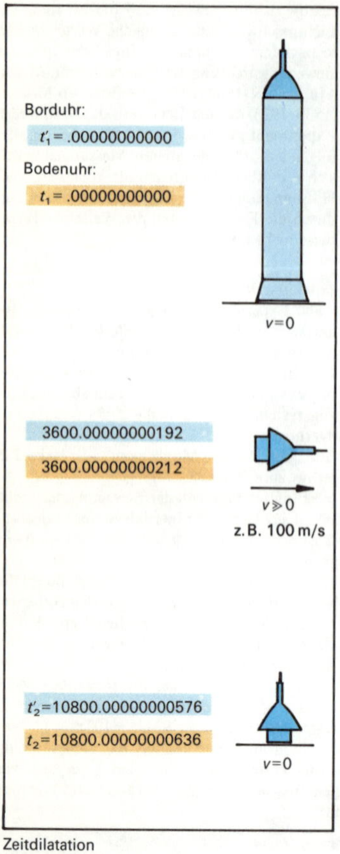

Zeitdilatation

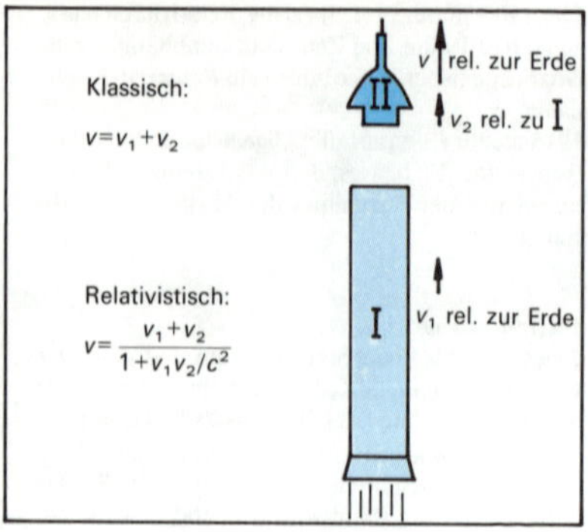

Addition zweier Geschwindigkeiten

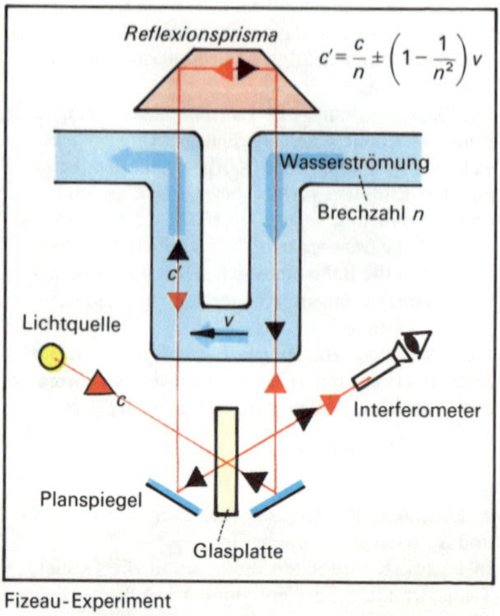

Fizeau-Experiment

Für eine geradlinige Bewegung in x-Richtung mit konstanter Geschw. v gilt dann:

$$x' = (x - vt)/\sqrt{1-\beta^2}$$

$$y' = y$$

$$z' = z$$

$$ct' = (ct - \beta x)/\sqrt{1-\beta^2}$$

mit

$$\beta = v/c.$$

Für $v \to 0$ folgt $\beta \to 0$ und die Lorentz-Transformation geht in die Galilei-Transformation über.

Es gilt immer $c > v$, anderenfalls ist $1-\beta^2 < 0$ und es entstehen (in der Wirklichkeit unmögliche) imaginäre Koordinaten.

Die Anwendung der Lorentz-Transformation führt zu einigen seltsamen Konsequenzen, Längenkontraktion und Zeitdilatation (s. u.).

Hermann Minkowski (1864–1909) führte die imaginäre Zeitkoordinate $l = ict$ ein und beschrieb damit die Lorentz-Transformation in einem **vierdimensionalen Raum**:

$$x^2 + y^2 + z^2 + l^2 = x'^2 + y'^2 + z'^2 + l'^2$$

Gleichzeitigkeit

Die Gleichzeitigkeit zweier Punktereignisse, d. h. Ereignisse, die in einem engen Raum- und Zeitbereich stattfinden, muß anhand des Relativitätsprinzips neu überdacht werden. Man kann unterscheiden:

Gleicher Raumpunkt im gleichen Inertialsystem. Hier ist die Gleichzeitigkeit trivial feststellbar.

Zwei versch. Raumpunkte P_1 und P_2 im gleichen Inertialsystem. Hier sind Ereignisse gleichzeitig, wenn die durch die Ereignisse in P_1 und P_2 ausgelösten Lichtsignale in einem Punkt P_3 beobachtet werden, der die Strecke zwischen P_1 und P_2 halbiert.

Zwei versch. Raumpunkte P_1 und P_2 in zwei versch. Inertialsystemen, die sich relativ gegeneinander bewegen. In diesem Falle läßt sich Gleichzeitigkeit nicht widerspruchslos definieren. Je nachdem, von welchem Inertialsystem aus der Beobachter das Ereignis betrachtet, findet es zuerst in P_1 oder zuerst in P_2 statt.

Dieses Paradox löst sich nur dann auf, wenn jedes Inertialsystem eine nur ihm zugehörige **Eigenzeit** besitzt.

Folgende Beziehung verknüpft dann die Eigenzeiten t und t' in den beiden Inertialsystemen S und S':

$$t' = (ct - \beta x)/(c\sqrt{1-\beta^2})$$

mit

x: Ortskoordinate des Punktereignisses in S.

Folgen zwei zeitlich verknüpfte Ereignisse aufeinander, so hat ihr zeitl. Abstand in beiden Inertialsystemen dasselbe Vorzeichen, d.h. Ursache und Wirkung bleiben folgerichtig. Das **Kausalitätsprinzip** bleibt erhalten: Die Wirkung folgt *immer* der Ursache.

Uhrenvergleich, Zeitdilatation

Ist im System S die Dauer eines Ereignisses gleich Δt, so beträgt im System S' – entsprechend der Lorentz-Transformation – die Dauer desselben Ereignisses $\Delta t' = \Delta t/\sqrt{1-\beta^2}$. Das ist eine Dehnung der Zeit, eine **Zeitdilatation.** Konsequenz: **Bewegte Uhren gehen langsamer als ruhende,** betrachtet man sie vom ruhenden System aus.

Diese Formulierung hat natürlich nichts mit mechan. oder anderen Uhren zu tun. Sie drückt lediglich aus, daß die Eigenzeit eines bewegten Systems, von einem ruhenden System aus betrachtet, langsamer abläuft. Die Eigenzeit bestimmt die Geschw. aller Vorgänge im System, also z.B. auch die der biolog. Vorgänge.

Beispiele:

Zwillingsparadoxon. Einer von beiden Zwillingen verläßt mit der Rakete die Erde und reist mit sehr hoher Geschw. ($v \approx c$) davon. Ist nach seiner Borduhr ein Jahr vergangen, so kehrt er zur Erde zurück. Dort findet er seinen Zwillingsbruder um Jahre gealtert. Dessen Uhr (seine Eigenzeit) – also auch seine Lebensprozesse – lief im Vergleich wesentlich schneller. Das (scheinbare) Paradoxon liegt in der Asymmetrie des Alterns: nur für den zwischenzeitlich beschleunigten Zwilling läuft die Uhr langsamer.

Zahlenbeispiel: Reiste der eine Zwilling mit 90% der Lichtgeschw., dann ist $v = 0{,}9\,c$ und $v^2/c^2 = 0{,}81$. Also ist $\Delta t' = 1/\sqrt{1-0{,}81} = 2{,}29$. Der Altersunterschied der Zwillinge am Ende der Reise beträgt 1,29 Jahre.

Myonen-Zerfall. Die kosmische Höhenstrahlung erzeugt in den oberen Schichten der Lufthülle u. a. Myonen. Diese Elementarteilchen haben eine mittlere Lebensdauer $\tau = 2{,}2 \times 10^{-6}$ s. Sie bewegen sich fast mit Lichtgeschw. und können daher nach der klass. Physik im Mittel die Entfernung $d \approx c\tau \approx 6{,}6 \times 10^2$ m zurücklegen, bevor sie zerfallen und damit verschwinden. Dennoch werden sie an der Erdoberfläche beobachtet, denn ihre Eigenzeit, und damit ihre Lebensdauer, ist wegen der großen Relativgeschw. um mindestens den Faktor 20 gedehnt.

Direkter Uhrenvergleich. 1971 flog eine extrem genaue Cs-Atomuhr an Bord eines Flugzeugs mit ca. 1200 km/h, d. h. $v = 278$ m/s, also etwa 0,0001% von c. Nach einem Flug von 15 Stunden zeigte die Borduhr eine positive Zeitverschiebung von $4{,}7 \times 10^{-8}$ s gegenüber einer identischen, am Boden zurückgebliebenen Uhr. Das ist genau die Größe der erwarteten Zeitdilatation.

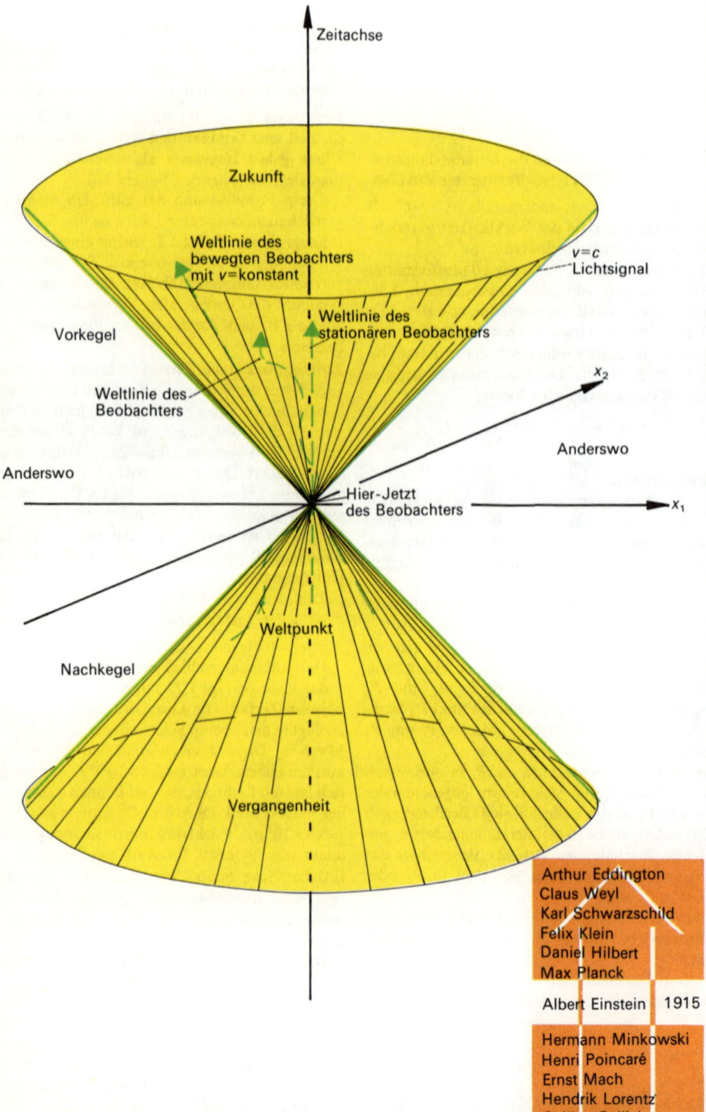

Vierdimensionale Welt (Minkowskische Raumzeit)

Maßstabsvergleich, Längenkontraktion

Mißt man die Länge eines Stabes (oder die eines Körpers), so erfordert das die gleichzeitige Beobachtung zweier zeitl. Koinzidenzen. Bewegen sich Stab und Vergleichsmaßstab gegeneinander in Längsrichtung mit konstanter Relativgeschw. v, so beobachtet man eine Längenkontraktion. Es gilt

$$d' = d\sqrt{1-\beta^2}$$

mit

d': Länge oder Abstand im bewegten System; d: Eigenlänge, d.h. Länge für einen Beobachter, in Ruhe relativ zum Stab.

Konsequenz: **Bewegte Objekte sind in Bewegungsrichtung verkürzt,** ihr Volumen schrumpft entsprechend. Quer zur Richtung von $\boldsymbol{v}$ gibt es keine Kontraktion.

Im tägl. Leben bemerken wir weder Zeitdilatation noch Längenkontraktion, da alle Geschwindigkeiten $\ll c$ sind.

Addition von Geschwindigkeiten

In der klass. Physik gilt für die resultierende Geschw. $\boldsymbol{v}$, wenn man die beiden Geschw. $\boldsymbol{v}_1$ und $\boldsymbol{v}_2$ addiert

$$\boldsymbol{v} = \boldsymbol{v}_1 + \boldsymbol{v}_2$$

Das **Einsteinsche Additionstheorem** dagegen lautet

$$\boldsymbol{v} = (\boldsymbol{v}_1 + \boldsymbol{v}_2)/(1 + \boldsymbol{v}_1\boldsymbol{v}_2/c^2)$$

Für $\boldsymbol{v} \ll c$ gehen klass. und Einsteinsches Additionstheorem ineinander über.

Auch durch Aufaddieren sehr hoher Geschw. kann c also nicht erreicht werden.

Beispiel: Ist $v_1 = v_2 = 0{,}75\,c$, so folgt $v = 0{,}96\,c$.

Fizeauscher Interferenzversuch

In einer Substanz mit der Brechzahl n (s. S. 143) hat Licht die Geschw. $c' = c/n$. Bewegt sich die Substanz selber mit der Geschw. v parallel zur Lichtrichtung, so wird das Licht mitgenommen, und aus dem Einsteinschen Additionstheorem folgt

$$c' = c/n + (1 - 1/n^2)v$$

Die Eigengeschw. der Substanz überlagert sich also nur teilweise der Lichtgeschw.

ARMAND FIZEAU (1819–96) fand experimentell bereits 1851 diesen Zusammenhang.

Zwei kohärente Lichtstrahlen – entstanden durch Aufspalten in der halbdurchlässigen Glasplatte – laufen in strömendem Wasser. Eine Spiegelanordnung stellt sicher, daß der eine gegen die Stromrichtung und der andere mit ihr läuft. Im Beobachtungsfernrohr interferieren beide. Aus der Lage der Interferenzmuster bei ruhendem und bewegtem Wasser bestimmte Fizeau c' in Abhängigkeit von v.

Dieses Experiment beweist nicht nur das Einsteinsche Additionstheorem (lange vor EINSTEIN!), es ruiniert auch die Äther-Hypothese:

Für $n \to 1$ folgt $c' \to c$. Nehmen Körper den Äther mit, so wird dieser Einfluß immer kleiner für $n \to 1$. Äther muß jedoch die Brechzahl 1 haben, sonst wäre seine Dichte zu groß.

Struktur der Raumzeit

Alle Ereignisse und damit auch alle Körper existieren in Raum und Zeit. Ein punktförmiges Ereignis heißt **Weltpunkt** mit den relativist. Koordinaten x_1, x_2, x_3 und $x_4 = ict$, oder anders formuliert: Ein Weltpunkt hat die Raumzeit-Koordinaten x_k, mit $k = 1, 2, 3, 4$. Ein Vierervektor mit den Komponenten x_k verbindet ihn mit dem Koordinatenursprung.

Der Abstand zweier Weltpunkte X und Y ist

$$\begin{aligned}|s| &= \sqrt{s^2} \\ &= (x_1 - y_1)^2 + (x_2 - y_2)^2 \\ &\quad + (x_3 - y_3)^2 - c^2(t_x - t_y)^2\end{aligned}$$

Die **Lichtkegel** stellen die Raumzeit anschaulich dar:

Zwei Kegel stehen mit den Spitzen aufeinander und bilden die Gestalt einer Sanduhr. Die Kegelachsen sind die Zeit (oder die vierte relativist. Koordinate $x_4 = ict$); senkrecht dazu stehen die Raumachsen.

Natürlich lassen sich anschaulich nur drei Achsen darstellen, die vierte muß man sich vorstellen.

Der Berührungspunkt der Kegel ist für den Beobachter das **Hier–Jetzt**, jeder Beobachter besitzt also seinen eigenen Lichtkegel. Die Kegelflächen oben (bezogen auf Hier–Jetzt) trennen Gegenwart und Zukunft, unten Gegenwart und Vergangenheit.

Außerhalb beider Lichtkegel ist die Gegenwart ($t = 0$). Alle Ereignisse darin sind mit dem Hier–Jetzt raumartig verknüpft, sie liegen im Anderswo.

Innerhalb der Lichtkegel sind alle Ereignisse mit dem Hier–Jetzt zeitartig verknüpft, sie liegen im Früher oder Später.

Der *obere* Lichtkegel umschließt die Zukunft ($t > 0$).

Der *untere* Lichtkegel umschließt die Vergangenheit ($t < 0$).

Auf dem Mantel des Lichtkegels gilt $v = c$.

Weltlinien beschreiben Ereignisse und Körper. Da c die größtmögliche Kommunikationsgeschw. ist, liegen die Weltlinien innerhalb der Lichtkegel. Für den Beobachter gehen sie durch das Hier–Jetzt.

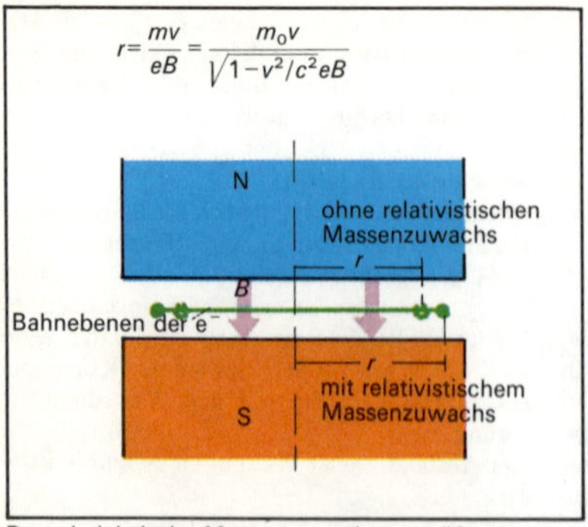

Der relativistische Massenzuwachs vergrößert den Bahnradius im Kreisbeschleuniger

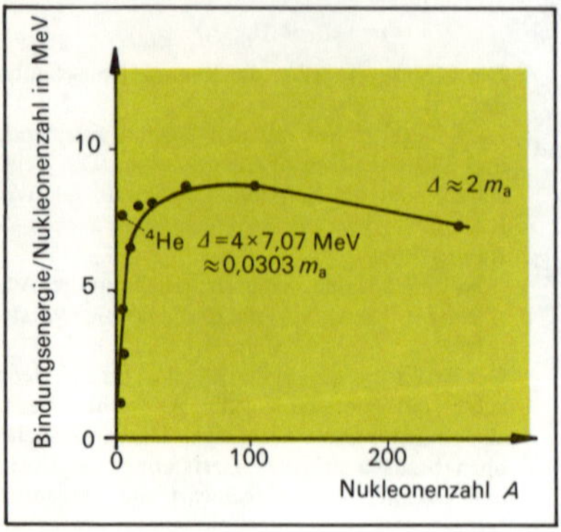

Δ wächst mit A

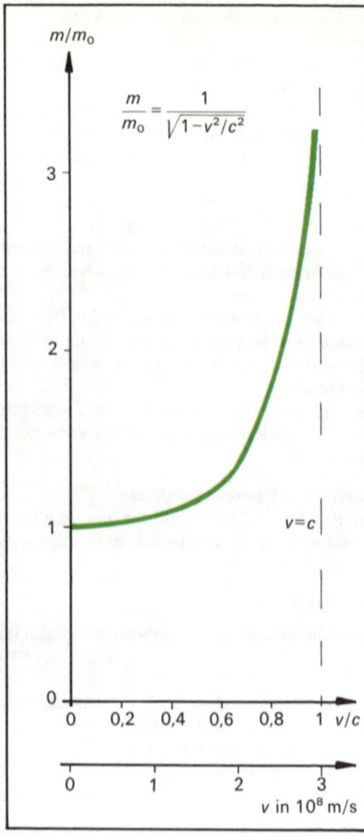

Masse wächst mit der Geschwindigkeit

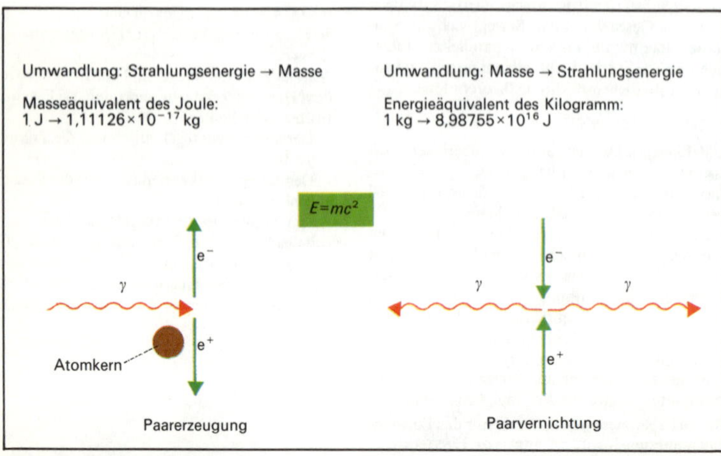

Äquivalenz von Masse und Energie

Die Gesetze der Mechanik lassen sich allgemein in der Minkowskischen Raumzeit neu formulieren. Anstelle der vertrauten dreidimensionalen Größen erscheinen dann vierdimensionale, basierend auf Vierervektoren mit den relativist. Koordinaten x_i ($i = 1, 2, 3, 4$; s. S. 349). Sind dann die Geschw. sehr klein gegen die Lichtgeschw., so vereinfachen sich die Vierervektoren zu den klass. Größen. In Kern- und Elementarteilchenphysik spielt heute die relativist. Mechanik eine überragende Rolle. Ausgangspunkt ist der *Weltpunkt* mit den relativist. Koordinaten

$$x_1 = x$$

$$x_2 = y$$

$$x_3 = z$$

$$x_4 = \mathrm{i}ct$$

mit

x, y, z: Raumkoordinaten; $\mathrm{i} = \sqrt{-1}$; c: Lichtgeschw.; t: Zeit.

Ein **Vierervektor** verbindet jeden Weltpunkt mit dem Ursprung der Raumzeit.

Die **Vierergeschwindigkeit** $\boldsymbol{u}$ erhält man durch Differentiation der Koordinaten nach der Zeit. Der Betrag der Komponenten u von $\boldsymbol{u}$ ist

$$u_i = \mathrm{d}x_i/\mathrm{d}\tau \qquad \textit{relativist. Geschwindigkeit}$$

mit

$\tau = t\sqrt{1 - v^2/c^2} = t\sqrt{1 - \beta^2}$: Eigenzeit des Objekts oder Vorganges; v: Dreiergeschw., d. h. Geschw. in den drei Raumkoordinaten x, y, z.

Der **Viererimpuls** $\boldsymbol{p}$ ist – wie in der klass. Mechanik – proportional $\boldsymbol{u}$:

$$\boldsymbol{p} = m_0 \boldsymbol{u} \qquad \textit{relativist. Impuls}$$

mit

m_0: Proportionalitätskonstante, genannt **Ruhemasse** des Objekts.

$\boldsymbol{p}$ besitzt also drei Raumkomponenten ($i = 1, 2, 3$)

$$\boldsymbol{p}_i = m_0 \boldsymbol{v}_i / \sqrt{1 - v^2/c^2}$$

und eine Zeitkomponente ($i = 4$)

$$p_4 = m_0 c / \sqrt{1 - \beta^2}$$

Zusammenhang:

$$m = m_0 / \sqrt{1 - \beta^2} \qquad \textit{relativist. Masse}$$

mit

m: **Masse** des Objekts.

Für $v \to 0$ folgt $m \to m_0$, d. h. für kleine Geschw. ($v \ll c$) stimmen Masse und Ruhemasse praktisch überein. Die Geschwindigkeitsabhängigkeit der Masse zeigt anschaulich, warum c die *größtmögliche* Geschw. ist:

Nähert sich v der Lichtgeschw., so übersteigt die Masse jeden endlichen Wert.

Die Beziehung zwischen m und m_0 ist leicht meßbar, z. B. im Anstieg der Bahnradien in Teilchenbeschleunigern.

Tachyonen. Überlichtschnelle Teilchen sind denkbar. Sie widersprechen nicht den phys. Gesetzen, solange ihre Geschw. immer $> c$ ist und ihre Masse für $v \to c$ verschwindet. Bisher hat noch niemand diese hypothet. Teilchen nachweisen können.

Die **Viererkraft** $\boldsymbol{F}_i$ ist – nach der klass. Mechanik – die zeitl. Ableitung des Viererimpulses:

$$\boldsymbol{F}_i = \mathrm{d}\boldsymbol{p}_i/\mathrm{d}\tau \qquad \textit{relativist. Kraft}$$

$$= m_0 \mathrm{d}\boldsymbol{u}_i/\mathrm{d}\tau$$

Für die **Gesamtenergie** E eines Objekts gilt (solange $m_0 \neq 0$) nach EINSTEIN:

$$E = mc^2 \qquad \textit{relativist. Energie}$$

$$\approx m_0 c^2 + m_0 v^2/2$$

mit

$m_0 c^2$: **Ruheenergie**; $m_0 v^2/2$: kinet. Energie für $v \ll c$. E ist für alltägl. Objekte gewaltig.

Das Energieäquivalent für 1 kg Masse ist z. B. gleich $8{,}988 \times 10^{16}\,\mathrm{J} = 5{,}609 \times 10^{35}\,\mathrm{eV}$.

Wird ein System von Teilchen durch Bindungsenergie zusammengehalten, so ist auch diese Energie einer Masse äquivalent.

Massenüberschuß, Massendefekt. Die Masse eines zusammengesetzten Atomkerns ist geringer als die Summe der Massen seiner Bestandteile, da ein Teil der Kernmasse in der Bindungsenergie zwischen Protonen und Neutronen steckt. Die Differenz heißt *Massenüberschuß* (Formelzeichen Δ). Es gilt

$$\Delta = \mathrm{m_a} - A m_\mathrm{u}$$

mit

m_a: Atommasse; A: Nukleonenzahl; $m_\mathrm{u} = 1{,}660566 \times 10^{-27}\,\mathrm{kg}$: (vereinheitlichte) Atommassenkonstante.

Beispiel: Einsetzen der entsprechenden Werte für ^{4}He ergibt $\Delta = 2{,}827 \times 10^7\,\mathrm{eV} = 28{,}27\,\mathrm{MeV}$. Diese Energie wird freigesetzt, wenn 4 Nukleonen zu einem He-Kern zusammentreten. Die bei der Fusion von 1 kg Wasserstoff freiwerdende Energie entspricht der Verbrennungsenergie von ca. 25000 t Steinkohle!

Die **relativistische kinetische Energie** E eines Objekts ist

$$E_\mathrm{k} = T - m_0 c^2$$

$$= m_0 c^2 \left(1/\left(\sqrt{1 - \beta^2}\right) - 1\right)$$

Erhaltung der Viererimpulse:

Die Summe der Viererimpulse eines abgeschlossenen Systems relativist. Körper ist konstant. Also

$$\sum \boldsymbol{p}_i = \text{konstant} \qquad i = 1, 2, 3, 4$$

Relativistischer Energieerhaltungssatz:

$$p_4^2 - (p_1^2 + p_2^2 + p_3^2) = m_0^2 c^2$$

$$E = \sqrt{m_0^2 c^4 + p^2 c^2}$$

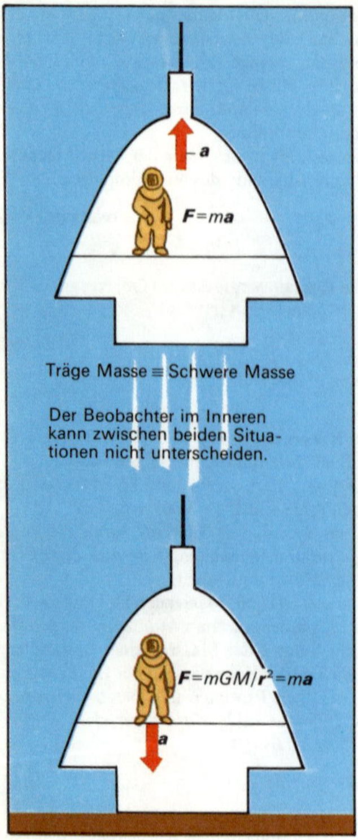

Einsteinsches Äquivalenzprinzip

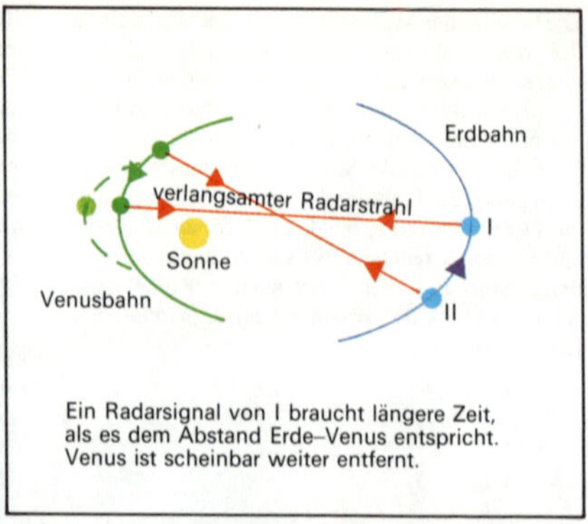

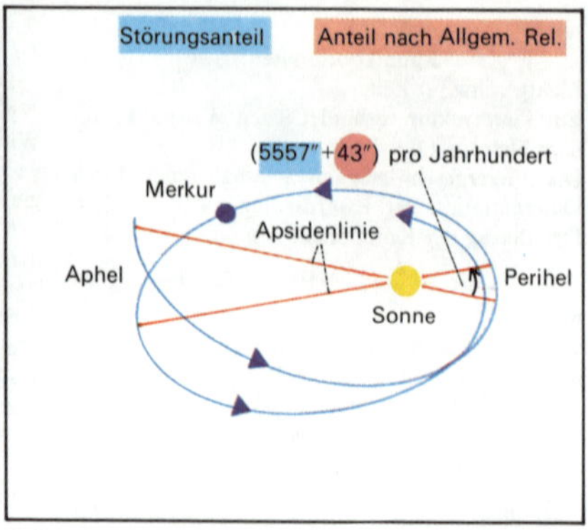

Periheldrehung der Merkurbahn

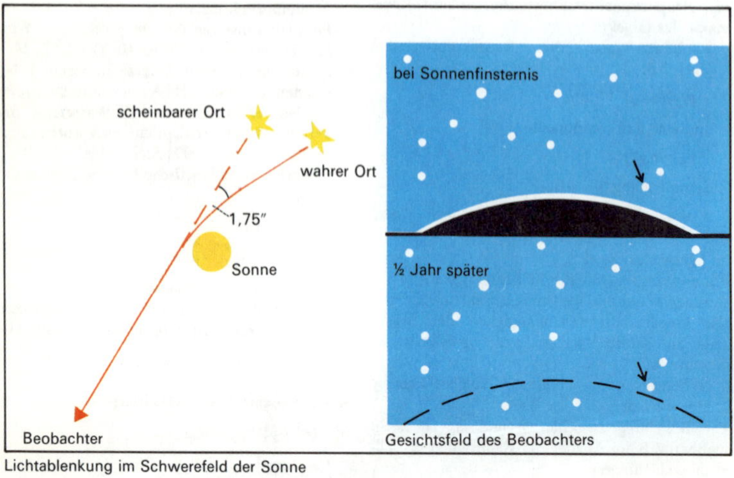

Lichtablenkung im Schwerefeld der Sonne

Die Spezielle Relativitätstheorie sagt aus, daß es grundsätzlich keine Möglichkeit gibt, zwischen gleichförmigen Geschwindigkeiten zu unterscheiden. Das gilt auch für gleichförmige Geschw. und Ruhe. Bei ungleichförmiger Geschw., also beschleunigter Bewegung, ist das anders, denn es treten meßbare Trägheitskräfte auf. Diese an der Masse angreifenden Kräfte sind aber nicht unterscheidbar von den an der Masse im Schwerefeld angreifenden. Trägheitskraft und Schwerkraft hängen beide von der Masse des Objekts ab. Mit Hilfe dieser beiden Kräfte kann man eine träge und eine schwere Masse definieren.

Nach Newtons Aktionsprinzip (s. S. 37) gilt $\boldsymbol{F}=m\boldsymbol{a}$. Die *träge Masse m* wird als Proportionalitätskonstante zwischen Kraft $\boldsymbol{F}$ und Beschleunigung $\boldsymbol{a}$ eingeführt.

Im Newtonschen Gravitationsgesetz (s. S. 45) dagegen gilt $\boldsymbol{F}=Gm_1m_2/\boldsymbol{r}^2$. Die *schweren Massen* m_1 und m_2 führen zu einer gegenseitigen Kraft $\boldsymbol{F}$.

Fallversuche mit sehr versch. schweren Körpern 1890 durch ROLAND VON EÖTVÖS (1848–1919) beweisen die Übereinstimmung von schwerer und träger Masse. Alle Körper fallen gleich schnell. Dieses Ergebnis ist heute mit einer rel. Meßunsicherheit von 10^{-12} gesichert.

Die Gleichheit von schwerer und träger Masse führt zum universell geltenden **Einsteinschen Äquivalenzprinzip:**

Ein beschleunigt bewegtes Bezugssystem ist einer Schwerebeschleunigung äquivalent.

Das ist der Ausgangspunkt der 1915 von ALBERT EINSTEIN formulierten **Allgemeinen Relativitätstheorie**.

Es gibt also keine Möglichkeit, zu unterscheiden zwischen Beschleunigung und der Wirkung eines homogenen Schwerefeldes.

Beispiele: Steht man auf einer rotierenden Scheibe, so empfindet man eine in Richtung Peripherie wirkende Kraft. Sind die Augen verbunden, so können wir nicht unterscheiden, ob es sich um eine Zentrifugalkraft (Trägheitskraft) handelt, oder ob wir uns in einem Gravitationsfeld (Schwerkraft) befinden, das proportional mit dem Abstand von der Drehachse ansteigt.

Befindet man sich in einer Rakete, so fallen alle mechan. Experimente gleich aus, unabhängig davon, ob die Rakete mit g nach oben beschleunigt wird oder ob sie in einem nach unten weisenden Schwerefeld $-g$ ruht.

Nach der Allg. Relativitätstheorie bestimmt das Gravitationsfeld der Massen die metr. Struktur der Welt. Die separaten phys. Größen Raum und Zeit sind durch *eine* phys. Größe – Raum-Zeit – ersetzt. Das führt die Gravitationskräfte auf eine, durch die Massenverteilung bestimmte Krümmung des Raumes zurück, auf eine lokale Störung der Raum-Zeit. Die Bahnen schwerer Körper sind die kürzeste Verbindung zwischen zwei Raum-Zeit-Punkten.

Da die Massenverteilung ungleichmäßig ist, ist es auch die metr. Struktur der Welt. Die euklid. Geometrie gilt nicht mehr. Die Krümmung unserer vierdimensionalen Welt ist jedoch so gering, daß sie bei ird. Vorgängen nicht in Erscheinung tritt. Erst im kosm. Maßstab können wir sie bemerken.

Nach EINSTEIN müßte unsere Welt ein sphärisch gekrümmtes, stat. Universum mit endl. Krümmungsradius von der Größenordnung 10^{25} m sein. Das führt jedoch zu theoret. Widersprüchen; außerdem scheint das Universum zu expandieren. Die *Flucht* der Spiralnebel beruht jedoch auf der Interpretation der Rotverschiebung als Doppler-Effekt (s. S. 91). Gibt es eine merkl. Photon-Photon-Streuung, so ist auch ein stat. Universum denkbar.

Meßbare Konsequenzen der Allg. Relativitätstheorie:

Lichtablenkung im Schwerefeld, **Gravitationsaberration.** Ein Lichtstrahl wird im Schwerefeld eines massereichen Körpers, z. B. der Sonne, abgelenkt. Der Ablenkwinkel beruht je zur Hälfte auf einer Fallbewegung der Photonen und auf der nichteuklid. Geometrie des Raumes in der Umgebung der Sonne. Steht die Sonne bei einer totalen Sonnenfinsternis vor einem dichten Sternenhintergrund, so scheinen vor allem jene Sterne von der Sonne *weg*-verschoben, deren Licht eben den Sonnenrand streift.

Die ersten Messungen erfolgten 1919 und bestätigten quantitativ die Voraussagen.

Periheldrehung der Bahnellipsen der Planeten. Aufgrund der nichteuklid. Geometrie müssen die großen Achsen der Planetenbahnen langsam in der Ekliptik rotieren, d. h. sie beschreiben eine Rosettenbahn. Die Periheldrehung des Merkur war lange vor EINSTEIN bekannt. Zwar beruht ihr größter Anteil auf Störungen durch die anderen Planeten, doch verblieb ein unerklärter Rest von 43″ pro Jahrhundert. Die Allg. Relativitätstheorie erklärt diesen Überschuß.

Gravitations-Rotverschiebung. Uhren gehen in der Nähe starker Gravitationsfelder langsamer. Das führt bei extrem massereichen Objekten zu einer Verschiebung der Spektrallinien in Richtung kleinerer Energien. Das wird tatsächlich an Weißen Zwergen (Sternen mit extrem hoher Dichte) beobachtet. Eine direkte Messung erfolgte 1960 im Labor mit Hilfe des Mößbauer-Effekts.

Gravitationswellen sollen entstehen, wenn Massen beschleunigt werden. Sie führen eine außerordentlich geringe Energie mit sich. Als relativ intensive Quellen kämen z. B. umeinander rotierende Neutronensternpaare in Frage. Metallzylinder werden seit 1968 als Resonanzempfänger für Gravitationswellen gebaut. Die Resultate sind nicht eindeutig.

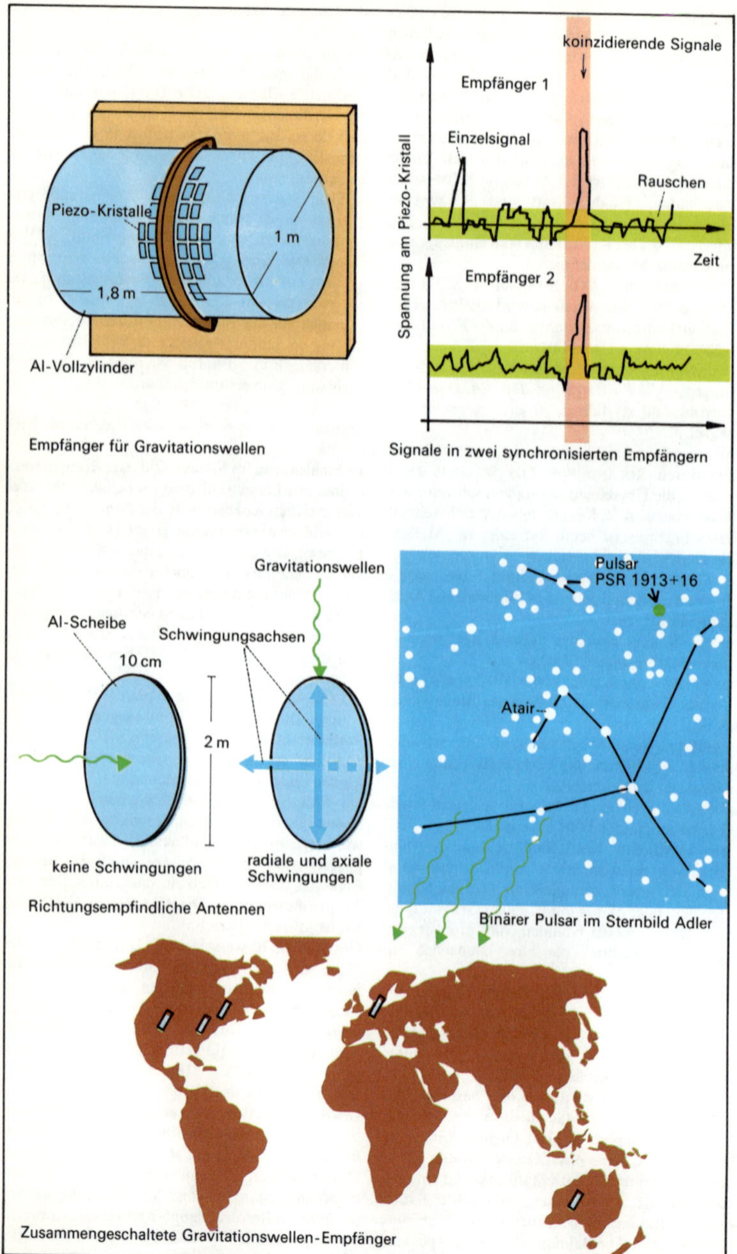

Gravitationswellen

Die Allg. Relativitätstheorie (s. S. 353) sagt voraus, daß eine beschleunigte Masse **Gravitationswellen** aussendet. Diese breiten sich mit Lichtgeschwindigkeit *c* aus und bestehen aus einem Strom von **Gravitonen**.

Der analoge Vorgang in der Elektrodynamik ist wohlbekannt: Wird eine elektr. Ladung beschleunigt, so sendet sie elektromagnet. Wellen aus. Diese bestehen aus Photonen und breiten sich ebenfalls mit *c* nach allen Seiten aus.

Gravitationswellen wechselwirken mit Materie und Energie, doch ist die Wechselwirkungswahrscheinlichkeit außerordentlich gering. Um sie nachzuweisen, muß eine sehr intensive Quelle von Gravitationswellen mit einem extrem empfindl. Instrument beobachtet werden. Intensive Quellen sind z. B.: Supernovaausbrüche, Verschmelzen Schwarzer Löcher, Sterne beim Gravitationskollaps, rotierende Galaxien.

Seit Ende der fünfziger Jahre versucht man Gravitationswellen nachzuweisen. Ob mit Erfolg, hängt von der Interpretation der Meßergebnisse ab.

Direkte Nachweisversuche

Als Antenne für einen **Gravitationswellen-Empfänger** kommt ein möglichst massereicher Festkörper in Frage. Gravitationswellen würden im Inneren Resonanzschwingungen anregen, die man dann beobachten könnte. Die Frequenz dieser Schwingungen sollte von der Größenordnung einiger kHz sein. Da die ausgelösten Schwingungsamplituden bestimmt sehr gering sind, muß eine derartige Antenne außerordentlich gut gegen Schwingungen aus anderen Quellen isoliert werden.

Aus diesem Grunde kommt die größtmögliche Antenne, die Erde, nicht in Frage. Seism. Aktivitäten und meteorolog. Vorgänge erzeugen so intensive Schwingungen, daß die durch Gravitationswellen ausgelösten bestimmt überdeckt würden.

1958 baute Joseph Weber von der Universität Maryland, USA, den ersten **Gravitationswellen-Empfänger**: Ein Aluminium-Zylinder von 1 m Durchmesser, 1,8 m Länge und ca. 3,3 t Masse hing erschütterungsfrei an Drähten. Die Anordnung befand sich im Vakuum, denn Hauptstörungsquelle sind aufprallende Luftmoleküle. Der Zylinder war gekühlt, um die Wärmeschwingungen zu minimalisieren. Als Schwingungsdetektoren dienten Piezo-Kristalle (s. S. 221), ringförmig um die Zylindermitte angeordnet. Empfindlichkeit der Anlage $1:10^{16}$, d. h. eine durch Schwingungen erzeugte Längenänderung des Al-Zylinders von nur 1% eines Atomkerndurchmessers war nachweisbar!

Um Störungen aus der Umgebung der Anlage, z. B. durch die elektromagnet. Felder von Blitzen oder die Schauer der kosm. Strahlung, zu eliminieren, bauten die Experimentatoren zwei identische Antennen im gegenseitigen Abstand von rund 1000 km auf. Eine Koinzidenzschaltung sorgte dafür, daß nur jene Schwingungen gemessen wurden, die gleichzeitig in beiden Antennen auftraten.

Ende der 60er Jahre hat Weber vielleicht durch Gravitationswellen ausgelöste Schwingungen beobachtet. Wenn, dann kamen sie aus dem Zentrum der Milchstraße.

Letzte Entwicklungen: Die Detektoren bestehen aus Niob, einem Schwermetall der Vanadiumgruppe. Der Zylinder ist bis auf wenige Kelvin abgekühlt. Die Empfindlichkeit der Anlagen beträgt $1:10^{19}$. In Genf, Stanford, Louisiana, Maryland und Westaustralien steht jeweils eine dieser Antennen. Sie sind in Koinzidenz zusammengeschaltet.

Bisher (Anfang 1993) haben sie keine Gravitationswellen eindeutig nachweisen können.

Das überrascht eigentlich nicht, denn intensive kosm. Quellen sind wahrscheinlich selten und existieren dann nur für kurze Zeitspannen.

Indirekter Nachweis

1974 entdeckten Russell Hulse und Joseph Taylor den Pulsar PSR 1913 + 16. Mit einem unsichtbaren Partner bildet er ein (sehr seltenes) Binärsystem. Er hat einen Durchmesser von 20–30 km, seine Masse beträgt das 1,4fache der Sonne, die Rotationsfrequenz liegt bei 30 Umdrehungen/s. Die Partner des Binärsystems kreisen in sehr geringem Abstand (etwa im vierfachen Sonnendurchmesser) umeinander. Infolgedessen unterliegt der Pulsar einer sehr starken Zentripetalbeschleunigung (s. S. 39) und wird dadurch Quelle für intensive Gravitationswellen. Der Pulsar verliert auf diese Weise stetig an Masse. Die Folge ist ein Schrumpfen seiner Umlaufbahn, die Länge $a \approx 3{,}1 \times 10^9$ m der großen Halbachse sollte jährlich um 3,5 m abnehmen.

Da die vom Pulsar emittierten elektromagnet. Wellen eine extrem stabile Frequenz aufweisen, kann man aus der für viele Bahnpunkte gemessenen Doppler-Verschiebung (s. S. 91) die Bahnelemente sehr genau berechnen.

Messungen über 6 Jahre hinweg zeigen, daß die Umlaufzeit um $7{,}6 \times 10^{-5}$ s/a sinkt.

Und genau diesen Wert kann man erwarten, wenn der Pulsar Gravitationswellen abstrahlt. Das ist allerdings nur ein indirekter Beweis für ihre Existenz.

Entsprechend der Allg. Relativitätstheorie sollte die Pulsarbahn eine Periheldrehung (s. S. 353; bzw. Periastrondrehung) von 4,2 Grad/a zeigen. Auch das bestätigten die Messungen.

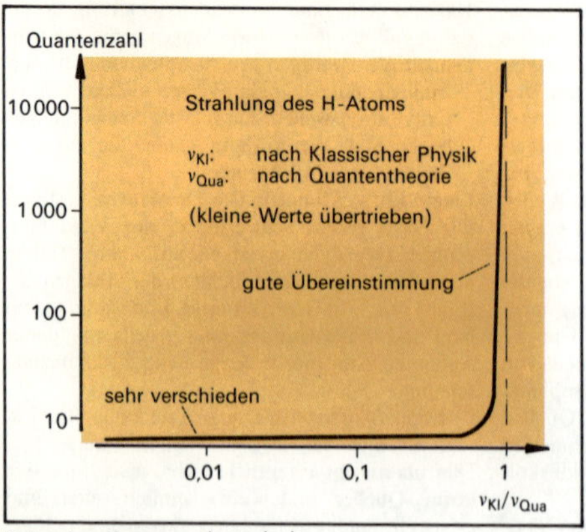

Bohrsches Korrespondenzprinzip

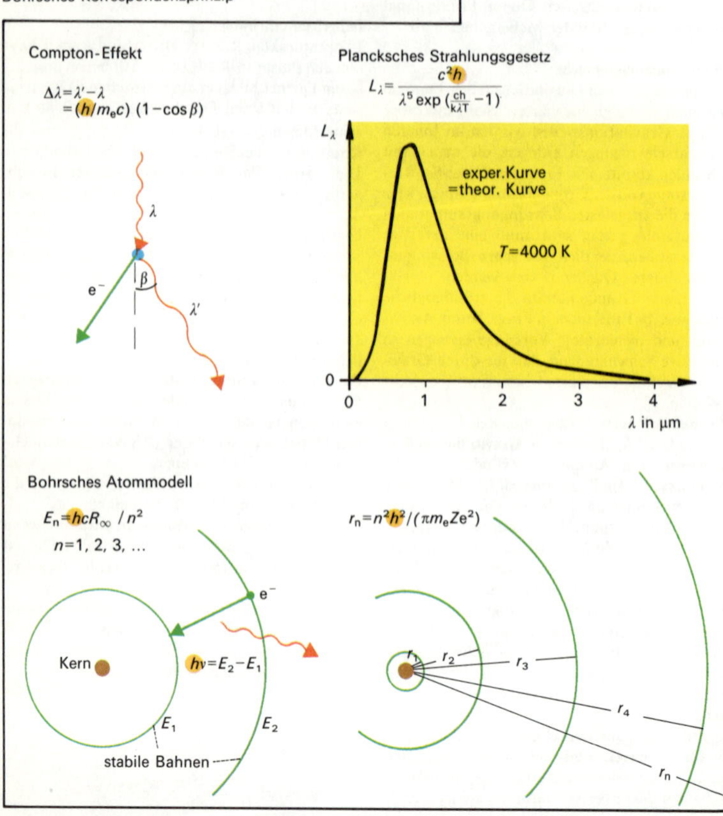

Quantisierung physikalischer Erscheinungen

In der klass. Physik erscheinen physikal. Größen und Zustände als stetige Phänomene; Übergänge sind fließend. Dringt man in die Welt des Kleinsten vor, so ist das nicht mehr so. Zusätzliche Annahmen sind nötig, um die Resultate der Messungen zu beschreiben. Die **Quantentheorie** liefert diese Bedingungen. Ihr Kernsatz lautet:
Wirkungen werden nur übertragen in ganzzahligen Vielfachen einer kleinsten Einheit, der **Planck-Konstante** (Formelzeichen h):

$$h = 6{,}6261 \times 10^{-34}\,\mathrm{J \cdot s}$$

MAX PLANCK legte 1900 die Grundlagen der Quantentheorie (s. S. 181). ALBERT EINSTEIN wandte sie 1905 auf den elektr. Photoeffekt an und führte sie damit zum Durchbruch. NIELS BOHR schuf 1913 mit ihrer Hilfe das erste quantitative Atommodell. ERWIN SCHRÖDINGER und WERNER HEISENBERG entwickelten sie in den zwanziger Jahren zur **Quantenmechanik** weiter (s. S. 359).

Die Quantisierung phys. Größen ist eigentlich keine neue Idee. DEMOKRIT postulierte bereits im 4. Jh. v. Chr. eine kleinste Einheit für die Masse, das Atom. Auch für die elektr. Ladung war lange vor 1900 bekannt, daß sie stets als ganzzahliges Vielfaches einer minimalen Ladung, der Elementarladung, auftritt.

Grundphänomene der Quantentheorie:

Lichtquanten
ISAAC NEWTON beschrieb im 17. Jh. Licht als einen Strom von Teilchen, doch setzte sich die Wellentheorie des Lichts durch. MAX PLANCK führte kleinste Teilchen (**Quanten**) für die Strahlung wieder ein, um das Spektrum des schwarzen Strahlers (s. S. 179) quantitativ zu beschreiben:

$$L_\nu = (2h\nu^3/c^2)(1/(\exp(h\nu/kT) - 1))$$

Danach ist die kleinstmögliche Energie $E_{\min}$ eines Strahlungsquants der Frequenz ν:

$$E_{\min} = h\nu$$

Jede von einem phys. System abgestrahlte Energie E ist also

$$E = nh\nu \qquad (n = 1, 2, 3, \ldots)$$

ALBERT EINSTEIN nutzte die Quantenhypothese, um die kinet. Energie E_k der Photoelektronen (s. S. 187) zu beschreiben.

$$E_k = h\nu - W$$

W ist eine Materialkonstante.
E_k hängt also nicht von der Intensität des einfallenden Lichts ab, sondern von seiner Frequenz bzw. Wellenlänge.
ARTHUR COMPTON erklärte die 1922 von ihm entdeckte inelast. Streuung hochenerget. Strahlung mit Hilfe der Quantisierung des Impulses (s. S. 189). Daraus folgt für die Differenz $\Delta\lambda$ der Wellenlängen zwischen einfallender und gestreuter Strahlung

$$\Delta\lambda = h(1 - \cos\beta)/(m_e c)$$

mit
β: Streuwinkel; m_e: Elektronenmasse.

Bohrsche Postulate
ERNEST RUTHERFORD entwickelte 1911 als Folgerung aus seinen Streuexperimenten mit α-Teilchen das erste moderne Atommodell:

Die negativen Elektronen kreisen im Abstand von 10^{-10} m um den positiv geladenen Atomkern, dessen Durchmesser von der Größenordnung 10^{-14} m ist.

Nach der klass. Elektrodynamik wäre das mit einer Energieabstrahlung der umlaufenden, also beschleunigten Ladungen verbunden, die e^- müßte nach ca. 10^{-8} s in den Kern stürzen.
NIELS BOHR postulierte eine Quantisierung der stabilen Umlaufbahnen und konnte daraufhin das Spektrum des Wasserstoffatoms berechnen.

1) Postulat: Die e^- umkreisen den Kern nur auf bestimmten, energetisch stabilen Bahnen.

2) Postulat: Beim Übergang von einer Elektronenbahn mit der Energie E_1 zu einer Bahn mit der Energie E_2 wird Energie in Form einer elektromagn. Welle abgestrahlt bzw. absorbiert. Der Betrag der Energiedifferenz beider Bahnen ist

$$\Delta E = (E_1 - E_2) = nh\nu$$

Materiewellen
LOUIS-VICTOR DE BROGLIE schrieb 1923 jedem Teilchen der Masse m und der Geschwindigkeit v eine Wellenlänge zu (s. S. 205):

$$\lambda = h/(mv)$$

GERMER, DAVISSON und THOMSON wiesen 1927 experimentell die Materiewelle des Elektrons durch Beugung an Ni-Einkristallen nach (s. S. 205).

Heisenbergsche Unschärferelationen
Aus Überlegungen zur Natur des Meßvorganges leitete WERNER HEISENBERG 1927 Unschärfebeziehungen ab (s. S. 205).

$$\Delta x \Delta p_x \approx h \quad \text{oder} \quad \Delta x \Delta p_x \geqq \hbar$$
$$\Delta y \Delta p_y \approx h \qquad \Delta y \Delta p_y \geqq \hbar$$
$$\Delta z \Delta p_z \approx h \qquad \Delta z \Delta p_z \geqq \hbar$$
$$\Delta E \Delta t \approx h \qquad \Delta E \Delta t \geqq \hbar$$

mit

$$\hbar = h/(2\pi)$$

Das **Bohrsche Korrespondenzprinzip** schlägt die Brücke zum Makrokosmos:
Für sehr große Quantenzahlen gehen die Gesetze der Quantenphysik in jene der klassischen Physik über.

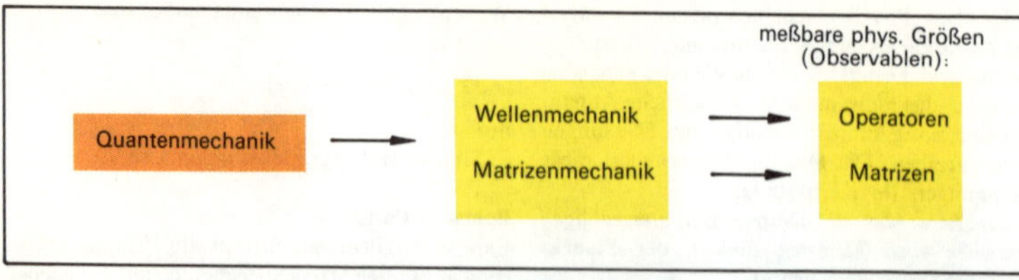

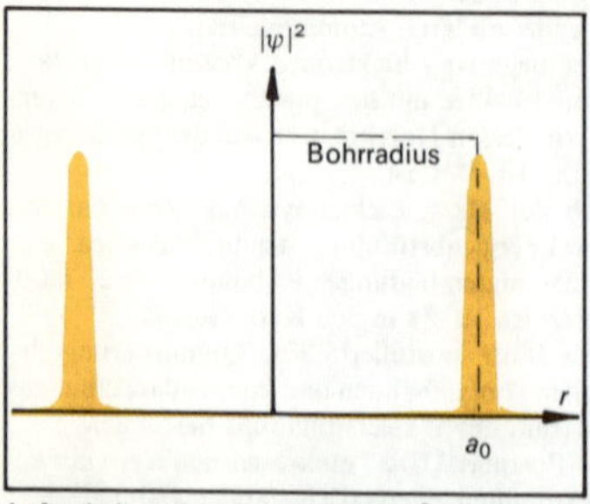

Aufenthaltswahrscheinlichkeit $|\psi|^2$ des e^- im H-Atom (nicht maßstäblich)

Energieerhaltungssatz	W	=	E_k	+	E_p
Operatorengleichung	$\boldsymbol{H}$	=	$\boldsymbol{T}$	+	$\boldsymbol{V}$
Operatoren	$\frac{\hbar}{i}\frac{\partial}{\partial t}$		$-\frac{\hbar^2}{2m}\Delta$		$V(r)$
angewandt auf die Wellenfunktion ψ					
Schrödinger-Gleichung	$\frac{\hbar}{i}\frac{\partial\psi}{\partial t}$	=	$-\frac{\hbar^2}{2m}\Delta\psi$	+	$V(r)\psi$

Energiesatz und Schrödinger-Gleichung

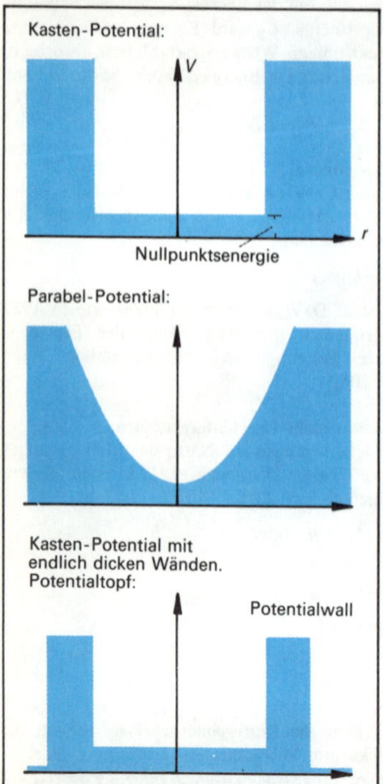

Ortsabhängige Potentiale $V(r)$

x-Koordinate:

Betrag der Wellenfunktion

$$\bar{x} = \int_{-\infty}^{+\infty} x|\psi|^2 dx$$

Operator der Raumkoordinate x

mittlere Impulskomponente:

$$\bar{p}_x = \int_{-\infty}^{+\infty} \frac{\hbar}{i}\frac{d}{dx}|\psi|^2 dx$$

Impulsoperator

Normierung: $\int_{-\infty}^{+\infty} |\psi|^2 dx = 1$

Erwartungswerte (mittlere Meßwerte) für ein Teilchen nach der Wellenmechanik

3. Matrixspalte

$$A = \begin{pmatrix} a_{11} & a_{12} & a_{13} & \dots & a_{1m} \\ a_{21} & a_{22} & a_{23} & \dots & a_{2m} \\ a_{31} & a_{32} & a_{33} & \dots & a_{3m} \\ \vdots & & & & \\ a_{n1} & a_{n2} & a_{n3} & \dots & a_{nm} \end{pmatrix}$$

2. Matrixzeile

Matrix A mit m Zeilen und n Spalten

Untersucht man die Mikrowelt experimentell, so hängt es nur von der Versuchsanordnung, also von der Fragestellung, ab, ob ihr Teilchen- oder ihr Wellencharakter hervortritt.

Beispielsweise ist ein Elektron ganz offensichtlich ein Teilchen. Durchdringt jedoch ein Strom von Elektronen ein Kristallgitter, so beobachtet man ein Interferenzmuster (s. S. 204), wie es nur Wellen hervorrufen können.

Da Wellen sich über den gesamten Raum ausdehnen, Teilchen aber lokalisiert sind, schließen sich beide Vorstellungen der Mikrowelt gegenseitig aus, sie sind **komplementär.**

Die Begründung dieser **Komplementarität** liegt auf der Hand: Man beschreibt Elementarteilchen und Vorgänge im Mikrokosmos mit Begriffen und Bildern, die der alltägl. Erfahrung entnommen sind, und das führt zu Widersprüchen. Licht und Elementarteilchen sind weder Welle noch Teilchen, sie sind eine **Welle-Teilchen-Dualität** (s. S. 205), unbekannt im Alltag.

Jede geschlossene Theorie der Mikrowelt muß diese Komplementarität widerspruchslos umfassen. Das gelang 1926 gleichzeitig durch WERNER HEISENBERG und ERWIN SCHRÖDINGER. Beide entwickelten unterschiedl. Theorien der **Quantenmechanik**, deren Resultate jedoch übereinstimmen. SCHRÖDINGERS *Wellenmechanik* beginnt mit einem Wellenbild und leitet daraus die Teilchenaspekte von Licht und Materie ab. HEISENBERGS *Matrizenmechanik* geht umgekehrt vom Teilchenbegriff aus.

Wellenmechanik. Eine abstrakte Funktion, genannt *Wellenfunktion* (Formelzeichen ψ), beschreibt die Zustände eines Teilchens oder eines phys. Systems. ψ hängt ab von Ort und Zeit, hat selbst zwar keine anschaul. Bedeutung, erlaubt jedoch Wahrscheinlichkeitsaussagen über den Ort und andere phys. Größen des beschriebenen Systems. ψ geht ein in die **Schrödinger-Gleichung**, deren Lösungen das zeitl. Verhalten eines phys. Systems beschreiben. Die Quantisierung der phys. Größen ist automatisch Bestandteil der Lösungen. Die Schrödinger-Gleichung für ein einzelnes Teilchen unter dem Einfluß von Kräften lautet:

$$(\hbar/\mathrm{i})(\partial\psi/\partial t) = (-\hbar^2/(2m))\Delta\psi + U(r)\psi$$

mit

$\mathrm{i} = \sqrt{-1}$; $\hbar = h/(2\pi) = 1{,}055 \times 10^{-34}\,\mathrm{J \cdot s}$; m: Teilchenmasse; $\Delta = \partial^2/\partial x^2 + \partial^2/\partial y^2 + \partial^2/\partial z^2$; Laplace-Operator; ψ: Wellenfunktion; $U(r)$: ortsabhängiges Potential, beschreibt die auf das Teilchen wirkenden Kräfte.

Wie bereits gesagt, hat ψ selbst keine Bedeutung in der Realität, aber das Quadrat des Absolutbetrags von ψ, also $|\psi|^2$, ist anschaulich: es ist die Aufenthaltswahrscheinlichkeit des Teilchens oder Teilchensystems in einem bestimmten Raumpunkt. Da das Teilchen gewiß irgendwo im Raum vorhanden ist, gilt

$$\int_{-\infty}^{+\infty} |\psi|^2 \mathrm{d}x\mathrm{d}y\mathrm{d}z = 1 \qquad \textit{Normierungsbedingung}$$

Über die Eigenschaften eines einzelnen Teilchens, also z. B. über die Position, wird nur eine Wahrscheinlichkeitsaussage gemacht. Liegt dagegen ein System vieler gleicher Teilchen vor, so läßt sich der Mittelwert, genannt *Erwartungswert*, für best. Eigenschaften präzise berechnen. Dieser Erwartungswert ist dann auch meßbar.

Anwendungen:

Wasserstoffatom, d. h. ein Elektron kreist unter Einwirkung der Coulombkraft um ein Proton. Die Lösung der Schrödinger-Gl. führt zu unendlich vielen, diskreten Energiewerten E_n dieses gebundenen Systems. Es gilt

$$E_n = -(e^4 m_e/(8\varepsilon_0^2 h^2))/(1/n^2)$$

mit

e: Elementarladung; m_e: Masse des Elektrons ε_0: elektr. Feldkonstante; $n = 1, 2, 3, \ldots$: Haupt-Quantenzahlen.

Für $n=1$ befindet sich das H-Atom im Grundzustand.

Quantenmechanisch betrachtet kann man nicht von Elektronenbahnen im H-Atom sprechen, da wegen der Unbestimmtheitsrelationen das Elektron nicht genau lokalisierbar ist. Für $n=1$ erhält man lediglich eine Aufenthaltswahrscheinlichkeit des Elektrons innerhalb einer Kugelschale mit undeutl. Begrenzungen. Die Rechnung liefert für den Radius a_0 dieser Kugelschale

$$a_0 = 5{,}292 \times 10^{-11}\,\mathrm{m} \qquad \textit{Bohr-Radius}$$

Matrizenmechanik. Die meßbaren phys. Größen wie Ort, Zeit, Impuls und Energie eines Teilchens oder Teilchensystems werden in Matrizen angeordnet.

Eine Matrix (Symbol: A) ist ein System von $m \cdot n$ Größen, angeordnet in einem rechtwinkligen Schema von m Zeilen und n Spalten.

Die Zustände eines Teilchens oder Teilchensystems werden repräsentiert durch Vektoren in einem Zustandsraum. Die **Heisenbergsche Bewegungsgleichung** beschreibt dann die zeitl. Änderungen der phys. Größen. Sie lautet

$$\mathrm{i}\hbar(\mathrm{d}A/\mathrm{d}t) = [A, H] + \mathrm{i}\hbar(\partial A/\partial t)$$

mit

A: Matrix der phys. Größe; H: Hamilton-Matrix, beschreibt die Abhängigkeit der Energie des Systems von den anderen phys. Größen; $[A, H] = AH - HA$: Kommutator von A und H; AH: Produkt der beiden Matrizen A und H.

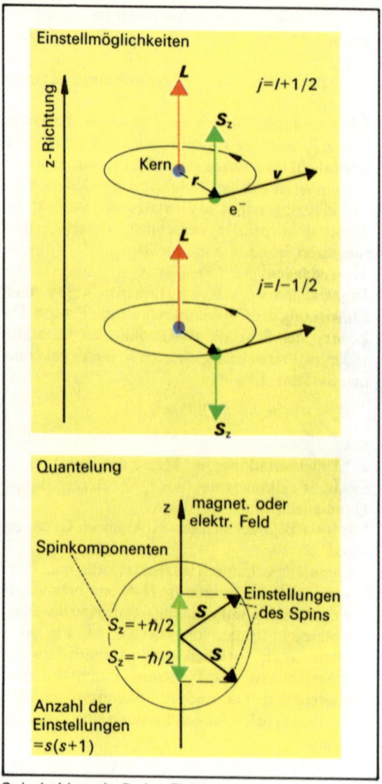

Spindrehimpuls $\boldsymbol{S}$ des Elektrons

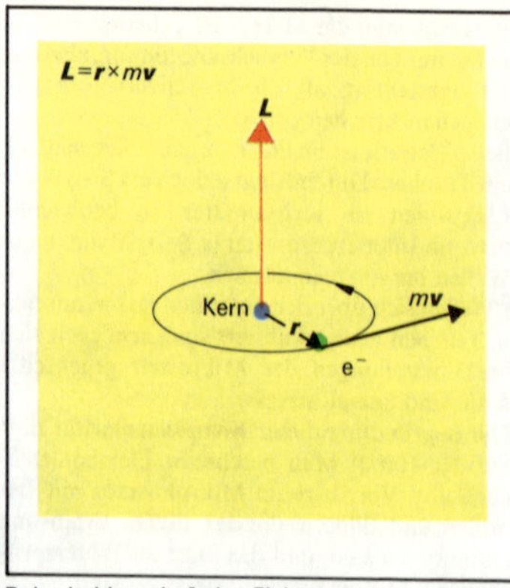

Bahndrehimpuls $\boldsymbol{L}$ des Elektrons

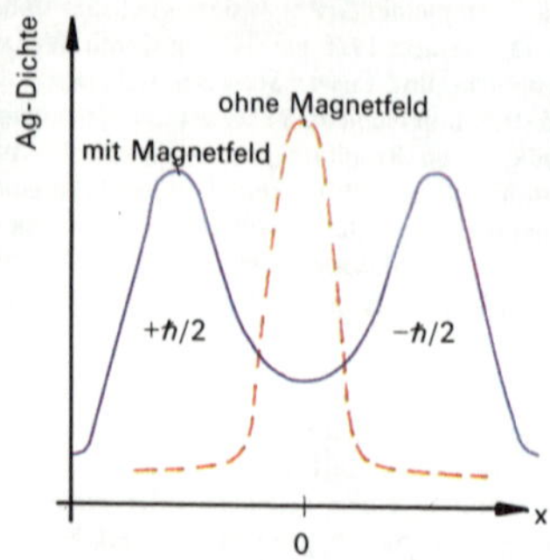

Ag-Verteilung auf der Glasplatte

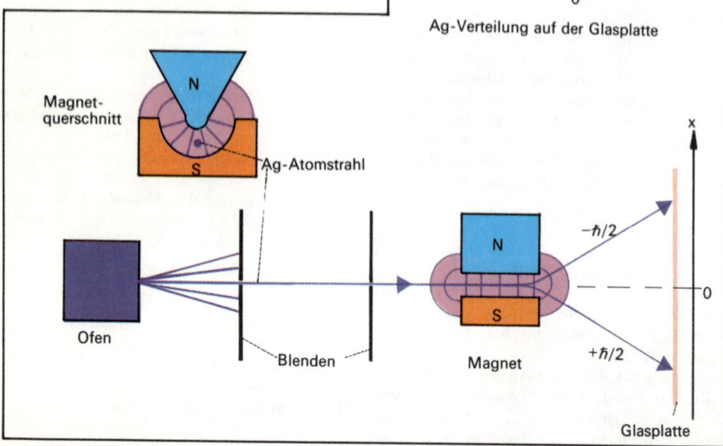

Stern-Gerlach-Experiment

Im Mikrokosmos der Atome und Moleküle ist die Energie gequantelt, d. h. die von den Systemen absorbierten oder emittierten Energien sind stets ganzzahlige Vielfache von $h\nu$. Bestimmend für den Aufbau dieser Systeme ist, daß zwei weitere Größen gequantelt sind: Das Quadrat des Drehimpulses und seine Orientierung. Ein Drehimpulsvektor stellt sich in Bezug auf eine ausgezeichnete Richtung so ein, daß seine Projektion auf diese Richtung ein ganzzahliges Vielfaches von $\hbar = h/(2\pi)$ ist.

Beispiel: Das Elektron umkreist den Atomkern, besitzt also einen Bahndrehimpuls $\boldsymbol{L}$ senkrecht zur Bahnebene. Zusätzlich hat es noch einen Eigendrehimpuls $\boldsymbol{S}$, den Spin. Die Richtung von L ist eine im System ausgezeichnete Richtung, also stellt sich $\boldsymbol{S}$ parallel oder antiparallel dazu ein. Da die verschiedenen Einstellungsmöglichkeiten zu (geringfügig) unterschiedlichen Energieniveaus führen, kann man die räumliche Quantisierung z. B. als *Feinstruktur* der Spektrallinie beobachten. Im vorliegenden Falle ist jede Linie verdoppelt.

Die Richtung eines von außen angelegten Feldes hat den gleichen Einfluß. Das führt zu weiterer Aufspaltung der Spektrallinien im elektr. Feld (*Stark-Effekt*) und im magnet. Feld (*Zeeman-Effekt*), s. S. 363.

Nach dem *Bohrschen Atommodell* umkreisen die negativen Elektronen e^- der Atomhülle den positiven Atomkern. Quantenmechanisch ausgedrückt: Die Aufenthaltswahrscheinlichkeit der e^- ist in bestimmten Gebieten um den Kern herum sehr viel größer als anderswo. Der Durchmesser des Atoms ist von der Größenordnung 10^{-10} m, der des Atomkerns von 10^{-14} m. Fast die gesamte Masse des Atoms ist im Kern vereinigt.

Im folgenden wird die Quantisierung des Drehimpulses der den Kern umkreisenden Elektronen betrachtet. Der Einfluß des Kerns selbst wird vernachlässigt.

Bahndrehimpuls

Der **Bahndrehimpuls** (Formelzeichen $\boldsymbol{L}$) der Elektronen ist (s. S. 41)

$$\boldsymbol{L} = \boldsymbol{r} \times \boldsymbol{p} \qquad \textit{Bahndrehimpuls}$$

mit

$\boldsymbol{r}$: Ortsvektor des e^-; $\boldsymbol{p}$: Impuls des e^-.

$\boldsymbol{L}$ ist ein Vektor senkrecht zu der durch $\boldsymbol{r}$ und $\boldsymbol{p}$ aufgespannten Ebene.

In der Quantenmechanik wird $\boldsymbol{p}$ durch den *Bahndrehimpuls-Operator* L repräsentiert. Die x-Komponente von L ist

$$L_x = -(\mathrm{i}\hbar)(\partial y/\partial z - \partial z/\partial y)$$

Das Quadrat des Betrages L von $\boldsymbol{L}$ ist gequantelt. Es gilt

$$L^2 = l(l+1)\hbar^2 \qquad l = 0, 1, 2, \dots$$

mit

l: *Bahndrehimpuls-Quantenzahl* (veraltet: Neben-Quantenzahl, orbitale Quantenzahl). Jedes e^- im Atom besitzt einen bestimmten Wert für l.

Häufig wird bei der Angabe von L der Faktor $\hbar$ weggelassen.

Die Projektion von L auf eine Vorzugsrichtung, z. B. L_z, kann alle ganzzahligen Werte zwischen $-l\hbar$ und $+l\hbar$, also insgesamt $(2l+1)$ Werte annehmen. Für ein e^- im Atom gilt $l \leqq n-1$, mit n: Haupt-Quantenzahl (s. S. 359).

Im H-Atom wird aufgrund der Quantisierung von $\boldsymbol{L}$ das Energieniveau E_n in n^2 verschiedene Energieniveaus aufgespalten.

(Berücksichtigt man außerdem noch den Spin des e^-, dann sind es sogar $2n^2$).

Diese Aufspaltung heißt *Entartung* der Energieniveaus. In äußeren magnet. und elektr. Feldern kann die durch die Quantisierung von $\boldsymbol{L}$ bedingte Entartung der Energieniveaus gemessen werden.

Bohr-Magneton. Das um den Atomkern laufende e^- stellt einen Kreisstrom dar, der ein magnetisches Moment (Formelzeichen $\boldsymbol{\mu}$) erzeugt. Für ein H-Atom mit einem e^- der Haupt-Quantenzahl n gilt für den Betrag μ von $\boldsymbol{\mu}$

$$\mu = ne\hbar/(2m_e)$$

mit

e: Elementarladung; m_e: Ruhemasse des e^-. Für $n=1$ (d. h. Grundzustand) heißt μ **Bohr-Magneton** (Formelzeichen μ_B). Es gilt

$$\mu_B = e\hbar/(2m_e) = 9{,}274 \times 10^{-24}\ \mathrm{J/T}$$

μ_B ist die Einheit des durch den Elektronenumlauf erzeugten magnet. Moments.

$\boldsymbol{\mu}$ und $\boldsymbol{L}$ eines Elektrons sind einander parallel, sie stehen in einem festen Verhältnis zueinander, es gilt

$$\boldsymbol{\mu} = \gamma \boldsymbol{L}$$

mit

$\gamma = e/(2m_e)$: gyromagnetischer Koeffizient

Spindrehimpuls

Neben dem Bahndrehimpuls besitzt das Elektron einen weiteren Drehimpuls, den **Spindrehimpuls** (Formelzeichen $\boldsymbol{S}$), auch *Spin* oder *Eigendrehimpuls* genannt.

$\boldsymbol{S}$ ist eine unveränderliche Eigenschaft des e^-. Quantenmechanisch wird der Spindrehimpuls durch *Pauli-Spinmatrizen* σ repräsentiert. Für die z-Komponente gilt beispielsweise

$$\sigma_z = \begin{pmatrix} 1 & 0 \\ 0 & -1 \end{pmatrix} \hbar/2.$$

$\boldsymbol{S}$ ist quantisiert. Für den Betrag S von $\boldsymbol{S}$ gilt

$$S^2 = s(s+1)\hbar^2$$

mit

s: *Spindrehimpuls-Quantenzahl.*

	Spindrehimpuls in z-Richtung	
Elektron	$\hbar/2$	Fermionen
Positron	$\hbar/2$	
Proton	$\hbar/2$	
Neutron	$\hbar/2$	
Ag-Atom	$\hbar/2$	
^{7}Li-Kern	$3\hbar/2$	
Photon	$1\hbar$	Bosonen
Deuteron	$1\hbar$	
α-Teilchen	0	
O_2-Molekül	$1\hbar$	
Graviton	$2\hbar$	

Spindrehimpuls einiger Teilchen

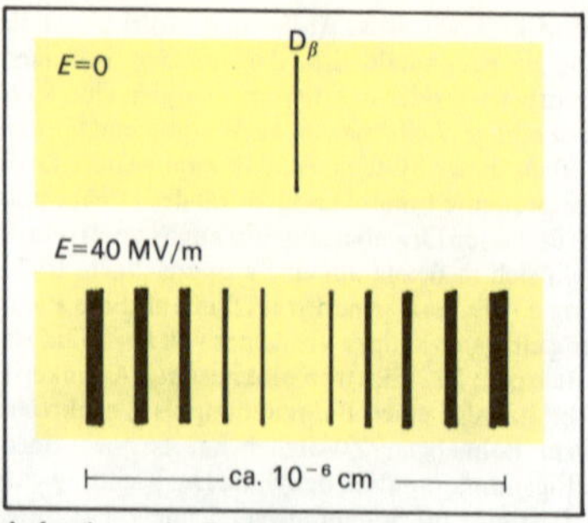

Aufspaltung der D_β-Linie des Deuteriums beim Stark-Effekt

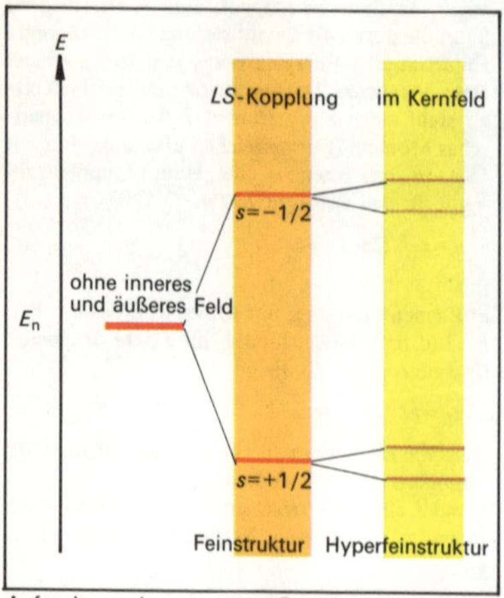

Aufspaltung eines atomaren Energieniveaus

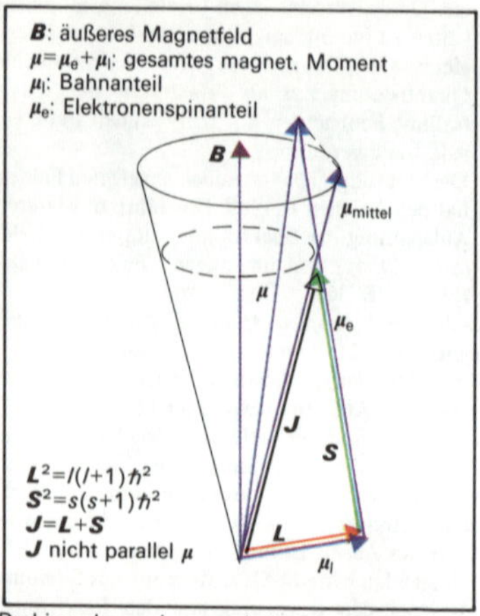

Drehimpulse und magnetische Momente in einem äußeren Magnetfeld

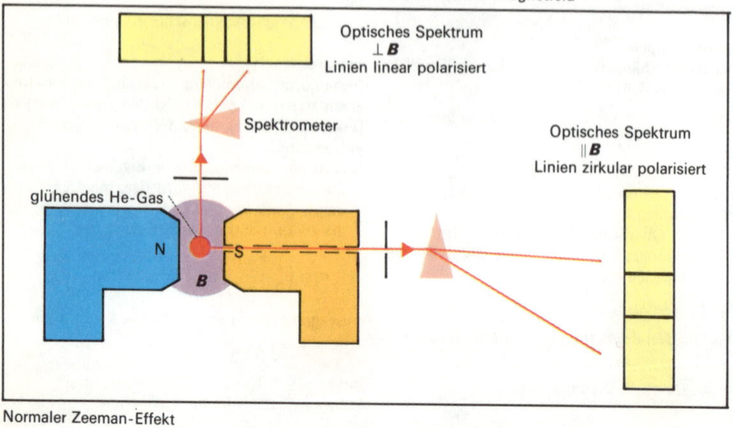

Normaler Zeeman-Effekt

Im Sprachgebrauch wird häufig s als *Spin* bezeichnet.

Für e^- ist $s=1/2$. Damit gilt

$$S=(\sqrt{3}/2)\hbar \qquad \textit{Spindrehimpuls}$$

$\boldsymbol{S}$ der e^- stellt sich zu den magnet. Feldlinien so ein, daß für die Komponente in z-Richtung gilt:

$$S_z=+\hbar/2$$

oder

$$S_z=-\hbar/2$$

Beide Zustände unterscheiden sich – wie von der Quantenmechanik gefordert – um $\hbar$.

Alle Elementarteilchen (s. S. 367), Atome und Moleküle haben einen Spin- bzw. Gesamtspindrehimpuls. Teilchen mit der Spinquantenzahl 1/2 heißen *Fermionen* (Beispiele: Elektron, Positron, Proton, Neutron). *Bosonen* heißen jene mit $s=0$ oder $s=1$ (Beispiele: Photon, Deuteron, α-Teilchen, Graviton). Teilchen mit $s>2$ sind bisher unbekannt. In einem Teilchensystem heben sich antiparallele Spins gegenseitig auf.

Der Spin des Elektrons ist Ursache für das **magnetische Moment des Elektrons** (Formelzeichen μ_e) und damit Quelle des Ferromagnetismus (s. S. 251). Es ist

$$\mu_e=9{,}285\times10^{-24}\ \mathrm{J/T}$$

Die Zahlenwerte der auf den Spin des e^- und auf seinen Bahndrehimpuls für $n=1$ zurückgehenden magnet. Momente sind zufällig ähnlich.

$\mu_e/\mu_B=1{,}0011597$ heißt *g-Faktor des Elektrons.*

Stern-Gerlach-Experiment. Otto Stern (1888–1969) und Walther Gerlach (1889–1979) bewiesen 1927 die Existenz des Elektronenspins. Sie führten einen feinen Strahl von Silberatomen durch die Feldlinien eines starken, inhomogenen Magnetfeldes. Der Strahl schlug sich anschließend auf einer Glasplatte in zwei deutlich getrennten Streifen nieder. Das Valenzelektron der Ag-Atome hat die Spinquantenzahl 1/2, die inneren Schalen haben keinen resultierenden Spin. Die Spindrehimpulse der einzelnen Ag-Atome richten sich parallel oder antiparallel zu den magnet. Feldlinien aus, der Strahl teilt sich. Ein Strahl einfach ionisierter Ag-Atome spaltet nicht auf.

$\boldsymbol{S}$ wird direkt gemessen beim *Einstein-de-Haas-Effekt* (s. S. 255).

Gesamtdrehimpuls

Bahndrehimpuls und Spindrehimpuls eines Elektrons im Atom setzen sich zusammen (*koppeln*) zum **Gesamtdrehimpuls** (Formelzeichen $\boldsymbol{J}$).

$\boldsymbol{S}$ orientiert sich parallel oder antiparallel zu $\boldsymbol{L}$ (genannt *LS-Kopplung*).

Der Betrag J von $\boldsymbol{J}$ ist

$$J=L\pm(1/2)\hbar \qquad \textit{Gesamtdrehimpuls}$$

Die Quantenzahlen l und s addieren sich zur **Gesamtdrehimpuls-Quantenzahl** (Formelzeichen j).

$$j=l+s$$

Die Kopplung von Bahn- und Spindrehimpulsen zum Gesamtdrehimpuls eines Teilchensystems folgt komplizierten Regeln.

In Teilchensystemen – mit Ausnahme des Einelektronenatoms – setzen sich die einzelnen magnet. Momente zusammen zu einem magnet. Gesamtmoment. Gesamtdrehimpuls und magnet. Gesamtmoment sind im allg. nicht parallel.

Anwendungen:

Zeeman-Effekt. Emittiert eine Strahlenquelle im Inneren eines starken magnet. Feldes, so beobachtet man, daß alle Spektrallinien sich mehrfach aufspalten. Pieter Zeeman (1865–1943) entdeckte 1896 diesen Vorgang (1902 erhielt er dafür den Nobelpreis).

Erklärung: Die Drehimpulse der Atome der Strahlenquelle richten sich im Magnetfeld aus, sie haben $(2j+1)$ Einstellungsmöglichkeiten. Die einzelnen Energiezustände des Atoms spalten sich daraufhin in $(2j+1)$ Unterzustände. Da Spektrallinien die Energiedifferenz ΔW zwischen Energiezuständen darstellen, erscheinen die einzelnen Linien aufgespalten.

Man unterscheidet:

Normaler Zeeman-Effekt. Die emittierenden Atome haben nur einen Bahndrehimpuls, d. h. $\boldsymbol{S}=0$, $\boldsymbol{L}\neq0$. Die aufgespaltenen Linien zeigen gegeneinander eine Energiedifferenz $\Delta W=\mu_B B$, mit B: Betrag der magnetischen Induktion $\boldsymbol{B}$. Der Frequenzunterschied $\Delta\nu$ zwischen den Linien ist

$$\Delta\nu=\Delta W/h \qquad \textit{Lamor-Frequenz}$$
$$\approx 14\ \mathrm{GHz/T}$$

Beispiel: Die Wasserstoff-Linien in einem magnet. Feld von 1 Tesla spalten auf mit einem gegenseitigen Abstand von $\Delta\nu=1{,}4\times10^{10}$ Hz, d. h. $0{,}0047\ \mathrm{m}^{-1}$. Das ist sehr wenig, ca. 3% des Abstandes zwischen den beiden D-Linien des Na. Das Auflösungsvermögen (s. S. 199) des optischen Spektrometers muß $\geqq 10^6$ sein.

Anomaler Zeeman-Effekt. Die emittierenden Atome haben $\boldsymbol{L}\neq0$ und $\boldsymbol{S}\neq0$. Entsprechend treten mehr Linien als beim normalen Zeeman-Effekt auf.

Stark-Effekt. Johannes Stark (1874–1957; Nobelpreis 1919) zeigte, daß sich – analog dem Zeeman-Effekt – die Spektrallinien aufspalten, wenn sich die Strahlenquelle in einem starken elektr. Feld befindet. Die Aufspaltung ist im allg. proportional dem Quadrat der elektr. Feldstärke.

Element	Z	1s	2s	2p	3s	3p	3d	4s	4p	4d	4f
H	1	1									
He	2	2									
Li	3	2	1								
Be	4	2	2								
B	5	2	2	1							
C	6	2	2	2							
N	7	2	2	3							
O	8	2	2	4							
F	9	2	2	5							
Ne	10	2	2	6							
Na	11	2	2	6	1						
Mg	12	2	2	6	2						
Al	13	2	2	6	2	1					
Si	14	2	2	6	2	2					
P	15	2	2	6	2	3					
S	16	2	2	6	2	4					
Cl	17	2	2	6	2	5					
Ar	18	2	2	6	2	6					
K	19	2	2	6	2	6		1			
Ca	20	2	2	6	2	6		2			
Sc	21	2	2	6	2	6	1	2			
Ti	22	2	2	6	2	6	2	2			
		K-Schale $n=1$	*L*-Schale $n=2$		*M*-Schale $n=3$			*N*-Schale $n=4$			

Elektronenkonfiguration:

Anzahl der e^- mit n, l

$(n\, l)^{\varkappa}\, (n'\, l')^{\varkappa'}\, (n''\, l'')^{\varkappa''} \ldots$

Haupt-Quantenzahl

Bahndrehimpuls-Q. für $l=0, 1, 2, 3$ lies s, p, d, f

$\varkappa + \varkappa' + \varkappa'' + \ldots = Z$

Regelmäßiger Aufbau wird unterbrochen

$(1s)^2(2s)^2(2p)^3$

Quantenzahlen:

n	l	m	s	
1	0	0	+1/2	1s-Elektronen
1	0	0	−1/2	
2	0	0	+1/2	2s-Elektronen
2	0	0	−1/2	
2	1	0	+1/2	2p-Elektronen
2	1	0	−1/2	
2	1	+1	+1/2	

Elektronenkonfigurationen und Quantenzahlen

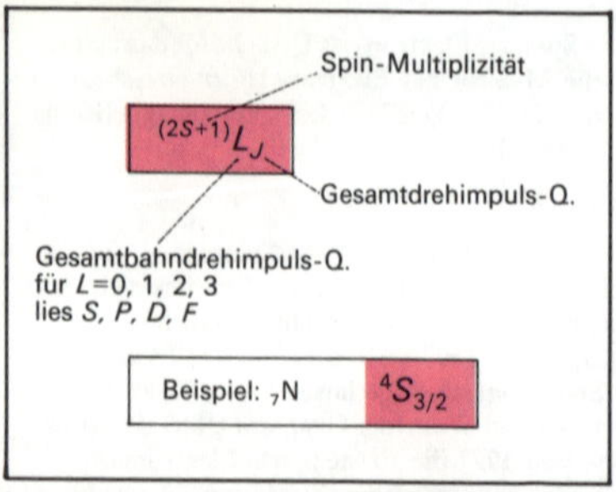

Bezeichnungen der Bahndrehimpulse eines Atoms

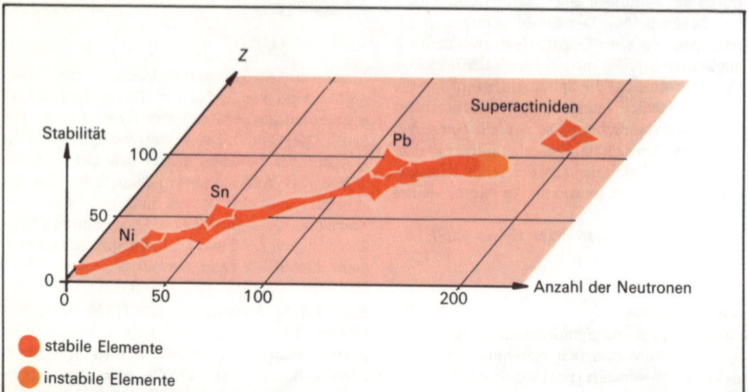

Hypothetische Insel der Stabilität

Die vier **Quantenzahlen** n, l, m und s bestimmen die Zustände der Elektronen in der Atomhülle, d. h. die *Elektronenkonfiguration* des Atoms.

Quantenzahlen

Die **Haupt-Quantenzahl** (Formelzeichen n) legt den Radius r der Elektronenbahn fest. r wächst etwa proportional n^2. e^- mit gleichem n gehören zur selben *Elektronenschale.*

e^- mit $n=1,2,3,4,5,6$ heißen traditionell Elektronen der K-, L-, M-, N-, P-, Q-Schale.

Die **Drehimpuls-Quantenzahl** (Formelzeichen l), auch *Nebenquantenzahl* genannt, ist ein Maß für den Bahndrehimpuls (s. auch S. 361) des Elektrons. Die Energie eines Zustandes mit gegebenem n ist proportional l. l kann die Werte $0,1,2,\ldots,n-1$ annehmen.

e^- mit $l=0,1,2,3$ heißen traditionell s-, p-, d-, f-Elektronen.

Die **Magnetische Quantenzahl** (Formelzeichen m) kennzeichnet die Orientierung der Elektronenbahn. Zu einer vorgegebenen Richtung kann das aus dem Elektronenumlauf resultierende magnet. (Bahn-)Moment (s. S. 363) $2l+1$ Einstellungen einnehmen, d. h. m kann die Werte $-l$, $-l+1$, $-l+2$, ..., -1, 0, $+1$, ..., $l-1$, $+l$ haben.

Die **Spindrehimpuls-Quantenzahl** (Formelzeichen s) ist ein Maß für den Eigendrehimpuls, den *Spin* des Elektrons (s. auch S. 361). Zu einer vorgegebenen Richtung kann das aus dem Spin resultierende magnet. Moment des Elektrons nur 2 Einstellungen haben, d.h. s kann die Werte $+1/2$ und $-1/2$ annehmen.

Pauli-Prinzip, formuliert 1925 von WOLFGANG PAULI (1900–58; Nobelpreis 1945). Dieser Erfahrungssatz lautet:

»In der Elektronenhülle des Atoms gibt es keine zwei (oder mehr) e^-, die in allen 4 Quantenzahlen übereinstimmen.«

Die Quantenzahlen beschreiben also jedes Atomelektron, und damit die Elektronenkonfiguration, eindeutig.

Atomaufbau

Um einen Kern der Ordnungszahl Z und der elektr. Ladung $+Ze$ bewegen sich Z Elektronen. Die Coulomb-Kraft (s. S. 207) bindet die e^- an den Atomkern. Die Energie E dieses Systems setzt sich zusammen aus vier Komponenten:

$$E=E_1-E_2+E_3+E_4$$

mit

$E_1=\sum p_i^2/(2m_{ei})$: kinet. Energie der e^-;

$E_2=Ze^2\sum 1/r_i$: potentielle Energie der e^-;

$E_3=e^2\sum 1/r_{ik}$: Abstoßungsenergie der e^- untereinander;

E_4: Spinenergien; i, k: $1,2,\ldots,Z$

und

p_i, m_{ei}: Impulsbetrag bzw. Masse des i-ten Elektrons. r_i: Abstand Kern – i-tes e^-; r_{ik}: Abstand i-tes –k-tes e^-; e: Elementarladung.

Für sehr kleine Z ist E exakt berechenbar, sonst liegen Näherungslösungen vor. Experimentell wird E aus den Spektrallinien mit sehr geringer Unsicherheit bestimmt.

Das Pauli-Prinzip legt den Aufbau der Atome wie folgt fest: Die Elektronenhülle eines Atoms mit der Ordnungszahl Z entsteht aus der des Atoms mit $(Z-1)$ durch Addieren eines weiteren e^- mit der kleinsten noch verfügbaren Haupt-Quantenzahl n. Für gleiche n wird ein e^- mit der kleinsten noch verfügbaren Bahndrehimpuls-Quantenzahl l addiert. Entsprechend für die anderen Quantenzahlen. Bei jedem Anbau wird der energetisch günstigste bevorzugt.

Beispiele: Das e^- des H-Atoms sitzt in der K-Schale, d. h. $n=1$. Da $l \leqq n-1$ ist, muß in diesem Falle sein: $l=0$ und $m=0$. Da $s=+1/2$ energetisch günstiger ist, hat das e^- des H-Atoms die Quantenzahlen (1, 0, 0, $+1/2$).

Nach dem Pauli-Prinzip kann das nächste Elektron nur die Quantenzahlen (1, 0, 0, $-1/2$) haben: das ist Helium.

Jetzt ist die K-Schale gefüllt, das nächsthöhere Atom muß das zusätzliche e^- in die L-Schale ($n=2$) einbauen. Insgesamt haben in dieser Schale 8 Zustände Platz: (2, 0, 0, $\pm 1/2$), (2, 1, ± 1, $\pm 1/2$). Das sind die Elemente Li bis Ne.

Bis Ar ist der Aufbau regelmäßig, anschließend füllen sich jedoch erst die s-Zustände der N-Schale, bevor die d-Zustände der M-Schale aufgefüllt werden. Derartige Unregelmäßigkeiten findet man auch in anderen Perioden.

Die e^- der äußersten Elektronenschale heißen *Valenzelektronen.* Diese bestimmen das chemische Verhalten der Elemente, also bestimmt die Periodizität der äußeren Elektronenkonfiguration die Periodizität der chemischen Eigenschaften.

Beispiele: Die Alkalimetalle haben ein s-Valenzelektron, den Halogeniden fehlt jeweils ein p-Elektron zur vollen Außenschale. Die Edelgase haben volle Außenschalen.

Superactiniden. Es sind Elemente bis $Z=107$ bekannt, die Stabilität gegen radioaktiven Zerfall sinkt jedoch rapide mit wachsendem Z, so daß ihre Entdeckung immer schwieriger wird. Nach kernphysikal. Überlegungen sollte für Z zwischen 110 und 114 eine *Insel der Stabilität* liegen, d. h. diese Elemente existieren vielleicht in der Natur. Ihre chemischen Eigenschaften kann man vorhersagen, da p-Elektronen die äußere Q-Schale besetzen sollten. Bisher war die Suche jedoch vergeblich.

Klassifizierung	Name	Symbole (Teilchen)	(Anti-T.)	Ruhemasse in MeV	mittlere Lebensdauer in s	elektr. Ladung in *e* (Teilchen)	(Anti-T.)	wichtigster Zerfall
Photonen	Photon	γ		0	stabil	0		
Leptonen	*e*-Neutrino	ν_e	$\bar{\nu}_e$	0	stabil	0		
	μ-Neutrino	ν_μ	$\bar{\nu}_\mu$	0	stabil	0		
	Elektron	e^-	e^+	0,511	stabil	−1	+1	
	Müon	μ^-	μ^+	105,66	$2{,}2\times10^{-6}$	−1	+1	$\mu^- \longrightarrow e^- + \bar{\nu}_e + \nu_\mu$
Hadronen – Mesonen	Pi-	π^-	π^+	139,6	$2{,}6\times10^{-8}$	−1	+1	$\pi^+ \longrightarrow \mu^+ + \nu_\mu$
	Pi-Null-	π^0		135,0	8×10^{-17}	0		$\pi^0 \longrightarrow \gamma + \gamma$
	Kaon	K^-	K^+	493,8	$1{,}2\times10^{-8}$	−1	+1	$K^+ \longrightarrow \mu^+ + \nu_\mu$
	K_s-Null-	K_s^0	$\overline{K_s^0}$	497,8	9×10^{-11}	0		$K_s^0 \longrightarrow \pi^+ + \pi^-$
	Eta-	η^0		548,8	$2{,}5\times10^{-19}$	0		$\eta^0 \longrightarrow \gamma + \gamma$
Hadronen – Baryonen – Nukleonen	Proton	p	$\bar{p}$	938,26	stabil	+1	−1	
	Neutron	n	$\bar{n}$	938,55	932	0		$n \longrightarrow p + e^- + \bar{\nu}_e$
Hadronen – Baryonen – Hyperonen	Lambda-Null-	Λ^0	$\overline{\Lambda^0}$	1115,6	$2{,}5\times10^{-10}$	0		$\Lambda^0 \longrightarrow p + \pi^-$
	Sigma-Plus-	Σ^+	$\overline{\Sigma^+}$	1189,4	8×10^{-11}	+1	−1	$\Sigma^+ \longrightarrow p + \pi^0$
	Sigma-Null-	Σ^0	$\overline{\Sigma^0}$	1192,5	$1{,}0\times10^{-14}$	0		$\Sigma^0 \longrightarrow \Lambda^0 + \gamma$
	Sigma-Minus-	Σ^-	$\overline{\Sigma^-}$	1197,3	$1{,}5\times10^{-10}$	−1	+1	$\Sigma^- \longrightarrow n + \pi^-$
	Xi-Null-	Ξ^0	$\overline{\Xi^0}$	1314,7	$3{,}0\times10^{-10}$	0		$\Xi^0 \longrightarrow \Lambda^0 + \pi^0$
	Xi-	Ξ^-	Ξ^+	1321,3	$1{,}7\times10^{-10}$	−1	+1	$\Xi^- \longrightarrow \Lambda^0 + \pi^+$
	Omega-	Ω^-	Ω^+	1672,4	$1{,}3\times10^{-10}$	−1	+1	$\Omega^- \longrightarrow \Xi + \pi$
Resonen – Mesonresonanzen	Rho-	ϱ		765	125	0		$\varrho \longrightarrow \pi + \pi$
	Klein-Omega-	ω		783,9	11,4	0		$\omega \longrightarrow \pi^+ + \pi^0 + \pi^-$
	K-Stern-	K^{-*}	K^{+*}	892,6	50,3			$K^{-*} \longrightarrow K + \pi$
Resonen – Baryonresonanzen	Delta-	Δ^-	Δ^+	1236	110	−1	+1	
	Ypsilon-	Y^-	Y^+	1400				
	Sigma-x-	Σ^{-x}		1540				

Relativ langlebige Elementarteilchen

Die **Elementarteilchen** sind zwar die Bausteine der Welt, doch zerfallen sie meist in andere. Ihre mittlere Lebensdauer reicht von stabil bis zu 10^{-23} s. Sie unterscheiden sich durch unterschiedl. Quantenzahlen und phys. Größen. Erhaltungssätze und Auswahlregeln bestimmen, nach welchem Schema sie zerfallen.

Es gelten die klass. Erhaltungssätze wie die der Ladung, der Energie, des Impulses, des Drehimpulses. Neue Größen wie Baryonen- und Leptonenzahl bleiben ebenfalls erhalten.

Bis Mitte der 30er Jahre waren sechs Elementarteilchen bekannt: Elektron, Positron, Proton, Neutron, Neutrino und Photon.

1935 sagte HIDEKI YUKAWA (Nobelpreis 1949) ein neues Elementarteilchen, das *Meson*, voraus und eröffnete damit die Suche nach weiteren. Heute sind mehrere hundert bekannt.

Das von YUKAWA vorhergesagte Elementarteilchen wurde 1947 in der kosm. Strahlung gefunden. Die Masse des π-Mesons ist gleich der vorherberechneten.

Heute werden Elementarteilchen in den Labors der *Hochenergiephysik* erzeugt. Die Erzeugungsprozesse sind vor allem Stöße zwischen energiereichen Protonen aus Beschleunigern und Speicherringen.

Noch werden die Elementarteilchen empirisch geordnet nach den versch. Wechselwirkungen.

Die *Quantenfeldtheorie*, eine Weiterentwicklung der Quantenmechanik, betrachtet alle Kräfte als Austauschkräfte, d. h. Wechselwirkungen erfolgen über den Austausch von Teilchen.

Vier Wechselwirkungen lassen sich unterscheiden:

Wechselwirkung	*Teilchen*	*rel. Stärke*
starke	Mesonen	1
elektromagnet.	Photonen	10^{-2}
schwache	Bosonen	10^{-13}
Gravitation	Gravitonen	10^{-40}

Antiteilchen

PAUL DIRAC (1902–84; Nobelpreis 1933) sagte 1928 ein Elementarteilchen voraus, das sich vom Elektron nur durch positive elektr. Ladung und umgekehrtes magnet. Moment unterscheiden sollte. 1932 fand CARL ANDERSON (geb. 1905: Nobelpreis 1936) das gesuchte Positron.

Inzwischen sind zu fast allen Elementarteilchen die entsprechenden **Antiteilchen** bekannt. Das Symbol der Antiteilchen ist meist ein horizontaler Strich über dem Symbol des zugehörigen Elementarteilchens. Ausnahme: Positron (Antielektron) e^+.

Beispiele: Antiproton $\bar{p}$, Antineutron $\bar{n}$

Treffen Elementarteilchen und entsprechendes Antiteilchen zusammen, so zerstrahlen sie ihre Gesamtenergie in Photonen oder in andere Elementarteilchen.

Beispiel: *Vernichtungsstrahlung* entsteht, wenn e^- und e^+ zusammentreffen.

Antimaterie besteht nur aus Antiteilchen. Den ersten Antiwasserstoff ($\bar{p}$ mit umlaufendem e^+) erzeugten 1970 Physiker in Nowosibirsk. Vielleicht gibt es ganze Galaxien aus Antimaterie.

Klassifikation der Elementarteilchen

Je nach Typ ihrer Wechselwirkungen werden drei Klassen von Elementarteilchen unterschieden; gleichzeitig ist es eine grobe Einteilung entsprechend der Masse. Lateinische und griechische Buchstaben kennzeichnen die versch. Elementarteilchen.

Photonen sind die Teilchen der elektromagnet. Wechselwirkung. Die Klasse enthält nur eins.

Leptonen vermitteln die schwache Wechselwirkung. Die Klasse enthält 8, u. a. e^- und e^+.

Hadronen sind Bestandteil der starken Wechselwirkung. Die Klasse enthält weit über hundert Elementarteilchen und wird daher in drei Unterklassen geteilt, von denen zwei noch zweigeteilt sind.

Baryonen sind rel. schwere Elementarteilchen mit den Baryonenzahlen +1 oder −1. Sie zerfallen über andere Baryonen letztlich in Protonen und Neutronen.

Weitere Unterteilung in **Nukleonen** und **Hyperonen.**

Resonen, Resonanz-Teilchen sind Elementarteilchen mit extrem kurzer Lebensdauer. Ihre Existenz wird vor allem indirekt aus den Resonanzen im Erzeugungsquerschnitt der Hadronen erschlossen.

Weitere Unterteilung in **Meson-** und **Baryonresonanzen.**

Mesonen sind rel. leichte Elementarteilchen mit der Baryonenzahl 0. Ihre mittlere Lebensdauer liegt meist zwischen 10^{-5} s und 10^{-10} s.

Quarks sind nach einer von MURRAY GELL-MANN und ZWEIG 1963 präsentierten Theorie die Grundbausteine der Hadronen. Es handelt sich um Punktkörper, deren elektr. Ladung *kein* ganzzahliges Vielfaches der Elementarladung e ist, sondern $(1/3)e$ oder $(2/3)e$. Gegenwärtig unterscheidet man sechs versch. Quarks mit folgenden Namen und Symbolen:

up (*u*), *down* (*d*), *strange* (*s*), *charmed* (*c*), *bottom* (*b*) und *top* (*t*).

Zu jedem Quark gehört ein Antiquark.

Baryonen bestehen aus drei Quarks, Mesonen aus zwei.

Beispiele: Das Neutron ist ein *ddu*-Quark. Die drei Ladungen $-(1/3)e$, $-(1/3)e$ und $+(2/3)e$ ergeben keine resultierende elektr. Ladung.

Das Proton ist ein *uud*-Quark. Die drei Ladungen $+(2/3)e$, $+(2/3)e$ und $-(1/3)e$ ergeben korrekt die resultierende Ladung $+1e$.

Das π^+-Meson ist dagegen ein Quark-Paar, nämlich $u\bar{d}$.

Trotz intensiver Suche konnte bisher kein freies Quark gefunden werden.

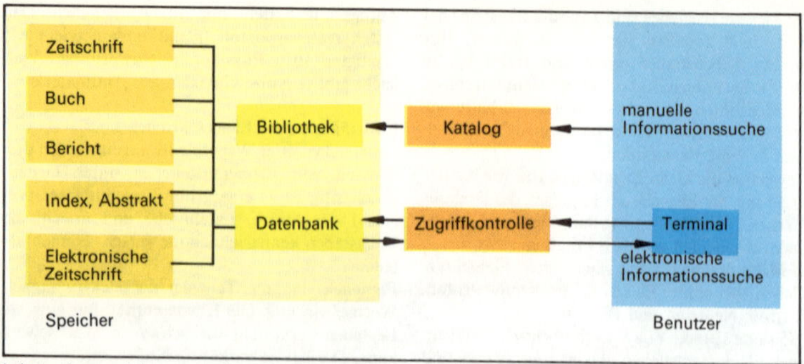

Informationsspeicherung und -suche in der Physik

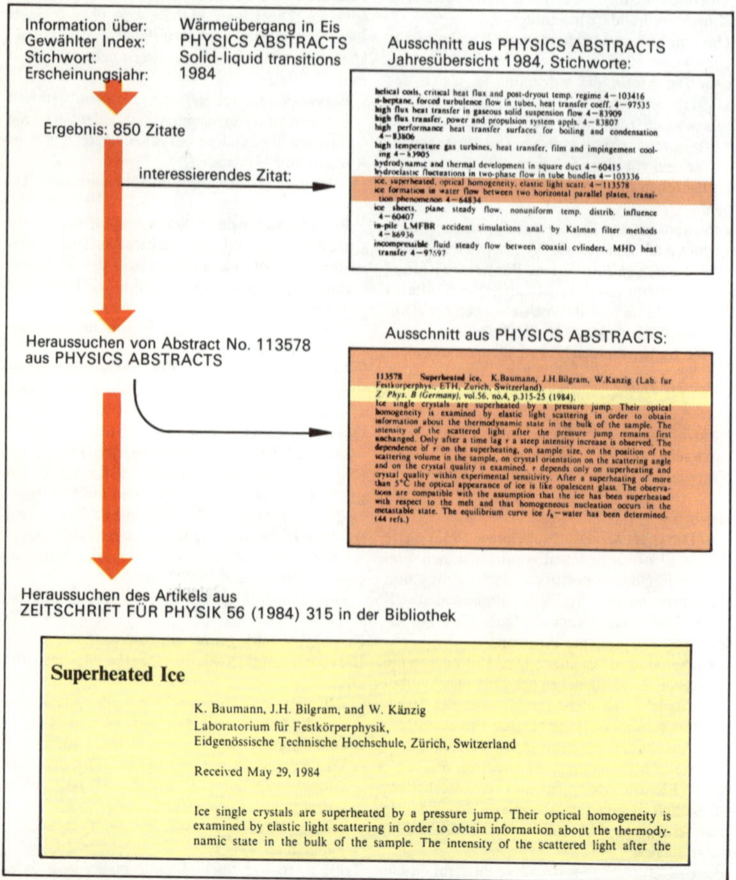

Eine manuelle Informationssuche

Das Wissen in der Physik steigt rapide an. Noch vor hundert Jahren reichten rund 10 Zeitschriften aus, um international alle Forschungsergebnisse zu publizieren. Heute müßte der aktive Forscher fast 4000 Zeitschriften studieren.

Beispiel: Ein Jahrgang der wichtigen phys. Zeitschrift *The Physical Review* beanspruchte 1940 im Bücherregal 10 cm Platz, 1985 waren es bereits 1,7 m.

Die Folge ist eine außerordentlich enge Spezialisierung. Während NEWTON noch das gesamte physikalische Wissen seiner Zeit beherrschte – und zusätzlich Bedeutendes in Mathematik und Astronomie leistete – war PLANCK bereits auf die Thermodynamik spezialisiert. Heute gelingt auch das nicht mehr; der Forscher ist z. B. Experte für gewisse Aspekte der Thermodynamik offener Systeme.

Publikationen, die nur noch die Zusammenfassungen der Originalforschungsarbeiten verbreiten, kanalisieren jetzt die Informationsflut. 1986 ordneten sie allein in der Physik 137 000 Beiträge.

83% aller Information in der Physik wird in englischer Sprache veröffentlicht. Selbst die traditionsreiche ›Zeitschrift für Physik‹ druckt die einzelnen Beiträge in englisch.

Informationssammlung

Lehr- und **Handbücher** sowie **Enzyklopädien** fassen das Grundwissen zusammen.

Monographien und **Dissertationen** stellen enge Spezialgebiete vor.

Fachzeitschriften verbreiten neueste Forschungsergebnisse.

Korrespondenz, Letter, Mitteilung erscheinen besonders rasch. Zwischen Einreichen des druckreifen Manuskripts und Erscheinen vergehen nur 4–6 Wochen.

Forschungsartikel sind die häufigsten Publikationen. Es dauert oft 9 Monate, bis ein angenommener Beitrag in der Zeitschrift erscheint. Jeder Artikel enthält eine 5–15 Zeilen lange Zusammenfassung, die von den Informationssuchdiensten (s. u.) ausgewertet wird.

Konferenzbeiträge enthalten die allerneuesten Forschungsergebnisse.

Elektronische Zeitschriften existieren nur im elektron. Speicher von Datenbanken. Sie werden mit Hilfe einfacher Rechenmaschinen (Terminals) »gelesen«. Diese außerordentlich schnelle Informationsverbreitung hat sich bisher nicht allgemein durchgesetzt.

Datenbanken speichern die wichtigsten phys. Informationen aus Büchern, Zeitschriften und Konferenzbeiträgen. Die Information ist in der Datenbank nach versch. Gesichtspunkten geordnet, z. B. nach Sachgebieten, Stichworten, Autorennamen. Speichermedien sind Magnetplatten und -bänder sowie die Kernspeicher von Rechenmaschinen. Die Datenbanken drucken die geordnete Information als **Index** oder **Abstract.**

Beispiele: Eine der wichtigen phys. Datenbanken publiziert geordnete Zusammenfassungen als *Physics Abstracts* alle zwei Wochen.

INIS-Atomindex ist die Datenbank für Information aus Atom- und Kernphysik.

Informationssuche erfolgt traditionell durch manuelle Suche in den Bibliotheken, wird aber mehr und mehr abgelöst durch das elektronische Abfragen von Datenbanken.

Die **manuelle Informationssuche** erfolgt mit Hilfe von Katalogen.

Der *Bücher-Katalog* ist nach Autoren und nach Sachgebieten geordnet.

Der *Zeitschriften-Katalog* zeigt, welche Zeitschriften vorhanden sind und wo man sie findet.

Indexe und *Abstracts* schlüsseln die phys. Literatur nach versch. Gesichtspunkten auf.

Beispiel: *Physics Abstracts* ordnet die Information nach Autor, Stichworten und Forschungsinstituten.

Die Einordnung nach Stichworten erfolgt nicht nur anhand der Titel, auch die Zusammenfassungen werden dafür herangezogen. Am Jahresende werden spezielle Übersichten publiziert.

Die **elektronische Informationssuche** erfolgt in der Datenbank mit Hilfe spezieller Datenverarbeitungsanlagen (Terminals). Die Suche kann dabei nach Autoren oder Stichworten erfolgen. Insbesondere können die Stichworte oder auch beliebige Zeichenkombinationen durch logische Operatoren verbunden werden. Das ermöglicht eine sehr gezielte Informationssuche.

Beispiel: Die Suchkombination »(*photoelectron* AND *vanadium* AND *1986*) NOT *germany*« findet in der Datenbank alle jene Publikationen des Jahres 1986, die über Photoelektronen aus Vanadium berichten. Deutsche Publikationen werden nicht berücksichtigt.

In der Regel sind viele Datenbanken zusammengeschlossen, beispielsweise ist *Physics Abstracts* ein Teil des INSPEC-Systems.

Der Zugriff zur Datenbank erfolgt in der Bundesrep. Dtl. z. B. über INKA (Fachinformationszentrum, Energie Physik Mathematik GmbH) in Eggenheim-Leopoldshafen.

Da Datenbank und Terminal über Telephon verbunden sind, kann die Informationssuche praktisch von überall her erfolgen. Aus finanziellen Gründen ist der Zugriff zur Datenbank nur über ein Codewort möglich.

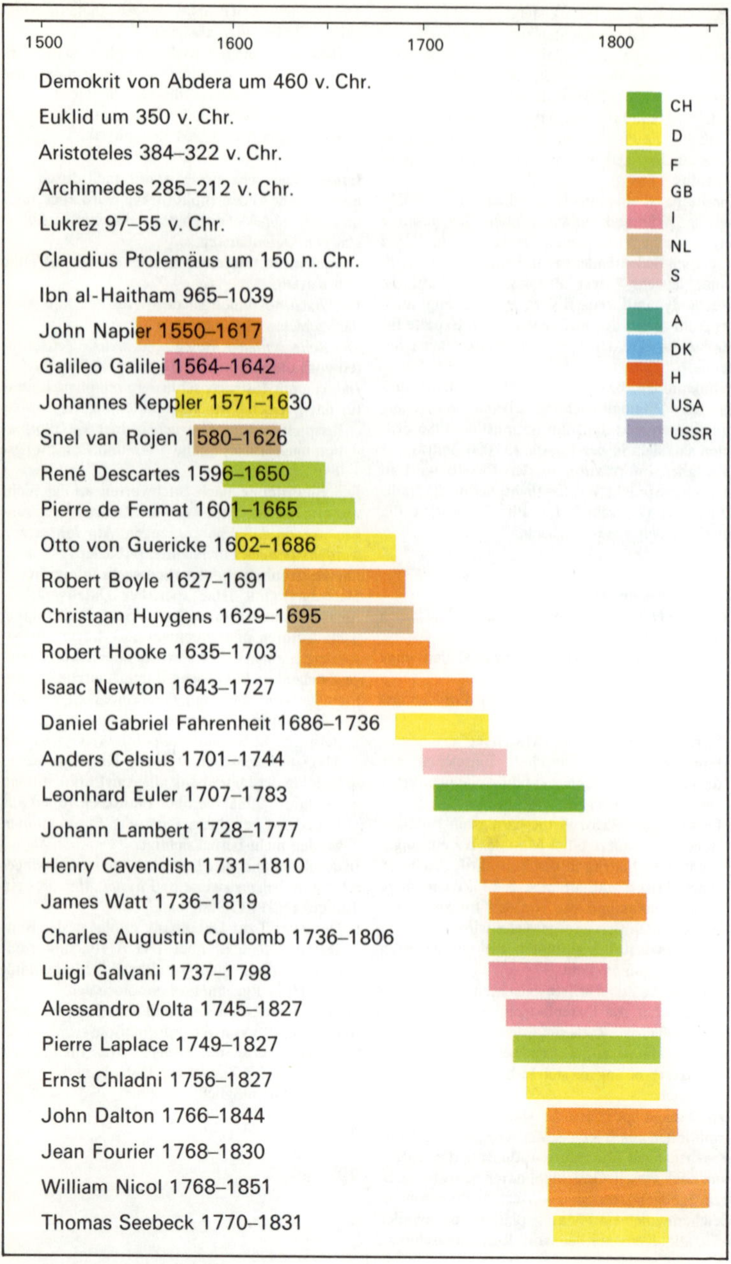
1500
1600
1700
1800
Demokrit von Abdera um 460 v. Chr.
Euklid um 350 v. Chr.
Aristoteles 384–322 v. Chr.
Archimedes 285–212 v. Chr.
Lukrez 97–55 v. Chr.
Claudius Ptolemäus um 150 n. Chr.
Ibn al-Haitham 965–1039
John Napier 1550–1617
Galileo Galilei 1564–1642
Johannes Keppler 1571–1630
Snel van Rojen 1580–1626
René Descartes 1596–1650
Pierre de Fermat 1601–1665
Otto von Guericke 1602–1686
Robert Boyle 1627–1691
Christaan Huygens 1629–1695
Robert Hooke 1635–1703
Isaac Newton 1643–1727
Daniel Gabriel Fahrenheit 1686–1736
Anders Celsius 1701–1744
Leonhard Euler 1707–1783
Johann Lambert 1728–1777
Henry Cavendish 1731–1810
James Watt 1736–1819
Charles Augustin Coulomb 1736–1806
Luigi Galvani 1737–1798
Alessandro Volta 1745–1827
Pierre Laplace 1749–1827
Ernst Chladni 1756–1827
John Dalton 1766–1844
Jean Fourier 1768–1830
William Nicol 1768–1851
Thomas Seebeck 1770–1831
CH
D
F
GB
I
NL
S
A
DK
H
USA
USSR

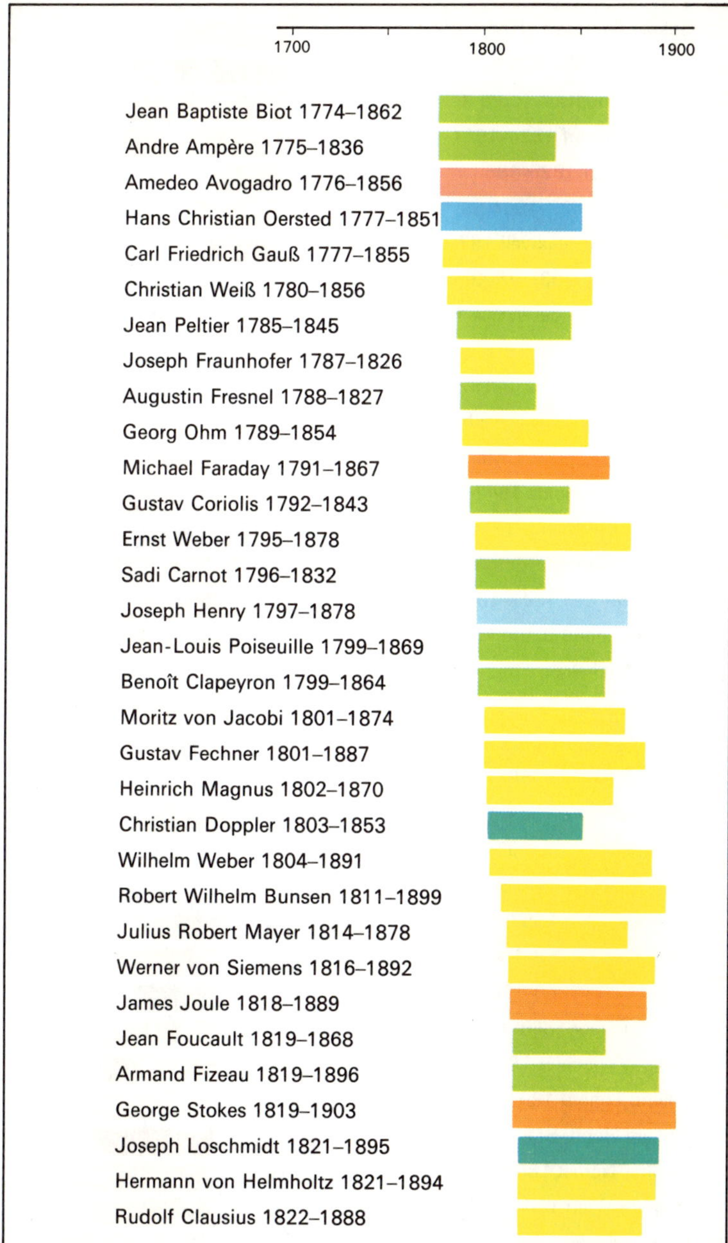
1700
1800
1900
Jean Baptiste Biot 1774–1862
Andre Ampère 1775–1836
Amedeo Avogadro 1776–1856
Hans Christian Oersted 1777–1851
Carl Friedrich Gauß 1777–1855
Christian Weiß 1780–1856
Jean Peltier 1785–1845
Joseph Fraunhofer 1787–1826
Augustin Fresnel 1788–1827
Georg Ohm 1789–1854
Michael Faraday 1791–1867
Gustav Coriolis 1792–1843
Ernst Weber 1795–1878
Sadi Carnot 1796–1832
Joseph Henry 1797–1878
Jean-Louis Poiseuille 1799–1869
Benoît Clapeyron 1799–1864
Moritz von Jacobi 1801–1874
Gustav Fechner 1801–1887
Heinrich Magnus 1802–1870
Christian Doppler 1803–1853
Wilhelm Weber 1804–1891
Robert Wilhelm Bunsen 1811–1899
Julius Robert Mayer 1814–1878
Werner von Siemens 1816–1892
James Joule 1818–1889
Jean Foucault 1819–1868
Armand Fizeau 1819–1896
George Stokes 1819–1903
Joseph Loschmidt 1821–1895
Hermann von Helmholtz 1821–1894
Rudolf Clausius 1822–1888

Gustav Kirchhoff 1824–1887
John Kerr 1824–1907
William Thomson (Lord Kelvin) 1824–1907
Johann Hittorf 1824–1914
August Beer 1825–1863
Adolf Fick 1829–1901
James Clerk Maxwell 1831–1879
Josef Stefan 1835–1893
Johannes van der Waals 1837–1923
Ernst Mach 1838–1916
Edward Morley 1838–1923
Friedrich Kohlrausch 1840–1910
John Strutt (Lord Rayleigh) 1842–1919
Osborne Reynolds 1842–1912
Ludwig Boltzmann 1844–1906
Wilhelm Conrad Röntgen 1845–1923
Alexander Bell 1847–1922
Karl Ferdinand Braun 1850–1918
Albert Michelson 1852–1931
Antoine Henri Becquerel 1852–1908
Heike Kamerlingh Onnes 1853–1926
Hendrik Lorentz 1853–1928
Jules Poincaré 1854–1912
Edwin Hall 1855–1938
Nikola Tesla 1856–1943
Heinrich Hertz 1857–1894
Max Planck 1858–1947
Pierre Curie 1859–1906
Otto Lummer 1860–1925
Johann Wiechert 1861–1928
Philipp Lenard 1862–1947
William Henry Bragg 1862–1942
Walther Nernst 1864–1941
Wilhelm Wien 1864–1928
Pieter Zeeman 1865–1943

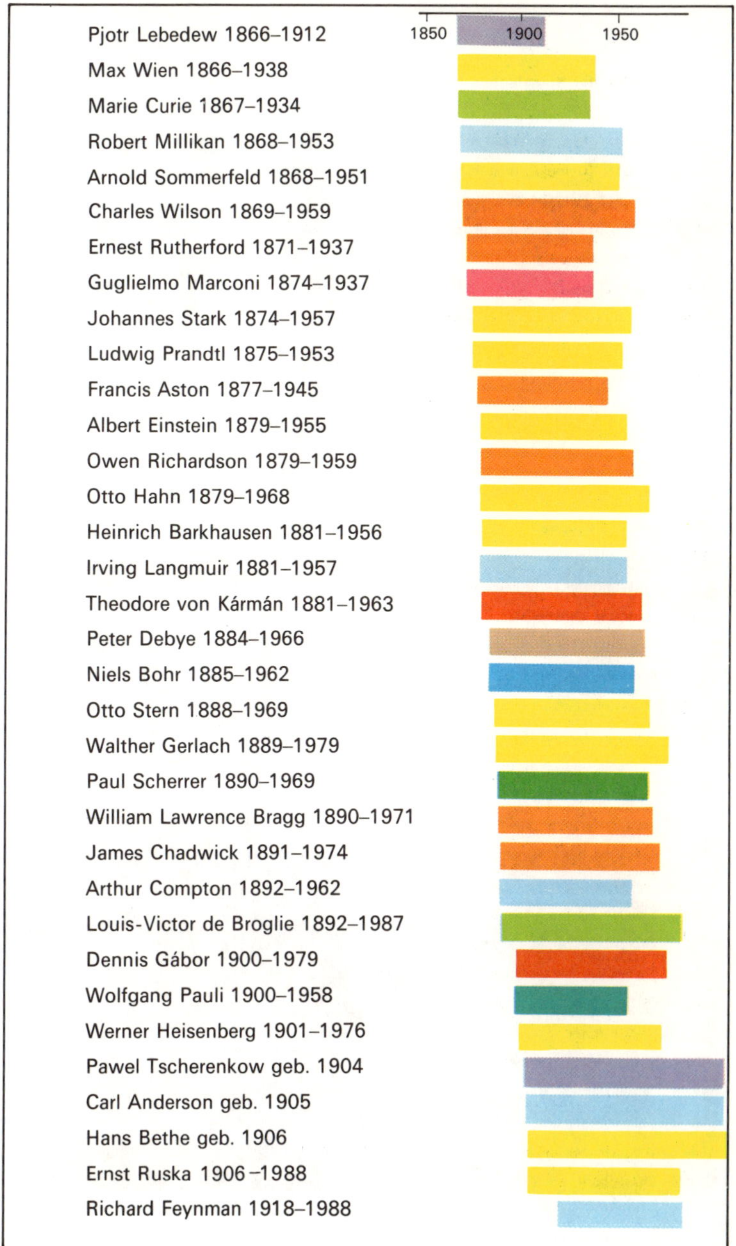
1850
1900
1950
Pjotr Lebedew 1866–1912
Max Wien 1866–1938
Marie Curie 1867–1934
Robert Millikan 1868–1953
Arnold Sommerfeld 1868–1951
Charles Wilson 1869–1959
Ernest Rutherford 1871–1937
Guglielmo Marconi 1874–1937
Johannes Stark 1874–1957
Ludwig Prandtl 1875–1953
Francis Aston 1877–1945
Albert Einstein 1879–1955
Owen Richardson 1879–1959
Otto Hahn 1879–1968
Heinrich Barkhausen 1881–1956
Irving Langmuir 1881–1957
Theodore von Kármán 1881–1963
Peter Debye 1884–1966
Niels Bohr 1885–1962
Otto Stern 1888–1969
Walther Gerlach 1889–1979
Paul Scherrer 1890–1969
William Lawrence Bragg 1890–1971
James Chadwick 1891–1974
Arthur Compton 1892–1962
Louis-Victor de Broglie 1892–1987
Dennis Gábor 1900–1979
Wolfgang Pauli 1900–1958
Werner Heisenberg 1901–1976
Pawel Tscherenkow geb. 1904
Carl Anderson geb. 1905
Hans Bethe geb. 1906
Ernst Ruska 1906–1988
Richard Feynman 1918–1988

Meilensteine der Klassischen Physik

um 600 v. Chr.	Magnet ist bekannt
um 460 v. Chr.	Demokrit postuliert das Atom
um 250 v. Chr.	Hebelgesetze, Auftrieb, Schwerpunkt
um 1000	Lochkamera. Kompaß in China bekannt. Fallgesetz. Ibn al-Haithams ›Große Optik‹. Pendelgesetz
1190	Kompaßnadel
1581	Schrift über den Erdmagnetismus
1608	Fernrohr. Mikroskop
1618	Keplersche Gesetze
1620	Brechungsgesetz
1643	Quecksilber-Barometer
1650	Luftpumpe
1657	Pendeluhr
1667	Gravitationsgesetz
1671	Spiegelteleskop
1676	Messung der Lichtgeschwindigkeit
1687	Newtons ›Prinzipien‹
1738	Bernoullis ›Hydrodynamica‹
1743	Elektrisiermaschine
1784	Coulombs Gesetz
1789	Galvani-Elektrizität. Messung der Gravitationskonstanten
1800	Entdeckung des Infrarot
1808	Polarisation des Lichts
1816	Fraunhofersche Linien
1820	Messung des magnet. Feldes. Magnet. Wirkungen des elektr. Stroms
1821	Seebeck-Effekt
1826	Elektrischer Widerstand. Ohmsches Gesetz
1827	Brownsche Molekularbewegung
1831	Gesetz der elektromagnetischen Induktion
1834	Peltier-Effekt. Kältemaschine
1836	Elektromotor
1837	Faradaysche Gesetze
1839	Photographie
1842	Satz von der Erhaltung der Gesamtenergie
1843	Wheatstonesche Brücke. Mechanisches Wärmeäquivalent
1852	Entdeckung des Ultrarot

1854	Joule-Thomson-Effekt. Entropiebegriff. 2. Hauptsatz der Thermodynamik
1858	Kathodenstrahlen
1859	Spektralanalyse
1864	Maxwellsche Gleichungen
1866	Dynamomaschine
1867	Drehspul-Meßwerk
1869	Periodensystem der Elemente
1879	Hall-Effekt
1880	Piezo-Effekt
1887	Elektromagnetische Wellen. Hertzscher Oszillator. Michelson-Morley-Experiment. Photoeffekt
1892	Tesla-Transformator
1895	Röntgenstrahlen
1896	Zeeman-Effekt
1897	Drahtlose Telegraphie. Braunsche Röhre. Entdeckung des Elektrons
1898	Radioaktiver Zerfall
1899	Spezifische Ladung des Elektrons
1900	Plancksches Strahlungsgesetz. Nachweis des Lichtdrucks
1905	Spezielle Relativitätstheorie. Theorie des Photoeffekts
1908	Heliumverflüssigung. Glühemission
1909	Messung der Elementarladung
1911	Rutherfordsches Atommodell. Supraleitung
1912	Wilsonsche Nebelkammer. Interferenz von Röntgenstrahlen
1913	Bohrsches Atommodell. Elektronische Rückkopplung. Stark-Effekt
1915	Allgemeine Relativitätstheorie
1919	Astonsches Massenspektrometer. Elementumwandlung. Lichtablenkung im Schwerefeld
1923	Postulierung der Materiewellen
1927	Unschärferelationen. Nachweis des Elektronenspins
1928	Zählrohr
1932	Entdeckung des Positrons und des Neutrons
1933	Elektronenmikroskop
1934	Tscherenkow-Strahlung
1938	Kernspaltung
1948	Transistor. Holographie
1950	Feldemissionsmikroskop
1957	Mössbauer-Effekt
1960	Rubin-Laser
1987	Supraleitung bei Temperatur von flüssiger Luft

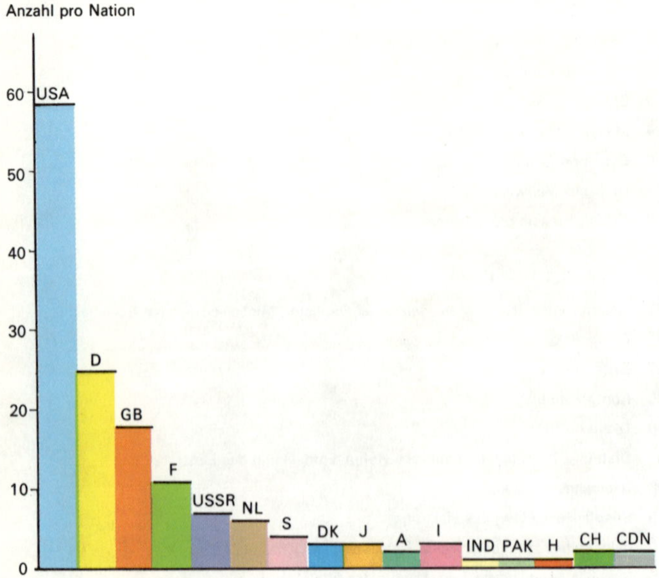

Nobelpreisträger der Physik

1901	Wilhelm Conrad Röntgen	Entdeckung der Röntgenstrahlen
1902	Pieter Zeeman Hendrik Antoon Lorentz	Aufspaltung der Spektrallinien im Magnetfeld
1903	Antoine Henri Becquerel Pierre Curie Marie Skłodowska Curie	Entdeckung der Radioaktivität Entdeckung von Radium und Polonium
1904	John William Rayleigh	Entdeckung von Argon
1905	Philipp Lenard	Aufklärung der Kathodenstrahlen
1906	Joseph John Thomson	Elektrische Leitfähigkeit von Gasen
1907	Albert Abraham Michelson	Spektrometer und Meßmethoden
1908	Gabriel Lippmann	Farbphotographie
1909	Guglielmo Marconi Karl Ferdinand Braun	Drahtlose Telegraphie
1910	Johannes van der Waals	Zustandsgleichung der Gase
1911	Wilhelm Wien	Gesetze der Wärmestrahlung
1912	Nils Gustaf Dalén	Automatische Leuchtfeuer
1913	Heike Kamerlingh Onnes	Heliumverflüssigung
1914	Max von Laue	Röntgenstrahlenbeugung an Kristallen
1915	William Henry Bragg William Lawrence Bragg	Kristallstrukturanalyse mit Röntgenstrahlen
1917	Charles Glover Barkla	Entdeckung der charakterist. Röntgenstrahlen

1918	Max Planck	Entwicklung der Quantentheorie
1919	Johannes Stark	Aufspaltung der Spektrallinien im elektr. Feld
1920	Charles-Edouard Guillaume	Entwicklung der Metallegierung »Invar«
1921	Albert Einstein	Erklärung des Photoeffekts
1922	Niels Bohr	Struktur der Atome
1923	Robert Andrews Millikan	Messung der Elementarladung
1924	Karl Manne Siegbahn	Röntgenstrahlen-Spektroskopie
1925	James Franck Gustav Hertz	Gesetze des Elektronenstoßes
1926	Jean Baptiste Perrin	Messung der Brownschen Molekularbewegung
1927	Arthur Holly Compton Charles Thomson Wilson	Entdeckung des Compton-Effekts Entwicklung der Nebelkammer
1928	Owen Williams Richardson	Gesetze der Glühemission
1929	Louis-Victor de Broglie	Wellennatur des Elektrons
1930	Chandrasekhara Raman	Raman-Streuung des Lichts
1932	Werner Heisenberg	Theorie der Quantenmechanik
1933	Paul Dirac Erwin Schrödinger	Anwendung der Wellenmechanik auf das Elektron
1935	James Chadwick	Entdeckung des Neutrons
1936	Victor Franz Hess Carl David Anderson	Entdeckung der kosmischen Strahlung Entdeckung des Positrons
1937	Clinton Joseph Davisson George Paget Thomson	Nachweis der Wellennatur des Elektrons
1938	Enrico Fermi	Kernreaktionen mit langsamen Neutronen
1939	Ernest Orlando Lawrence	Entwicklung des Zyklotrons
1943	Otto Stern	Magnetisches Moment des Protons
1944	Isidor Isaac Rabi	Molekularstrahlmethode
1945	Wolfgang Pauli	Paulisches Ausschließungsprinzip
1946	Percy Williams Bridgman	Entwicklung der Hochdruck-Physik
1947	Edward Victor Appleton	Physik der Hochatmosphäre
1948	Patrick Maynard Blackett	Verbesserung der Nebelkammer
1949	Hideki Yukawa	Vorhersage des Mesons
1950	Cecil Frank Powell	Mesonenforschung
1951	John Douglas Cockroft Ernest Thomas Walton	Kernreaktionen mit beschleunigten Teilchen
1952	Felix Bloch Edward Mills Purcell	Entwicklung der Kernresonanz-Methode
1953	Frits Zernike	Phasenkontrast-Mikroskop
1954	Max Born Walther Bothe	Statist. Interpretation der Quantenmechanik Entwicklung der Koinzidenz-Methode
1955	Willis Eugene Lamb Polykarp Kusch	Entdeckung des Lamb-Shift Messung des magnet. Moments des Elektrons
1956	John Bardeen Walter Houser Brattain William Shockley	Entwicklung des Transistors
1957	Chen Ning Yang Tsung Dao Lee	Durchbrechung der Parität bei schwachen Wechselwirkungen
1958	Pavel Tscherenkow Ilja Frank Igor Tamm	Entdeckung des Tscherenkow-Effekts

1959	Owen Chamberlain Emilio Segrè	Entdeckung des Antiprotons
1960	Donald Arthur Glaser	Entwicklung der Blasenkammer
1961	Robert Hofstadter Rudolf Mössbauer	Hochenergie-Elektronenstreuung Entdeckung des Mössbauer-Effekts
1962	Lew Dawidowitsch Landau	Theorie des flüssigen Heliums
1963	Eugene Paul Wigner Maria Goeppert-Mayer Hans Daniel Jensen	Theorie der Atomkerne Schalenmodell des Atomkerns
1964	Charles Hard Townes Nikolai Bassow Alexander Prochorow	Entwicklung des Masers
1965	Richard Phillips Feynman Julian Seymour Schwinger Shin-Ichiro Tomonaga	Theorie der Quantenelektrodynamik
1966	Alfred Kastler	Hochfrequenzspektroskopie der Atome
1967	Hans Albrecht Bethe	Energieproduktion in Sternen
1968	Luis Walter Alvarez	Entwicklung der Wasserstoff-Blasenkammer
1969	Murray Gell-Mann	Theorie der Elementarteilchen
1970	Hannes Alfvén Louis Eugene Néel	Entwicklung der Plasmaphysik Entdeckungen in der Festkörperphysik
1971	Dennis Gábor	Entwicklung der Holographie
1972	Leon Cooper John Robert Schrieffer John Bardeen	Theorie der Supraleitung
1973	Leo Esaki Ivar Giaever Brian David Josephson	Entdeckung der Tunnel-Halbleiter Tunnel-Effekt in Supraleiter Vorhersage des Josephson-Effekts
1974	Antony Hewish Martin Ryle	Entdeckung der Pulsare Entwicklung der Apertur-Synthese
1975	Aage Niels Bohr Ben Roy Mottelson Leo James Rainwater	Theorie des Atomkerns
1976	Burton Richter Samuel Chao Chung Ting	Entdeckung des Psi-Teilchens
1977	John Hasbrouck Van Vleck Neville Francis Mott Philip Warren Anderson	Elektronische Struktur ungeordneter Systeme Entdeckungen in amorphen Festkörpern
1978	Pjotr Kapiza Arno Penzias Robert Woodrow Wilson	Tieftemperaturphysik des Heliums Entdeckung der kosmischen Hintergrundstrahlung
1979	Steven Weinberg Abdus Salam Sheldon Lee Glashow	Vereinheitlichte Theorie der elektromagnet. Strahlung und der schwachen Wechselwirkung
1980	James Cronin Val Fitch	Symmetrieverletzungen in der Elementarteilchenphysik
1981	Kai Manne Siegbahn Nicolaas Bloembergen Arthur Schawlow	Hochauflösende Elektronenspektroskopie Entwicklung der Laserspektroskopie
1982	Kenneth Wilson	Analyse der Phasenumwandlungen
1983	Subrahmanyan Chandrasekhar William Fowler	Theorie der Sternentwicklung
1984	Carlo Rubbia Simon van der Meer	Entdeckung der W- und Z-Elementarteilchen
1985	Klaus von Klitzing	Theorie des quantisierten Hall-Effekts

1986	Ernst Ruska Gerd Binnig Heinrich Rohrer	Entwicklung des Elektronenmikroskops Konstruktion des Tunneleffekt-Rastermikroskops
1987	Georg Bednorz Alex Müller	Entwicklung neuartiger Supraleiter
1988	Leon Lederman Melvin Schwartz Jack Steinberger	Entdeckungen in der Neutrinophysik
1989	Norman Ramsey Hans Dehmelt Wolfgang Paul	Extrem genaue Zeitmessung Nachweis einzelner Ionen
1990	Gerome E. Friedman Henry W. Kendall Richard E. Taylor	Nachweis der Substruktur des Protons
1991	Pierre-Gilles de Gennes	Untersuchung von Flüssigkristallen
1992	Georges Charpak	Detektoren für Teilchen der Hochenergiephysik
1993	Russel A. Hulse Joseph H. Taylor	Nachweis von Gravitationswellen durch Studium binärer Pulsare
1994	Bertram N. Brockhouse Clifford G. Schull	Untersuchung dichter Materie mit Hilfe der Neutronenstreuung
1995	Martin L. Perl Frederick Reines	Entdeckung des Tau-Leptons Entdeckung des Antineutrinos

Register

Namenregister

Register

Sachregister

dtv-Atlas zur Weltgeschichte
von W. Hilgemann und H. Kinder
Band 1: Von den Anfängen bis zur Französischen Revolution
Band 2: Von der Französischen Revolution bis zur Gegenwart
Originalausgabe dtv 3001/3002

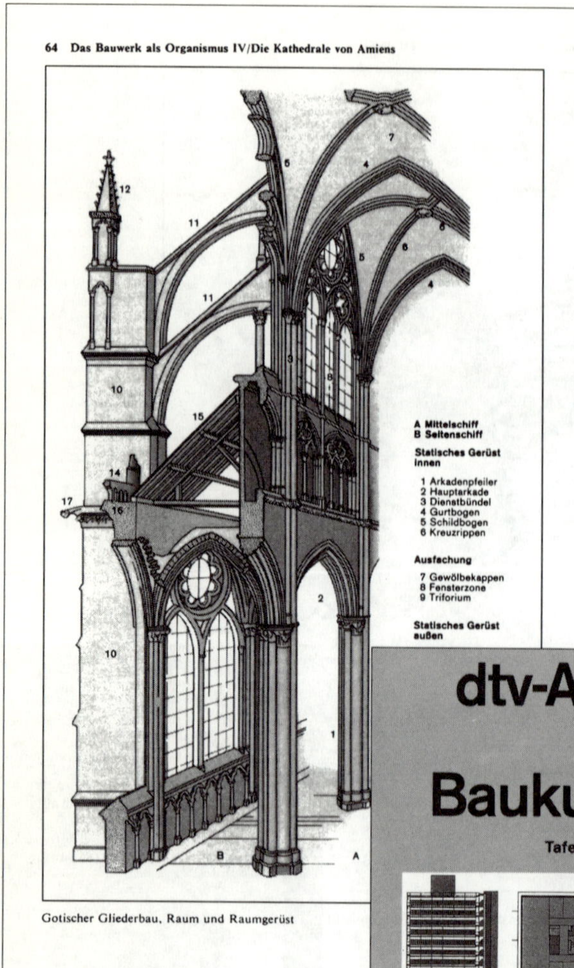

Gotischer Gliederbau, Raum und Raumgerüst

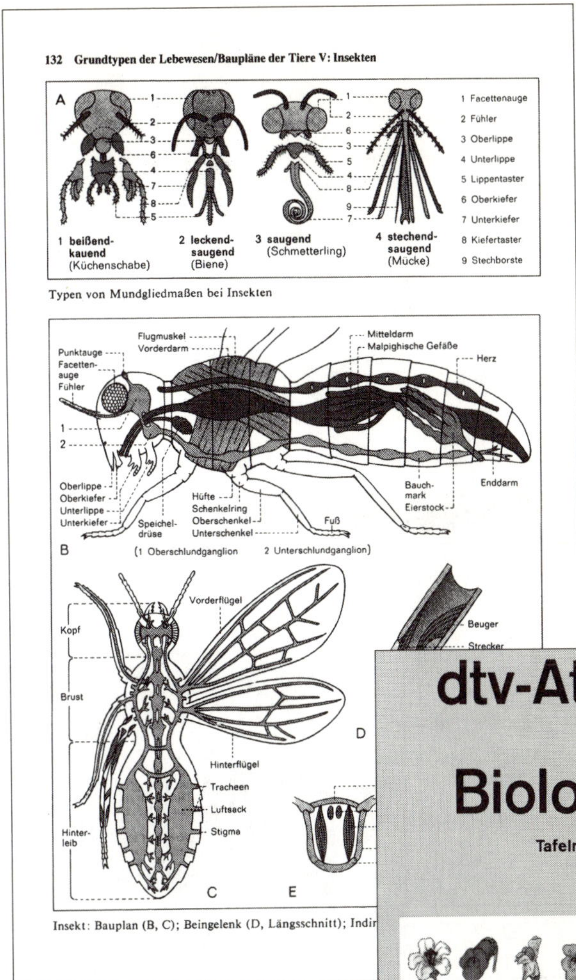
132 Grundtypen der Lebewesen/Baupläne der Tiere V: Insekten
A
1 Facettenauge
2 Fühler
3 Oberlippe
4 Unterlippe
5 Lippentaster
6 Oberkiefer
7 Unterkiefer
8 Kiefertaster
9 Stechborste
1 beißend-kauend (Küchenschabe)
2 leckend-saugend (Biene)
3 saugend (Schmetterling)
4 stechend-saugend (Mücke)
Typen von Mundgliedmaßen bei Insekten
Punktauge
Facettenauge
Fühler
Flugmuskel
Vorderdarm
Mitteldarm
Malpighische Gefäße
Herz
Oberlippe
Oberkiefer
Unterlippe
Unterkiefer
Speicheldrüse
Hüfte
Schenkelring
Oberschenkel
Unterschenkel
Fuß
Bauchmark
Eierstock
Enddarm
B
(1 Oberschlundganglion 2 Unterschlundganglion)
Kopf
Brust
Hinterleib
Vorderflügel
Hinterflügel
Tracheen
Luftsack
Stigma
Beuger
Strecker
C
D
E
Insekt: Bauplan (B, C); Beingelenk (D, Längsschnitt); Indir

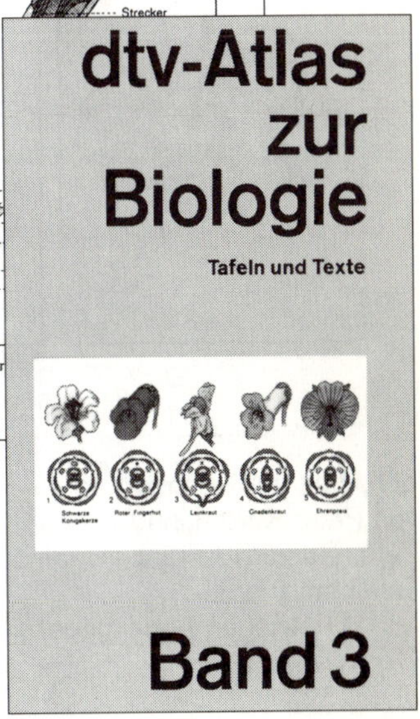
dtv-Atlas zur Biologie
Tafeln und Texte
Band 3